马克思主义理论研究和建设工程重点教材配套用书

硕士研究生思想政治理论课教材

自然辩证法概论

（修订版）

主编　殷　杰　郭贵春

Ziran Bianzhengfa Gailun

高等教育出版社·北京

图书在版编目（CIP）数据

自然辩证法概论/殷杰，郭贵春主编. --修订本
. --北京：高等教育出版社，2020. 3（2023.7重印）
ISBN 978-7-04-053513-6

Ⅰ. ①自… Ⅱ. ①殷… ②郭… Ⅲ. ①自然辩证法-研究生-教材 Ⅳ. ①N031

中国版本图书馆 CIP 数据核字（2020）第 020053 号

策划编辑 曹培庚　　责任编辑 曹培庚　　封面设计 张 楠　　版式设计 杨 树
责任校对 王 雨　　责任印制 朱 琦

出版发行	高等教育出版社	网　　址	http://www.hep.edu.cn
社　　址	北京市西城区德外大街 4 号		http://www.hep.com.cn
邮政编码	100120	网上订购	http://www.hepmall.com.cn
印　　刷	北京宏伟双华印刷有限公司		http://www.hepmall.com
开　　本	787mm×960mm 1/16		http://www.hepmall.cn
印　　张	24	版　　次	2013 年 1 月第 1 版
字　　数	340 千字		2020 年 3 月第 2 版
购书热线	010-58581118	印　　次	2023 年 7 月第 6 次印刷
咨询电话	400-810-0598	定　　价	42.00 元

本书如有缺页、倒页、脱页等质量问题，请到所购图书销售部门联系调换

物 料 号 53513-00

马克思主义理论研究和
建设工程重点教材配套用书

《自然辩证法概论（修订版）》教材编写课题组

主　　编　殷　杰　郭贵春

副主编　陈　凡　吴　彤

主要成员　张明国　肖显静　陈红兵

前　言

本教材《自然辩证法概论》是依据教育部组织编写的马克思主义理论研究和建设工程重点教材、硕士研究生思想政治理论课教学大纲《自然辩证法概论（2018年版）》编写的，是该版教学大纲的配套用书。本门课程教学大纲编写课题组的全体同志参加了本书的编写工作。为了交流对本门课程教学大纲精神的理解，提高本门课程的教学水平，我们在这里介绍本书编写的过程和特点，供使用这本教材的高校师生们参考。

一、“自然辩证法概论”课程的改革与试点

改革开放后，“自然辩证法概论”就成为我国高校硕士研究生的思想政治理论课。

1979年，自然辩证法讲义编写组的《自然辩证法讲义》（人民教育出版社，1979年版）是国内第一本自然辩证法教材。

1981年3月28日，国家教委发布《关于开设自然辩证法方面课程的意见》，这是国家教育主管部门第一次明确将“自然辩证法”的课程，列为理工科硕士研究生思想政治理论课的必修课，各校基本使用1979年版的《自然辩证法讲义》。

1987年6月15日，《国家教育委员会关于高等学校研究生马克思主义理论课（公共课）教学的若干规定》提出，对所有硕士生都要开设“科学社会主义的理论与实践”课（课内36学时），对文科各专业硕士生还要开设“马克思主义经典著作选读”课（课内70学时），对理工农医科各专业硕士生还要开设“自然辩证法概论”课（课内54学时）。1991年，国家教委社会科学研究与艺术教育司组编了《自然辩证法概论》（高等教育出版社，1991年版）。

2003年9月16日，教育部社会科学研究与思想政治工作司公布了《关于普通高等学校硕士研究生“自然辩证法概论”课教学基本要求的修订说明》。本次修订工作紧密结合新世纪新阶段高校思想理论教育面临的

新形势、新任务，力求全面贯彻党的十六大精神。同时，在认真总结近几年教学实践经验的基础上，充分考虑了广大教师对教学基本要求使用的意见和建议，并注意吸收了思想理论教育教学和研究领域的新成果。2004年，教育部社会科学研究与思想政治工作司又一次组编了《自然辩证法概论》（高等教育出版社，2004年版）。经过20多年的教学与研究，“自然辩证法概论”课程形成了比较成熟的教材体系（即绪论、辩证唯物主义自然观、科学观与科学方法论、技术观与技术方法论、科学技术与社会）。

2005年2月7日，中共中央宣传部、教育部《关于进一步加强和改进高等学校思想政治理论课的意见》，明确本科思想政治理论课程设置为4门，对高校本科生思想政治理论课课程体系和教学内容进行了较大调整，并将本科生思想政治理论课教材建设纳入马克思主义理论研究和建设工程，组织编写统一的教学大纲和教材，现在正在从教材体系向教学体系过渡。中宣部和教育部随后发布其实施方案明确指出：研究生（包括硕士生、博士生）的课程设置在没有作出新安排前，仍按照原来方案开设相关课程。

2010年8月6日，中共中央宣传部、教育部《关于高校研究生思想政治理论课课程设置调整意见》文件正式下发，将硕士研究生“自然辩证法概论”课从必修课调整为选修课（1学分，18个学时）；博士研究生“现代科学技术革命与马克思主义”“马克思主义与当代思潮”两门课调整为“中国马克思主义与当代”一门课，作为必修课程（2学分，36个学时）。这次研究生思想政治理论课课程设置调整，是为了更好地与本科生思想政治理论课改革相衔接，推进构建完整的高校思想政治理论课课程体系和教学体系，因此调整研究生课程设置和教学内容，进一步加强和改进研究生思想政治理论教育，是非常必要的。

这次研究生思想政治理论课课程新方案，从2010年秋季开始在部分高校先行试点，2011年秋季开始在全国有关高校普遍实施。东北大学、北京化工大学、天津大学和西安交通大学四所院校参与了“自然辩证法概论”课程的试点工作。

上述四所试点院校的教学大纲各有特点，北京化工大学和天津大学基本是浓缩了原有的四大板块（自然观、科技观、科技方法论、科技与社会）；西安交通大学则加强了自然哲学，科学、技术、工程与科技革命，以及现代综合和复杂性方法。东北大学在教学改革试点方案中则力争对原有的教材体系有所突破。

二、《自然辩证法概论》教材编写的总体思路

2010年高校研究生思想政治理论课课程设置调整，把研究生思想政治理论课教材建设纳入马克思主义理论研究和建设工程，根据硕士和博士阶段思想政治理论课各门课程的特点，组织编写统一的教学大纲和教材。《自然辩证法概论》教学大纲的编写纳入了教育部马克思主义理论研究和建设工程。此次研究生思想政治理论课设置调整的原则：一是课程的导向性。坚持以当代中国马克思主义为指导，坚持马克思主义的立场、观点和方法，贴近研究生思想和学习实际，帮助他们树立正确的世界观、人生观、价值观，坚定中国特色社会主义理想和信念。二是课程的层次性。着力构建高校思想政治理论课教学体系，形成本科、硕士、博士思想政治理论课基本内容相衔接、层次要求有区别的课程设置和教学体系。三是课程的实效性。紧密联系研究生思想实际和学校教学实际，合理设置和安排有关课程。

2010年12月1日，由中宣部、教育部主持召开高等学校研究生思想政治理论课教学大纲编写工作启动会议，宣布了5部教学大纲的首席专家和课题组成员。“自然辩证法概论”课程教学大纲编写组首席专家郭贵春，主要成员陈凡、吴彤、张明国、肖显静、殷杰。

中宣部和教育部的教学大纲编写工作会议要求，教学大纲是高校研究生思想政治理论课教学的基本规范和依据，是教材编写的基础，要体现课程目标，明确教学要求，规范教学内容，突出教学重点，语言规范，文风朴实，通俗易懂。大体应包括课程说明、教学要求和教学要点。

《自然辩证法概论》教学大纲编写组按照中宣部和教育部的文件要求，明确了基本原则和指导思想，并在借鉴四所试点院校教学大纲的基

础上，历时一年半，四易其稿，三次听取专家意见，也通过各种方式征求了一些高校师生的意见，教学大纲于2012年5月正式出版。在这个基础上，应高等教育出版社之邀，我们又于2013年编写了配套用书，也就是本教材的上一个版本，通称为2013年版《自然辩证法概论》教材。

三、《自然辩证法概论》教材的修订

2012年版的《自然辩证法概论》教学大纲，及其配套用书2013年版的《自然辩证法概论》教材，自出版之后，在全国各高校得到广泛使用。为了推动党的十八大精神进教材、进课堂、进学生头脑，体现教学大纲出版以来中国特色社会主义理论和实践的创新成果，体现马克思主义中国化研究的新进展，教育部组织课题组在广泛调研的基础上，于2013年对教学大纲进行了修订。郭贵春主持了修订工作，陈凡、吴彤、张明国、肖显静、殷杰参加了具体修订工作。刘大椿、瞿振元、曾国屏、刘孝廷、颜峰参加了修订稿的审议并提出修改意见。

2018年，为推动习近平新时代中国特色社会主义思想进教材、进课堂、进头脑，深入贯彻落实党的十九大和十九届二中、三中全会精神，教育部组织对《自然辩证法概论》教学大纲进行全面修订，经国家教材委员会高校哲学社会科学（马工程）专家委员会审查通过。首席专家殷杰主持了修订工作，陈凡、吴彤、张明国、肖显静、陈红兵参加了具体的修订工作，并由高等教育出版社于2018年8月出版，这就是2018年版的《自然辩证法概论》教学大纲。随后，应高等教育出版社之邀，我们又依据新版教学大纲，并基于2013年版《自然辩证法概论》教材，编辑了本教材。

四、《自然辩证法概论》教材的主要特点

与2013年版相比，本教材编写的几个突出特点是：

第一，在教材的编写原则上，以深入贯彻落实党的十九大精神，及时把习近平新时代中国特色社会主义思想落实到教材中为根本宗旨，讲清楚习近平新时代中国特色社会主义思想所蕴含的辩证唯物主义的自然

观、科学观、技术观，凝练出中国马克思主义科学技术观的实质内容和时代意义，同时，考虑教材出版以来，具体教学过程中的使用情况和反映，以及学术研究方面新的动态和状况。

本教材体现出研究生思想政治理论课的意识形态性和政治导向性，立足于马克思主义的基本立场和观点来编写教材。目的就是要把本课程作为马克思主义理论的一个基本的、不可或缺的重要组成部分。因此，坚持向硕士研究生讲授马克思主义自然辩证法的立场、观点和方法，是教材的基本出发点。

本教材把“自然辩证法概论”定位为一门马克思主义思想政治理论课程，因此在教材的章、节、目中，充分体现马克思主义自然辩证法基本理论的核心内容，尤其突出马克思主义自然观和科学观的重要的、基础性的地位。同时，在坚持马克思主义指导下，充分反映马克思主义中国化的最新成果，充分反映中国特色社会主义丰富实践，充分反映自然辩证法领域最新进展，以期达到思想性、政治性与学术性的高度有机统一。

第二，在教材的内容组织上，关注改革开放以来我国现代化建设进程中出现的重大科学和技术问题，特别是突出“中国马克思主义科学技术观”，独立成章，全书形成完整体系，体现马克思主义自然辩证法理论的传承和发展。

本教材的编写充分体现思想性和创新性，重点突出经典马克思主义理论和当代中国马克思主义理论，选取一些经典的表述和思想观点。注重时代感、前沿性、时效性和现实针对性，在习近平新时代中国特色社会主义思想指导下来看当代世界的科学和技术的发展。

本教材章节目的安排按照“马克思主义自然辩证法”基本定位来展开，突出自然辩证法学科的特征，并注意与科学技术哲学学科的联系和区别，更注重思想性的传授。这是本次教材编写在教学内容上的一个重要认识。

与2013年版教材相比，本版教材结构和内容上变化最大的是第五章。我们认为，为了突出自然辩证法中国化的发展，突出中国马克思主义科学技术观的重要地位，以此表明其在“自然辩证法概论”课中的重要性，也凸显自然辩证法认识现代科学技术的发展体现出的时代性，表达中国马克思主义继承、创新、发展和特色，因此我们把原来的“中国马克思主义科学技术观与创新型国家”，修改为“中国马克思主义科学技术观”。原有的三节“中国马克思主义的科学技术思想”“中国马克思主义科学技术观的内容与特征”“创新型国家建设”，修改为“毛泽东思想中的科学技术观”“邓小平理论、‘三个代表’重要思想、科学发展观中的科学技术观”“习近平新时代中国特色社会主义思想中的科学技术观”。每一节包括科学技术创新观、科学技术人才观和科学技术发展观三部分，这也是习近平总书记关于“发展是第一要务，人才是第一资源，创新是第一动力”思想的体现。因此，本教材突出中国马克思主义科学技术观的教学内容。2013年版教材中有关“创新型国家建设”的内容，体现了当代科学、技术与社会一体化的发展趋势，本身就是“中国马克思主义科学技术观”的一个重要方面，并以之为重要的理论支撑，我们将这部分内容融入到了“中国马克思主义科学技术观”的具体内容中。由此，全书体现出马克思主义自然辩证法理论的一脉相承，以及中国马克思主义的理论创新，有着较好的逻辑性和历史性。教材编写中，各章节的具体编写注意针对西方哲学中反马克思主义的观点，尤其是一些政治性的观点予以理论上的回应。

本教材是在学习和总结我国自然辩证法界多年来教学和研究成果，充分体现党的理论创新最新成果的基础上组织编写的。改革开放以来，教育部有关部门组织了四次自然辩证法教材的编写，出版了四个版本的教材，本教材借鉴和汲取了已有教材的思想和精华，是对已有教材的丰富。

第三，在教材的课程定位上，按照此次课程设置要求，把“自然辩证法概论”课作为一门选修课程来进行教学和学时安排。

本教材在已有教学大纲和教材的基础上做到精炼提升。注意到教学对象是高等院校所有学科硕士研究生共同选修课程，尽可能体现出普遍性和概括性，有较强的覆盖面和普适性。体现出学习马克思主义“要精，要管用”的思路，特别注重培养研究生运用马克思主义立场、观点、方法分析和解决问题的能力。

本教材包含绪论和五个章节，各个部分之间相互呼应，使教学内容构成一个有机的整体，既便于学生全面了解马克思主义自然辩证法理论的科学体系，又有利于教师在完成统一的教学目标、环节和学时的同时，根据实际情况灵活安排教学过程。

五、《自然辩证法概论》教材的教学重点

1. 课程说明。“自然辩证法概论”课是以马克思主义自然辩证法理论的教育为主线，帮助硕士研究生掌握马克思主义的自然观、科学技术观、科学技术方法论、科学技术社会论，了解自然界发展和科学技术发展的一般规律，理解科学技术在社会发展中的作用，认识中国马克思主义科学技术观的理论和实践意义，培养硕士研究生的创新精神和创新能力的一门思想政治理论课。

2. 教学要求。“自然辩证法概论”课是高等学校面向全体硕士研究生开设的思想政治理论课选修课程，它与高校大学生本科阶段学习的思想政治理论课必修课程“马克思主义基本原理概论”和“毛泽东思想和中国特色社会主义理论体系概论”，以及博士研究生阶段学习的思想政治理论课必修课程“中国马克思主义与当代”相互衔接。本课程在高校大学生本科阶段的马克思主义理论学习的基础上，进一步着眼于把握马克思主义关于自然、科学、技术的基本原理、观点和方法，并为博士研究生阶段运用中国马克思主义的科学技术观，深入分析当代科学技术的前沿问题和科学、技术与社会问题，提供重要的理论基础和方法论手段。

3. 教学重点。紧密结合科学技术发展的历史、现状和趋势，使硕士研究生理解自然辩证法的基本原理、方法及在马克思主义理论中的重要地位；运用马克思主义的立场和观点，分析自然界和科学技术发展的一般规律，人类认识和改造自然的一般方法以及科学技术与人类社会发展的相互关系；了解中国马克思主义科学技术观的历史进程，掌握中国马克思主义科学技术观的理论精髓和重大意义。

4. 学习意义。有助于引导硕士研究生全面理解并确立马克思主义的自然观、科学技术观，掌握科学技术与社会互动的基本原理和规律，加深对我国科学技术发展和现代化建设战略决策的理解和认识；有助于培养硕士研究生的科学精神和辩证思维能力，掌握和运用马克思主义观点和现代科学技术方法，揭示自然界与科学技术发展规律和趋势，解决和处理具体科学和技术领域中问题的能力；有助于帮助硕士研究生形成复合型知识结构和提高综合素质，自觉促进人和自然协调发展，运用中国马克思主义科学技术观，推动科学技术的创新发展，培养具有较高思想政治理论素养的创新型人才。

5. 教学方法。本课程的教学，以提高研究生的马克思主义理论素养、提高研究生创新思维能力、提高研究生对科学技术发展规律的认识为核心目标。要在系统传授马克思主义自然辩证法理论的同时，吸收科学和技术的哲学、历史学、社会学等相关领域的理论和方法；要在概括科学和技术中的新成就，分析科学、技术与社会中重要问题的同时，发挥自然辩证法的学科优势和教育功能，培养硕士研究生的创新精神和创新能力；要在完成统一的教学目标、环节和学时的同时，鼓励根据学科背景，实施特色化教学；要在遵循教学规范的同时，注重教学内容创新，鼓励使用网络等现代传媒技术，丰富教学形式，改进教学方法。

本教材的编写分工为：

殷杰、郭贵春（山西大学）：前言，绪论

张明国（北京化工大学）：第一章

陈凡、陈红兵（东北大学）：第二章、第五章

吴彤（清华大学）：第三章

肖显静（华南师范大学）：第四章

编 者

2019年5月

目　录

绪 论

自然辩证法是马克思主义关于自然和科学技术发展的一般规律、人类认识和改造自然的一般方法以及科学技术与人类社会相互作用的理论体系，是对以科学技术为中介和手段的人与自然、社会的相互关系的概括、总结。自然辩证法就是马克思主义自然辩证法，是马克思主义理论的重要组成部分，它以马克思主义的理论、观点和方法为指导，基于社会历史条件和时代任务要求，考察自然界、科学技术及其与社会的相互关系，形成了马克思主义的自然观、科学技术观、科学技术方法论、科学技术社会论，以及自然辩证法中国化发展的最新形态中国马克思主义科学技术观。

第一节 自然辩证法的学科性质

“自然辩证法”（Dialectics of Nature）这一名称，源自恩格斯研究自然界和自然科学中的辩证法问题的重要著作《自然辩证法》。恩格斯的这部未完成的著作由论文、札记和片段组成，主要论述了自然科学史、唯物辩证的自然观和自然科学观、自然科学和哲学的关系、自然界的辩证法规律和自然科学的辩证内容等。这部著作开辟了马克思主义哲学的一个新领域，为自然辩证法这一学科的建立奠定了理论基础。①

马克思主义是由一系列的基本理论、基本观点和基本方法构成的科学体系。其中，马克思主义哲学、马克思主义政治经济学和科学社会主义，是马克思主义理论体系不可分割的三个主要组成部分。马克思主义哲学是关于自然、社会和思维发展一般规律的科学。作为马克思主义的世界观和方法论，马克思主义哲学是整个马克思主义理论体系的基础，

---

① 参见《马克思恩格斯文集》第9卷，人民出版社2009年版，第3页。

贯穿和体现于马克思主义的全部学说和实践活动之中。马克思主义哲学由辩证唯物主义和历史唯物主义两大部分组成，体现了唯物主义自然观和历史观的统一。辩证唯物主义是马克思、恩格斯在总结自然科学、社会科学和思维科学的基础上创立的一套系统科学的逻辑理论思维形式，是把唯物主义和辩证法有机地统一起来的科学世界观。辩证唯物主义的基本思想和理论，主要就是在自然辩证法的研究中形成和完成的。因此，自然辩证法是马克思主义的重要组成部分。①

马克思、恩格斯在对欧洲文艺复兴以来的自然科学重要成就，特别是19世纪自然科学的三大发现（能量守恒与转化定律、细胞学说和生物进化论）进行科学总结中，认识到“在自然科学中，形而上学观点由于自然科学本身的发展已经站不住脚了”②，自然发展史，即自然界从天体、地球、生命到人类的发展的图景，是辩证发展的，人类对于自然界的认识以及自然科学也是辩证发展的，从而人们的思维方法、科学认识论和方法论也应该是辩证的，即需要辩证法、辩证思维。“辩证法的规律是从自然界的历史和人类社会的历史中抽象出来的。辩证法的规律无非是历史发展的这两个方面和思维本身的最一般的规律。它们实质上可归结为下面三个规律：量转化为质和质转化为量的规律；对立的相互渗透的规律；否定的否定的规律。”③ 同形而上学相对立的辩证法，与唯物主义结合起来，形成了辩证唯物主义世界观。

由此，马克思、恩格斯勾勒出了自然辩证法的基本理论观点：

第一，人与自然的关联性。马克思主义认为，“全部人类历史的第一个前提无疑是有生命的个人的存在。因此，第一个需要确认的事实就是这些个人的肉体组织以及由此产生的个人对其他自然的关系”，④ 历史的出发点是自然基础以及自然在历史进程中由于人们的活动而发生的变更，“历史可以从两方面来考察，可以把它划分为自然史和人类史。但这两方

---

① 参见黄枬森：《自然辩证法的自我超越》，《哲学研究》2010年第3期。

② 《马克思恩格斯文集》第9卷，人民出版社2009年版，第401页。

③ 《马克思恩格斯文集》第9卷，人民出版社2009年版，第463页。

④ 《马克思恩格斯文集》第1卷，人民出版社2009年版，第519页。

面是不可分割的；只要有人存在，自然史和人类史就彼此相互制约。”① 因此，自然界是人类赖以生存和发展的基础，只要有人类存在，人类便需要为自己的生存和发展不断地同自然界发生相互作用。

马克思主义也认识到人与自然和谐相处的重要性，“我们不要过分陶醉于我们人类对自然界的胜利。对于每一次这样的胜利，自然界都对我们进行报复”。② 因此，人类要学会正确理解自然规律，学会认识对自然界干预所造成的后果，尤其是随着自然科学大踏步前进以来，更要认识到人类自身和自然界一体性的意义。

第二，人类劳动的重要性。马克思主义认为，劳动在人类起源中起着基本性和决定性的作用，劳动创造了人和整个人类社会，“劳动和自然界在一起才是一切财富的源泉，自然界为劳动提供材料，劳动把材料转变为财富。但是劳动的作用还远不止于此。劳动是整个人类生活的第一个基本条件，而且达到这样的程度，以致我们在某种意义上不得不说：劳动创造了人本身”。③ 因为“动物仅仅利用外部自然界，简单地通过自身的存在在自然界中引起变化；而人则通过他所作出的改变来使自然界为自己的目的服务，来支配自然界。这便是人同其他动物的最终的本质的差别，而造成这一差别的又是劳动”④。劳动是从制造工具开始的，因为从事物质生产的过程必须通过制造和使用工具的劳动来实现。随同劳动一起，科学和技术产生、形成和发展起来了。

第三，科学技术的革命性。马克思主义认为，“科学是一种在历史上起推动作用的、革命的力量”。⑤ 近代科学与英国工业革命一道，对人类知识和人类生活关系的任何领域都产生了革命性影响，展示了在此之前人类历史上任何一个时代都不能想象的科学技术力量，把人类社会从农业社会推向工业社会。而“工业是自然界对人，因而也是自然科学对人

① 《马克思恩格斯文集》第1卷，人民出版社2009年版，第516页。
② 《马克思恩格斯文集》第9卷，人民出版社2009年版，第559—560页。
③ 《马克思恩格斯文集》第9卷，人民出版社2009年版，第550页。
④ 《马克思恩格斯文集》第9卷，人民出版社2009年版，第559页。
⑤ 《马克思恩格斯文集》第3卷，人民出版社2009年版，第602页。

的现实的历史关系。因此，如果把工业看成人的本质力量的公开的展示，那么自然界的人的本质，或者人的自然的本质，也就可以理解了；因此，自然科学将抛弃它的抽象物质的方向，或者更确切地说，是抛弃唯心主义方向，从而成为人的科学的基础”。“在人类历史中即在人类社会的形成过程中生成的自然界，是人的现实的自然界；因此，通过工业——尽管以异化的形式——形成的自然界，是真正的、人本学的自然界”。[①]“自然界的社会的现实和人的自然科学或关于人的自然科学，是同一个说法”,[②] 从自然界出发的科学是现实的科学，它通过工业日益在实践上影响和改造人的生活，为人的解放奠定了基础。

同时，马克思主义也充分认识到，在资本主义社会中，资产阶级正是利用科学技术，把“每一项发现都成了新的发明或生产方法的新的改进的基础。只有资本主义生产方式才第一次使自然科学［××—1262］为直接的生产过程服务，同时，生产的发展反过来又为从理论上征服自然提供了手段。科学获得的使命是：成为生产财富的手段，成为致富的手段”[③]，从而在不到一百年的阶级统治中创造出空前巨大的生产力。但由此，“科学，人类理论的进步，得到了利用。资本不创造科学，但是它为了生产过程的需要，利用科学，占有科学。这样一来，科学作为应用于生产的科学同时就和直接劳动相分离”,[④] 从而使得科学对于劳动来说成了一种异己的、敌对的和统治的权力。

在马克思主义看来，这是资本主义制度本身所固有的矛盾，只有在共产主义，人与自然、人与人的关系才能得到协调发展，“共产主义，作为完成了的自然主义，等于人道主义，而作为完成了的人道主义，等于自然主义，它是人和自然界之间、人和人之间的矛盾的真正解决，是存在和本质、对象化和自我确证、自由和必然、个体和类之间的斗争的真

① 《马克思恩格斯文集》第 1 卷，人民出版社 2009 年版，第 193 页。
② 《马克思恩格斯文集》第 1 卷，人民出版社 2009 年版，第 194 页。
③ 《马克思恩格斯文集》第 8 卷，人民出版社 2009 年版，第 356—357 页。
④ 《马克思恩格斯文集》第 8 卷，人民出版社 2009 年版，第 357 页。

正解决。它是历史之谜的解答，而且知道自己就是这种解答”。①

自然辩证法站在世界观、认识论和方法论的高度上，从整体上研究和考察包括天然自然和人工自然在内的自然的存在和演化的规律，以及人通过科学技术活动认识自然和改造自然的普遍规律；研究作为中介的科学技术的性质和发展规律；研究科学技术和人类社会之间相互关系的规律。自然辩证法不是自然界中某一特殊现象、人类认识与改造自然某一特殊过程或者科学技术某一特殊学科的特殊规律。这就使得自然辩证法明显区别于自然科学和技术的各门具体学科，具有哲学的性质。

同时，自然辩证法又不同于普遍的哲学原理，它在科学技术的具体学科与马克思主义哲学的普遍原理之间，居于一个中间层次。它是要运用马克思主义哲学的普遍规律去探索自然界、人类认识和改造自然的科学技术研究活动中的一般规律，以及科学技术发展的一般规律，这些规律既不具有最高的抽象性，也不具有完全的具体性。现代社会中，随着科学技术对人类社会生活的影响越来越大，自然辩证法作为马克思主义关于人类认识和改造自然的成果的概括和总结，其关注点已经不仅仅停留在人和自然的层面，而已经扩展到科学技术方法论和科学技术与社会的相关领域。因为解决人与自然界之间的矛盾的一切科学技术活动都是在人类社会中展开的，科学技术不仅使自然界按照人类的预想发生了巨大变化，同时由于技术后果的不完全可预见性，人类在使用技术的过程中也对自然界和人类社会本身产生了一些消极影响。

自然辩证法作为马克思主义哲学对科学技术发展的概括和马克思主义哲学在科学技术认识与实践中的应用，反映了哲学与具体科学的交叉性质，它不仅研究自然界，而且研究人和自然界的关系以及这种关系在人的思维中的反映和在人类社会中展开与发展的过程，它是自然科学、技术科学、思维科学、社会科学、人文科学相交叉的哲学性质的马克思主义理论学科，具有综合性、交叉性和反思性的特点。

理解自然辩证法的学科性质，还要注意区分与自然辩证法邻近的学

---

① 《马克思恩格斯文集》第 1 卷，人民出版社 2009 年版，第 185—186 页。

科，包括自然哲学、科学技术哲学、科学技术史、科学学、科学社会学等，它们具有不同的学科性质和定位，但在研究领域、方法和目标等方面相互联系和交叉。

自然哲学。自然哲学是探索自然界最基本属性的哲学学说，主要关注于自然界的存在和演化。经典自然哲学以直观猜测和思辨为手段，试图从整体上对自然界的总图景作出说明，自然哲学在黑格尔的体系中达到顶峰。现代自然哲学则注重借鉴自然科学成就，主要关注本体论层面的问题。马克思主义自然辩证法本身就是对黑格尔自然哲学的否定，其出发点就是要以辩证法为手段，揭示自然界的辩证发展过程，以及自然科学中的辩证法。我国的自然辩证法学科包括了自然哲学。

科学技术史。科学技术史是关于科学技术的产生、发展及其规律的科学，本质上是历史学科，作为哲学学科的自然辩证法则以科学技术史提供的素材为基础，从中进行哲学的概括和总结。科学技术史既研究科学技术内在的逻辑联系和发展规律，又探讨科学技术与整个社会中各种因素的相互联系和相互制约的辩证关系，由此分别与自然辩证法的科学技术观和科学技术社会论的研究相关联。

科学学和科学社会学。科学学以科学本身为研究对象，目的是认识科学的性质特点、关系结构、运动规律和社会功能，并在认识的基础上研究促进科学发展的一般原理、原则和方法。科学社会学是探讨科学的社会性质及科学与社会相互关系的学科。科学学侧重于把科学作为系统，从整体上探讨科学的功能和发展，科学社会学则着重研究科学和其他社会系统相互作用的功能和发展。它们都部分与自然辩证法相交叉。

科学技术哲学。科学技术哲学指的就是对科学技术的哲学反思，包括科学哲学、技术哲学等。以科学哲学为例，狭义的科学哲学指西方科学语境下兴起的逻辑经验主义、历史主义、科学实在论等哲学流派及其思想，广义的科学哲学则泛指从认识论、方法论等角度对科学进行的哲学反思。

比较而言，科学技术哲学与自然辩证法的关系比较复杂，两者具有更为紧密的关系和渊源。1949 年新中国成立后直到 1987 年之前，一直沿用苏联学术界的说法，将这一学科领域称为“自然辩证法”，为与国际接轨和学科规范考虑，1987 年学科目录调整时，“自然辩证法”这一学科正式更名为“科学技术哲学（自然辩证法）”，作为哲学的一个二级学科，一直沿用至今。但科学技术哲学一般不涉及自然观以及科学的本体论部分。中国的科学技术哲学源于自然辩证法并在学科建制上具有先后的承继关系，两者都以科学技术为研究对象和内容。在实际的教学和研究中，自然辩证法的范围更加广泛，其自然观、科学技术观和科学技术方法论具有鲜明的哲学特征，而科学技术社会论则蕴含着丰富的马克思主义政治经济学和科学社会主义的思想内容，其价值取向是马克思主义，是马克思主义思想政治教育下的公共课程，具有鲜明的意识形态属性和功能。中国科学技术哲学则较自然辩证法窄小，主要涉及自然科学和技术的认识论、方法论等，研究范围包括但不限于西方意义上的科学哲学与技术哲学，它考察的是科学技术的性质、规律、功能及与社会的互动并进行哲学的分析把握，按照科学的原则客观作出哲学审视，其哲学学科的专业属性更为突出且派别立场更趋淡化。无论是自然辩证法还是中国科学技术哲学，它们都是在马克思主义指导下、紧密结合我国社会发展的理论与实践展开，正是在这一点上，它们与西方的科学哲学和技术哲学存在着原则性的区别。

在理解自然辩证法的学科性质，尤其是认识与相邻近学科的关系中，应该特别注意到，自然辩证法就是马克思主义的自然辩证法。尽管随着时代的变化，其表现形式或研究内容有所变化、调整，但作为马克思主义理论的组成部分，这一本质属性是不能变化的。因此，自然辩证法作为马克思主义的世界观和方法论，具有重要的意识形态特征，它既是马克思主义关于自然、科学和技术的认识的概括和总结，又是把马克思主义运用于指导具体科学技术实践的重要平台和通道。

第二节 自然辩证法的研究内容

自然辩证法，是一个完整的科学学说体系。马克思主义自然观、马克思主义科学技术观、马克思主义科学技术方法论和马克思主义科学技术社会论，构成了自然辩证法的重要理论基石。中国马克思主义科学技术观，是中国马克思主义者基于对自然、科学技术及其方法、科学技术与社会等的认识，结合现代科学技术的发展实践，概括和总结出来的关于科学技术思想的一般规律和原理，是自然辩证法中国化发展的最新形态和理论实践。

马克思主义自然观。自然观是人们对自然界的总体看法。马克思主义自然观是自然辩证法的重要理论基础，是马克思主义关于自然界的本质及其发展规律的根本观点，它旨在对自然界的存在方式、演化发展以及人和自然的关系，作出科学的说明。马克思主义自然观克服了古代自然观的直观和思辨的缺陷，汲取了古代自然哲学关于自然界运动、发展和整体联系的思想，立足于近代自然科学对自然界认识的最新成果，批判了形而上学和机械论，揭示出自然界本身发展的辩证法。朴素唯物主义自然观、机械唯物主义自然观是马克思主义自然观形成的思想渊源，辩证唯物主义自然观是自然观的高级形态，是马克思主义自然观的核心。系统自然观、人工自然观和生态自然观是马克思主义自然观的当代形态。

马克思主义科学技术观。科学技术观是人们对科学技术的总体看法。马克思主义科学技术观是马克思主义关于科学技术的本质及其发展规律的根本观点，反映了自然观与社会历史观的统一。当代科学技术已经进入大科学、高技术时代，科学技术的成果广泛应用到社会和人类生活的各个领域，急剧地改变着社会生产和人类生活的面貌，这就要求人们对科学技术的性质、科学技术的价值、科学技术的体系结构及其发展规律等问题作出更加深刻的反思。马克思主义科学技术观在总结马克思、恩格斯的科学技术思想的历史形成和基本内容的基础上，分析科学技术的本质特征和体系结构，揭示科学的发展模式和技术的发展动力，进而概括科学技术及其发展规律。它是马克思主义关于科学技术的本体论和认识论，是马克思主义科学技术论的重要组成部分。

马克思主义科学技术方法论。科学技术方法论研究科学技术活动的一般性方法的性质与规律。现代科学技术方法论在现代科技发展的水平上，对各门科学技术的研究方法作出概括和总结，来阐明科学问题与科学事实、科学思维、科学假说与科学理论、技术研究与技术开发，并揭示各种科学方法之间的联系和过渡。马克思主义科学技术方法论从辩证唯物主义立场出发，总结出分析和综合、归纳和演绎、从抽象到具体、历史和逻辑的统一等辩证思维形式，并且汲取具体科学技术研究中的创新思维方法和数学与系统思维方法等基本方法，对其进行概括和升华，形成具有普遍指导意义的方法论。马克思主义科学技术方法论体现和贯彻在科学家、工程师的具体科学技术研究中，是马克思主义科学技术论的重要组成部分。

马克思主义科学技术社会论。科学技术社会论主要研究科学技术与社会的关系，追求科学、技术和社会的协调发展。现代自然科学和现代技术革命，使得科学技术变成日益庞大的知识体系和日益复杂的社会建制，科学技术广泛地渗透到社会的各个方面，科技发展需要人文关怀。由此，社会中科学技术的发展规律、科学技术与社会的互动以及科学、技术与社会的协调发展，成为需要深刻反思的问题。马克思主义科学技术社会论是从马克思主义的立场观点出发，探讨社会中科学技术的发展规律，以及科学技术的社会建制、科学技术的社会运行等的普遍规律。包括科学技术社会经济发展观，科学技术异化观、科学技术伦理观，科学技术社会运行观、科学技术文化观等方面，是马克思主义科学技术论的重要组成部分。

中国马克思主义科学技术观。中国马克思主义科学技术观是马克思主义科学技术观与中国具体科学技术实践相结合的产物，是中国共产党人集体智慧的结晶，是毛泽东思想、邓小平理论、“三个代表”重要思想、科学发展观、习近平新时代中国特色社会主义思想中的科学技术思想的概括和总结，是其科学技术思想的理论升华和飞跃，是其科学技术思想的凝练和精髓，是中国化的马克思主义科学技术观。主要包括科学技术的创新观、人才观、发展观等基本内容，体现出时代性、实践性、科学性、创新性、自主性、人本性等特征。中国马克思主义科学技术观是对当代科学技术及其发展规律的概括和总结，是马克思主义科学技术观与中国具体科学技术实践相结合的产物，是马克思主义科学技术论的重要组成部分。

马克思主义自然观、马克思主义科学技术观、马克思主义科学技术方法论和马克思主义科学技术社会论，这四个部分是相互联系的，有了自然界本身的辩证法，才有了人类认识与改造自然的辩证法以及科学技术发展的辩证法。它们构成了马克思主义自然辩证法理论体系的统一整体，共同揭示了人类社会与自然的本质。马克思主义自然辩证法的研究内容是开放的，随着科学技术的进步将不断丰富和发展。

第三节 自然辩证法的历史发展

自然辩证法创立于19世纪70年代，它是马克思和恩格斯为适应当时无产阶级斗争和自然科学发展的新成果的需要，在概括和总结19世纪自然科学发展的最新成果、批判地继承德国古典哲学的理论成就的基础上创立起来的。自然辩证法这一学科的形成发展主要经历了这样几个阶段：

一、自然辩证法创立前史

自然辩证法创立前史是指自然辩证法学说创立之前，人类关于自然观、自然科学方法论和科学观思想的历史发展。自然辩证法形成之前，人类曾以自然哲学的形式，达到对自然自发的唯物主义和朴素的辩证法的理解。古希腊人到自然界本身之中去寻找对自然的理解和解释，把自然界作为总体来考察，认为自然界处于永恒的产生和消灭之中，自然界就是其自身存在的根据和变化的原因。早期关于自然的思考，具有浓厚的直观、思辨和猜测的性质。随后的欧洲中世纪时期，宗教神学的自然观和为宗教神学服务的经院哲学占据统治地位。

文艺复兴和宗教改革运动的发展，使近代科学真正走上历史舞台，尤其是1543年哥白尼《天体运行论》的出版，标志着“从此以后，自然研究基本上从宗教下面解放出来了……科学的发展从此便大踏步地前进”。[1] 近代科学把自己对自然界的认识建立在观察和实验的基础之上，并把观察、实验方法与数学方法结合起来，从而获得了迅速的发展。这一时期认识自然界主要是把自然界分成许多部分，以一种解剖式的、静态的方法分门别类地去研究各个领域的自然现象。尽管为科学认识积累了大量的经验材料，也是近代自然科学获得巨大进展的基本条件，但也造成了一种孤立地、静止地思考问题的习惯。而自然科学领域也只是在力学和天文学方面取得一定成就，自然科学的诸多学科尚处于初期阶段，人们所获得关于自然界的认识主要是对机械运动的认识。自然界的普遍联系和运动、发展还没有揭示出来。从而，近代初期科学发展形成了以力学为模式解释宇宙、世界的机械自然观，虽然其本质是唯物论的，但具有机械决定论和形而上学的特征。

进入 18 世纪之后，欧洲普遍的工业革命推动了科学技术的发展。到 19 世纪，科学技术已经进入了全面发展时期。自然科学从搜集经验材料的阶段进入对这些材料进行理论概括的阶段。科学本身对自然界认识的进展，要求突破形而上学的局限。以康德、黑格尔为代表的德国古典哲学，反对把世界看作固定不变、没有矛盾的东西，而把它理解为具有矛盾发展的不断变化的运动过程，这就从根本上推翻了长期以来统治人们头脑的形而上学世界观，动摇了认为自然界在时间上没有任何历史的观点，在主张宇宙永恒不变的形而上学观念上打开了第一个缺口，从而为辩证的自然观开辟了道路。但这种辩证法的基础是唯心主义的。

二、自然辩证法的创立

马克思、恩格斯关于自然辩证法研究的设想始于 19 世纪 40 年代，“马克思和我，可以说是唯一把自觉的辩证法从德国唯心主义哲学中拯救出来并运用于唯物主义的自然观和历史观的人。可是要确立辩证的同时

---

① 《马克思恩格斯文集》第 9 卷，人民出版社 2009 年版，第 406 页。

又是唯物主义的自然观，需要具备数学和自然科学的知识。"① 马克思、恩格斯总结和概括了当时自然科学在认识自然界方面取得的成果，这些研究成果主要体现在《数学手稿》《自然辩证法》《反杜林论》《机器、自然力和科学的应用》和《资本论》等著作中。

马克思、恩格斯创立自然辩证法，正是蓬勃发展的工业革命把人类历史从农业文明推向工业文明的时代。他们克服了朴素唯物主义自然观和机械唯物主义自然观的缺陷，考察和研究了科学技术发展及其与自然和社会的关系和规律，形成了关于科学技术及其与自然、社会相互作用和普遍发展的学说，确立了唯物和辩证的自然观，以劳动以及与它一同发展起来的科学技术为中介，把对自然界和社会的认识和改造联系起来，形成了完整的自然辩证法理论体系。

三、自然辩证法的发展

马克思、恩格斯创立自然辩证法之后，19 世纪末 20 世纪初科学技术领域的三大发现（X 射线、放射性和电子）揭开了物理学革命的序幕，列宁总结和概括了这一时期的科学成果，在《唯物主义和经验批判主义》等著作中，对自然辩证法的发展作出了新的贡献，把自然辩证法推进到一个新的发展阶段。特别是在总结物理学中两条哲学路线斗争的主要经验教训时，列宁一再告诫自然科学家要学习辩证法，应当做一个辩证唯物主义者，"要继承黑格尔和马克思的事业，就应当辩证地探讨人类思想、科学和技术的历史"。② 列宁进而指出，"自然科学的唯物主义要成为人类伟大解放斗争中的真正战无不胜的武器，必须扩展为历史唯物主义"。③ 列宁逝世后，自然辩证法的思想开始在苏联传播。1925 年，恩格斯的《自然辩证法》在苏联出版，促进了自然辩证法在苏联和世界的广泛传播。

---

① 《马克思恩格斯文集》第 9 卷，人民出版社 2009 年版，第 13 页。
② 《列宁全集》第 55 卷，人民出版社 2017 年版，第 122 页。
③ 《列宁全集》第 18 卷，人民出版社 2017 年版，第 373 页。

四、自然辩证法在中国的发展

自然辩证法在中国的传播和发展，是同马克思主义在中国的传播和发展相伴随的。马克思主义的自然辩证法与我国社会生活、社会实践相结合，成为我国马克思主义思想运动和发展科学技术、实现现代化、建设中国特色社会主义事业的一部分。在中国现代化进程中，自然辩证法从理论与实践的结合上不断丰富自己的内容，扩展自己的研究领域，并不断更换着存在的形态，在理论上不断走向成熟。

早在20世纪30年代，随着《自然辩证法》《反杜林论》《唯物主义和经验批判主义》等经典著作中译本的出版，出现了学习和研究自然辩证法的组织，促进了自然辩证法在中国的传播。新中国成立初期，自然辩证法的发展被列为科学技术发展的一个组成部分，全国推广自然辩证法。改革开放以来，自然辩证法紧密结合中国现代化建设，开始了建制化过程，尤其是积极应对新技术革命的冲击，把研究领域扩展到科技发展战略、科学技术与经济发展、科技政策、科技工作管理、科学技术与人类文明、批判分析当代各种关于科学技术与社会的思潮等重大问题上。中国自然辩证法研究的主要理论特色有：

（一）坚持马克思主义的学科属性和定位

尽管随着时代背景和理论背景的变化，自然辩证法的研究内容和研究重点发生了很大变化，但中国自然辩证法研究始终坚持自身为马克思主义的组成部分，坚持用马克思主义的立场、观点和方法来分析科学技术的变化和发展，促进、丰富和发展马克思主义。

（二）体现理论性、学术性和思想性的统一

中国自然辩证法研究突出了研究传统和价值取向，坚持以马克思主义的世界观与方法论为指导，注重为国家经济建设与社会发展服务，致力于促进社会主义精神文明建设，“在为国服务中发展自然辩证法”。同时，自然辩证法是哲学性质的交叉学科，它横贯了自然科学、社会科学和思维科学的领域，视野广阔，富有启发性，对于培养德才兼备、全面发展的高层次创新人才，巩固马克思主义在意识形态领域的指导地位具

有重要意义。

（三）培育创新精神和创新能力

坚持创新既是自然辩证法的精神实质，又是它的重要功能和显著特征。自然辩证法内含的重要的科学方法论内容启迪人们的创新意识，处处渗透着创新精神。科学研究的一般程序及其中的科学方法如系统方法、信息方法、反馈方法等，都在一定意义上启迪着科学家的思维，引导着科学家的创新，表现出其显著的方法论功能和创新意识。此外，自然观和科学技术观的方法论功能也相当突出，对于引导人们的创新，启迪人们的创新意识和研究创新机理有重大意义。因此，自然辩证法把培养能适应社会发展需要、具有创新意识和能力的高素质人才作为重要任务。

（四）注重理论创新和与时俱进

正如恩格斯指出，“随着自然科学领域中每一个划时代的发现，唯物主义也必然要改变自己的形式”。① 中国自然辩证法研究注重理论的创新和建构，积极分析和借鉴国外科学技术哲学研究成果，形成了系统的自然辩证法理论体系；研究贯彻落实毛泽东思想、邓小平理论、“三个代表”重要思想、科学发展观、习近平新时代中国特色社会主义思想中的科学技术思想；与中国现代化建设的社会实践和生活相结合，成为中国马克思主义思想运动和推进科学技术现代化、实施科教兴国、可持续发展战略和生态文明建设、增强自主创新能力、实施创新驱动发展战略、建设创新型国家、建设世界科技强国和新时代中国特色社会主义事业的一部分，中国自然辩证法突出了其研究传统和价值取向，强化了自然辩证法的意识形态特征和理论教育功能，形成了系统的自然辩证法理论体系。

第四节 自然辩证法的新时代意义

以 20 世纪初的物理学革命为起端，以 20 世纪中叶的原子能技术、电

① 《马克思恩格斯文集》第 4 卷，人民出版社 2009 年版，第 281 页。

子计算机技术及空间技术的开发和应用为标志的现代科学技术革命，是20世纪以来人类历史发展中的一件具有全球性、根本性影响的大事，科学技术作为历史发展的火车头，从根本上改变了社会经济发展方式，极大地发展了生产力，对社会的经济、政治、文化都产生了深刻的影响，人类进入了高新技术时代和信息时代。现代科学技术革命以高新技术的应用为主要内容，包括信息技术、新材料技术、生物技术、新能源技术、空间技术与海洋技术等领域的内容。现代科学技术的发展体现出的主要特征有：科学成为生产技术的先导，科学、技术、生产三者结合更加紧密；科学技术的发展呈现多元化、全球化的格局，构成人类知识整体的最重要部分；人类进入大科学、大技术和大工程的时代，认识、改造世界的能力空前强大。

现代科学技术革命改变了人们的世界图景，不仅使得人们在自然观方面产生了极大的变化，而且由于其直接作用和广泛应用于生产实践，导致新型产业部门的形成，并引起传统工业、产业结构和社会生活的巨大变化，成为世界范围内都关注的重要革命。

世界新科技革命驱动人类社会步入了一个科技创新不断涌现的重要时期，也步入了一个经济结构加快调整的重要时期。正是在这样一种时代背景下，中国马克思主义者审时度势，通过提出一系列关于科学技术的认识、理解和观点，对当代科学技术及其发展规律进行概括和总结，将马克思主义科学技术观与中国具体科学技术实践相结合，形成了中国马克思主义科学技术观。

毛泽东思想中的科学技术观是毛泽东思想的重要组成部分。毛泽东将马克思、恩格斯的科学技术思想与中国具体实践相结合，强调中国社会主义建设要重视科学技术工作，提出了向科学进军的号召，开创了马克思主义科学技术观中国化的理论先河。在科学技术创新观方面，开创了一条自力更生的新中国科技创新之路，认为科学技术会促进生产力发展，要把自力更生与学习西方先进科学技术相结合，以尖端国防科技为重点，走赶超型的科学技术发展道路；在科学技术人才观方面，要求人才在政治和业务上达到辩证统一，重视科技人才的作用，注重科技人才培养和教育，关注科技人才的使用和管理；在科学技术发展观方面，提出“百家争鸣”的科学发展方针，开展群众性的技术革新和技术革命运动，将技术革命与社会革命相结合。

邓小平理论、“三个代表”重要思想和科学发展观中的科学技术观，是改革开放新时期，中国共产党领导全国人民向现代科学技术进军和进行社会主义现代化建设的行动纲领。在科学技术创新观方面，提出科学技术是第一生产力，实施科教兴国战略，认为科学技术创新是经济社会发展的重要决定因素，主张科技体制改革和加强党对科技事业的领导，提高自主创新能力，建设创新型国家，弘扬科学精神，加强科技创新文化建设；在科学技术人才观方面，尊重知识、尊重人才，重视和关心科学技术人才，加强科技人才队伍建设，实施人才强国战略；在科学技术发展观方面，指出科学技术要为经济建设服务，坚持以人为本，大力发展民生科学技术，重视科学技术和环境和谐发展，深入贯彻可持续发展战略，制定高科技发展战略，学习和引进国外先进科学技术成果，认识到科学技术伦理问题是人类在21世纪面临的一个重大问题，重视对科学技术工作者的科技伦理教育。改革开放新时期的中国马克思主义科学技术观充分反映了中国马克思主义对科学技术发展规律认识的不断深化，为中国马克思主义科学技术观的发展作出了重大贡献。

习近平以马克思主义为指导，继承和发展了毛泽东思想、邓小平理论、“三个代表”重要思想和科学发展观中的科学技术思想，为了实现中华民族伟大复兴的中国梦，在党和国家进入全面建成小康社会决胜阶段、中国特色社会主义进入新时代的关键时期，习近平提出了一系列治国理政的新理念、新思想、新战略，创立了习近平新时代中国特色社会主义思想。习近平新时代中国特色社会主义思想是马克思主义中国化的最新成果。习近平面对新时代的国际和国内局势，立足于我国科学技术与社会发展的现实需要，提出了一系列关于科学技术发展的理论观点，形成了习近平新时代中国特色社会主义思想中的科学技术观。在科学技术创新观方面，提出加快建设创新型国家，建设世界科技强国，是新时代中国特色社会主义的伟大方略，是我国提高核心竞争力的必然选择，建设世界科技强国是中华民族伟大复兴的重要组成部分，同时也是中华民族伟大复兴的重要支撑，认为创新是引领发展的第一动力，实施创新驱动发展战略，推进以科技创新为核心的全面创新，走中国特色自主创新道路，坚持融入全球科技创新网络，深度参与全球科技治理，加快科技体制改革步伐，加强科技文化建设，发展创新文化；在科学技术人才观方面，为了把我国建设成世界科技强国，强调要把人才资源开发放在科技创新最优先的位置，建设一支规模宏大、结构合理、素质优良的科技人才队伍，为实施创新驱动发展战略，建设世界科技强国，人才资源是第一资源，是一个国家最宝贵最重要的资源，要牢牢把握集聚人才大举措，这是走创新之路的首要任务，营造优良的人才环境；在科学技术发展观方面，坚持党对科技事业的领导，科技事业是加快建设社会主义现代化强国的重要保障，中国共产党领导是中国特色科技创新事业不断前进的根本政治保证，深刻剖析和准确阐释了新一轮科技革命产业革命的特点与社会影响，大力发展与民生相关的科学技术，推动绿色科技创新，促进绿色发展，发展国防科技，树立科技是核心战斗力的思想。

习近平新时代中国特色社会主义思想中的科学技术观，是继毛泽东思想、邓小平理论、“三个代表”重要思想和科学发展观中的科学技术观之后的又一伟大创造，具有与时俱进性和创新性；是中国马克思主义科学技术观的最新成果，具有一脉相承性；是建立在国内外科学技术发展的实践基础之上，并随着科学技术实践的发展而日趋完备，具有实践性；是为把我国建设成为世界科技强国，为实现中华民族伟大复兴而奋斗的行动指南，具有继往开来性。

在中国特色社会主义进入新时代的历史条件下，自然辩证法的学科属性、研究内容和思想特质，使得它对于提高马克思主义理论水平、坚定马克思主义理想信念，提高运用马克思主义基本原理和方法，全面、系统和辩证地认识人与自然关系、科学技术发展规律以及科学技术的社会功能具有重要意义；对于培育创新思维和创新能力，服务中国建设创新型国家和世界科技强国，推进实施创新驱动发展战略，最终服务于新时代中国特色社会主义现代化强国建设，服务于中华民族伟大复兴中国梦的实现具有重要意义。

当代中国自然辩证法的研究要积极学习、领会和研究中国马克思主义科学技术观，将中国马克思主义科学技术观的思想理论与社会经济发展实践密切结合起来，研究科技创新的方式方法、科技管理的制度机制等方面的理论问题，探索解决科技与经济结合、增强企业创新能力等方面的实践问题，充分发挥自然辩证法在促进哲学社会科学与自然科学相互渗透方面的独特功能提供更好的理论指导。当代中国自然辩证法的研究要有意识通过研究教学途径，积极发挥其自然观、科学技术观、科学技术方法论等方面在启迪、培育人们的创新意识、创新精神和创新方法上的功能，培育高素质的具有蓬勃创新精神的科技人才，加强科技人力资源能力建设，从而把培育能适应社会发展需要、具有创新意识和能力的高素质人才作为重要任务。当代中国自然辩证法的研究还要充分发挥自身学科优势和特征，积极发展和培育创新文化，进一步以传播科学知识、科学方法、科学思想、科学精神为己任，为使广大人民群众更好地接受科学技术的武装，形成讲科学、爱科学、学科学、用科学的社会风尚，作出自己的应有贡献。

正如恩格斯所言，“一个民族要想站在科学的最高峰，就一刻也不能没有理论思维”,① 在服务于新时代中国特色社会主义现代化强国建设，服务于中华民族伟大复兴中国梦的实现中，自然辩证法大有可为。

① 《马克思恩格斯文集》第9卷，人民出版社2009年版，第437页。

第一章　马克思主义自然观

自然观是人们在实践中形成的关于自然界及其与人类关系的总的观点，它是人们认识和改造自然界的本体论基础和方法论前提。自然观在发展历程中，始终存在着唯物主义和唯心主义、辩证法和形而上学等论争，先后经历了朴素唯物主义和自发辩证法的自然观、机械唯物主义和形而上学的自然观、辩证唯物主义自然观等阶段①。辩证唯物主义自然观是马克思和恩格斯依据科学技术成果创建的关于自然界及其与人类关系的总的观点，它具有科学性、革命性、与时俱进等特点，标志着马克思主义自然观的形成。

马克思主义自然观和科学技术发展相一致，并随着科学技术的发展而改变自己的形式。因此，马克思主义自然观不仅包括辩证唯物主义自然观，还包括马克思和恩格斯的后继者们通过继承、创新和发展形成的自然观。在当代，中国自然辩证法工作者们继承辩证唯物主义自然观，依据系统科学、生态科学等科学技术成果，创建了系统自然观、人工自然观和生态自然观等新自然观形态，从而来构建中国马克思主义自然观，并以此丰富和发展马克思主义自然观。

马克思主义自然观是自然辩证法的重要理论基础。学习马克思主义自然观，有助于理解和掌握马克思主义生态文明观，"坚定不移贯彻新发展理念",② 推进绿色发展，促进生态文明建设，建设美丽中国。

第一节　马克思主义自然观的形成

马克思、恩格斯批判地吸收古代朴素唯物主义自然观和近代机械唯

---

① "辩证法和形而上学是从属于唯物主义和唯心主义的"（参见肖前：《马克思主义哲学原理》，中国人民大学出版社 1993 年版，第 23 页。），笔者在后文中，将其分别简称为朴素唯物主义自然观、机械唯物主义自然观、辩证唯物主义自然观。

② 《习近平谈治国理政》第 2 卷，外文出版社 2017 年版，第 195—196 页。

物主义自然观，并依据当时的科学技术成果创建了辩证唯物主义自然观。辩证唯物主义自然观的建立标志着马克思主义自然观的形成。

一、朴素唯物主义自然观

朴素唯物主义自然观的全称是朴素唯物主义和自发辩证法的自然观。它是古代自然哲学家们以社会生产、科学技术为基础形成的关于自然界及其与人类关系的总的观点。它是马克思主义自然观形成的最初思想渊源。

（一）朴素唯物主义自然观的观点

朴素唯物主义自然观的主要观点是：自然界是物质的、生成的、相互联系和运动变化的；自然界的本原是某一种物质或某几种物质或某种抽象的东西；自然界不是静止不变的而是运动变化的，它“处于永恒的产生和消灭中，处于不断的流动中，处于无休止的运动和变化中”；① 生物是进化的，并在其中分化出了人。

朴素唯物主义自然观在不同国家得到具体体现。(1) 古印度人认为，自然界来源于原初物质（“极微”）。古阿拉伯人主张，自然界由物质、形态、运动、时间、空间等构成；它在时间上是无限的，但在空间上是有限的。古罗马人认为，自然界存在着一种普遍法则；人体由原子和虚空构成。(2) 古巴比伦人和古埃及人都主张宇宙是有限、有形和封闭的且又是以人类为中心的世界体系。古希腊人主张宇宙是无限的、永恒变化和存在的世界体系，围绕宇宙是否有中心形成了“地心说”（主张地球是宇宙中心，宇宙围绕地球运动）和“地动说”（主张地球乃至宇宙围绕太阳运动）的分歧。有人还提出了“混沌说”，主张宇宙起源于混沌中。(3) 古代中国人和古希腊人依据其自然哲学成果创立了内容丰富、自成体系、独具一格的自然观，成为朴素唯物主义自然观的典型代表。

1. 古代中国朴素唯物主义自然观。这种自然观的主要观点是：(1) 自然是指事物自己如此的状态，并以此肯定其存在的价值；它要求

① 《马克思恩格斯全集》第 20 卷，人民出版社 1971 年版，第 370 页。

从事物内部寻找其存在的依据，并从事物自身肯定其如此存在的合理性。（2）自然界的本原是某一种物质（如水、火等）或某几种物质（如金、木、水、火、土等）或某种抽象的东西（如气、道、端、理等）；物质与精神不可分离，灵魂不能脱离肉体独立存在。（3）自然界的生成和发展来自其内部物质的矛盾运动，“在宇宙中，阴与阳两种基本力量处在永恒的矛盾中”；[①] 自然界物质的运动是有规律的；自然界是物质、运动、时间、空间的统一。（4）人来源于自然界，并与自然界形成了“天人合一”的关系；人类运用“阴阳”“五行”和“气”等哲学思想和归纳、抽象等思维方法认识自然界并获得知识；人类可以利用自然规律改造自然界。

2. 古代希腊朴素唯物主义自然观。这种自然观的主要观点是：（1）自然是事物运动和变化的本原，是决定事物运动和变化并赋予其特定秩序的内在原因，是自然物（包括人类）的本性，是它们运动变化的原因和依据的原则。（2）自然界的本原存在于“某种具有固定形体的东西中”或“某种特殊的东西中”。[②] 例如，古希腊哲学家泰勒斯、阿那克西米尼、赫拉克利特分别在水、气、火中寻找万物的本原；巴门尼德、恩培多克勒、阿那克萨戈拉、留基波、德谟克利特和毕达哥拉斯分别在存在、根、种子、原子、数中寻找万物的本原；自然界在其内部各要素间的矛盾作用下，无限和永恒地变化和发展着。（3）辩证法在本体论上是指事物的自身运动，通过交流或对话的辩证法（论辩术），即通过追问解构对方的不恰当的观点的艺术，促使事物自身显露其本性，进而探求事物的真理。（4）宇宙是有形（箱子或者长方盒子）的、有限的（从原始混沌的洪水中生成和演变而来），它是运动的（或围绕地球转动——“地心说”，或围绕太阳转动——“地动说”）。（5）生物是进化的，并在其中分化出了人；人类通过感性认识和理性认识等路径以及归纳和演绎推理等思维方法认识自然界并获得知识；人是万物的尺度。

---

① ［奥］瓦尔特尔·霍利切尔：《科学世界图景中的自然界》，孙小礼等译，上海人民出版社1987年版，第31页。

② 《马克思恩格斯文集》第9卷，人民出版社2009年版，第429页。

3. 古代中国和古希腊朴素唯物主义自然观比较。古代中国和古希腊朴素唯物主义自然观在以下几方面存在异同点：（1）在认识“自然”的概念方面，古代中国人理解的“自己如此”和古希腊人理解的本原、本性有相通之处。古代中国人以“无为”对待“自然”，未能从作为内在性的“自然”开辟出外在性的“自然物”的存在领域，也未孕育出自然科学；古希腊人却能通过与人造物对比，从内在性“自然”开辟出外在性的“自然物”的存在领域，从而孕育出了自然科学。（2）在追溯自然界的本原方面，古代中国人和古希腊人都持有一元论或多元论的观点，如古代中国的“元气说”（“元气”产生万物）或“五行说”（水、火、木、金、土相生相克生成万物）和古希腊的“原子论”（万物都由原子构成）或“四因说”（万物的生成都来源于质料因、形式因、动力因和目的因）等。（3）在认识人类与自然界的关系方面，古代中国人和古希腊人都主张生物是进化的，人类来源于自然界。例如，汉代哲学家王充主张人的“精气”为物质基础；古希腊哲学家阿那克西曼德认为生命是进化来的，人是由动物演变而来的。（4）在认识自然界的方法论方面，古代中国人善于运用直觉、顿悟的方法认识自然界并以此获得知识，古希腊人善于运用归纳和演绎推理的方法认识自然界并以此获得知识。（5）在思维方式和表达方式方面，古代中国人“就事论理”，惯于用名言隽语、比喻论证的形式表达自己的思想，例如，“《老子》全书都是名言隽语，《庄子》各篇大都充满比喻论证”，这种表达方式“明晰不足而暗示有余”；[①] 古希腊人则“就理论理”，“最为思辨，充满着论辩、推理和证明等说理方式”。[②]

（二）朴素唯物主义自然观的特征

朴素唯物主义自然观的基本特征主要表现在：认识角度的整体性或宏观性，认识方法的直觉性、思辨性和臆测性，认识观念的自发性，认识程度的不彻底性等。

---

① 冯友兰：《中国哲学简史》，北京大学出版社 1996 年版，第 11 页。
② 赵敦华：《西方哲学简史》，北京大学出版社 2001 年版，第 1 页。

1. 整体性和直觉性。古代社会中的人们主要依靠手工劳动，生产力发展水平很低；自然科学只限于天文学、数学和力学，且没有科学实验，又和哲学相结合，没有独立出来，人们不能从事精密的科学实验；古代的哲学家同时又是自然科学家。因此，人们完全依赖有限的日常经验认识自然界，把自然界作为一个整体，“把自然现象的无限多样性的统一看做不言而喻的”,① 没有在细节方面对其进行科学研究，只能对其进行天才的、直觉的观察。例如，古希腊人在对存在者（自然物）状态形成了两大直觉性判断：一是“一切皆变、无物常住”（赫拉克利特语，意思是：存在者处在变化和运动中），二是“存在者存在，不存在者不存在”（巴门尼德语，意思是：运动变化的存在者不值得信任，信任的是不变者）。这种直觉性判断来自他们对作为存在者的依据——“自然”——的领悟。

2. 思辨性和臆测性。奴隶社会的社会分工（脑力劳动和体力劳动），使大多数作为奴隶主贵族的哲学家不必为生计操劳，有充分的闲暇时间从事纯思辨的哲学研究。他们通过思辨追根问底地研究宇宙起源和万物本源等哲学问题，通过猜测和幻想填补因不能具体细致地说明自然界而出现的知识空白。他们虽然“接触到事物发展的客观实际，但是还不够精确，失之笼统、含混，经不起严格的科学分析”②。例如，古代中国的“五行”说（以土与金木水火杂，以成百物）、元气说（万物由元气构成），古希腊的原子论（万物由原子构成）和“四元素”说（万物由土、水、气、火构成）等都体现出思辨性和臆测性的特征。

3. 自发性和不彻底性。古代自然哲学家们凭借其追求真理、爱好智慧的优秀品质，追究自然及自然界的存在及其规律，但在以下几方面表现出认识的不成熟和理论的不完善。（1）朴素唯物主义和辩证法“缺乏有机的结合，它们之间的关系有时互相配合得较好，有时两者若即若离。对于某一个学派或某一个哲学家来说，有的朴素辩证法比较突出，朴素

① 恩格斯：《自然辩证法》，人民出版社 2015 年版，第 30 页。

② 任继愈：《中国哲学史》第 1 册，人民出版社 1979 年版，第 29 页。

唯物主义较弱；也有时情况相反”。例如，“《老子》、《易传》有辩证法而缺少唯物主义，《孙子兵法》和汉初的《黄帝内经》、唐朝李荃的兵书，有朴素的辩证法，也有朴素的唯物主义，但它们只是某一特殊学科领域内的知识的概括，不是对世界总体的辩证法的说明”，“这种描述和解释只限定于一定范围，而且也是很不完备，很不彻底的”。[①]（2）朴素唯物主义自然观中蕴含着神、灵魂等因素；他们在认识自然界时，能够坚持唯物主义和辩证法，但在认识人类社会时，不能将其贯彻到底，甚至还夹杂着神秘主义、迷信和宿命论等因素。例如，泰勒斯的“水本原说”（水是万物的本原）和阿那克萨戈拉的“种子说”（“种子”是万物的本原）中就包含着神、灵魂的因素；斯多亚学派虽然在认识自然界时能够坚持赫拉克利特的“火本原说”（火是万物的本原），但他们在认识人类社会时，主张人不能改变或控制神赋予的命运，要顺从命运。

（三）朴素唯物主义自然观的渊源

朴素唯物主义自然观形成的思想渊源是原始社会的宗教神话自然观，它是在社会生产力极不发达的背景下，人们借助于幻想试图说明、解释进而征服自然界而形成的。

1. 宗教神话自然观的观点。其主要内容包括以下几方面：（1）自然物都是有生命的、有活动能力的东西（“物活论”）；风、雨、雷、电、地震、火山等都是“神力”所致（“泛神论”）；生、老、病、死等都是“灵魂”作用的结果，灵魂是脱离肉体独立存在且永生不死轮回存在的东西（“灵魂不死说”）。（2）自然界是神从原始混沌中创造出来的。例如，古希腊人形成了“盖亚”（创世女神，众神之母）创造万物等神话；古代中国人创造了“盘古开天辟地说”和“女娲补天说”等神话。（3）某些动物（如龟、虎、鹰等）是人的祖先，通过祭祀或祭拜活动，能够乞求其庇护，使自己免受灾难，即所谓的“图腾崇拜说”。（4）神化某些造福于民的英雄人物，并予以颂扬和传承，以此满足征服自然界的愿望。例如，“燧人氏”发明火，“神农氏”发明农业和医药，“伏羲氏”发明渔

① 任继愈：《中国哲学史》第1册，人民出版社1979年版，第29、30页。

猎技术，以及“羿射十日”“夸父逐日”“精卫填海”等。

2. 宗教神话自然观的作用。其主要体现在以下几方面：(1) 有助于追溯万物的本原。宗教神话自然观虽然含有极端幻想和狭隘愚昧的成分，但是，它主张“通过追溯事物的本原来解释事物是其所是的原因”的思维方式，影响着朴素唯物主义自然观的形成，使得后来的哲学家们在追溯自然界的本原方面，能够“从自然方面的因素来考虑”，“以一种自然现象来解释另一种自然现象”。① 例如，古希腊哲学家泰勒斯受到远古推崇水的神话和习俗的影响，通过观察“万物都以湿的东西为养料”和“水是潮湿本性的来源”② 等事实，提出了“水”是万物本原的朴素唯物主义自然观；古代中国人受到“天地混如鸡子，盘古生其中”③ 等神话的影响，创立了万物起源于“道”“气”等物质的朴素唯物主义自然观。(2) 有助于诱发科学思想的萌芽。宗教神话自然观虽然带有宗教迷信的色彩，但它是当时人们根据其认识能力，通过“简单推理的很微弱的理性活动”，④ 说明和解释自然界的一种成果。人们在从多神教转变为一神教的过程中，尝试探索自然界的统一性，从而可能诱发出科学思想的萌芽。从一定意义上说，宗教神话自然观是“人类科学思维的萌芽，也是理论科学的萌芽”；“理论科学从某种意义上说，是从原始的宗教、神话中萌发出来的。”⑤ 例如，列宁曾指出，毕达哥拉斯学派的灵魂观念是“科学思维的萌芽同宗教、神话之类的幻想的一种联系”。⑥

(四) 朴素唯物主义自然观的理论基础

朴素唯物主义自然观形成的理论基础是自然哲学，它是奴隶社会出现脑力劳动和体力劳动分工和阶级分化的社会背景下产生出来的。

---

① [美] 唐纳德·帕尔玛：《西方哲学导论》，杨洋等译，上海社会科学院出版社 2011 年版，第 9、7 页。

② 赵敦华：《西方哲学简史》，北京大学出版社 2001 年版，第 9、10 页。

③ 苗力田：《古希腊哲学》，中国人民大学出版社 1989 年版，第 7 页。

④ 任继愈：《中国哲学发展史》(先秦)，人民出版社 1983 年版，第 51 页。

⑤ 陈美东主编：《简明中国科学技术史话》，中国青年出版社 1990 年版，第 37 页。

⑥ 《列宁全集》第 38 卷，人民出版社 1959 年版，第 275 页。

1. 自然哲学的概念。其主要包括自然哲学的定义、内容和典籍等方面：(1) 自然哲学是近代自然科学的前身，它是指从哲学的角度，依靠经验和观察等方法，思考自然界而形成的哲学思想，它包括自然观、人生观等内容。古代的自然哲学既包括哲学又包括自然科学，是哲学和自然科学相互融合形成的一种整体知识形态。(2) 古代中国的《诗经》《山海经》《易经》《墨经》《吕氏春秋》《黄帝内经》等典籍，赫拉克利特的《论自然》，德谟克利特的《宇宙大系统》，苏格拉底的《克堤拉斯篇》，柏拉图的《蒂迈欧篇》、亚里士多德的《物理学》等是古代自然哲学的代表著作。

2. 自然哲学的作用。其主要体现在以下几方面：(1) 冲破了宗教神话自然观的桎梏。例如，泰勒斯不满足于原始宗教神话自然观对自然界的解释，出于追根问底、知其所然的好奇心，试图借助经验观察和理性思维解释自然界，率先提出了“什么是本原”的哲学问题，突破了原始宗教神话世界观的窠臼；克塞诺芬尼批判了“神人同形同性”的原始宗教神话自然观，动摇了原始宗教神话世界观的基础。(2) 为朴素唯物主义自然观奠定了知识基础。“最早的希腊哲学家同时也是自然科学家”。[①] 泰勒斯、阿那克西曼德等人既研究自然界的本原等问题，又研究几何学、天文学和地理学等问题，并取得了预言日食、制造日晷和天文仪器、绘制陆地和海洋地图等研究成果。他们以此为基础，对自然界及其与人类的关系问题进行哲学研究，创立了朴素唯物主义自然观。(3) 为朴素唯物主义自然观奠定了认识论和方法论基础。古希腊人主张通过经验观察和理性思辨，发现自然的秩序和原因。例如，德谟克利特主张认识自然界要通过感性认识和理性认识阶段，要运用归纳、类比和假说等方法；亚里士多德提出了认识自然界的演绎推理和论证的方法。

（五）朴素唯物主义自然观的作用

朴素唯物主义自然观的作用主要表现在：它成为马克思等经典作家创立自然观和方法论的思想渊源，成为道尔顿等近代自然科学家创建科

---

① 《马克思恩格斯文集》第9卷，人民出版社2009年版，第429页。

学理论的思想基础，成为当代生态自然观和生态文明观形成的思想渊源。

1. 成为马克思主义自然观形成的思想渊源。其主要体现在以下几方面：（1）马克思在他的题为《德谟克利特自然哲学和伊壁鸠鲁自然哲学的差别》的博士论文等论著中，吸收了古希腊哲学家伊壁鸠鲁的批判目的论和宿命论，主张原子既有直线运动又有偏斜运动，既有必然性，又有偶然性的原子论思想，形成了人对自然界具有能动性作用的自然观思想，并“已经有了辩证自然观的萌芽”①；马克思继承古希腊的辩证法思想（主张辩证法是一种可被思想经验的事物本身的运动），并对辩证法的本体论基础进行革命性变革和重构，即在本体论基础上，把辩证法的实质归结为唯物史观和历史科学。（2）恩格斯在他的《自然辩证法》等论著中指出，“在希腊哲学的多种多样的形式中，差不多可以找到以后各种观点的胚胎、萌芽”，“我们在哲学上如同在其他许多领域中一样不得不一再回到这个小民族的成就上来”。（3）列宁称赞赫拉克利特的朴素唯物主义和自发辩证法思想“是对辩证唯物主义原理的绝妙的说明”②，赞誉他是“辩证法的奠基人之一”③，并吸收了他的辩证法思想，丰富和发展了马克思主义自然观。（4）中国古代老子主张的“反者道之动”（道向相反的方面转化）、相辅相成等思想“对于中华民族影响很大”，成为辩证法思想产生的重要渊源之一。中国古代哲学家以“直觉的概念”为出发点的“形而上学的方法论”，④ 成为科学研究方法论中的非逻辑思维方法的重要思想渊源之一。

2. 成为近代自然科学发展的思想渊源。其主要体现在以下几方面：（1）古希腊人通过追寻事物的“本原”“本质”“本性”，即通过追寻“自然”，理解和把握自然物及其存在；通过与人造物的对比开辟出“自然物”领域，从而用自然的东西来解释自然，排除了超自然的神话，真

① 黄顺基、周济主编：《自然辩证法发展史》，中国人民大学出版社 1988 年版，第 111 页。

② 《列宁全集》第 55 卷，人民出版社 2017 年版，第 299 页。

③ 《马克思恩格斯全集》第 26 卷，人民出版社 2014 年版，第 876 页。

④ 冯友兰：《中国哲学简史》，北京大学出版社 1996 年版，第 17、293 页。

正发现了自然，孕育出了自然科学思想。（2）亚里士多德创立的以“三段论”（大前提—小前提—结论）为核心的形式逻辑体系，试图把思维形式和存在联系起来，并按照客观实际来阐明逻辑的范畴。它不仅对欧几里得创建几何学体系产生影响，而且作为演绎推理中的一种重要思维的形式，成为现代形式逻辑（数理逻辑或符号逻辑）的基础，也成为西方科学发展的重要思想基础。① （3）古希腊“塞莫斯的阿利斯塔克早在公元前270年就已经提出哥白尼的地球和太阳的理论”②，即地球绕着自己的轴转，同时绕着太阳转圈；德谟克利特等人的“原子论”、巴门尼德的存在理论和恩培多克勒的进化论等，分别成为近代道尔顿创立化学原子论、英国物理学家麦克斯韦等创立电磁理论和英国生物学家达尔文等人创建生物进化论的思想渊源。（4）恩格斯强调，自然科学“想要追溯自己今天的一般原理发生和发展的历史，它也不得不回到希腊人那里去”③。他警告自然科学家，不要把希腊人“没有经验自然科学”作为理由，以“培根式的傲慢”去小看他们，应该在“达到对希腊哲学的真正的认识”的基础上“迈步前进”④。

3. 成为生态文明观形成的思想渊源。其主要体现在以下几方面：（1）泰勒斯提出的“万物来源于水”的观点，阿那克西曼德提出的人生成于“鱼或一种类似于鱼的生物”⑤ 的观点，恩培多克勒提出的“生物进化”“人和动物有共同起源”的观点，亚里士多德提出的自然如同人类“有目的而自我生长”⑥ 的观点，它们都蕴含有直觉性的“天人一体”的有机论思想，都在一定意义上符合当代倡导的人与自然和谐共生、建构“生命共同体”的理念。（2）古代中国《易经》主张“天地人和”；《道

---

① 参见爱因斯坦：《爱因斯坦文集》第1卷，许良英等编译，商务印书馆1976年版，第574页。

② 《马克思恩格斯全集》第20卷，人民出版社1971年版，第529—530页。

③ 《马克思恩格斯全集》第20卷，人民出版社1971年版，第386页。

④ 《马克思恩格斯全集》第20卷，人民出版社1971年版，第386页。

⑤ ［英］G·E·R·劳埃德：《早期希腊科学》，上海世纪出版集团2015年版，第16页。

⑥ 苗力田：《古希腊哲学》，中国人民大学出版社1989年版，第122—123页。

德经》主张“万物莫不尊道而贵德”①；《庄子》“强调天人合一、尊重自然”；《荀子》主张“万物各得其和以生，各得其养以成”；《吕氏春秋》反对“竭泽而渔”和“焚薮而田”。他们“早就认识到了生态环境的重要性”，他们提出的“对自然要取之以时、取之有度的思想，有十分重要的现实意义”②，他们与马克思主义自然观相通，成为新时代生态自然观和生态文明观的重要思想渊源之一。

（六）朴素唯物主义自然观的缺陷

朴素唯物主义自然观的缺陷主要体现在：在本体论上，不能彻底坚持唯物主义立场；在认识论上，不能在细节方面进行科学地解释和说明自然界及其与人类的关系；在价值论上，不能回答民众关心的问题且满足其需要。

1. 不能彻底坚持唯物主义。其主要体现在以下几方面：（1）古希腊人的自然观虽然“具有素朴唯物主义的性质，但是在他们那里已经包藏着后来分裂的种子”③，即唯心主义因素。例如，泰勒斯的“水本原说”既含有唯物主义思想，又含有“磁石也有灵魂”④、“万事万物都包含着神”⑤等唯心主义成分；毕达哥拉斯的“数本原”说和柏拉图的“理念论”显露出唯心主义的特点。（2）古代中国人创立的“心本原说”“玄本原说”等也显露出唯心主义的特征。“中国的朴素唯物主义者在自然观方面坚持了唯物主义，但当他们涉及社会历史的领域时，仍然是唯心主义者。”⑥例如，汉代的王充虽然创立了具有唯物主义性质的“元气论”，但是，他在解释人类社会现象时，提出了人“有死生寿夭之命，亦有贵

① 童天湘、林夏水主编：《新自然观》，中共中央党校出版社 1998 年版，第 420、211 页。

② 《习近平谈治国理政》第 2 卷，外文出版社 2017 年版，第 530、209 页。

③ 《马克思恩格斯全集》第 20 卷，人民出版社 1971 年版，第 528 页。

④ 《马克思恩格斯文集》第 9 卷，人民出版社 2009 年版，第 431 页。

⑤ ［美］唐纳德·帕尔玛：《西方哲学导论》，上海社会科学院出版社 2011 年版，第 10 页。

⑥ 任继愈：《中国哲学史》第 1 册，人民出版社 1979 年版，第 26、27 页。

贱贫富之命”[1] 的“宿命论”。(3)朴素唯物主义自然观之所以蕴含着唯心主义的因素，是因为“人们已经习惯于用他们的思维而不是用他们的需要来解释他们的行为（当然，这些需要是反映在头脑中，是进入意识的）。这样，随着时间的推移，便产生了唯心主义世界观”[2]，从而出现了唯物主义和唯心主义的对立。

2. 不能满足民众的需要。其主要体现在以下几方面：(1) 古希腊早期哲学家虽然提出了许多宝贵的自然观思想，但他们探讨的只是纯粹天然自然界的本原等问题，并为此相互间展开激烈而无结果的纷争，没有涉及人类社会，他们的纷争和各自的结论，很难被当时的民众所理解，难以满足民众的需要，也很难在其中得到传播。(2) 古希腊中期和晚期的一些哲学家虽然把哲学研究从追求智慧转向追求人生幸福，以此促使哲学伦理化，但是，他们不能坚持唯物主义和辩证法的立场，他们的观点掺杂着迷信、巫术等因素，仍然不能满足民众的道德需要，从而阻碍了自然观的进一步发展。(3) 古代中国朴素唯物主义自然观也不被民众所理解，难以满足其需要；一些自然哲学家在解释人类社会现象时，仍坚持唯心主义立场，他们的观点也掺杂着宿命和迷信等因素，仍然不能满足民众的需要。

3. 不能科学地说明自然界。其主要体现在以下几方面：(1) 古代自然科学只限于天文学、数学和力学，当时还没有精密的科学实验，自然科学没有独立，它和哲学结合在一起。(2) 古代哲学家们只能从总体上凭借其天才的直觉和思辨认识自然界，而不能把唯物主义和辩证法有机地结合起来解释自然界；他们不能在细节方面对自然界进行分析，不能科学地、具体地研究自然界，这使得他们的自然观显得笼统而不具体，模糊而不深刻。(3) 他们的观点“虽然正确地把握了现象的总画面的一般性质，却不足以说明构成这幅总画面的各个细节”[3]，“没有说出运动

---

① 任继愈：《中国哲学史》第 2 册，人民出版社 1979 年版，第 133 页。

② 《马克思恩格斯文集》第 9 卷，人民出版社 2009 年版，第 557—558 页。

③ 《马克思恩格斯文集》第 3 卷，人民出版社 2009 年版，第 539 页。

是怎样发生的”，[1] 使其观点“带着主观臆测的特征，而没有严格的科学规定”，也“还不够精确，失之笼统、含糊，经不起严格的科学分析”，“给了唯心主义以可乘之隙”。[2]

（七）朴素唯物主义自然观的演变

朴素唯物主义自然观的上述缺陷，使其“在以后就必须屈服于另一种观点”[3]，即“开初被神学的自然观所冲击”，经过文艺复兴时期自然观的过渡，“继而为形而上学的自然观所代替”。[4]

1. 中世纪宗教神学自然观。其主要包括以下几方面：（1）中世纪宗教神学自然观主张上帝是自然界的本原，地球是宇宙的中心，人类只有信仰上帝才能获得幸福。这种自然观虽然在内容上接触了人生问题，易于民众理解，在表达方式上也没有古希腊人那种繁芜的思辨和论辩，但是，它反对古希腊人主张非人格神不能成为自然界本原的观点，宣扬唯心主义自然观思想；他们通过歪曲篡改和残酷迫害等手段向人们灌输其荒谬的思想。这种自然观实质上是向原始神话自然观的回归和倒退。（2）一些进步学者纷纷对此进行了批判并提出了自己的思想。例如，英国哲学家罗杰尔·培根倡导经验和实验科学，英国经院哲学家威廉·奥康提倡批判的、经验的态度和探索精神，吉洛姆继承了伊壁鸠鲁的原子论等，这些思想动摇和瓦解了神学自然观的理论基础，有力地推动了朴素唯物主义自然观向近代机械唯物主义自然观的过渡。

2. 文艺复兴时期的自然观。其主要包括以下几方面：（1）达·芬奇、路德、布鲁诺等是“在思维能力、激情和性格方面，在多才多艺和学识渊博方面的巨人”[5]，他们完成了“人的发现和世界的发现”[6]，即发现了

---

① 恩格斯：《自然辩证法》，人民出版社 2015 年版，第 33 页。

② 任继愈：《中国哲学史》第 1 册，人民出版社 1979 年版，第 26、29、20 页。

③《马克思恩格斯全集》第 20 卷，人民出版社 1971 年版，第 385 页。

④《自然辩证法讲义》编写组：《自然辩证法讲义》，人民教育出版社 1979 年版，第 7 页。

⑤《马克思恩格斯文集》第 9 卷，人民出版社 2009 年版，第 409 页。

⑥［瑞士］雅各布·布克哈特：《意大利文艺复兴时期的文化》，何新译，商务印书馆 1979 年版，第 280—302 页。

具有尊严、才能和自由的人以及和谐的、能动的、经验的自然界。(2)他们认为，自然界是生气勃勃的运动实体，人类可以用研究数学（从有限数学形体到无限数学形体）把握自然界；人类可以根据可感受的自然本来的原则（如冷与热的矛盾作业），并通过经验和实验解释自然界；人类可以根据理性的指导利用和改造自然界；自然界是和谐的，所有动物是平等的、共存的。(3)这些自然观思想虽然没有彻底摆脱中世纪宗教神学自然观的桎梏（既高扬理性又信仰神性），但它所宣扬的肯定人性、歌颂其创造性的思想，为朴素唯物主义自然观向机械唯物主义自然观的过渡起到了重要的促进作用。

二、机械唯物主义自然观

机械唯物主义自然观是16—18世纪的自然科学家和哲学家根据牛顿经典力学等自然科学成果，概括和总结自然界及其与人类的关系所形成的机械唯物主义和形而上学的自然观。它是马克思主义自然观形成的重要思想渊源。

（一）机械唯物主义自然观的观点

机械唯物主义自然观的主要观点是：自然界是由物质构成的，物质由不可再分的微粒构成；自然界受到上帝的“目的性”支配，具有绝对的不变性，自然物和时间、空间都是不变的；自然界的物质运动是来源于外力作用的、遵循因果规律的机械运动，宇宙的过程可以用简单的数学方程式表示；人与自然界都是机器，并且是分立的，人类以形而上学的思维方式认识自然界。

1. 自然界绝对不变。其主要体现在以下几方面：(1)自然界在本质上是永久存在、固定不变的，它的变化只是受外力作用的“机械的位置移动”，“只是在空间中扩张着”。① (2)时间和空间是绝对不变的：绝对的时间“与任何其他外界事物无关地流逝着”；绝对的空间“是与外界任

① 《马克思恩格斯文集》第9卷，人民出版社2009年版，第509、412页。

何事物无关而永远相同的和不动的"①。(3)自然物也是不变的:"植物和动物的种,一旦形成便永远固定下来";行星及卫星"一旦由于神秘的'第一推动'而运动起来,它们便依照预定的椭圆轨道旋转下去";"恒星永远固定不动地停留在自己的位置上"。②

2. 物质运动遵循因果规律。其主要体现在以下几方面:(1)物质由不可分割的原子组成;自然界是机器:自然界是一座时钟;人和动物都是机器;宇宙是一架巨大的机器。(2)自然界的所有物质运动都是机械运动,自然界的一切现象都受因果关系控制,宇宙间存在着普遍的因果联系,宇宙是一条由原因和结果组成的无穷锁链,宇宙的过程可以用简单的数学方程式表示。(3)自然界的安排受到上帝的"目的性"支配:"猫被创造出来是为了吃老鼠,老鼠被创造出来是为了给猫吃,而整个自然界被创造出来是为了证明造物主的智慧"。③

3. 形而上学地认识自然界。其主要体现在以下几方面:(1)近代自然科学研究采用还原分析方法,它先把整体分割为若干孤立的部分要素进行研究,再把这些部分合为一体。当时,在自然科学领域,只有牛顿力学理论发展成熟,人们大都用力学解释自然现象,即把高级复杂而多样的物质运动都还原为简单而单一的机械运动。这种思维方法被"移植到哲学中以后,就造成了最近几个世纪所特有的局限性,即形而上学的思维方式"④。(2)这种思维方式"把各种自然物和自然过程孤立起来,撇开宏大的总的联系去进行考察,因此,就不是从运动的状态,而是从静止的状态去考察;不是把它们看做本质上变化的东西"⑤;它是与辩证法相对立的,是用孤立、静止的观点观察世界的思维方式。(3)这种思维虽然使得当时自然科学"在知识上,甚至在材料的整理上大大超过了

---

① [美] H.S. 塞耶:《牛顿自然科学哲学著作选》,上海外国自然科学哲学著作编译组译,上海人民出版社 1974 年版,第 19 页。

② 《马克思恩格斯文集》第 9 卷,人民出版社 2009 年版,第 412 页。

③ 《马克思恩格斯文集》第 9 卷,人民出版社 2009 年版,第 413 页。

④ 《马克思恩格斯文集》第 9 卷,人民出版社 2009 年版,第 24 页。

⑤ 《马克思恩格斯文集》第 3 卷,人民出版社 2009 年版,第 539 页。

希腊古代，但是在以观念形式把握这些材料上，在一般的自然观上却大大低于希腊古代”①。

（二）机械唯物主义自然观的特征

机械唯物主义自然观的特征主要体现在：在认识自然界及其物质运动方面表现出机械性和目的性，在批判宗教神学和信仰上帝方面表现出不彻底性，在思维方式方面表现出形而上学性。

1. 机械性。机械唯物主义自然观把自然界、动物、甚至人都看成是机器，把自然界的所有运动都看成机械运动，把“化学过程无条件地归结为纯粹机械过程”，认为“现代生理学……在其领域内只让物理—化学的力——或广义上的机械力——起作用”②；它把“质的一切差异和变化都可以归结为量的差异和变化，归结为机械的位置移动”③，并“从力学原理中推导出自然界的其余现象”，“理解一切自然现象的原因”④，由此导出了机械决定论和上帝造世的“合目的论”。

2. 不彻底性。在自然科学领域，“哥白尼在这一时期的开端给神学写了挑战书；牛顿却以关于神的第一次推动的假设结束了这个时期”，使得“开始时那样革命的自然科学”又被“深深地禁锢在神学之中”。⑤ 在哲学领域，布鲁诺“为了维持这个新发现出来的宏大宇宙在纷繁之中有统一，他便不得不依靠犹太的神秘哲学和物质有灵说”⑥；英国哲学家F. 培根虽然批判了中世纪的经院哲学，但他仍主张人的认识来自自然和神灵的启示；笛卡尔虽然提出了普遍怀疑论的思想，但他仍提出了“天赋观念”思想。另外，有些自然科学家对上帝的信仰也不彻底。例如，虽然“牛顿还让上帝来作‘第一次推动’，但是禁止他进一步干涉自己的太阳

---

① 恩格斯：《自然辩证法》，人民出版社 2015 年版，第 13 页。

② 《马克思恩格斯文集》第 9 卷，人民出版社 2009 年版，第 507—508 页。

③ 《马克思恩格斯文集》第 9 卷，人民出版社 2009 年版，第 509 页。

④ 林定夷：《近代科学中机械论自然观的兴衰》，中山大学出版社 1995 年版，第 79、98 页。

⑤ 《马克思恩格斯全集》第 20 卷，人民出版社 1971 年版，第 364、365 页。

⑥ ［奥］瓦尔特尔·霍利切尔：《科学世界图景中的自然界》，孙小礼等译，上海人民出版社 1987 年版，第 58 页。

系”；英国学者“丁铎尔完全禁止他进入自然界”①。

3. 形而上学性。机械唯物主义自然观不用联系、变化、整体的观点看自然界，而用孤立、静止、片面的观点解释自然界；不把自然界看作是运动的、变化的、活的东西，而把它看作是静止的、永恒不变的、死的东西；它在实际研究过程中，“把自然界分解为各个部分，把各种自然过程和自然对象分成一定的门类，对有机体的内部按其多种多样的解剖形态进行研究”。② 其结果，“就不可能坚持从自然界的本身来说，而最终却归到造物主创造整个自然界的唯心主义营垒里去”。③

（三）机械唯物主义自然观的渊源

机械唯物主义自然观形成的思想渊源可以追溯到古希腊哲学。“在这里，也存在着它胜过它以后的一切形而上学敌手的优点”，也“差不多可以找到以后各种观点的胚胎、萌芽”。④ 普罗泰戈拉提出“人是万物的尺度”，开启关注人及人类本身的先河；亚里士多德提出“一切动物应当都可以供给人类使用”，也开启了关注人及人类存在价值的先河。

1. “数本原论”和“原子论”。其具体体现在：（1）毕达哥拉斯提出了“数本原论”。他“把数，即量的规定性，理解为事物的本质”⑤，主张一切事物的性质都可以被归结为数的规定性。在此基础上，18 世纪法国唯物主义者提出了“物质只在量上可以规定而在质上从一开始就相同的观点”，“试图把质的差异归结为同一的最小粒子在结合上的纯粹量的差异”，“用量的差异来说明一切质的差异”。⑥（2）德谟克利特等人提出了“原子论”。他们主张万物是由不可分割的原子通过相互碰撞的运动生成的，“万物都出于理由按必然生成”，而非“偶然生成”⑦。在此基础

① 《马克思恩格斯全集》第 20 卷，人民出版社 1971 年版，第 540、541 页。

② 《马克思恩格斯文集》第 9 卷，人民出版社 2009 年版，第 23—24 页。

③ 《自然辩证法讲义》编写组：《自然辩证法讲义》，人民教育出版社 1979 年版，第 17 页。

④ 《马克思恩格斯全集》第 20 卷，人民出版社 1971 年版，第 385、386 页。

⑤ 《马克思恩格斯文集》第 9 卷，人民出版社 2009 年版，第 511 页。

⑥ 《马克思恩格斯文集》第 9 卷，人民出版社 2009 年版，第 509 页。

⑦ 苗力田：《古希腊哲学》，中国人民大学出版社 1990 年版，第 165 页。

上，意大利科学家伽利略认为物体可以分解成无限小的不可分的原子；法国数学家笛卡尔主张用原子的机械运动解释所有物理现象；牛顿主张自然界的变化是通过微粒的分离、结合和运动表现出来的；荷兰哲学家斯宾诺莎认为自然界中没有任何偶然的东西，所有物质的运动都受到其必然性因素的影响。

2. “地动说”和“位移运动说”。其具体体现在：（1）古希腊自然哲学家阿利斯塔克提出了“地动说”。他认为地球自转并围绕太阳旋转；毕达哥拉斯也推测地球自动地围绕“火”这个中心体运行。近代哥白尼在此基础上创立了“日心说”，布鲁诺等人又创立了“宇宙无中心”的理论，成为当时具有革命性的自然观。（2）亚里士多德提出了“位移运动说”。他认为事物在外力的推动下，被迫通过移动离开自己的自然位置，天体在“第一推动者”的作用下将进行圆周运动。牛顿吸收这一思想并提出了“关于神的第一次推动的假设”①。

（四）机械唯物主义自然观的基础

机械唯物主义自然观形成的科学基础主要是经典力学理论。其主要包括以下几方面：（1）经典力学理论是牛顿在继承伽利略、开普勒、惠更斯、哈雷和胡克等科学家研究成果的基础上创建的，他把地球上物体和天体的运动规律统一起来，实现了近代物理学的第一次理论大综合，完成了近代第一次科学革命。（2）自然科学主要处于“掌握现有的材料”的阶段，在认识自然界方面，“只是对于在重力影响下所进行的天体运动和地球上的固体运动有比较详尽的了解”，② 只有“在数学、力学和天文学、静力学和动力学的领域中获得了伟大的成就”，而“差不多整个化学领域和整个有机界仍然是没有被理解的秘密”，“对历史地相继出现和依次取代的生命形态以及与之相适应的各种变化着的生活条件的研究——古生物学和地质学——当时还不存在”，“当时的物理学、化学和生物学还处在襁褓之中，还远不能为一般的自然观提供基础”。③

---

① 《马克思恩格斯全集》第 20 卷，人民出版社 1971 年版，第 365 页。

② 《马克思恩格斯全集》第 20 卷，人民出版社 1971 年版，第 538 页。

③ 《马克思恩格斯文集》第 9 卷，人民出版社 2009 年版，第 406、458、509—510 页。

1. 经典力学的观点。自然界由不可再分割的粒子构成；不受外力作用的物体将处于静止或匀速直线运动状态；物体运动速度的改变与其所受的外力成正比；物体之间的相互作用力的大小相等且方向相反；任何物体之间相互吸引力的大小与其质量成正比，而与它们之间的距离的平方成反比；物体的所有运动都是机械运动，物体运动只有速度和位置的变化而无质量变化；时间和空间是绝对的，它不依赖于物质而存在。

2. 经典力学的作用。经典力学主张自然界由基本粒子构成，维护了唯物主义的物质观；它主张物体的所有运动都是机械运动，自然界的物质运动只遵循力学规律，要用力学的原理论证自然界及其规律，存在着绝对的时间和空间，把质的差异归结为纯粹量的差异，这些成为机械唯物主义自然观形成的认识论根源；它割裂了物质和运动的关系，既承认无运动存在的物质，也承认脱离物质而存在的运动，并由此提出了上帝的“第一推动力”；它夸大归纳方法的作用，贬低理性思维的作用，这些成为形而上学思维方式形成的方法论基础。

机械唯物主义自然观形成的技术基础主要体现在：（1）工厂手工业替代家庭手工业促进了生产技术的改进和分工、协作的发展，促进了资本主义生产的发展，为机械唯物主义自然观的形成奠定了物质基础。（2）钟表、望远镜和显微镜等技术的发展以及中国的火药、指南针和印刷术等技术的传入，推动了欧洲的社会革命，促进了实验科学和数学的发展，为机械唯物主义自然观的形成奠定了实践基础。

（五）机械唯物主义自然观的作用

机械唯物主义自然观的作用主要体现在：它在思想方面挑战权威偏见，冲破传统羁绊；在方法论方面重视经验与实验，深化对自然界的研究，为辩证唯物主义自然观的形成创造了条件。同时，它的不彻底性也决定了其作用具有过渡性。

1. 为辩证唯物主义自然观的形成创造了条件。其具体体现在：（1）机械唯物主义自然观“挑战了从亚里士多德传承下来并被中世纪和文艺复兴时期的经院哲学所修正的传统自然哲学的基础”，“对亚里士多德学派关于天界物理和地上物理有着根本区别的观点提出了意义深远的质疑”,[①] 批判神人同形同性的“人格神”观念和神有意志和目的的谬论。(2)机械唯物主义自然观以近代自然科学为基础，强调自然界存在的客观性、物质性和发展的规律性，“否定了作为宇宙主宰的上帝，也否定了脱离肉体的灵魂”,[②] 冲破了中世纪神学自然观的羁绊，传承了朴素唯物主义自然观的思想传统。

2. 为辩证唯物主义自然观的形成提供了前提。其具体体现在：(1)机械唯物主义自然观以近代自然科学为基础，注重经验事实和观察实验，注重把经验作为知识的来源和检验真理的方法，把观念与经验的符合作为真理的标准，从而培植了求实和崇尚理性的科学精神，促进从注重神学教义到注重经验事实的转变，从注重思辨和想象到注重观察、实验和数学推理的转变，从注重把宗教作为判定认识标准到注重把实践作为判定认识标准的转变。(2)机械唯物主义自然观主张通过观察、实验、分析等科学方法研究自然界，强调分析方法在整理材料方面所发挥的作用，主张这是“最近400年来在认识自然界方面获得巨大进展的基本条件”[③]，因为“如果不把不间断的东西割断，不使活生生的东西简单化、粗陋化，不加以划分，不使之僵化，那么我们就不能想象、表达、测量、描述运动”[④]。

3. 为辩证唯物主义自然观的形成起到了过渡作用。其具体体现在：(1)机械唯物主义自然观在思想观念上虽然具有革命的不彻底性，但在崇尚理性、注重观察和实验等方面又具有经验实证性；它既继承了古代和中世纪哲学的思辨传统，又具有改造和控制自然界的实践精神；它的形而上学的思维方法虽然在具体研究自然界方面高于古希腊，但在总的观点方面又低于古希腊。(2)机械唯物主义自然观的上述两重性来自当

① [美] 史蒂文·夏平：《科学革命：批判性的综合》，徐国强、袁江洋、孙小淳译，上海科技教育出版社2004年版，第15、16页。

② 任继愈：《中国哲学史》第1册，人民出版社1979年版，第11页。

③ 《马克思恩格斯文集》第9卷，人民出版社2009年版，第24页。

④ 《列宁全集》第55卷，人民出版社2017年版，第219页。

时自然科学发展的不充分和不全面，决定了它在当时的过渡地位。伴随着19世纪自然科学的全面发展，它随之被改变、发展为辩证唯物主义自然观。

（六）机械唯物主义自然观的缺陷

机械唯物主义自然观的缺陷主要体现在：以机械决定论的观点认识自然界的存在及其规律，并以形而上学方法具体研究它；以因果决定论的观点推测自然界的未来发展。

1. 以机械决定论认识自然界。其具体体现在：（1）机械唯物主义自然观把自然界和人都看作机器，并把人和自然界相隔离，把人排斥于自然界之外，没有正确认识人和自然界的辩证关系。（2）机械唯物主义自然观以机械运动穷尽物质的所有运动，主张“一切运动都包含着物质的最大或最小部分的机械运动，即位置移动”，“但是这种机械运动并没有把所有的运动包括无遗”，[①] 即使“把思维‘归结’为脑子中的分子的和化学的运动；但是难道这样一来就把思维的本质包括无遗了吗?”[②]。（3）它不仅“虚构某种所谓的力来解释这些运动形式”，而且用量的差异来说明一切质的差异，用物质的量规定其质，否定了质和量的辩证关系。这种观点“甚至倒退到毕达哥拉斯那里去了”[③]。

2. 以因果决定论推测自然界。机械唯物主义自然观主张自然界的存在和发展都严格地遵循着因果规律，“只要知道粒子在某一时刻的速度和位置，便可以按力学的定律推算出它们的无限未来或无限过去的状态”，[④] “只要知道初始条件，就既能预见将来，也可决定过去”。[⑤] 依照这种观点，就会导致关于自然界的安排的合目的性的思想，也会如同黑格尔所

---

① 《马克思恩格斯文集》第9卷，人民出版社2009年版，第508页。

② 《马克思恩格斯全集》第20卷，人民出版社1971年版，第591页。

③ 《马克思恩格斯文集》第9卷，人民出版社2009年版，第536、511页。

④ 北京大学哲学系外国哲学史教研室编译：《十八世纪法国哲学》，商务印书馆1963年版，第595页。

⑤ ［比］伊·普里戈金：《从存在到演化》，《自然杂志》1980年第1期。

批判的，“如果一粒微尘被破坏了，整个宇宙就会崩溃”①。其结果，还是没有摆脱神学的自然观。

3. 以形而上学方法研究自然界。机械唯物主义自然观“企图用一种模式来改造整个世界”,② 这种形而上学的思维方式虽然“对于日常应用，对于科学上的细小研究”仍然是有效的，但是，“他们在绝对不相容的对立中思维”，主张“事物及其在思想上的反映即概念，是孤立的、应当逐个地和分别地加以考察的、固定的、僵硬的、一成不变的研究对象”,③ 从而“堵塞了自己从了解部分到了解整体、到洞察普遍联系的道路”④，在个别问题上胜过朴素唯物主义，但对世界的联系和发展的理解却低于朴素唯物主义。

（七）机械唯物主义自然观的演变

机械唯物主义自然观被恩格斯称为“陈腐的”“僵化的”“保守的”“低于希腊古代”的自然观，它以后被康德“星云假说”等自然科学的发现连续地“打开缺口”，最后被辩证唯物主义自然观所取代。

1. 机械唯物主义自然观在发展中扩大影响。其具体体现在：（1）机械唯物主义自然观在18世纪得到继承和发展。当时，法国唯物主义哲学家吸收了当时经典力学的研究成果，继承并发展了机械唯物主义自然观。他们主张自然界物质的所有运动都是符合力学定律的机械运动，自然界物质的运动都要遵循因果规律，用力学的原理、数学模型方法和还原分析方法研究所有自然现象的原因，从而使得他们的自然观成为“完全机械的”⑤ 唯物主义自然观。（2）机械唯物主义自然观在19世纪仍具有影响力。它主张自然界具有固定不变的性质，并以此提供了把全部自然科学作为一个整体加以概括的基础，这在当时产生了很大影响，它甚至

---

① 《列宁全集》第55卷，人民出版社2017年版，第88页。

② 《习近平谈治国理政》第2卷，外文出版社2017年版，第340页。

③ 《马克思恩格斯文集》第9卷，人民出版社2009年版，第471、24页。

④ 《马克思恩格斯全集》第20卷，人民出版社1971年版，第385页。

⑤ 任继愈：《中国哲学史》第1册，人民出版社1979年版，第11页。

“统治了十九世纪的整个上半叶”①，以至有的科学家宣称19世纪是机械论世纪。例如，德国天文学家梅特勒“直到1861年，这个人居然还毫不动摇地相信这种观点”，认为“我们的太阳系的所有安排……是为了保持现存的东西，保持其长久不变”，“一切被创造出来的东西本身具有同样的完美性”。②

2. 机械唯物主义自然观在发展中受到挑战。其具体体现在：(1) 机械唯物主义自然观受到哲学的挑战。例如，斯宾诺莎主张人是自然界的一部分；德国哲学家莱布尼兹主张自然界不是需要外力推动的机器，而是运动变化的有机体；法国哲学家狄德罗认为不能把自然界的物质运动还原为机械运动，主张有机物的发展是由低级到高级的进化过程。这种“坚持从世界本身来说明世界”的观点，被恩格斯赞誉为“当时的哲学博得的最高荣誉”③。(2) 机械唯物主义自然观受到自然科学的挑战。机械唯物主义自然观首先被康德和法国数学家拉普拉斯共同创立并被证实的“星云假说”打开了“第一个突破口”，以后，机械唯物主义自然观又接连被地质学和古生物学、有机化学、力学的热理论、细胞学说、生物进化论、解剖学、气象学、动物地理学和植物地理学、自然地理学等领域的自然科学家及其研究成果打开了一个又一个突破口（机械唯物主义自然观在19世纪末和20世纪又接连遭到物理学、生物学和系统科学等自然科学的冲击），“由于科学的进步而被弄得百孔千疮”，④ 最终被辩证唯物主义自然观所取代了。

三、辩证唯物主义自然观

辩证唯物主义自然观是马克思和恩格斯依据19世纪的科学技术成果，批判地继承了古希腊朴素唯物主义自然观，吸收了法国唯物主义自然观和德国唯心主义自然观中的合理因素所形成的关于自然界及其与人

① 《马克思恩格斯全集》第20卷，人民出版社1971年版，第366页。
② 恩格斯：《自然辩证法》，人民出版社2015年版，第14页。
③ 《马克思恩格斯文集》第9卷，人民出版社2009年版，第413页。
④ 《马克思恩格斯全集》第20卷，人民出版社1971年版，第366页。

类关系的总观点。它是马克思主义自然观形成的重要标志。

（一）辩证唯物主义自然观的观点

辩证唯物主义自然观的主要观点是：自然界是客观的、变化发展的物质世界；物质在其永恒的循环中按照规律运动；物质运动在量和质的方面都是不灭的，时间和空间是物质的固有属性和存在方式；人是自然界的一部分，意识和思维是人脑的机能；实践是人类有目的地认识和改造自然界的能动活动，是人类存在的本质和方式；人是自然界的一部分，“人靠自然界生活”，“人与自然是生命共同体”①；“人与自然是一种共生关系，对自然的伤害最终会伤及人类自身”。② 认识自然界要遵循客观性原则。

1. 自然界是先在的和历史的自然界。自然界是先于人存在的自然界，是人们依据实践基础所认识的自然界；自然界是“在人类历史中即在人类社会的形成过程中生成的自然界，是人的现实的自然界”③，它既具有自然属性又具有社会历史性属性，是人类史与自然史相统一的自然界。

2. 自然界是联系的和发展的自然界。其具体体现在：（1）自然界中的各种物质运动形式可以“按照一定的规律互相转化”，这种转化“可以在实验室中和在工业中实现”④；物质在转化过程中，它的“运动的量是不变的”⑤，既不会增多，也不会消失；物质运动都遵循着对立统一规律、质量互变规律和否定之否定规律。（2）有机物可以从无机物中被制造出来，它们遵守共同的化学定律；有机体都是从细胞的繁殖和分化中产生和成长起来的，物种之间可以相互融合，不存在“固定不变的有机界的僵硬系统”⑥。（3）自然界在时间和空间上具有“彼此并列的历史”和

---

① 习近平：《在纪念马克思诞辰200周年大会上的讲话》，《人民日报》2018年5月4日。

② 《习近平谈治国理政》第2卷，外文出版社2017年版，第209页。

③ 《马克思恩格斯文集》第1卷，人民出版社2009年版，第193页。

④ 《马克思恩格斯文集》第9卷，人民出版社2009年版，第416、456页。

⑤ 《马克思恩格斯文集》第9卷，人民出版社2009年版，第16页。

⑥ 《马克思恩格斯文集》第9卷，人民出版社2009年版，第417页。

“前后相继的历史”；它“是生成着和消逝着”① 以及循环着，“它虽然在某个时候一定以铁的必然性毁灭自己在地球上的最美的花朵——思维着的精神，而在另外的某个地方和某个时候一定又以同样的铁的必然性把它重新产生出来。”②

3. 以辩证思维方式认识自然界。辩证唯物主义自然观主张在认识自然界的过程中，“必须从既有的事实出发”，“从物质的各种实在形式和运动形式出发”去发现其中的联系，“而且这些联系一经发现，就要尽可能从经验上加以证明”；③ 辩证唯物主义自然观主张“一切差异都在中间阶段融合，一切对立都经过中间环节而互相转移”④，反对孤立地看待事物之间的差异和对立；辩证唯物主义自然观反对无条件地使用不具有普遍有效性的“非此即彼”的认识方法，主张“除了‘非此即彼!’，又在恰当的地方承认‘亦此亦彼!’”；“这样的辩证思维方法是唯一在最高程度上适合于自然观的这一发展阶段的思维方法”，⑤ 辩证唯物主义自然观“为从一个研究领域到另一个研究领域的过渡提供类比，并从而提供说明方法。”⑥

（二）辩证唯物主义自然观的特征

辩证唯物主义自然观的特征主要体现在：认识自然界及其与人类的关系具有实践性、历史性和辩证性；认识德国古典哲学以及其他哲学和自然科学论调具有批判性。

1. 实践性。辩证唯物主义自然观主张自然界不是思辨的、抽象的，而是具体的、现实的，是人类社会实践的产物，是“通过工业——尽管以异化的形式——形成的自然界”⑦；自然界即使是先于人类存在的，辩

① 《马克思恩格斯文集》第9卷，人民出版社2009年版，第414、415页。
② 《马克思恩格斯全集》第20卷，人民出版社1971年版，第379页。
③ 《马克思恩格斯文集》第9卷，人民出版社2009年版，第440页。
④ 《马克思恩格斯文集》第9卷，人民出版社2009年版，第471页。
⑤ 《马克思恩格斯文集》第9卷，人民出版社2009年版，第471页。
⑥ 《马克思恩格斯全集》第20卷，人民出版社1971年版，第383页。
⑦ 《马克思恩格斯文集》第1卷，人民出版社2009年版，第193页。

证唯物主义自然观也是在人类的实践基础上被人们所认识的；不同时代人类的社会实践尤其是科学技术的实践，决定了其对自然界的认识，决定了自然观的形成与发展。

2. 历史性。辩证唯物主义自然观主张自然界不仅具有空间上扩张的历史，而且具有时间上生成的历史；自然界生成的历史是人类生成的历史和自然界对人的生成的历史，是人类史和自然史相统一的历史；对先在自然界和现实自然界的认识，也是一个以实践的历史为基础的历史过程，是形成和发展自然观的历史过程。

3. 辩证性。辩证唯物主义自然观既承认自然界的客观实在性和物质统一性，又承认其运动变化和循环发展，实现了唯物论和辩证法的统一；既承认自然界的天然的先在性又承认其人工的现实性，实现了天然自然界和人工自然界的统一；既承认人类生成自身的历史又承认其创造自然界的历史，实现了人类史和自然史的统一；既承认人类具有改造自然界的主观能动性又承认其受制于自然界的客观受动性，实现了人与自然界关系上的能动性和受动性的统一。

4. 批判性。辩证唯物主义自然观否定了“神创说”和“上帝第一推动说”，批判了黑格尔的客观唯心主义辩证法和费尔巴哈的“半截子”唯物主义，是“唯一把自觉的辩证法从德国唯心主义哲学中拯救出来并运用于唯物主义的自然观和历史观”①；辩证唯物主义自然观批判了杜林的自然观、毕希纳的庸俗唯物论、孔德的实证论哲学、社会达尔文主义、宇宙热寂说以及歪曲劳动的本质并为资产阶级统治服务的古典政治经济学等；辩证唯物主义自然观批判了自然科学家“一味吹捧经验、极端蔑视思维”、对神灵又极端的“幻想、轻信和迷信”② 等错误思想。

（三）辩证唯物主义自然观的思想渊源

辩证唯物主义自然观形成的思想渊源可以追溯到古希腊哲学和德国的古典哲学，“没有古希腊哲学到德国古典哲学的发展就没有辩证唯物主

---

① 《马克思恩格斯文集》第 9 卷，人民出版社 2009 年版，第 13 页。

② 《马克思恩格斯文集》第 9 卷，人民出版社 2009 年版，第 13、442 页。

义世界观”。①

1. 古希腊哲学。赫拉克利特的“火本原说”被列宁赞誉为“对辩证唯物主义原理的绝妙的说明”，他也被列宁称为“辩证法的奠基人之一”②；德谟克利特被马克思和恩格斯称誉为“经验的自然科学家和希腊人中第一个百科全书式的学者”③；伊壁鸠鲁被马克思称为“最伟大的希腊启蒙思想家”，他的哲学“是理解希腊哲学的真正历史的钥匙”④，他的原子论成为马克思博士论文的主要研究内容及其自然观形成的思想基础；古希腊哲学把自然界“当作整体，从总体上来进行观察”⑤，“按照自然界的本来面目质朴地理解自然界，不添加任何外来的东西”⑥ 的思维方式和态度，成为辩证思维方式的重要前提和基础。

2. 德国古典哲学。古希腊的辩证法（主张辩证法在本体论上是事物的自身运动）被德国古典哲学所复活，马克思对辩证法本体论基础进行了革命性变革和重构，马克思“第一个把已经被遗忘的辩证方法、它和黑格尔辩证法的联系以及差别重新提到人们面前”，他在黑格尔辩证法中“发现神秘外壳中的合理内核”⑦，并“赋予了辩证法一个现代的科学的形态”⑧；他“在《资本论》中把这个方法应用到一种经验科学即政治经济学的事实上去”⑨；费尔巴哈摈弃了黑格尔唯心主义的出发点，即“精神、思维、观念是本原的东西，而现实世界只是观念的摹写”⑩，他“颠倒黑格尔体系的做法对马克思有深刻的影响，是马克思主义哲学的一个

---

① 任继愈：《中国哲学史》第1册，人民出版社1979年版，第2页。
② 《列宁全集》第55卷，人民出版社1986年版，第299、296页。
③ 《马克思恩格斯全集》第3卷，人民出版社1960年版，第146页。
④ 《马克思恩格斯全集》第1卷，人民出版社1995年版，第63、11页。
⑤ 《马克思恩格斯全集》第26卷，人民出版社2014年版，第501页。
⑥ 恩格斯：《自然辩证法》，人民出版社2015年版，第67页。
⑦ 《马克思恩格斯文集》第9卷，人民出版社2009年版，第440、441页。
⑧ ［奥］瓦尔特尔·霍利切尔：《科学世界图景中的自然界》，孙小礼等译，上海人民出版社1987年版，第90页。
⑨ 《马克思恩格斯文集》第9卷，人民出版社2009年版，第441页。
⑩ 《马克思恩格斯文集》第9卷，人民出版社2009年版，第440页。

重要来源”①，也是辩证唯物主义自然观的重要来源。

（四）辩证唯物主义自然观的基础

辩证唯物主义自然观形成的科学基础主要是19世纪的自然科学理论。当时，以蒸汽机为主要标志的近代第一次技术革命及其产业革命，推动自然科学研究从“搜集材料”阶段进入了“整理材料”阶段，使得自然科学“从经验科学变成了理论科学”②，变成了“关于过程、关于这些事物的发生和发展以及关于联系——把这些自然过程结合为一个大的整体——的科学”，为辩证唯物主义自然观的形成“提供了前所未闻的新材料”。③

1. 星云假说和地质“渐变论”。（1）星云假说是由康德和拉普拉斯共同创立的。它认为天体是由原始星云通过吸引和排斥的矛盾作用生成出来的；太阳系具有时间和空间的历史。它“攻击太阳系的永恒性”④的观点，取消了牛顿的“第一推动”假说，从而在“这个完全适合于形而上学思维方式的观念上打开了第一个突破口”⑤。（2）地质“渐变论”是由英国地质学家赖尔创立的。它强调地球及其表面“都有时间上的历史”且能够“导致物种的变异性”⑥；它“以地球的缓慢变化所产生的渐进作用，取代了由于造物主一时兴动而引起的突然变革”，并“把知性带进地质学”。⑦

2. 人工合成尿素和元素周期律。（1）人工合成尿素是由德国化学家维勒完成的。他以氰、氰酸银、氰酸铅和氨水、氯化铵等无机原料制造出了有机物（尿素），不仅证明了无机物和有机物遵循同样的化学定律，“而且把康德还认为是无机界和有机界之间的永远不可逾越的鸿沟大部分

---

① 赵敦华：《西方哲学简史》，北京大学出版社2001年版，第319页。
② 《马克思恩格斯文集》第9卷，人民出版社2009年版，第456页
③ 《马克思恩格斯选集》第4卷，人民出版社1995年版，第245、348页。
④ 《马克思恩格斯文集》第9卷，人民出版社2009年版，第417页。
⑤ 《马克思恩格斯文集》第9卷，人民出版社2009年版，第61页。
⑥ 《马克思恩格斯文集》第9卷，人民出版社2009年版，第415页。
⑦ 《马克思恩格斯文集》第9卷，人民出版社2009年版，第415页。

填平了”。[①]（2）元素周期律是由俄国化学家门捷列夫等创立的。他“通过——不自觉地——应用黑格尔的量转化为质的规律”，发现了元素的性质随着元素的原子量的增加而呈周期性变化的规律，揭示了元素之间所存在的内在联系，“完成了科学上的一个勋业”。[②]

3. 电磁场理论和能量守恒与转化定律。（1）电磁场理论是由麦克斯韦等人创立的。它主张电和磁在一定条件下可以相互转化，变化的电场和变换的磁场在相互转化中形成了电磁波，从而揭示了电和磁的统一性及其运动变化的规律。（2）能量守恒与转化定律是由德国物理学家迈尔、英国物理学家焦耳等创立的。它主张自然界的一切物质都具有能量，能量有各种不同的形式，可以从一种形式转换为另一种形式，从一个物体传递到另一个物体，在转换和传递中，各种形式能量的总和不变。它使得“自然界中一切运动的统一，现在已经不再是一个哲学的论断，而是一个自然科学的事实了”[③]。

4. 细胞学说和生物进化论。（1）细胞学说是由德国生物学家施旺和施莱登共同创立的。它认为细胞是生物有机体的基本结构单位，有机体在本质上都是从细胞的繁殖和分化中产生和成长起来的。（2）生物进化论是由达尔文等创立的。它主张生物是从简单到复杂、从低级到高级发展的；物种是可变的，动植物物种之间是可以相互融合的。它证明了自然界的历史发展，为辩证唯物主义自然观“提供了自然的基础”[④]。

上述科学理论使得“自然界无穷无尽的领域全都被科学征服，不再给造物主留下一点立足之地”，尤其是能量守恒与转化定律、细胞学说和生物进化论这三大发现对于辩证唯物主义自然观的创立“具有决定性重要意义”，它使得“自然界的主要过程就得到了说明，就被归之于自然的原因”。[⑤]

---

① 《马克思恩格斯文集》第9卷，人民出版社2009年版，第416页。
② 《马克思恩格斯文集》第9卷，人民出版社2009年版，第469页。
③ 《马克思恩格斯文集》第9卷，人民出版社2009年版，第457页。
④ 《马克思恩格斯全集》第31卷，人民出版社1972年版，第251页。
⑤ 《马克思恩格斯文集》第9卷，人民出版社2009年版，第462、456、458页。

辩证唯物主义自然观形成的技术基础主要体现在：（1）18世纪的蒸汽机技术革命及其产业革命和19世纪的电力技术革命及其产业革命，推动了由工场手工业到机器大工业再到电气化、自动化工业的转变，促进了资本主义从自由竞争转变为垄断（成为帝国主义）。它促使资本主义基本矛盾激化并由此产生了社会革命，为辩证唯物主义自然观的形成创造了社会条件。（2）上述技术革命和产业革命进一步促进资本主义生产的发展，促进自然科学“从经验科学变成了理论科学”，“又转化成唯物主义的自然知识体系”,① 为辩证唯物主义自然观的形成奠定了实践基础。

（五）辩证唯物主义自然观的作用

辩证唯物主义自然观的作用主要体现在：它通过“扬弃”机械唯物主义自然观实现了自然观的革命性变革；它的实践思想和辩证思维方式为马克思主义自然观的形成奠定了理论和方法论基础，为自然科学和社会科学的融合奠定了理论基础；它的生态哲学思想成为生态自然观的思想渊源，也为解决生态环境问题提供了世界观和方法论；它的系统思想和人化自然等思想成为系统自然观和人工自然观的思想渊源。

1. 实现了自然观史上的革命性变革。（1）辩证唯物主义自然观“扬弃”了机械唯物主义自然观，并运用当时的自然科学成果，对自然界及其与人类的关系进行了“严格科学的以实验为依据的研究”②，在更高的基础上实现了向古希腊朴素唯物主义自然观的回归。（2）辩证唯物主义自然观吸收了法国唯物主义自然观的经验反映论，克服其只承认人的受动性而忽视其能动性等缺陷；吸收了德国唯心主义自然观的辩证法思想，克服其抽象地认识人的能动性等缺陷，实现了唯物性、辩证性、实践性和历史性的辩证统一。

2. 为马克思主义自然观的形成奠定理论基础。（1）辩证唯物主义自然观主张实践是人有意识、有目的地认识和改造自然界的活动，人类在

---

① 《马克思恩格斯文集》第9卷，人民出版社2009年版，第456页。

② 《马克思恩格斯选集》第4卷，人民出版社1995年版，第271页。

实践中不仅形成了自然关系而且发生了社会关系，实践是自然史与社会史相统一的衔接点，使得自然界不仅是先在的自然界，而且是自然史和人类史相统一的自然界。（2）辩证唯物主义自然观把自然界和人类社会看成是共同遵循辩证规律的统一的历史过程，主张自然史是社会史的基础，自然史的发展和社会史的发展都受到统一的客观规律的支配，从而实现了自然观和历史观的统一。

3. 为马克思主义自然观的形成提供方法论基础。（1）辩证唯物主义自然观倡导的辩证思维方式“对于现今的自然科学来说”，“恰好是最重要的思维形式”，“因为只有辩证法才为自然界中出现的发展过程，为各种普遍的联系，为一个研究领域向另一个研究领域过渡提供类比，从而提供说明方法”。[①]（2）科学家如果蔑视它，就“连两件自然的事实也联系不起来，或者连二者之间所存在的联系都无法了解”[②]，并因此而“不能不受惩罚”[③]：牛顿蔑视它，晚年热衷于注释《约翰启示录》，成为基督教徒；华莱士等人蔑视它，“变成了从美国输入的招魂术和请神术的不可救药的牺牲品”。[④]（3）“要学习古希腊哲学、德国古典哲学，认真研究辩证哲学”，“吸取理论思维的经验教训，提高思维能力”，[⑤] 加强对辩证思维能力的训练和培养。

4. 为自然科学和社会科学的融合奠定理论基础。其具体体现在：（1）辩证唯物主义自然观主张人来源于自然界且具有自然和社会两重属性，人成为自然科学和社会科学的共同研究对象，从而为二者研究对象的融合奠定了基础。（2）辩证唯物主义自然观认为人类及其实践活动使得自然科学进入人的生活，并与人类社会形成了现实的、历史的关系，也和社会科学发生了关联，从而为二者研究内容的融合奠定了基础。（3）辩证唯物主义自然观主张物质的“一个运动形式是从另一个运动形

---

① 《马克思恩格斯文集》第9卷，人民出版社2009年版，第436页。
② 《马克思恩格斯全集》第20卷，人民出版社1971年版，第399页。
③ 《马克思恩格斯文集》第9卷，人民出版社2009年版，第452页。
④ 《马克思恩格斯全集》第20卷，人民出版社1971年版，第389页。
⑤ 任继愈：《中国哲学史》第1册，人民出版社1979年版，第3页。

式中发展出来”的，反映这些形式的科学“也必然是一个从另一个中产生出来”[①] 的。因此，反映人类社会运动形式的社会科学也是从反映自然物质运动形式的自然科学中发展出来的，即所谓“自然科学往后将包括关于人的科学”，“人的科学包括自然科学”，[②] 从而为二者的生成和发展的融合奠定了基础。

5. 为解决生态环境问题提供世界观和方法论。辩证唯物主义自然观主张人类对于自然界的每一次胜利，“自然界都对我们进行报复”，“这个道理要铭记于心、落实于行”；“必须尊重自然、顺应自然、保护自然，否则就会遭到大自然的报复，这个规律谁也无法抗拒”；“在生态环境保护上，一定要树立大局观、长远观、整体观，不能因小失大、顾此失彼、寅吃卯粮、急功近利”。[③]

6. 成为系统自然观、人工自然观和生态自然观形成的思想渊源。(1) 系统自然观在近代可以“追溯到莱布尼兹（Leibniz），追溯到……马克思和黑格尔的辩证法”，[④] 尤其是恩格斯关于“整个自然界构成一个体系”的思想。(2) 马克思、恩格斯提出的“感性世界”“人化自然界”“人的现实的自然界”等概念和思想成为人工自然观形成的思想渊源。(3) 马克思、恩格斯的生态哲学思想，尤其是自然主义、人道主义和共产主义相统一的思想，为生态自然观的形成奠定了思想基础。

（六）辩证唯物主义自然观的演变

辩证唯物主义自然观在更高层次上回到了希腊哲学，完成了自然观发展历程上的循环，但是，“这种循环在实验上的证明并不是完全没有缺陷的”。[⑤] “随着自然科学领域中每一个划时代的发现”，辩证唯物主义自

---

① 《马克思恩格斯文集》第 9 卷，人民出版社 2009 年版，第 505 页。

② 《马克思恩格斯文集》第 1 卷，人民出版社 2009 年版，第 194 页。

③ 《习近平谈治国理政》第 2 卷，外文出版社 2017 年版，第 207—209 页。

④ ［奥］L. 贝塔兰菲：《一般系统论》，秋同、袁嘉新译，社会科学文献出版社 1987 年版，第 8 页。

⑤ 《马克思恩格斯全集》第 20 卷，人民出版社 1971 年版，第 370 页。

然观将“必然要改变自己的形式”,[①] 丰富和发展起来。

1. 被现代物理科学证实和发展。(1)19 世纪末,物理学的新发现(X 射线、放射性和电子),冲击了机械唯物主义自然观关于原子不可再分、物质和质量绝对不变、绝对时空观等传统思想,说明物质不能等同于原子,它是“不依赖于人的意识而存在并且为人的意识所反映的客观实在”[②],“完全证实了辩证唯物主义的正确性”;[③] 强调只有“从形而上学的唯物主义上升到辩证唯物主义”[④],才能批判“物质消失说”“唯能论”等观点,正确认识和理解物质和运动的关系以及科学规律的客观存在,才能丰富和发展辩证唯物主义自然观。(2)20 世纪初,相对论否定了“以太”物质的存在,主张时间和空间不能离开物质而独立存在,时空结构和性质取决于物质的分布,提示了空间、时间和物质的辩证统一,否定了机械唯物主义绝对时空观,建立了相对时空观;它以质能关系式 $E=mc^2$,揭示了质量和能量的辩证统一;量子论和量子力学否定了机械决定论和因果决定论,揭示了微观物体的连续性和间断性、波动性和粒子性、主体和客体的辩证统一,丰富和发展了辩证唯物主义自然观。

2. 被现代系统科学丰富和发展。复杂性系统科学在近代研究自然界物质的必然性、规律性、本质性、确定性、决定性、线性等的基础上,进一步研究其偶然性、或然性、模糊性、复杂性、现象性、系统性、非线性等问题;它改变了形而上学的思维方式,提供了新的系统综合的思维方式,丰富发展了辩证思维方式;它把自然界看作一个系统整体,揭示自然界的系统存在方式和演化机制、天然自然界和人工自然界的辩证关系,并和生态科学一起,创建人和自然界相和谐的生态自然界,从而促使辩证唯物主义自然观改变自己的形式,形成了系统自然观、人工自然观和生态自然观等新的自然观,丰富和发展了马克思主义自然观。

---

① 《马克思恩格斯文集》第 4 卷,人民出版社 2009 年版,第 281 页。
② 《列宁选集》第 2 卷,人民出版社 2012 年版,第 192 页。
③ 《列宁全集》第 55 卷,人民出版社 2017 年版,第 522 页。
④ 《列宁选集》第 2 卷,人民出版社 2012 年版,第 215 页。

第二节 马克思主义自然观的发展

马克思主义自然观在20世纪科学技术和社会进步的基础上得到进一步发展，系统自然观、人工自然观和生态自然观是马克思主义自然观发展的当代形态，是中国马克思主义自然观的重要组成部分，是生态文明观的重要理论基础。

一、系统自然观

系统自然观是以系统科学等为基础，对自然界系统的存在方式和演化规律的概括和总结，是马克思主义自然观发展的当代形态之一。

（一）系统自然观的观点

系统自然观的主要观点是：自然界是简单性和复杂性、构成性与生成性、确定性和随机性辩证统一的物质系统。系统是由若干要素通过非线性相互作用构成的整体，它具有开放性、动态性、整体性和层次性等特点；系统以进化和退化相互交替的形式不可逆地演化着，进化是系统以对称性破缺为路径的有序化过程，分叉和突现是其演化的基本方式，开放、远离平衡态、非线性作用和涨落等构成其演化的机制；“自然界经历了混沌—有序—新的混沌—新的有序的循环发展过程”。①

1. 自然界以系统的方式存在。（1）自然界是“各种物体相联系的总体”②，是以系统的方式存在的；系统是“有相互作用的元素的集合”，是“总的自然界的模型”，③ 是“处于一定的相互关系中并与环境发生关

---

① 国家教委政治思想教育司：《自然辩证法概论》，高等教育出版社1989年版，第74页。

② 《马克思恩格斯文集》第9卷，人民出版社2009年版，第514页。

③ ［奥］L. 贝塔兰菲：《一般系统论》，秋同、袁嘉新译，社会科学文献出版社1987年版，第69、213页。

系的各组成部分（要素）的总体（集合）”①，是由若干相互作用的要素组成的具有一定结构和功能的整体，它主要包括（物质）实体系统和（符号或概念）抽象系统。（2）系统是通过核心要素的自我繁殖、与外界进行物质、能量和信息的交换，以及若干要素或系统相互连接合并等多种形式生成的。系统具有层次性（自成系统并成为互成系统中的要素）、开放性（系统与外界环境自由地交换物质、能量和信息）、整体性（整体与部分相辅相成且大于其部分之和）、对应性（系统之间的要素等相互对应）、同构性（不同系统具有相同的存在和运动方式，遵守共同的规律）等特征。（3）系统诸要素相互作用形成一定结构，主要包括空间结构（要素之间构成的空间秩序）、时间结构（随时间变化而呈现的变动性秩序）和网络结构（在横向和纵向上形成的水平和垂直网络结构）；系统在引力相互作用、电磁相互作用、弱相互作用和强相互作用下，形成天体系统结构、原子分子系统结构、原子核系统结构和强子系统结构等，他们共同作用可能构成生物大分子系统结构；系统对外界环境的作用表现出它的功能，结构是其功能的内在根据，功能则是其结构的外在表现，结构具有相对的稳定性，功能则具有多样性。（4）系统广泛体现在无机界、有机界乃至人类社会中，“社会现象必须作为‘系统’来考虑”，②该系统就是“社会—文化”系统。

2. 自然界循环地演化着。（1）演化是系统不可逆（过程不能反转、状态不能回归）的运动形式（如生物的进化等），它包括进化和退化两种运动形式：进化是开放系统的诸要素之间及其与环境之间相互作用所发生的从低级到高级、从无序到有序的熵值（无序的量度）递减的运动，是开放系统的对称性（变化中的同一性）不断破缺（变化中的差异性）的自组织过程；退化是孤立系统所发生的与之相反的运动，是孤立系统的对称性的量度增加和熵值递增的过程；系统的进化与退化是相辅相成

① 中国社会科学院情报研究所编译：《科学学译文集》，科学出版社 1981 年版，第 315 页。

② ［奥］L. 贝塔兰菲：《一般系统论》，秋同、袁嘉新译，社会科学文献出版社 1987 年版，第 5 页。

的。(2) 演化具有突现性（系统自发地随机瞬间生成的行为及结果）、混沌性（初始条件下的确定性系统内在产生的随机性）、复杂性（非线性、内在随机性和开放性等）和循环性（进化与退化、有序与无序的辩证统一）等特征。(3) 系统在变化因素的作用下发生随机性变化，并在某一时刻或局部空间生成微小的偏离——“微涨落”，以后，通过系统的非线性作用机制放大成“巨涨落”；“巨涨落”的生成使系统处于不稳定的“分叉”状态，并在内部和外部环境的共同选择作用下，跃迁到新的稳定的有序状态。(4) 系统在内部和外界环境作用下，不断“自复制”出新的系统；系统通过“自催化”（包括表征为进化的正向催化、表征为退化的负向催化和多重自催化等）不断使其由低级形态演化到高级形态；系统在演化中，通过“自反馈”（包括正反馈、负反馈和多重反馈等）不断地调整其要素之间及其与外部环境之间的关系。① 系统通过自复制、自催化和自反馈等使其从低级到高级，从无序到有序循环演化着，使宇宙中的物质和能量从“逸散”到“集中”循环演化着，使地球上的有机物和人类从“毁灭”到重生循环演化着，② 使宇宙自大爆炸后从膨胀（宇宙中的“暗能量”致使膨胀加速）到收缩（宇宙中的中微子等“暗物质”使其质量密度大于临界密度）循环演化着。(5) 天然自然界系统和人工自然界系统或社会自然界系统都是循环演化的，奥地利学者贝塔兰菲、德国科学家哈肯、比利时科学家普里戈金等人都曾经运用其理论研究人工自然界系统或社会自然界系统的演化规律。

（二）系统自然观的特征

系统自然观的特征主要体现在：依据系统科学和复杂性科学的成果，在认识自然界的存在方式方面凸显系统性，在认识其本质方面凸显复杂性，在认识其发展方面凸显演化性，在认识自然界系统的划界方面凸显广义性。

1. 系统性。系统自然观把“系统”的概念提升到哲学的层面，论述

---

① 参见湛垦华：《系统科学的哲学问题》，陕西人民出版社 1995 年版，第 28、29 页。

② 参见《马克思恩格斯文集》第 9 卷，人民出版社 2009 年版，第 425 页。

了自然界的存在方式，进一步凸显了自然界的“整体不可分性”和普遍联系的特征；它在细节方面，运用系统方法（如系统测度和计算方法等），考察系统的结构与功能、系统内部的非线性作用机制等，在说明自然界的总的联系和变化发展方面，更“具有确定得多和明白得多的形式”①。

2. 复杂性。系统自然观超越了经典自然科学家在认识自然界方面所确立的“‘现实世界简单性’的信念”②，强调自然界在本质上是复杂的、非线性的、生成性和随机性的，而不是简单性的、线性的、构成性和确定性的，后者只不过是它的特例。强调后者而忽视前者，这是人们受其自身能力和经典自然科学的影响所致。自然界是简单性与复杂性、构成性与生成性、线性和非线性、确定性和随机性的辩证统一。

3. 演化性。系统自然观强调自然界在本质上是非线性的、演化的；自然界的过去、现在和未来是非等价的、有差别的；时间不再只是外部的参量，而是自然界演化的内在尺度。稳定性和存在性、等价性和同一性只不过是自然界的特例。注重后者而忽视前者，也是人们受其自身能力和经典自然科学的影响所致。自然界是存在与演化、等价与非等价、同一性和差异性的辩证统一。

4. 广义性。系统自然观针对20世纪70年代以后出现的诸如生态危机、妇女受歧视和种族歧视等诸多问题，在研究天然自然界系统的存在和演化规律的基础上，进一步研究人工自然界系统乃至社会自然界系统的存在和演化规律，并由此整合成广义的或一般性的系统自然观。例如，美国学者埃里克·詹奇和拉兹洛不仅揭示了天然自然界系统的进化规律，而且还揭示了生命系统尤其是“社会—文化”系统的进化规律；普里戈金、哈肯和德国科学家艾根等也运用其各自的理论既揭示了天然自然界系统的存在和演化规律，也揭示了经济系统、生态系统、社会系统、精神系统的存在和演化规律。

---

① 《马克思恩格斯全集》第20卷，人民出版社1971年版，第370页。

② ［比］伊·普里戈金：《从存在到演化》，《自然杂志》1980年第1期。

（三）系统自然观的渊源

系统自然观在古代可以追溯到希腊和中国的系统思想；在近代可以“追溯到莱布尼兹（Leibniz），追溯到尼古拉和他的‘对立物的统一’，到帕拉赛塞斯的神药，到维科和伊本-卡尔顿的认为历史是文化实体或‘系统’的一个序列，到马克思和黑格尔的辩证法”①。美籍奥地利理论生物学家L. 贝塔兰菲等人吸收了马克思、恩格斯的系统思想，创立了系统论等系统科学理论。

1. 古代系统自然观思想。（1）赫拉克利特主张“世界是包括一切的整体”②，德谟克利特认为宇宙是个大系统，“亚里士多德的论点‘整体大于它的各部分的总和’是基本的系统问题的一种表述，至今仍然正确”。③（2）古代中国的《易经》等文献主张自然界是由“阴阳”和“五行”构成的统一的、运动着的有机整体，是“自发的有组织的世界”④；中国人还在生产实践中发明了系统工程的方法并获得了成功。例如，战国时代的李冰父子运用系统工程法创建了都江堰工程；明代运用“群炉汇流法”和“连续浇铸法”，成功地铸造了大钟；北宋运用“一举而三役济”方法修建了皇宫等。

2. 近代系统自然观思想。（1）德国哲学家莱布尼兹在“单子论”中，强调单子具有整体性、层次性和动态性等特点，其“单子等级与现代系统等级很相似”；⑤狄德罗认为自然界是由各种元素构成的物质的总体，经历了由低级到高级的进化过程；法国启蒙思想家霍尔巴赫认为自

---

① ［奥］L. 贝塔兰菲：《一般系统论》，秋同、袁嘉新译，社会科学文献出版社1987年版，第8页。

② 《斯大林文集》，人民出版社1985年版，第208页。

③ 魏宏森等编著：《现代科学技术的发展与科学方法》，清华大学出版社1985年版，第7页。

④ ［比］伊·普里戈金、［法］伊·斯唐热：《从混沌到有序——人与自然的新对话》，曾庆宏等译，上海译文出版社1987年版，第57页。

⑤ 颜泽贤、范冬萍、张华夏：《系统科学导论——复杂性探索》，人民出版社2006年版，第23页。

然界是由“不同的物质”和“不同的运动的组合而产生的一个大的整体”;[①] 康德主张系统具有内在目的性（系统的结构和功能适应于其内在目的)、自我建造性（系统可以内在地扩充增大）和整体先在性（系统整体先天地规定了其整体的内容及其要素的位置）等特征;[②] 黑格尔在“有机进化整体观”中，论述了系统的整体和部分的辩证关系以及系统通过整体和部分、部分和部分之间的矛盾作用而进化的机制。（2）马克思运用系统论思想研究人类社会的结构及其演化规律；恩格斯提出了相当于“系统”的“体系”概念，主张“整个自然界构成一个体系，即各种物体相联系的总体”[③]，他的观点现已逐渐地被当代系统科学家们所接受。[④]

（四）系统自然观的基础

系统自然观形成的科学基础主要是系统科学。它是从整体上研究自然界物质系统的结构和功能及其演化规律的综合性的学科群，它超越了还原论和决定论思想的桎梏，实现了思维方式的根本性变革，被称为“继相对论、量子力学之后的又一次科学革命”[⑤]。

1. 系统论、控制论、信息论。它们分别是由俄国科学家波格丹诺夫和贝塔兰菲、罗马尼亚学者奥多布莱扎和美国学者维纳、美国数学家申农创立的。（1）系统论提出了“整体不可分性”的“有机论”和“整体论”原则，主张自然界是一个系统整体，它具有整体的形态和演化过程；系统内部诸要素之间及其与环境之间存在着相互作用的关系；系统具有层次性、动态性等特点。（2）控制论主张控制是由施控者、受控者和转

---

① ［法］霍尔巴赫：《自然的体系》（上卷），管士滨译，商务印书馆1964年版，第17页。

② 颜泽贤、范冬萍、张华夏：《系统科学导论——复杂性探索》，人民出版社2006年版，第23页。

③ 《马克思恩格斯文集》第9卷，人民出版社2009年版，第514页。

④ 参见 Claus Emmeche, Simo Koppe, Fredrik Stjernfelt, Explaining Emergence: Towards an Ontology of Levels, Journal for General Philosophy of Science 28, 1997, pp. 83—119.

⑤ 童天湘、林夏水主编：《新自然观》，中共中央党校出版社1998年版，第1页。

换者构成的系统，其研究内容包括系统的结构、类型以及控制的目的、行为和机制等。(3) 信息论认为通信是由信源、编码、信道、译码和信宿构成的一个系统；信息是人们对事物了解的不定性的减少或消除，它具有可感知性、可处理性和可使用性，它在一定条件下可以被转化为物质和能量。

2. 耗散论、协同论、突变论、超循环论。它们也被统称为自组织理论，分别是由普里戈金、哈肯、法国数学家托姆和艾根创立的。(1) 耗散论认为远离平衡态的开放系统，它通过其要素间的非线性相互作用及其与环境进行物质、能量和信息的交换，能够从无序向有序演化，形成新的有序的耗散结构。(2) 协同论认为远离平衡态的开放系统通过其内部诸要素间的竞争与协同作用，可以从无序走向有序或从有序走向无序。(3) 突变论主张系统在一定的条件下，可以从一种稳定态跃迁（突变）到另一种稳定态，其运动规律可以运用拓扑学、奇点理论等数学工具进行描述。(4) 超循环论认为生物大分子既自我复制，又通过它所编码的酶控制其他若干单元的复制，使其形成超循环系统并生成了生命。

3. 分形论、混沌论、复杂性适应论。它们也被统称为复杂系统理论，分别是由美籍法裔科学家曼德勃罗、美国学者洛仑兹、约翰·H. 霍兰等创立的。(1) 分形论认为，物质在整体与部分之间存在着某种自相似性，这种自相似的结构就是分形；自然界就是拥有这种自相似结构的分形体；分形生长是自然界系统演化的方式之一。(2) 混沌论认为，混沌是系统因其内在随机性及其自发随机行为而产生的有序与无序的统一体，是确定性与随机性、有序和无序的辩证统一。(3) 复杂性适应论认为，复杂性适应系统是宇宙系统中相对独立存在又相互联系和作用的特殊系统，它具有突现、集体行为、自发组织、混沌边缘等特征。

系统自然观形成的技术基础主要体现在：(1)“系统技术”中的“计算机、自动装置、自动调节机械等‘硬件’”技术，主要被用于对“若被破坏会发生严重污染问题的生态系统；国家机关、教育机构或军队等正式组织；社会经济系统……”等各级系统“施以科学的控制”。①（2）“系统技术”中的“新的理论成果和学科的‘软件’”，如“对策论、决策论、回路理论与排队论等等”，被用于解决“机械、流体动力、电气、生物等系统的同形性反馈模型”② 等各种系统问题。

（五）系统自然观的作用

系统自然观的作用主要体现在：它丰富和发展了马克思主义的物质观、认识论和方法论、价值论和实践论思想；它随着系统科学的发展而改变自己的形式，为认识人工自然观和生态自然观提供了理论和方法。

1. 丰富和发展了马克思主义物质观。（1）系统自然观强调了自然界物质的系统性和系统的客观实在性，论述了系统的结构和功能、类型和特征及其非线性作用机制，否定了机械唯物主义将物质实体化和机械化的观点，发展了辩证唯物主义关于物质的普遍联系和相互作用的观点。（2）系统自然观强调了自然界系统的循环演化性，论述了演化的本质、特征及其机制，否定了机械唯物主义自然观的机械决定论思想，丰富和发展了辩证唯物主义的运动观。（3）系统自然观把时间从一个外部参量转变为自然界系统内在属性，强调了自然界系统结构中时间和空间的统一性，论述了时间、空间和系统演化的关系，否定了机械唯物主义自然观的绝对时空观，丰富和发展了辩证唯物主义的辩证时空观。

2. 丰富和发展马克思主义认识论和方法论。（1）系统自然观不仅注重认识作为部分要素的实体，而且注重认识这些要素实体之间、要素实体与整体之间的相互作用，从而实现了从认识物质实体到认识系统关系的转变。（2）系统自然观运用系统方法（如整体优化方法、系统工程方法等）研究系统的性质、特征、结构及功能、演化等，以系统思维方式丰富和发展了辩证思维方式，并通过推动跨学科研究，促进了自然科学之间、自然科学与人文社会科学之间的相互融合、统一。（3）系统自然

---

① ［奥］L. 贝塔兰菲：《一般系统论》，秋同、袁嘉新译，社会科学文献出版社 1987 年版，第 9 页。

② ［奥］L. 贝塔兰菲：《一般系统论》，秋同、袁嘉新译，社会科学文献出版社 1987 年版，第 10 页。

观“坚持人与自然和谐共生”，“统筹山水林田湖草系统治理”;[①] “注重系统性、整体性、协同性是全面深化改革的内在要求，也是推进改革的重要方法”[②]。

3. 丰富和发展马克思主义价值论。系统自然观从系统的角度考察人与自然界的关系，主张人与自然界的价值关系是一个系统关系，其中的自然价值和社会价值（包括经济价值、文化价值、生态价值等）是相互作用的，从而超越了自然主义和人道主义或人类中心主义的桎梏，达到了对人与自然界价值关系的辩证认识。

4. 丰富和发展马克思主义实践论。系统自然观主张人和自然界的实践关系是一个系统关系，实践系统因受自身内部要素和外部环境因素影响而演化着，并决定了人和自然界的关系的演化，从而在认识天然自然界和人工自然界、自然史和人类史、自然价值和社会价值的关系方面实现了辩证统一，即实现了自然观、认识论、方法论、历史观和价值观的辩证统一。

二、人工自然观

人工自然观是以现代科学技术成果为基础，对人工自然界的存在、创造与发展规律及其与天然自然界的关系进行的概括和总结，是马克思主义自然观发展的当代形态之一。

（一）人工自然观的观点

人工自然观的主要观点是：人工自然界是人类通过采取、加工、控制和保障等技术活动创造出来的相对独立的自然界，它具有目的性、物质性、实践性、价值性和中介性等特征；它来源于天然自然界，既有自然属性又有社会属性；它既遵循天然自然规律又遵循其特殊规律，并在总体上从简单到复杂、由低级到高级循环演化着；正确认识技术的经济

---

① 习近平：《决胜全面建成小康社会　夺取新时代中国特色社会主义伟大胜利——在中国共产党第十九次全国代表大会上的报告》，人民出版社 2017 年版，第 23、24 页。

② 《习近平谈治国理政》第 2 卷，外文出版社 2017 年版，第 109 页。

和生态价值，采用生态科学和系统科学的方法，通过研究开发和应用生物和生态技术，创建资源和环境友好型社会和生态型的人工自然界。

1. 人工自然界以系统的方式存在。(1) 人工自然界是人类使用采取、加工、控制和保障等技术，通过“自身的活动来中介、调整和控制人和自然之间的物质变换”① 创造出来的“人的现实的自然界”②，它是由各种物质要素构成的整体——人工自然界系统。它包括人类采取的自然物(如煤、石油等)、加工的自然物（如人工制品等)、控制的自然物（如野生动植物保护区等)、改造的自然物（如把天然海湾改造成人工港湾等）和创造的自然物（如万里长城等）等要素。(2) 人工自然界系统具有整体性（人工物相互作用形成有序整体并发挥整体功能)、层次性（人工物自成系统并成为互成系统的要素)、开放性（系统处于远离平衡态并和环境或其他系统交换物质、能量和信息）和动态性（系统在技术等因素作用下发生演变）等特征。

2. 人化自然界、人工自然界和天然自然界。(1) 人化自然界是由人类通过科学设想、推测的自然物（如原初的宇宙和微观物质等)、感知的自然物（如台风、暴雨等)、观测的自然物（如地球、月球等）等构成的整体；人工自然界是人类通过技术创造出来的自然界，它是人化自然界系统演化的高级产物；由于技术实践不能超越科学活动的范围，因此，人工自然界不能超出人化自然界。(2) 由于“自然科学的极限，直到今天仍然是我们的宇宙”，因此，人化自然界不能超出“我们的宇宙”；由于“在我们的宇宙以外”，还有“无限多的宇宙”,③ 因此，在人化自然界以外存在着无限的天然自然界。(3) 人化自然界、人工自然界皆来源于天然自然界，天然自然界是人化自然界和人工自然界演变的潜在领域，人化自然界、人工自然界和天然自然界通过物质、能量和信息的交换发生关联并不断地演化着。

3. 人工自然界循环演化着。(1) 人工自然界的生成始于人和自然界

---

① 《马克思恩格斯文集》第 5 卷，人民出版社 2009 年版，第 207—208 页。

② 《马克思恩格斯文集》第 1 卷，人民出版社 2009 年版，第 193 页。

③ 《马克思恩格斯文集》第 9 卷，人民出版社 2009 年版，第 502 页。

的分化，它是通过从猿转变到人的劳动实现的，经历了“既有非此即彼（非猿即人）又有亦此亦彼（亦猿亦人）”① 的历史阶段，并以打制石器、人工用火和语言形成为标志，是渐进式飞跃的过程。(2) 人工自然界的创造既要遵循自然规律，又要遵循社会规律（生产关系适合于生产力的规律、经济核算的规律、劳动心理的规律等②）和它自身的规律（存在于技术活动领域）。此外，还要“按照美的规律来构造”③。(3) 人工自然界系统因技术创新（石器技术、青铜器技术、铁器技术、蒸汽机和电气技术、信息技术等创新）而发生随机性“微涨落”，并在系统内部和外部环境的相互作用下被放大成“巨涨落”，促使其跃迁到新的有序状态。(4) 人工自然界系统通过批量生产技术获得了“自复制”的动力，依靠社会需求获得了“自催化”的动力，通过反思、批判调整其技术行为形成了“自反馈”机制。它们共同促使人工自然界系统从简单到复杂、从低级到高级“螺旋式”地演化着。

4. 创建生态型人工自然界。人类在创建人工自然界的过程中，产生了许多负面效益，从而严重影响了人与自然界的关系，影响了人类社会持续地生存与发展。因此，要遵循自然和社会发展规律，贯彻落实新发展理念，树立尊重自然、顺应自然、保护自然的生态文明理念，“坚持节约优先、保护优先、自然恢复为主的方针，形成节约资源和保护环境的空间格局、产业结构、生产方式、生活方式，还自然以宁静、和谐、美丽”④，创建生态型人工自然界，确保人和自然界持续健康发展。

（二）人工自然观的特征

人工自然观的特征主要体现在：它在认识人工自然界的创建和发展方面，以强调实践的作用和意义为前提或基础，凸显其主体性、能动性和价值性；它追求主体和客体、能动性和受动性、自然界内在价值和人

---

① 陈昌曙：《技术哲学引论》，科学出版社 2011 年版，第 39 页。

② 参见陈昌曙：《技术哲学引论》，科学出版社 2011 年版，第 48 页。

③ 《马克思恩格斯文集》第 1 卷，人民出版社 2009 年版，第 163 页。

④ 习近平：《决胜全面建成小康社会　夺取新时代中国特色社会主义伟大胜利——在中国共产党第十九次全国代表大会上的报告》，人民出版社 2017 年版，第 50 页。

类自身价值间的辩证统一，并以此实施人工自然界的生态化实践，实现人工自然界和天然自然界的和谐统一。

1. 主体性。人工自然观不仅揭示了自然界所具有的属人的本质，强调了人在创造人工自然界过程中体现出的本质力量，凸显了人和自然界关系中的主体地位，即体现在“通过他所作出的改变来使自然界为自己的目的服务，来支配自然界”①，而且通过对其进行反思和批判，力图从“纯主体”转向“客体性主体”，从主、客体间的对立转向主、客体间的和谐。

2. 能动性。人工自然观不仅揭示了人类作为“受动的、受制约的和受限制的存在物”所具有的消极地顺从自然界的受动性特征，强调了他们作为具有自然力和生命力的“能动的自然存在物”② 所具有的积极地遵循并选择利用自然规律改造自然界的能动性特征，凸显了人在和自然界相互作用中所发挥的能动作用，而且通过对其进行反思和批判，力图从忽视甚至违背自然规律的盲目能动性，转向遵循并选择利用自然规律的科学能动性，从能动性和受动性间的对立转向能动性和受动性间的辩证统一。

3. 价值性。人工自然观不仅承认天然自然界对人工自然界的价值贡献，强调人类对自然界的价值诉求，而且通过对其进行批判性反思，力图从忽视自然界的内在价值而只追求人类自身价值，转向自然界内在价值和人类自身价值的认识并重，从自然界内在价值和人类自身价值间的对立，转向自然界内在价值和人类自身价值间的辩证统一。

（三）人工自然观的渊源

人工自然观形成的思想渊源在古代可以追溯到希腊和中国的人工自然观思想；在近代可以追溯到 F. 培根、英国哲学家霍布斯、康德、黑格尔、马克思、恩格斯的人工自然观思想。马克思、恩格斯的人工自然观思想具有当代价值。

---

① 《马克思恩格斯文集》第 1 卷，人民出版社 2009 年版，第 559 页。
② 《马克思恩格斯文集》第 1 卷，人民出版社 2009 年版，第 209 页。

1. 古代人工自然观思想。(1) 古希腊哲学家普罗塔哥拉提出了“人是万物的尺度，存在时万物存在，不存在时万物不存在”① 的论断，主张人是衡量一切事物的标准；柏拉图论述了“床”(包括理念上的床、工匠制造的床和画家画的床) 和“人工产品”② 的概念；亚里士多德论述了“人工产物”或“人工客体”的概念以及它们与其他自然物的区别。③ (2) 古代中国哲学家荀子提出了“制天命而用之”的“勘天”思想，主张要发挥人的主观能动作用，征服自然界；④ 先秦文献《尚书·皋陶谟》记载了“天工人代”的思想；《考工记》记载了“百工”(制造器具的工匠) 的概念；宋代诗人黄庭坚在《山谷内集诗注五·腊梅诗》中记载了“人工”(人类创造自然的能力) 的概念；明朝科学家宋应星在《天工开物》中记载了“百货”(农业和手工业的产品) 的概念。这些都蕴含着人工自然观思想。

2. 近代人工自然观思想。(1) F. 培根在其《新工具》中，主张人类在改造自然界的过程中，既要“在物体上产生和添加一种或多种新的性质”，又要“在尽可能的范围内把具体的物体转化”⑤；霍布斯把物体划分为自然物体和人工物体，并主张人既属于自然物体又属于人工物体；康德提出了“人为自然界立法”⑥，蕴含着以人为中心的自然观思想，也规定了人在自然界的中心地位；黑格尔论述了改造自然过程中的目的和手段之间的辩证关系。(2) 马克思和恩格斯在其《德意志意识形态》中，把“工业和社会状况的产物”看成是“感性世界”；马克思在《1844 年经济学哲学手稿》中，把产生人的各种感觉的世界称为“人化自然界”；把“在人类社会的形成过程中生成的自然界”称为“人的现实的自然界”；把“通过工业——尽管以异化的形式——形成的自然界”称为“人

---

① 苗力田主编：《古希腊哲学》，中国人民大学出版社 1989 年版，第 183 页。
② 柏拉图：《理想国》，吴献书译，商务印书馆 2002 年版，第 388 页。
③ 亚里士多德：《物理学》，张竹明译，商务印书馆 1997 年版，第 44 页。
④ 任继愈：《中国哲学史》第 1 册，人民出版社 1979 年版，第 21 页。
⑤ [英] 培根：《新工具》，许宝骙译，商务印书馆 1997 年版，第 106 页。
⑥ 赵敦华：《西方哲学简史》，北京大学出版社 2001 年版，第 180 页。

本学的自然界”。[①]

（四）人工自然观的基础

人工自然观的基础是近现代科学技术，它们共同为正确认识和处理天然自然界与人工自然界的辩证关系，减少创造人工自然界的负面后果奠定了理论和实践的基础。

1. 人工自然观的科学基础。（1）系统科学为从总体上研究人工自然界的结构和功能、人工自然界的演化规律以及它和天然自然界的关系等提供了系统思维方式；生态科学为人工自然界的生态化提供了知识和理念；数学科学及其他自然科学为研究和创建人工自然界奠定了知识基础。（2）哲学、美学、伦理学和法学等人文社会科学，对人类创建人工自然界的行为及其后果进行批判性反思，使其在追求工具价值的同时追求人文价值，从追求单一价值转向追求多元、综合价值，实现人工自然界和天然自然界的和谐统一。

2. 人工自然观的技术基础。人工自然界是人类依靠采取、加工、控制和保障等工程技术创建出来的；采取（采集和采掘）技术是基础，加工技术是主导，控制技术是关键，保障（运输、通信、医疗、环保）技术是后盾；它们既相对独立又相辅相成，共同推动人工自然界的创建和发展。[②] 它们和计算机技术、航天技术等高新技术和“系统技术”[③]（如计算机、自动调节机械等），以及氢核聚变反应技术、太阳能和风能发电技术、沼气等生态技术一起共同推动人工自然界的创建。“大数据、云计算、移动互联网等新一代信息技术同机器人和智能制造技术相互融合步伐加快”，[④] 进一步推进人工自然界的发展。

（五）人工自然观的作用

人工自然观的作用主要体现在：它超越了认识自然界的范围，拓展

---

① 《马克思恩格斯文集》第1卷，人民出版社2009年版，第193页。
② 参见陈昌曙：《技术哲学引论》，科学出版社2011年版，第54—72页。
③ ［奥］L. 贝塔兰菲：《一般系统论》，秋同、袁嘉新译，社会科学文献出版社1987年版，第9页。
④ 《习近平谈治国理政》第2卷，外文出版社2017年版，第268页。

了自然观的研究领域；实现了唯物论、辩证法、实践论和价值论的统一；有助于实现人工自然界和天然自然界的统一；随着科学技术的发展而改变自己的形式，并促进其完善和发展，尤其是随着人类对科学技术的应用及其后果的反思和批判而发生变革，并由此为转向生态自然观起到过渡作用。

1. 丰富和发展了辩证唯物主义自然观。人工自然观研究人类改造自然界的实践活动及其发展规律，关注最能体现人的本质力量对象化的创造领域，充分论证了自然界的现实性和“社会—历史”性的特征；它超越了认识自然界的范围，拓展了自然观的研究领域，丰富和发展了辩证唯物主义自然观。

2. 实现了唯物论、辩证法、实践论和价值论的统一。人工自然观论证了创建人工自然界历程中的主体和客体、能动性和受动性、自然史和人类史、自然界内在价值和人类自身价值的辩证关系，克服了近代唯物主义经验论和唯心主义思辨论的固有缺陷，实现了唯物论、辩证法、实践论和价值论的辩证统一，进一步凸显了马克思主义自然观的能动性、实践性和革命性特征。

3. 有助于实现人工自然界和天然自然界的统一。人工自然观不仅论证了人工自然界的存在和发展，而且对人类创建人工自然界的行为及其结果进行反思和批判；它强调了人工自然界的生态化及其和天然自然界的和谐共存，并主张创建人工自然界既要遵循自然规律，又要遵循社会规律，还要尊重人文价值；它强调“人与自然是生命共同体”,① 人工自然界的生态化及其和天然自然界是和谐共存的，人工自然界和天然自然界是统一的，使得马克思主义自然观成为既反映天然自然界又反思人工自然界的科学自然观。

三、生态自然观

生态自然观是在全球生态危机的背景下，依据生态科学和系统科学

---

① 本书编写组：《党的十九大报告辅导读本》，人民出版社 2017 年版，第 373 页。

的成果，对自然界及其与人类的关系进行的概括和总结。它是马克思主义自然观发展的当代形态之一。

（一）生态自然观的观点

生态自然观的主要观点是：生态系统是由人类及其他生命体、非生命体及其所在环境构成的整体，它是自组织的开放系统，具有整体性、动态性、自适应性、自组织性和协调性等特征；人类通过遵守可持续性、共同性和公平性等原则，通过实施节能减排和发展低碳经济，构建和谐社会和建设生态文明，实现人类社会与生态系统的协调发展；人与生态系统的协调发展仍应以人类为主体，仍应包括改造自然的内容，注重保护生态环境和防灾减灾；生态自然界是天然自然界和人工自然界的统一，是人类文明发展的目标。

1. 生态自然界以系统的方式存在。（1）生态自然界是人类及其他生命体、非生命体及其所在环境构成的整体——生态自然界系统，它是以“食物网”为基本结构的系统。食物网是由各种“食物链”通过相互作用形成的网络结构，食物链由生产者、消费者、分解者等构成。人类虽然是“高于处在较低发展阶段的其他一切生物”[①] 的消费者，但他们仍要在和其他消费者、生成者和分解者的相互作用中生存和发展。习近平指出，“山水林田湖是一个生命共同体，人的命脉在田，田的命脉在水，水的命脉在山，山的命脉在土，土的命脉在树。”[②]（2）生态自然界系统具有整体性（生物和非生物关系的整体性和生物之间形成食物网的整体性）、多样性（生态系统的结构和类型的多样性、物种的多样性与遗传的多样性等）、层次性（食物链的递级秩序性）、开放性（食物网内部和外部之间的物质、能量和信息的交换）、动态性（物质、能量和信息在食物链和食物网中循环传递和转化）、自适应性（系统通过其内部的自觉调整与外部环境相适应）以及自组织性（系统内部和外部自动地发生非线性

---

① ［奥］瓦尔特·霍利切尔：《科学世界图景中的自然界》，孙小礼等译，上海人民出版社 1987 年版，第 2 页。

② 中共中央宣传部：《习近平新时代中国特色社会主义思想三十讲》，学习出版社 2018 年版，第 248 页。

相互作用）等特征。（3）生态自然界系统是多样性和整体性的统一。生态系统内部各类生物因食物链构成食物网形成一个系统整体——多样性导致整体性。系统依照其整体目标和外部环境的影响，控制系统内部生物的生存和发展——整体性控制着多样性。（4）生态自然界系统是平衡和非平衡的统一。生态自然界系统内部各类生物的遗传及其相互间的食物链和外部环境相互作用，使其在种群或群落数量等方面处于平衡状态，但是，系统内部各类生物的自繁殖（包括突变）和变化的外部环境，又使其产生随机性的“涨落”行为，并促使其从平衡态转向非平衡态，直至达到新的平衡态。

2. 生态自然界及其创建机制。（1）生态自然界既不是指天然自然界和在生命起源以后到人类起源以前之间的原始的生态自然界，也不是指人化自然界以及和天然自然界相对隔离的人工自然界，它是指通过人工自然界的生态化创建的、与天然自然界相和谐的生态型人工自然界。（2）生态自然界的创建至少有以下方法：对现存的人工自然界进行生态化改造，如把已建城市改造成为绿色城市或生态城市等；对天然自然界或人化自然界进行生态化创建，如在青藏地区创建青藏铁路等；对天然自然界或人化自然界进行生态保护性创建，如建立野生动物自然保护区等。（3）生态自然界的创建要坚持可持续发展观、科学发展观和新发展理念；要“合理地调节”人类“和自然之间的物质变换”，并把它置于自己的控制之下，“而不让它作为一种盲目的力量来统治自己”，要“靠消耗最小的力量，在最无愧于和最适合于他们的人类本性的条件下来进行这种物质变换”；[①] 要注重技术的生态价值，通过发展生态技术（如利用风能、太阳能和地热技术、循环利用水资源技术、“废物”的再加工技术以及造林、治沙和滴灌技术等）和兴办生态产业（如生态农业、生态工业等），实施生态规划，实施节能减排，发展低碳经济，创建资源节约型和环境友好型社会。

3. 生态自然界发展及其规律。（1）生态自然界来源于原始的生态自

① 《马克思恩格斯文集》第7卷，人民出版社2009年版，第928—929页。

然界，开始于人和自然界的分化和自然界的人工化。其间，人类通过劳动创建了人工自然界，“给自然界打上自己的印记”,① 实现了对原始生态自然界的否定。(2) 近代以来，人类依靠科学技术创建人工自然界的规模和速度不断增大和加快，并使人工自然界和天然自然界间的矛盾日益凸显，进而导致全球生态危机。(3) 全球生态危机迫使人们对其迄今的行为及理念进行反思和批判，正在努力从自然界的人工化转向自然界的生态化，从非生态型人工自然界转向生态型人工自然界，正在以此实现对非生态型人工自然界的否定，促使其在更高层次上实现了自然界的循环发展。

4. 生态自然界创建与生态文明建设。(1) 生态自然界的创建不是完全脱离现存人工自然界，更不是完全弃之而“另起炉灶”，而是依靠从自然界的人工化转向自然界的生态化，从非生态型人工自然界转向生态型人工自然界。(2) 创建生态自然界，“必须敬畏自然、尊重自然、顺应自然、保护自然”，“牢固树立和切实践行绿水青山就是金山银山的理念”②，“着力推进人与自然和谐共生”,③ “动员全社会力量推进生态文明建设，共建美丽中国”④，实现人和自然界的持续健康发展。(3) 创建生态自然界，要贯彻落实新发展理念，“加大生态系统保护力度”，“改革生态环境监管体制”,⑤ 实施节能减排和发展低碳经济，为构建和谐社会，建设生态文明奠定坚实的基础。

（二）生态自然观的特征

生态自然观的特征主要体现在：它在关于人和自然界关系的认识视野方面具有全球性，在针对人类对其自身与自然界关系的认识和行为的态度方面具有批判性，在围绕创建生态自然界的目的设计方面具有和

---

① 《马克思恩格斯文集》第9卷，人民出版社2009年版，第421页。

② 习近平：《在纪念马克思诞辰200周年大会上的讲话》，人民出版社2018年版，第21页。

③ 《习近平谈治国理政》第2卷，外文出版社2017年版，第207页。

④ 习近平：《在纪念马克思诞辰200周年大会上的讲话》，人民出版社2018年版，第21页。

⑤ 本书编写组：《党的十九大报告辅导读本》，人民出版社2017年版，第51页。

谐性。

1. 全球性。生态自然观针对的问题不是专指某一局部的地区问题，而是涉及全球或整个人类的生态或环境问题，“全球问题不解决，所有的国家、集团、所有的人都难以为继”；① 它代表的利益不是局部地区的集团或个人的利益，而是地球人类（包括后代人类）的利益；它研究的视角不是某一领域的政治或经济的视角，而是全球视阈的生态视角。

2. 批判性。生态自然观从生态的角度对迄今人类的理念及其指导下的行为及后果进行了反思和批判，它强调人类是生态自然界系统中的一部分，从而纠正了传统人类中心主义在认识和处理人和自然界的关系方面所出现的偏激观念和行为，端正了人类及其社会在自然界中的地位。美国学者卡森（撰著《寂静的春天》）、米都斯（撰著《增长的极限》）、里夫金（撰著《熵：一种新的世界观》）、英国学者沃德等（撰著《只有一个地球》）、德国学者舒马赫（撰著《小的是美好的》）等都持有这种批判的态度。“这种生态视角的批判可以说是人类视角的批判或代表人类的批判”。②

3. 和谐性。生态自然观主张“和谐”是生态自然观的核心思想，围绕全球生态或环境问题进行生态批判的目的，就是要纠正人类迄今在认识和处理人和自然界的关系上的观念和行为，主张对迄今创建的非生态型的人工自然界进行生态化，使之变成生态型人工自然界，实现人和自然界的协调发展。

（三）生态自然观的渊源

生态自然观的渊源在古代可以追溯到古希腊和古代中国的生态自然观思想，在近代可以追溯到斯宾诺莎、霍尔巴赫、马克思和恩格斯等生态自然观思想。马克思和恩格斯的生态自然观思想具有当代价值。

1. 古代生态自然观思想。（1）古希腊人海波克拉提斯论述了植物和气候变化的关系，阿纳克西曼德猜测“人来自不同种类的动物”，恩培多

---

① 陈昌曙：《技术哲学引论》，科学出版社 2011 年版，第 201 页。

② 陈昌曙：《技术哲学引论》，科学出版社 2011 年版，第 201 页。

克勒认为“人类从土中生成”，阿那克萨戈拉认为人是起源于动物的“最聪明的动物”①，亚里士多德主张人和其他有机体共存于自然界系统中。（2）古代中国贤哲们“早就认识到了生态环境的重要性”，提出了“对自然要取之以时、取之有度的思想”。他们主张人与自然界之间要和谐共处、协调发展。例如，《论语》主张“子钓而不纲，弋不射宿”（不用大网打鱼，不射夜宿之鸟）；《荀子》主张“草木荣华滋硕之时则斧斤不入山林”；《吕氏春秋》警示若“竭泽而渔”，则“明年无鱼”，若“焚薮而田”，则“明年无兽”。②

2. 近代生态自然观思想。（1）斯宾诺莎主张人的主观感情、欲望都是自然的一部分，要顺应自然；法国哲学家卢梭指出，“人类征服自然界的自由并没有带来人的自由，技能的进步并不伴随着道德的进步”；霍尔巴赫认为，“人是自然的产物，存在于自然之中，服从自然的法则，不能越出自然，哪怕是通过思维，也不能离开自然一步”。③（2）马克思率先对技术的资本主义应用进行了社会批判，恩格斯率先对技术的资本主义应用进行了生态批判。他们主张人是自然界的产物，是自然界的一部分，人要与自然界和谐一致；要改革造成人和自然界相对立的资本主义制度，促进人与自然界协调发展；通过实现自然主义（人与自然的和谐）和人道主义（人享有公正和平等的权利和义务）的统一，真正解决人和自然之间、人和人之间的矛盾，实现“人同自然界的完成了的本质的统一”④，实现共产主义。

（四）生态自然观的基础

生态自然观形成的科学基础主要是生态学。它研究生物多样性的保护和作用、生态系统的存在和演化，生命系统与环境相互作用规律、人和生态系统之间的辩证关系等，是一门自然科学、技术科学和社会科学

---

① 参见苗力田：《古希腊哲学》，中国人民大学出版社 1989 年版，第 29、126、152 页。

② 《习近平谈治国理政》第 2 卷，外文出版社 2017 年版，第 209 页。

③ 赵敦华：《西方哲学简史》，北京大学出版社 2001 年版，第 244、254 页。

④ 《马克思恩格斯文集》第 1 卷，人民出版社 2009 年版，第 187 页。

相互交叉渗透的综合科学。

1. 生态学及其演变历程。“生态学”一词由希腊文“oikos”衍生而来，它的含义是“住所”或“生活所在地”。1866 年，德国科学家海克尔首先提出了“生态学”的概念，并把生态学界定为研究有机体和环境相互作用机制的学问。1935 年，英国生态学家坦斯勒提出了“生态系统”概念。1942 年，美国生态学家林德曼确立了生态系统物质循环和能量流动的理论。1950 年以来，人类生态学侧重研究人和自然界关系，使生态学研究对象从以生物为主体的生态转向以人为主体的生态，使其研究内容既包括自然生态系统又包括人工生态系统，生态学。①

2. 生态学的基本观点。(1) 生态系统由动物、植物和微生物依靠食物链和食物网，形成了有序的金字塔型结构；人类处于高级杂食性消费者的生态位上，人类的行为必须符合生态系统的整体要求，否则，可能危及人类自身的生存。(2) 生态系统依靠其内部的生存竞争机制、面向外部环境的反馈机制和自然选择机制，能够通过自我调节和修复，维护其稳定和平衡。人类必须通过调整和控制其自身和自然界的物质变换过程，维护生态系统的调节机制和功能，使其和生态系统协同发展。(3) 生态系统伴随着时间的推移，将从一种类型转变为另一种类型（生态演替原理）。其间，处于临界点中的最小因子对系统的演替产生最大的影响（最小因子原理）。生态系统和外部环境之间不断地进行物质、能量和信息的交换（多重利用和循环再生），并由此促使其循环演化。(4) 生态系统所需要的物质、能量、信息、空间等生态资源都是有限的，它对生态系统的发展具有促进和抑制的双重作用。因此，人类不能过度地浪费生态资源，不能超出生态系统的“负载定额”，要遵守生态规律，促进生态系统的持续发展。

生态自然观形成的技术基础主要体现在：(1) 生态技术是指既可满足人们的需要，节约资源和能源，又能保护环境的一切手段和方法。它是由氢核聚变反应技术、太阳能和风能发电技术、沼气利用技术等构成

---

① 参见余谋昌：《生态学哲学》，云南人民出版社 1991 年版，第 17—18 页。

的生态技术体系，它被用于对风能、太阳能、地热和水资源的利用和对废物的再利用以及造林、治沙、滴灌等。（2）生物技术是以生命科学为基础，利用生物的特性和功能，设计、构建具有预期性能的新物质或新品系，以及与工程原理相结合，加工生产产品或提供服务的综合性技术。它不仅包括传统生物技术，还包括基因工程、细胞工程、生物冶金技术（细菌浸矿）、环境生物技术（生物降解）等现代生物技术。（3）生态技术和生物技术虽然依据不同的自然科学（生态科学和生命科学）理论，各有其不同的对象、目标，但它们对于全面促进资源节约、加大自然生态系统和环境保护力度等都具有重要作用。

（五）生态自然观的作用

生态自然观的作用主要体现在：它以人类生态学为理论基础，丰富和发展马克思主义自然观；它强调人和生态系统和谐发展，为贯彻新发展理念，有效开展生态文明建设奠定理论基础；它随着生态科学的发展而不断得到完善并在生态文明建设中发挥重要作用。

1. 丰富和发展马克思主义自然观。（1）在马克思和恩格斯所处的时代，人类对自然界的破坏行为所导致的生态问题并未成为全球问题。马克思、恩格斯虽然对技术的资本主义应用进行了批判，但是，当时处于描述阶段的生态学没有为他们的批判奠定科学的理论基础。因此，他们虽然提出了生态自然观思想，但并未形成相对独立的理论体系。（2）现代生态学尤其是人类生态学为生态自然观的形成奠定了理论基础。生态哲学家们针对全球生态和环境问题，提出了较为系统的生态自然观理论，强化了人与自然界协调发展的生态意识，促进了马克思主义自然观在认识人类与生态系统关系方面的发展。

2. 有助于贯彻新发展理念。（1）新发展理念包括“创新、协调、绿色、开放、共享”；它们旨在解决发展的动力问题、不平衡问题、人与自然和谐问题、内外联动问题和社会公平正义问题；它们彼此“相互贯通、相互促进，是具有内在联系的集合体”①；它“是我国经济社会发展必须

---

① 《习近平谈治国理政》第2卷，外文出版社2017年版，第201、200页。

长期坚持的重要遵循”①。(2) 要构建市场导向的绿色技术创新体系或生态技术创新体系，以及清洁低碳、安全高效的能源体系、预警和防御技术体系、观测和监控核电技术体系、生态技术体系；“构建政府为主导、企业为主体、社会组织和公众共同参与的环境治理体系”,② 为促进绿色发展提供高质量的科技和制度保障。(3) 生态自然观强调人和生态系统和谐发展，它和新发展思想相一致，为贯彻新发展理念提供理论前提。它有助于人们“以新的发展理念引领发展”，“把新发展理念落到实处”,③ “坚持节约资源和保护环境的基本国策”；“加快生态文明体制改革，建设美丽中国”。④

3. 为生态文明建设奠定基础。(1) 生态文明是指人们在改造自然界的同时，通过不断完善社会制度、改善人的价值观念和思维方式，建设人与自然和谐统一的新的社会文明。“生态文明建设是‘五位一体’总体布局和‘四个全面’战略布局的重要内容”,⑤ 它功在当代、利在千秋，是中华民族永续发展的千年大计，它对于促进我国经济、社会的持续发展产生积极影响。(2) 习近平生态文明思想包括：“生态兴则文明兴的深邃历史观”“人与自然和谐共生的科学自然观”“绿水青山就是金山银山的绿色发展观”“良好生态环境是最普惠的民生福祉的基本民生观”“山水林田湖草是生命共同体的整体系统观”“实行最严格生态环境保护制度的严密法治观”“共同建设美丽中国的全民行动观”“共谋全球生态文明建设之路的共赢全球观”⑥。它是指导生态文明建设的根本遵循和最高准则。(3) “建设社会主义生态文明”，“是关系人民福祉、关乎民族未来

---

① 中共中央宣传部：《习近平新时代中国特色社会主义思想三十讲》，学习出版社2018年版，第105页。

② 习近平：《决胜全面建成小康社会　夺取新时代中国特色社会主义伟大胜利——在中国共产党第十九次全国代表大会上的报告》，人民出版社2017年版，第51页。

③ 《习近平谈治国理政》第2卷，外文出版社2017年版，第197、219页。

④ 本书编写组：《党的十九大报告辅导读本》，人民出版社2017年版，第23、49页。

⑤ 《习近平谈治国理政》第2卷，外文出版社2017年版，第393页。

⑥ 习近平：《坚决打好污染防治攻坚战 推动生态文明建设迈上新台阶》，《人民日报》2018年5月20日。

的长远大计”，“必须树立尊重自然、顺应自然、保护自然的生态理念”，“坚持节约资源和保护环境的基本国策，坚持节约优先、保护优先、自然恢复为主的方针，坚持生产发展、生活富裕、生态良好的文明发展道路”，“建设资源节约型、环境友好型社会，形成节约资源和保护环境的空间格局、产业结构、生产方式、生活方式”，“努力建设美丽中国，实现中华民族永续发展。”① （4）生态自然观强调“绿水青山就是金山银山”，“山水林田湖草是生命共同体”，“保护环境就是保护生产力，改善环境就是发展生产力”，② 为建设生态文明奠定了理论基础。（5）“弘扬塞罕坝精神，持之以恒推进生态文明建设”；③ “加快构建生态文明体系”，④ 即以生态价值观念为准则的生态文化体系，以产业生态化和生态产业化为主体的生态经济体系，以改善生态环境质量为核心的目标责任体系，以治理体系和治理能力现代化为保障的生态文明制度体系，以生态系统良性循环和环境风险有效防控为重点的生态安全体系；推进绿色发展，着力解决环境问题，加大生态保护力度，改革生态环境监管体制，“走出一条生产发展、生活富裕、生态良好的文明发展道路”，⑤ “努力走向社会主义生态文明新时代”。⑥

系统自然观、人工自然观和生态自然观作为马克思主义自然观发展中的三种形态，它们之间既相对独立又相辅相成，共同成为中国马克思主义自然观的重要组成部分。其具体体现在以下几方面：（1）它们都围绕人与自然界关系这个主题展开研究，丰富和发展了马克思主义自然观的本体论、认识论、方法论和价值论；它们都坚持天然自然界、人工自

---

① 《中国共产党第十八次全国代表大会文件汇编》，人民出版社 2012 年版，第 69、46、79 页。

② 《习近平谈治国理政》第 2 卷，外文出版社 2017 年版，第 209 页。

③ 《习近平谈治国理政》第 2 卷，外文出版社 2017 年版，第 397 页。

④ 习近平：《坚决打好污染防治攻坚战 推动生态文明建设迈上新台阶》，《人民日报》2018 年 5 月 20 日。

⑤ 习近平：《在纪念马克思诞辰 200 周年大会上的讲话》，《人民日报》2018 年 5 月 4 日。

⑥ 《习近平谈治国理政》第 2 卷，外文出版社 2017 年版，第 393 页。

然界和生态自然界的辩证统一，都为贯彻落实新发展理念和建设生态文明奠定理论基础。（2）它们在认识和处理人与自然界的关系方面各有侧重：系统自然观为正确认识和处理人与自然界的关系提供了新的思维方式；人工自然观突出并反思了人的主体性和创造性；生态自然观站在人类文明的立场，强调了人与自然界的协调发展和生态文明建设。（3）它们在认识和处理人与自然界的关系方面相互关联：系统自然观通过系统思维方式，为人工自然观和生态自然观提供了方法论基础；人工自然观通过突出人的主体性和实践性，为系统自然观和生态自然观提供了认识论前提；生态自然观通过强调人与自然界的统一性、协调性，为系统自然观和人工自然观指明了发展目标。（4）生态自然观为生态文明建设提供理论基础。生态文明建设构建了2035年“美丽中国”的建设蓝图：“确保到2035年，生态环境质量实现根本好转，美丽中国目标基本实现；到本世纪中叶，物质文明、政治文明、精神文明、社会文明、生态文明全面提升，绿色发展方式和生活方式全面形成，人与自然和谐共生，生态环境领域国家治理体系和治理能力现代化全面实现，建成美丽中国。”①生态自然观提供引领系统自然观和人工自然观，积极推进这个宏伟蓝图的实现。

案例：

弘扬塞罕坝精神，持之以恒推进生态文明建设

“塞罕坝”意为“美丽的高岭”，它位于河北省承德市围场满族蒙古族自治县境内。这里曾经地域广袤，水草丰沛、森林茂密、禽兽繁集，被誉为“水的源头、云的故乡、花的世界、林的海洋”，还被誉为“千里松林”。清朝统治者曾把这里作为皇家狩猎场。

新中国成立前，塞罕坝因长期遭到掠夺性采伐和过度性农牧生产而

---

① 习近平：《坚决打好污染防治攻坚战 推动生态文明建设迈上新台阶》，《人民日报》2018年5月20日。

成为集高寒、高海拔、大风、沙化、少雨等极端环境于一体、“黄沙遮天日，飞鸟无栖树”的荒漠沙地。昔日“山川秀美、林壑幽深”的太古圣境和“猎士五更行”“千骑列云涯”的壮观场面不复存在！

新中国成立后，林业部于1962年决定建立塞罕坝林场，立志要改变当地自然面貌，保持水土，为改变京津地带风沙危害创造条件；建成大片用材林基地，生产中、小径级用材；研究积累高寒地区造林和育林、大型国营机械化林场经营管理的经验。在政府的号召下，来自18个省（市）369名平均年龄不到24岁的创业者，来到塞罕坝开始了艰苦卓绝的创业历程。他们刚到塞罕坝时所看到的景象是：环境恶劣，交通闭塞；没有粮食，没有学校，没有医院，没有娱乐设施，缺少房屋。如此的苦难并没有把他们吓退或吓倒。他们啃窝头、喝雪水、住马架、睡窝棚、钻地窨子，攻难克苦，百折不挠，艰苦奋斗。

塞罕坝林场建设者们经过50多年的艰苦奋斗，创造了一个变荒原为林海、让沙漠成绿洲的绿色奇迹：截止到2009年，他们在140万亩的总经营面积上，成功地营造了112万亩人工林（按1米的株距排列，可以绕赤道12圈，它是全国面积最大的集中连片的人工林林海），森林覆盖率由建场初期的11.4%提高到80%，林木总蓄积量达到1012万立方米，年降雨量增加了60多毫米，年涵养水源1.4亿立方米；林木价值40多亿元，林木每年生长增加蓄积80万立方米，增值3亿元，投入与产出比为1∶44。如今，塞罕坝每年为京津地区输送净水1.37亿立方米、释放氧气55万吨，成为守卫京津的重要生态屏障。塞罕坝林场的建立为社会创造了大量的劳动就业岗位，有力地带动了区域经济发展，有效地传播了生态文化，弘扬了生态文明。

塞罕坝林场建设者们以其艰苦创业的伟大实践及其获得的丰硕成就铸造了一种伟大精神：塞罕坝精神。这种精神先后被概括为“勤俭建场，艰苦创业，科学求实，无私奉献”（1992年），“艰苦创业，科学求实，无私奉献，开拓创新，爱岗敬业”（2010年）。2017年8月14日，习近平对塞罕坝林场建设者事迹作出如下批示：

55年来，河北塞罕坝林场的建设者们听从党的召唤，在“黄沙遮天日，飞鸟无栖树”的荒漠沙地上艰苦奋斗、甘于奉献，创造了荒原变林海的人间奇迹，用实际行动诠释了绿水青山就是金山银山的理念，铸就了牢记使命、艰苦创业、绿色发展的塞罕坝精神。他们的事迹感人至深，是推进生态文明建设的一个生动范例。

全党全社会要坚持绿色发展理念，弘扬塞罕坝精神，持之以恒推进生态文明建设，一代接着一代干，驰而不息，久久为功，努力形成人与自然和谐发展新格局，把我们伟大的祖国建设得更加美丽，为子孙后代留下天更蓝、山更绿、水更清的优美环境。

习近平的批示充分肯定塞罕坝林场建设者的先进事迹，为我们推进绿色发展、建设美丽中国指明了前进方向。塞罕坝精神是以艰苦创业为核心，以科学求实和开拓创新为支撑，以无私奉献和爱岗敬业为价值取向的一个完整的精神体系。它充满了塞罕坝人献身“绿色事业”的豪情壮志，体现了塞罕坝人特有的理想追求。

“塞罕坝精神”将激励我们积极贯彻落实新发展理念，秉承习近平生态文明思想，即“人与自然和谐共生”的科学自然观（新时代坚持和发展中国特色社会主义的基本方略）、“良好生态环境是最普惠的民生福祉”的基本民生观（践行以人民为中心发展思想的鲜明体现）、“绿水青山就是金山银山”的绿色发展观（落实新发展理念的价值取向）、“共谋全球生态文明建设之路”的共赢全球观（推动构建人类命运共同体的关键策略）；坚守生态文明建设“六原则”，即坚持人与自然和谐共生、绿水青山就是金山银山、良好生态环境是最普惠的民生福祉、山水林田湖草是生命共同体、用最严格制度最严密法治保护生态环境、共谋全球生态文明建设；构建生态文明体系，包括以生态价值观念为准则的生态文化体系、以产业生态化和生态产业化为主体的生态经济体系、以改善生态环境质量为核心的目标责任体系、以治理体系和治理能力现代化为保障的生态文明制度体系、以生态系统良性循环和环境风险有效防控为重点的生态安全体系，力争到2035年，生态环境质量实现根本好转，美丽中国目标基本实现；到本世纪中叶，物质文明、政治文明、精神文明、社会文明、生态文明全面提升，绿色发展方式和生活方式全面形成，人与自然和谐共生，生态环境领域国家治理体系和治理能力现代化全面实现，建成美丽中国。[①]

思考题

1. 如何理解朴素唯物主义自然观、机械唯物主义自然观和辩证唯物主义自然观的辩证关系？
2. 如何理解系统自然观、人工自然观和生态自然观的辩证关系？
3. 如何认识生态自然观和生态文明建设的辩证关系？
4. 如何理解“绿水青山就是金山银山”等新发展理念？
5. 如何弘扬塞罕坝精神，建设美丽中国？

阅读书目

1. 恩格斯：《自然辩证法》，人民出版社 2015 年版。
2. 《习近平谈治国理政》第 2 卷，外文出版社 2017 年版。
3. 李佩珊、许良英：《20 世纪科学技术简史》，科学出版社 2004 年版。
4. 李约瑟：《中国科学技术史》第 2 卷，科学出版社 2001 年版。
5. 童天湘、林夏水：《新自然观》，中共中央党校出版社 1998 年版。

---

① 参见习近平：《坚决打好污染防治攻坚战 推动生态文明建设迈上新台阶》，《人民日报》2018 年 5 月 20 日。

第二章　马克思主义科学技术观

马克思主义科学技术观是马克思主义科学技术论的重要组成部分，是基于马克思、恩格斯的科学技术思想，对科学技术及其发展规律的概括和总结，是马克思主义关于科学技术的本体论和认识论。马克思主义认为科学是一般生产力，技术是现实生产力；科学主要是认识世界，技术主要是改造世界。现代科学和技术形成了既有区别又有联系的体系结构。科学技术发展分别有其模式与动力。

第一节　马克思、恩格斯的科学技术思想

马克思、恩格斯科学技术思想是伴随着马克思、恩格斯哲学思想特别是辩证唯物主义和历史唯物主义的创立过程而逐步形成、发展和完善的，其形成有着特定的社会条件、思想背景及其科学技术基础。马克思、恩格斯运用辩证唯物主义和历史唯物主义的基本观点，从总体上考察科学技术，提出了重要的科学技术思想，包括对科学技术的理解、科学的分类、科学技术与哲学的关系、科学技术是生产力、科学技术的生产动因，科学技术的社会功能等。马克思、恩格斯科学技术思想是马克思主义理论的重要组成部分。

一、马克思、恩格斯科学技术思想形成的社会条件

马克思、恩格斯科学技术思想是历史的产物，其形成与当时的社会条件、思想背景和科学技术发展密切相关。为了深刻理解和把握马克思、恩格斯科学技术思想，必须全面深入考察马克思、恩格斯科学技术思想形成的背景和历史关系。

（一）马克思、恩格斯科学技术思想形成的社会条件

马克思生活的时代是大工业生产的时代，工业革命是从工场手工业

向机器大工业的飞跃，它不仅仅是生产技术上的变革，而且最终导致了社会关系的深刻变化，促进了资本主义社会的迅速发展。18 世纪下半叶，第一次技术革命引发了英国及欧洲各国的产业革命，资本主义制度逐渐在欧洲主要国家建立起来。19 世纪 40 年代，英、法、德等国各主要生产部门都以机器工业取代了以手工技术为基础的工场手工业，当时英国是全世界工业产品的主要生产地，号称“世界工厂”。第二次科技革命极大地促进了资本主义各国生产力的发展，促使规模庞大的工业的形成，扩大了其生产的社会化程度，加快了资本的集中和积聚，从而推动了资本主义从自由竞争阶段过渡到垄断阶段。

马克思、恩格斯在深入研究 17、18 世纪西方社会发展进程后提出，分工、蒸汽力和机器的应用，是从 18 世纪中叶起“工业用来摇撼世界基础的三个伟大的杠杆。”① 科学技术的发展极大地促进了劳动对象和劳动手段的变革，提高了生产效率，机器大工厂的生产模式使劳动方式从分散走向集中协作，改变了生产布局和产业结构，形成工厂制度，劳动组织和行会组织出现，管理方式也随之改变。资本主义生产方式第一次使自然科学为直接的生产过程服务，科学获得的使命是成为生产财富的手段，而社会对技术的需要更加把科学推向前进。

工业革命还引起了生产关系、社会关系的深刻变革。一方面体现在一个越来越富有、强大的资产阶级形成和发展起来，另一方面由于中等阶级、手工业者、小商人日趋衰败，大工业雇佣大量廉价的劳动力，造成了无产阶级队伍的不断壮大，于是社会逐渐形成资产阶级和无产阶级两极分化，而资产阶级的富有是建立在对无产阶级的残酷剥削的基础上。随着资产阶级经济、政治统治的加强，特别是 1825 年以来发生的周期性经济危机，给无产阶级和劳动人民造成深重的灾难，充分地暴露了资本主义制度所固有的矛盾，无产阶级和资产阶级的斗争激烈起来。在 1830 年和 1834 年法国里昂工人两次起义、1838 年开始并持续 10 年之久的英国工人的“宪章运动”和 1844 年德国西里西亚纺织工人的起义中，工人

---

① 《马克思恩格斯文集》第 1 卷，人民出版社 2009 年版，第 406 页。

们提出了消灭私有制的呼声，无产阶级开始登上了历史的舞台。特别是1848年欧洲革命和1871年巴黎公社起义，无产阶级为反对资产阶级的统治、实现自身的解放进行了英勇顽强的战斗，无产阶级反对资产阶级的斗争由自发走向自觉。

（二）马克思、恩格斯科学技术思想形成的思想理论背景

首先，马克思、恩格斯科学技术思想是在批判继承德国古典哲学的唯物主义和辩证法基础上发展起来的。在科学何以可能的问题上，黑格尔打破了以往培根、笛卡尔、休谟等关于主体与客体二元对立的认识论基础，强调通过“理性”自身来完成对外在对象的真正统一，并且指出了康德模式静态性的弊端，主张将历史纳入本体论的视域中，在一个否定之否定的思辨过程中完成对历史发展过程的考察，这种辩证思维是影响马克思、恩格斯思想的根本所在。恩格斯指出，“不言而喻，我对数学和自然科学作这种概括性的叙述，是要在细节上也使自己确信那种对我来说在总的方面已没有任何怀疑的东西，这就是：在自然界里，正是那些在历史上支配着似乎是偶然事变的辩证运动规律，也在无数错综复杂的变化中发生作用……这些规律最初是由黑格尔全面地、不过是以神秘的形式阐发的……”。①

黑格尔的弊端在于认为现实历史是自我意识的外化和扬弃的过程，最后达到的也是“绝对精神”的统一，没有完成对历史“形而上学”的克服。费尔巴哈敏锐地指出了这一点：黑格尔否定之否定所统一的只是“思想客体”，而不是“感性客体”，这正是他的研究所在。马克思称其“创立了真正的唯物主义和实在的科学”②，但也对包括费尔巴哈的唯物主义在内的旧唯物主义的主要缺点，“对对象、现实、感性，只是从客体的或者直观的形式去理解，而不是把它们当做感性的人的活动，当做实践去理解，不是从主体方面去理解”③ 的不足进行了批判和改造，把世界的物质性和人的能动性辩证统一起来，创立了辩证的唯物主义。

---

① 《马克思恩格斯文集》第9卷，人民出版社2009年版，第13页。
② 《马克思恩格斯文集》第1卷，人民出版社2009年版，第200页。
③ 《马克思恩格斯文集》第1卷，人民出版社2009年版，第499页。

其次，技术史、工艺史和自然科学史的相关研究成果也是马克思、恩格斯科学技术思想产生的重要理论背景。马克思在18世纪50年代就认真阅读英国化学家安德鲁·尤尔的《技术辞典》和《工厂哲学》、波佩的《工艺学历史》、约翰·贝克曼的《发明史》，并着重探讨了从手工业到工场手工业以及工场手工业到机器大工业两个转变时期的技术史。马克思认为：推动手工业向工厂手工业转变的因素之一，是工业生产与科学知识的初步结合。例如钟表，实际上是“建立在手工艺生产和标志资产阶级社会黎明时期的学术知识基础上的。钟表提供了关于自动机和在生产中采用自动运动的观念。与钟表的历史齐头并进的是匀速运动理论的历史。”① 通过对蒸汽机在从工场手工业向机器大工业转变过程中的历史考察，马克思揭示了工具机与动力机只有相互促进才能发展的规律，并在此基础上进一步揭示了技术是随着整个“机器体系”的发展而发展的规律。恩格斯非常注重自然科学及其历史的研究成果，牛顿《自然哲学的数学原理》、赫尔姆霍茨《通俗科学演讲录》、康德《自然通史和天体论》、肖莱马《有机化学的产生和发展》、柯普《现代化学的发展》等著作是恩格斯关于自然科学发展规律研究的重要理论来源。

（三）马克思、恩格斯科学技术思想形成的科学技术基础

自然科学的发展是马克思、恩格斯科学技术思想产生的重要科学基础。马克思、恩格斯所处的19世纪被称为“科学的世纪”，此时以哥白尼、伽利略、开普勒和牛顿为代表的第一次科学革命已经完成，自然科学的其他各个学科经过材料与经验的积累与整理，已从经验层次上升到理论，第二次科学革命全面展开。这一时期，天文学、机械学、电学、磁学、化学、解剖学、生物学等都有了长足的发展。

在众多科学发现中能量守恒与转化定律，细胞学说和生物进化论合称为19世纪自然科学的三大发现。1853年，焦耳和汤姆逊完成了对能量守恒与转化定律的详细表述，指明大到宇宙天体，小到原子核内部，只要有能量转化，就一定遵循该规律。能量守恒与转化定律是自然运动最

---

① 《马克思恩格斯文集》第8卷，人民出版社2009年版，第338页。

普遍的定律，使人类能在整体意义上认识自然和利用自然。施莱登和施旺提出细胞学说，并于1858年魏尔肖提出的细胞分裂学说后得以完善。细胞学说认为一切动植物由细胞构成，细胞是生命的“元单位”，它只能由细胞分裂而来，从而论证了整个生物界在结构上的统一性，以及在进化上的同源的可能性，为辩证唯物论提供了重要的自然科学依据。在细胞学说的基础上，达尔文完成了以自然选择为核心的生物进化论假说。第一次对整个生物界的发生、发展，作出了唯物的、规律性的解释，推翻了特创论等唯心主义形而上学在生物学中的统治地位，使生物学发生了革命变革，并对人类学、心理学及哲学的发展都有不容忽视的影响。以“三大发现”为代表的自然科学成就为人们探索自然界的运动过程提供了丰富的事实和理论依据，深刻地揭示了自然界的物质统一及其过程的辩证性质。马克思在1860年至1862年间给恩格斯的信中多次提到他阅读达尔文著作的情况。①

与此同时，两次技术革命成为19世纪社会变革的重要力量。第一次技术革命始于18世纪中叶，以纺织机械、蒸汽机的发明和机器的广泛应用为标志，引发了英国工业领域的产业革命。到19世纪，工业革命逐渐地从英国扩散到法国、美国、德国等世界其他地区。19世纪70年代，以电的发明和应用为标志开启了第二次技术革命。第二次技术革命中技术与科学的关系日益密切，科学开始被自觉地运用于指导技术的改进与创新之中，越来越多地被应用于生产和社会的各个方面。科学与技术的融合态势促进了工业革命的蓬勃发展，机器的大规模应用，工厂制度的确立等，使社会生产力以前所未有的速度向前发展，社会面貌发生了天翻地覆的变化。两次科技革命将人类带入了工业文明的新时代。马克思指出，“资产阶级在它的不到一百年的阶级统治中所创造的生产力，比过去一切世代创造的全部生产力还要多，还要大。自然力的征服，机器的采用，化学在工业和农业中的应用，轮船的行驶，铁路的通行，电报的使用，整个整个大陆的开垦，河川的通航，仿佛用法术从地下呼唤出来的

---

① 参见《马克思恩格斯文集》第10卷，人民出版社2009年版，第184页。

大量人口——过去哪一个世纪料想到在社会劳动里蕴藏有这样的生产力呢?”①

马克思、恩格斯在总结和概括19世纪科学技术成果的基础上，证明了辩证法是对客观世界发展的最一般规律的反映，形成了以辩证唯物主义为理论基础的科学技术思想。

(四) 马克思、恩格斯科学技术思想的历史形成过程，是随着辩证唯物主义和历史唯物主义的创立而逐步发展和完善的

马克思、恩格斯作为马克思主义的创始人，在不断清算自己原有哲学信仰的过程中，经历了新世界观理论体系的探索过程。马克思、恩格斯科学技术思想的历史形成过程是随着辩证唯物主义和历史唯物主义的创立而逐步形成、发展和完善的。

马克思、恩格斯立足于历史唯物主义，主张从现实生产劳动出发考察社会历史，以实践概念为核心将科学技术与生产劳动、现代工业、资本生产、社会发展等的关系纳入对科学技术研究的视域之中。马克思认为，应该把技术与生产密切联系起来，与现实的社会诸因素联系起来，从技术的依存性去考察它的产生、运用与发展，绝不能离开一定历史时期、经济条件去考察作为社会生产力要素之一的技术，应该把技术的作用放到人类认识和改造自然的关系中去，作出合乎历史发展内在规律的研究。他始终把人与自然、人与技术之间的关系放到人与人之间的社会关系中去考察和把握，强调工业展现的是人与自然界、人与自然科学的现实的历史关系，“工业的历史和工业的已经生成的对象性的存在，是一本打开了的关于人的本质力量的书，是感性地摆在我们面前的人的心理学”,② 阐释了与工业相应的技术发展史及技术设备所展示的人的本质力量。

恩格斯早在英国时期就开始了对自然科学的研究，他深入探索了科学同工业、生产、经济之间的关系以及科学在人类历史中的作用。恩格

① 《马克思恩格斯文集》第2卷，人民出版社2009年版，第36页。

② 《马克思恩格斯文集》第1卷，人民出版社2009年版，第192页。

斯提出了把科学的发明和思想作为生产的劳动要素中的精神要素的思想，认为“科学又日益使自然力受人类支配”①。在1870年以后，恩格斯面对当时自然科学的最新成果，对自然科学进行了系统的研究，探讨了自然科学和哲学的关系，并对科学进行了分类，同时也对科学与技术的关系、科学技术与社会的关系以及自然科学方法论等诸多问题进行了研究。由此，形成了恩格斯系统的辩证自然观和科学观的理论。他剖析了资本主义制度下劳动分工和技术生产方式导致的劳动异化现象，进而得出技术异化的根本原因之一在于不合理的资本主义制度。只有消灭了资本主义制度，实现共产主义，才能最大限度地减轻技术异化带来的恶果，因为单单“认清我们的生产活动在社会方面的间接的、较远的影响”②，并采取相应的措施去支配和调节这种影响还不够，“为此需要对我们的直到目前为止的生产方式，以及同这种生产方式一起对我们的现今的整个社会制度实行完全的变革”。③

二、马克思、恩格斯科学技术思想的基本内容

马克思、恩格斯从总体上考察科学技术，提出了重要的科学技术思想，包括对科学技术的理解、科学的分类、科学技术与哲学的关系、科学技术是生产力、科学技术与社会生产的关系、科学技术的历史作用以及科技异化等。

（一）对科学技术的理解

1. 对科学的理解。马克思、恩格斯认为科学是排除了形而上学因素，建立在实践基础之上。马克思首先看到了科学中的形而上学问题，“17世纪的形而上学（请大家想一想笛卡儿、莱布尼茨等人）还具有实证的、世俗的内容。它在数学、物理学以及其他一些表面看来从属于它的特定科学领域都有所发现。”④ 但显然，马克思是反对自然科学中的形而上学

① 《马克思恩格斯文集》第1卷，人民出版社2009年版，第77页。
② 《马克思恩格斯文集》第9卷，人民出版社2009年版，第561页。
③ 《马克思恩格斯文集》第9卷，人民出版社2009年版，第561页。
④ 《马克思恩格斯文集》第1卷，人民出版社2009年版，第329页。

因素的，他曾在《1844年经济学哲学手稿》中指出，（以往的）自然科学是抽象物质的，有唯心主义倾向。

科学是人类通过实践对自然的认识与解释，是人类对客观世界规律的理论概括，是社会发展的一般精神成果，是“人类理论的进步”。马克思很推崇培根，称其为“英国唯物主义和整个现代实验科学的真正始祖”①。马克思、恩格斯认为，“科学是经验的科学，科学就在于把理性方法运用于感性材料。归纳、分析、比较、观察和实验是理性方法的主要条件。”② 这里的科学既指狭义的自然科学，也包括广义的社会科学和历史科学。科学是人类本质力量的显现，是批判宗教和唯心主义的精神武器，“现代自然科学和现代工业一起对整个自然界进行了革命改造，结束了人们对自然界的幼稚态度以及其他幼稚行为”。③ 马克思认为科学既是观念的财富同时又是实际的财富，是人的生产力所表现的一个方面，一种形式。科学的这种生产力是人类认识自然与利用自然的革命的力量、解放的力量。

2. 对技术的理解。马克思、恩格斯同样立足于实践来考察技术，反对仅仅从外在有用性和工具这些方面来理解技术，认为技术在本质上是人的本质力量的对象化，技术在本质上体现了“人对自然的实践关系”，“工艺学揭示出人对自然的能动关系，人的生活的直接生产过程，从而人的社会生活关系和由此产生的精神观念的直接生产过程。”④ 在资本主义条件下，机器的利用方式必然是与资本主义制度结合在一起的。资本家掌握着机器，也就同时掌握着压迫工人的条件。这种结合不仅控制了工人，也控制了资本家，导致在资本主义社会中的科技异化现象。因此，马克思认为对技术本质的思考不能只是局限于社会应用层面，而应透过技术系统在社会上的巨大能量，深入发掘其深层意涵。

马克思认为，科学与技术都是人的本质力量的对象化，在这一层面

---

① 《马克思恩格斯文集》第1卷，人民出版社2009年版，第331页。

② 《马克思恩格斯文集》第1卷，人民出版社2009年版，第331页。

③ 《马克思恩格斯全集》第10卷，人民出版社1998年版，第254页。

④ 《列宁选集》第2卷，人民出版社2012年版，第423页。

上科学与技术是统一的。技术（机器）无非是物化的科学、融入资本的科学，它们不过是科学的一种特定形态；而科学由知识形态演化为机器形态，也只是其外在形态的一种发展。马克思还指出，“一般科学水平和技术（科学的一般水平和技术进步）”是“对人本身的一般生产力的占有，是人对自然界的了解和通过人作为社会体的存在来对自然界的统治，总之，是社会个人的发展。”①

（二）科学的分类与统一

科学的分类是特定历史阶段的产物。恩格斯依据物质运动形式对自然科学进行了分类。恩格斯说，“每一门科学都是分析某一个别的运动形式或一系列互相关联和互相转化的运动形式的，因此，科学分类就是这些运动形式本身依其内在序列所进行的分类、排序，科学分类的重要性也正在于此。”② 依据这样的标准，恩格斯将自然科学的研究对象规定为运动着的物体，并将科学具体分为数学、天文学、物理学、化学、生物学等。恩格斯阐释道，“第一个部分包括所有研究非生物界的并且或多或少能用数学方法处理的科学，即数学、天文学、力学、物理学、化学……第二类科学是研究活的有机体的科学”。③ 马克思的“科学”不仅是西方意义上的实证的自然科学，可理解为同时包含了社会、历史科学的“大科学”，主要是指“按历史顺序和现今结果来研究人的生活条件、社会关系、法的形式和国家形式及其由哲学、宗教、艺术等等组成的观念上层建筑的历史科学”④。对于“一门科学”中两大部分——自然科学和历史科学，马克思认为两者之前一直处于“疏远”的关系中，并认为自然科学脱离人和社会的维度是不可能的，自然科学与历史科学最终将走向统一。

（三）科学技术与哲学的关系

马克思、恩格斯在对科学技术的研究中，一直强调科学技术和哲学

① 《马克思恩格斯文集》第 8 卷，人民出版社 2009 年版，第 196 页。
② 《马克思恩格斯文集》第 9 卷，人民出版社 2009 年版，第 504 页。
③ 《马克思恩格斯文集》第 9 卷，人民出版社 2009 年版，第 92—93 页。
④ 《马克思恩格斯文集》第 9 卷，人民出版社 2009 年版，第 94 页。

的密切关系。恩格斯强调科学技术对哲学的推动作用，认为推动哲学前进的是自然科学的发展和社会大工业生产。他在考察了英国经验主义哲学、法国唯物主义哲学和德国古典哲学同自然科学的相互关系之后，提出，“在从笛卡儿到黑格尔和从霍布斯到费尔巴哈这一长时期内，推动哲学家前进的，决不像他们所想象的那样，只是纯粹思想的力量。恰恰相反，真正推动他们前进的，主要是自然科学和工业的强大而日益迅猛的进步。”①

科学的发展也受到哲学的制约和影响。恩格斯针对一些科学家认为科学可以脱离哲学、可以抛弃哲学的幻想指出，科学与哲学在研究对象上具有本质上的共同点和内在的一致性。科学研究作为一种认识活动，必须通过理论思维才能揭示对象的本质和规律，这就自然地与哲学发生紧密的联系。“思维规律和自然规律，只要它们被正确地认识，必然是互相一致的。”② 恩格斯高度重视掌握自然科学知识对于创立辩证唯物主义自然观的重要意义，“马克思和我，可以说是唯一把自觉的辩证法从德国唯心主义哲学中拯救出来并运用于唯物主义的自然观与历史观的人。可是要确立辩证的同时又是唯物主义的自然观，需要具备数学和自然科学的知识。”③ 科技工作者之所以离不开哲学，还在于科学研究是一种认识活动，它所要揭示的对象的本质和规律，必须通过理论思维才能达到，这就自然地与哲学发生紧密的联系。“问题只在于：他们是愿意受某种蹩脚的时髦哲学的支配，还是愿意受某种建立在通晓思维历史及其成就的基础上的理论思维形式的支配。”④ “对于现今的自然科学来说，辩证法恰好是最重要的思维形式，因为只有辩证法才为自然界中出现的发展过程，为各种普遍的联系，为一个研究领域向另一个研究领域过渡提供类比，从而提供说明方法。”⑤

① 《马克思恩格斯文集》第4卷，人民出版社2009年版，第280页。
② 《马克思恩格斯文集》第9卷，人民出版社2009年版，第489页。
③ 《马克思恩格斯全集》第26卷，人民出版社2014年版，第13页。
④ 《马克思恩格斯文集》第9卷，人民出版社2009年版，第460页。
⑤ 《马克思恩格斯文集》第9卷，人民出版社2009年版，第436页。

（四）科学技术是生产力

马克思在进行政治经济学研究时，对科学技术的生产力性质进行了分析，首次明确提出了科学是生产力的思想。“资本是以生产力的一定的现有的历史发展为前提的——在这些生产力中也包括科学”。[①] 马克思认为，科学是生产力，但科学在物质生产过程中不是直接起作用而是间接起作用的因素，科学由于有了机器为中介才变为直接的生产力，“另一种不费资本分文的生产力，是科学力量。但是，资本只有通过使用机器（部分也通过化学过程）才能占有这种科学力量。”[②] 马克思还对科学这种特殊形态的生产力进行分析。“固定资本的发展表明，一般社会知识，已经在多么大的程度上变成了直接的生产力，从而社会生活过程的条件本身在多么大的程度上受到一般智力的控制并按照这种智力得到改造。它表明，社会生产力已经在多么大的程度上，不仅以知识的形式，而且作为社会实践的直接器官，作为实际生活过程的直接器官被生产出来。”[③] 这说明，社会生产力不仅以物质形态存在，而且以知识形态存在，自然科学就是以知识形态为特征的一般社会生产力。它与物质形态的直接生产力有区别，但又是相辅相成的。

自然科学可以而且能够在一定条件下转化为物质形态的直接生产力，表现为自然科学作为知识和智力因素对生产力诸要素的渗透。依靠自然科学理论对劳动力的渗透，可以极大地提高生产能力。具体来讲，作为生产力要素中最积极和活跃的劳动者，其作用的发挥越来越取决于自身的科学技术水平。随着大工业的发展，人的直接劳动在生产过程中所占的比重日益降低，因为少量劳动就可以生产大量产品，虽然人类劳动质的方面不可或缺，但与科学技术的作用相比已处于从属地位。劳动资料的改进更大程度地依赖于科学技术。在马克思看来，不同时代有不同的生产工具和技术条件，各种经济时代的区别不在于生产了什么，而是在于怎样生产，用什么劳动资料去生产，正是在这种意义上，人类社会被

---

① 《马克思恩格斯文集》第 8 卷，人民出版社 2009 年版，第 188 页。
② 《马克思恩格斯全集》第 31 卷，人民出版社 1998 年版，第 168 页。
③ 《马克思恩格斯文集》第 8 卷，人民出版社 2009 年版，第 198 页。

划分为石器时代、铁器时代、蒸汽机时代、电气时代以及自动化时代。科学技术的发展拓宽了原有生产资料的新用途，提高了生产资料的利用率和多样性转化，还使许多原本不可能的资源进入了劳动对象，从而使劳动对象不断扩大。

（五）科学技术的生产动因

马克思在考察从手工工业到工场手工业，从工场手工业到机器大工业的技术史之后，认为，“自然科学本身［自然科学是一切知识的基础］的发展，也像与生产过程有关的一切知识的发展一样，它本身仍然是在资本主义生产的基础上进行的，这种资本主义生产第一次在相当大的程度上为自然科学创造了进行研究、观察、实验的物质手段。由于自然科学被资本用作致富手段，从而科学本身也成为那些发展科学的人的致富手段，所以，搞科学的人为了探索科学的实际应用而互相竞争。另一方面，发明成了一种特殊的职业。因此，随着资本主义生产的扩展，科学因素第一次被有意识地和广泛地加以发展、应用并体现在生活中，其规模是以往的时代根本想象不到的。”① 马克思明确提出了科学发展的生产动因，科学是精神财富，也是物质财富，科学是其本身所为之服务的社会和工业力量的产物，是生产力发展的表现产物和表现方式，“单是科学——即财富的最可靠的形式，既是财富的产物……科学这种既是观念的财富同时又是实际的财富的发展，只不过是人的生产力的发展即财富的发展所表现的一个方面，一种形式。”② 马克思在《资本论》及其手稿中，十分强调社会需要特别是社会物质生产的需要是科学技术发展的根本动力。他认为，古代科学的产生首先源于社会生产的需要。古埃及人由于计算尼罗河水的涨落期的需要，产生了埃及的天文学。同时，由于尼罗河水泛滥而重新丈量土地的需要，产生了古埃及的几何学。由于农业灌溉、手工业生产的发展，加上航海和战争的需要，产生了古代的静力学。马克思还详细考察了磨、纺织机、蒸汽机等技术的历史发展，认

① 《马克思恩格斯文集》第 8 卷，人民出版社 2009 年版，第 358—359 页。
② 《马克思恩格斯全集》第 30 卷，人民出版社 1995 年版，第 539 页。

为它们都是源于社会生产和社会生活的需要。

恩格斯考察了科学技术发展史，认为，“在中世纪的黑夜之后，科学以意想不到的力量一下子重新兴起，并且以神奇的速度发展起来，那么，我们要再次把这个奇迹归功于生产。”① 他指出，“社会一旦有技术上的需要，这种需要就会比十所大学更能把科学推向前进。”②

马克思和恩格斯的分析说明，科学技术的发展首先在于生产的推动作用。生产需要是科学技术发展的基本动力，是近代以来科学技术得以奇迹般地发展起来的全部秘密。

（六）科学技术的社会功能

1. 科学是最高意义上的革命力量。恩格斯指出，“在马克思看来，科学是一种在历史上起推动作用的、革命的力量。”③ “他把科学首先看成是一个伟大的历史杠杆，看成是按最明显的字面意义而言的革命力量。”④

一方面，科学革命的出现，打破了宗教神学关于自然的观点，使人类的关注回到人类自身。“整个所谓世界历史不外是人通过人的劳动而诞生的过程，是自然界对人来说的生成过程”。⑤ 自然科学以实证性在物理学、化学、生物学等方面的发展使人类摆脱了神学的束缚，人类是在认识自然、改造自然的过程中，调节人与自然的关系并创造着历史。“自然研究当时也在普遍的革命中发展着，而且它本身就是彻底革命的”。⑥

另一方面，科学与技术的结合推动了产业革命。“工业革命是由蒸汽机、各种纺纱机、机械织布机和一系列其他机械装备的发明而引起的。”⑦ 各种工具机、动力机和制造机的发明和应用改变了传统零散、小规模的手工工场的生产模式，推动了集中的、大规模的、高协作度的工厂生产

---

① 《马克思恩格斯文集》第 9 卷，人民出版社 2009 年版，第 427 页。
② 《马克思恩格斯文集》第 10 卷，人民出版社 2009 年版，第 668 页。
③ 《马克思恩格斯文集》第 3 卷，人民出版社 2009 年版，第 602 页。
④ 《马克思恩格斯全集》第 25 卷，人民出版社 2001 年版，第 592 页。
⑤ 《马克思恩格斯文集》第 1 卷，人民出版社 2009 年版，第 196 页。
⑥ 《马克思恩格斯文集》第 9 卷，人民出版社 2009 年版，第 410 页。
⑦ 《马克思恩格斯文集》第 1 卷，人民出版社 2009 年版，第 676 页。

模式。“大生产——应用机器的大规模协作——第一次使自然力，即风、水、蒸汽、电大规模地从属于直接的生产过程，使自然力变成社会劳动的因素。……自然因素的应用——在一定程度上自然因素并入资本——是同科学作为生产过程的独立因素的发展相一致的。生产过程成了科学的应用，而科学反过来成了生产过程的因素即所谓职能。每一项发现都成了新的发明或生产方法的新的改进的基础。”① 产业革命迅速扩展到各个部门，改变了整个工业生产的面貌，并使市民社会在经济结构和社会生产关系上发生了全面变革，它使“社会各阶级的一切旧有关系和生活条件发生了变革；它把农奴变成了自由民，把小农变成了工业工人”②。

2. 科学技术是生产方式和生产关系革命化的因素。马克思、恩格斯除了对科学推动生产力发展作出历史考察之外，还阐述了科学技术在整个历史进程中的重要作用，指出，“机器的发展则是使生产方式和生产关系革命化的因素之一”。③

首先，科学技术的发展必然引起生产方式的变革，“机器表现为由资本主义生产方式引起的一般生产方式的革命。”④ 马克思认为，科技的应用除了提高了生产率，还拓宽了生产资料的利用范围、提高了生产资料的利用率和多样性转化。马克思以化学工业为例，指出它把以前几乎毫无用处的煤焦油转化为苯胺染料和茜红染料，甚至转化为药品，“使那些在原有形式上本来不能利用的物质，获得一种在新的生产中可以利用的形态”。⑤

其次，科学技术的发展必然引起生产关系本身的变革。“随着新生产力的获得，人们改变自己的生产方式，随着生产方式即谋生的方式的改变，人们也就会改变自己的一切社会关系。手推磨产生的是封建主的社

① 《马克思恩格斯文集》第8卷，人民出版社2009年版，第356页。
② 《马克思恩格斯文集》第2卷，人民出版社2009年版，第378页。
③ 《马克思恩格斯文集》第8卷，人民出版社2009年版，第326页。
④ 《马克思恩格斯文集》第8卷，人民出版社2009年版，第351页。
⑤ 《马克思恩格斯文集》第7卷，人民出版社2009年版，第115页。

会，蒸汽磨产生的是工业资本家的社会。"① 恩格斯较早地认识到了科学技术的历史作用，提出，"科学和哲学结合的结果就是唯物主义（牛顿的学说和洛克的学说同样是唯物主义的前提）、启蒙运动和法国的政治革命。科学和实践结合的结果就是英国的社会革命。"② 科学应用于生产实践，促进生产力的发展，从而引起生产关系的变革，而生产关系的变革会导致社会革命的发生。

（七）科学技术与社会制度

首先，马克思、恩格斯探讨了新兴资产阶级与自然科学的关系。

马克思指出，"只有资本主义生产才把物质生产过程变成科学在生产中的应用"③ "只有资本主义生产方式才第一次使自然科学［XX-1262］为直接的生产过程服务"。④ 恩格斯则指出，"资产阶级为了发展工业生产，需要科学来查明自然物体的物理特性，弄清自然力的作用方式。在此以前，科学只是教会的恭顺的婢女，不得超越宗教信仰所规定的界限，因此根本就不是科学。科学反叛教会了；资产阶级没有科学是不行的，所以也不得不参加反叛。"⑤

其次，马克思、恩格斯揭示了资本主义制度下劳动者与科学技术的关系。一方面，科学技术作为资本同劳动者相对立。马克思指出，"以社会劳动为基础的所有这些对科学、自然力和大量劳动产品的应用本身，只表现为劳动的剥削手段，表现为占有剩余劳动的手段，因而，表现为属于资本而同劳动对立的力量。"⑥ "被运用于实践的科学——，但是，这只是通过使劳动从属于资本，只是通过压制工人本身的智力和专业的发展来实现的。"⑦ 随着资本主义生产方式的变革，资产阶级和无产阶级

① 《马克思恩格斯文集》第1卷，人民出版社2009年版，第602页。
② 《马克思恩格斯文集》第1卷，人民出版社2009年版，第97页。
③ 《马克思恩格斯文集》第8卷，人民出版社2009年版，第363页。
④ 《马克思恩格斯文集》第8卷，人民出版社2009年版，第356页
⑤ 《马克思恩格斯文集》第3卷，人民出版社2009年版，第510页。
⑥ 《马克思恩格斯文集》第8卷，人民出版社2009年版，第395页。
⑦ 《马克思恩格斯文集》第8卷，人民出版社2009年版，第363页。

的矛盾日益突出，科技被资产阶级操控，成为异己的力量加重了对工人的剥削程度。科学技术的应用导致劳动者身上某种智力和身体的畸形化发展。另一方面，科学技术的进步也为无产阶级提供了革命的武器。在与资产阶级的斗争当中，无产阶级有机会学习和掌握当时先进的科学技术，这是他们建构反抗统治阶级的新技术体系的基础。

再次，马克思、恩格斯预见了只有在劳动共和国，科学才能起到真正的作用。在马克思看来，社会主义战胜资本主义是历史的必然，无产阶级通过推翻资产阶级获得政治解放是消除技术异化的前提和基础，“无产阶级将利用自己的政治统治，一步一步地夺取资产阶级的全部资本，把一切生产工具集中在国家即组织成为统治阶级的无产阶级手里，并且尽可能快地增加生产力的总量。”① 随着阶级和所有制的消灭，在共产主义社会中，技术异化才有望消除，科技才真正成为人类解放的力量。“只有工人阶级能够把他们从僧侣统治下解放出来，把科学从阶级统治的工具变为人民的力量，把科学家本人从阶级偏见的兜售者、追逐名利的国家寄生虫、资本的同盟者，变成自由的思想家！只有在劳动共和国里面，科学才能起它的真正的作用。”② “在社会主义社会中，劳动将和教育相结合，从而既使多方面的技术训练也使科学教育的实践基础得到保障”。③

马克思、恩格斯认为，科学家需要依靠历史的产物和群众的智慧。马克思认为，工业革命从个别发明家的劳动中得益极少，发明是一种建立在大多为小改进基础上的技术积累的社会过程，而不是少数天才人物个人的英雄主义杰作。马克思指出，正是17世纪的机器的应用，“因为它为当时的大数学家们创立现代力学提供了实际的支点和刺激。”④ “18世纪的任何发明，很少是属于某一个人的。”⑤ 当然，马克思、恩格斯也肯定了科学家个人在科学发展史上的重要作用。

---

① 《马克思恩格斯文集》第2卷，人民出版社2009年版，第52页。
② 《马克思恩格斯文集》第3卷，人民出版社2009年版，第204页。
③ 《马克思恩格斯文集》第9卷，人民出版社2009年版，第339页。
④ 《马克思恩格斯文集》第5卷，人民出版社2009年版，第404页。
⑤ 《马克思恩格斯文集》第5卷，人民出版社2009年版，第428—429页。

（八）科学与技术的相互关系

在早期漫长的人类文明史进程中，科学与技术彼此处于相对独立的状态发展，这种状况在近代科学革命特别是近代技术革命之后发生了重大改变，科学与技术开始彼此靠拢，相互促进，逐步融合，逐渐呈现出科学与技术的一体化趋势。马克思、恩格斯不仅敏锐地关注到这种变化，而且深入考察了科学与技术的相互作用关系。

一方面，科学研究和科学成果可以指导技术发展，科学可以成为技术的先导并转化为技术。科学与技术都是有关人与自然界关系的，是人的本质力量的对象化，在这一层面上科学与技术是统一的。但是，科学与技术之间又是存在区别的，科学主要是认识自然，技术主要是改造自然；作为间接生产力的科学要通过转化为直接的现实生产力技术才能发挥生产力的功能。技术（机器）无非是物化的科学、溶入资本的科学，它们不过是科学的一种特定形态；而科学由知识形态演化为机器形态，也只是其外在形态的一种发展。马克思指出，“随着大工业的发展，现实财富的创造较少地取决于劳动时间和已耗费的劳动量，较多地取决于在劳动时间内所运用的作用物的力量，而这种作用物自身——它们的巨大效率……而是取决于科学的一般水平和技术进步，或者说取决于这种科学在生产上的应用。（这种科学，特别是自然科学以及和它有关的其他一切科学的发展，本身又和物质生产的发展相适应。）”① 在马克思看来，自然科学在生产中的应用产生了技术进步，促进了生产力的发展。自然科学可以而且能够在一定条件下转化为物质形态的直接生产力，表现为自然科学作为知识和智力因素对生产力诸要素的渗透，可以极大地提高劳动生产率。

另一方面，技术的发展为科学研究提出课题并提供必要的物质手段。恩格斯指出，如果说“技术在很大程度上依赖于科学状况，那么，科学则在更大得多的程度上依赖于技术的状况和需要”②。近代科学的发展离

① 《马克思恩格斯文集》第 8 卷，人民出版社 2009 年版，第 195—196 页。

② 《马克思恩格斯文集》第 10 卷，人民出版社 2009 年版，第 668 页。

不开实验设备（例如计时器、天平、显微镜、望远镜等各种仪器），制造这些仪器设备必须依靠工业的发展和技术的武装。恩格斯在论述近代工业技术与科学发展的关系时指出，“从十字军征讨以来，工业有了巨大的发展，并随之出现许多新的事实，有力学上的（纺织、钟表制造、磨坊），有化学上的（染色、冶金、酿酒），也有物理学上的（眼镜），这些事实不但提供了大量可供观察的材料，而且自身也提供了和以往完全不同的实验手段，并使新的工具的设计成为可能。可以说，真正系统的实验科学这时才成为可能。”①

（九）科学技术异化

资本的形成以及向社会生活诸领域的全面渗透，是资本主义社会的基本特征。在资本主义发展进程中，不仅社会生产被纳入资本运行体制，而且科学与技术的发展也成了资本扩张的“帮凶”，导致了在资本主义条件下科学技术的异化现象。

科学技术异化是指在人们运用科学技术活动实现自身目的的过程中，科学技术成为一种独立的力量，转化成一种外在的、异己的敌对的力量，反制人类，使人性扭曲和畸形发展。在马克思、恩格斯的思想中，有关科学技术异化的思想大多潜在地包含于其劳动异化理论之中。

1. 劳动异化。马克思在《1844 年经济学哲学手稿》中，首次提出“劳动异化”概念，用以阐述私有制条件下劳动者同自己的劳动产品、劳动活动、类本质和他人相异化的关系。马克思在批判尤尔为科学的资本化辩护时深刻揭示了资本主义条件下的科学异化现象，马克思指出，“尤尔还证明，‘被招募来为资本服务的科学’在资本与劳动的一切冲突中虽然迫使工人‘无条件投降’，并保证资本享有‘合法权利’，来充当工厂头脑并把工人降低到工厂的没有头脑的、没有意志的肢体的地位，然而资本招募来的科学并没有被用来压制‘被压迫阶级’。”② 马克思进一步指出，“只有资本主义生产才把物质生产过程变成科学在生产中的应

① 《马克思恩格斯全集》第 20 卷，人民出版社 2014 年版，第 486 页。
② 《马克思恩格斯文集》第 8 卷，人民出版社 2009 年版，第 362—363 页

用——被运用于实践的科学——，但是，这只是通过使劳动从属于资本，只是通过压制工人本身的智力和专业的发展来实现的。”① 根据马克思的阐述，资本招募来科学压制工人，是必须要通过劳动过程为中介，借助科学应用而发明机器，才能真正实现在机器大工业条件下，机器的运用和分工形式的改变使工人沦为机器的附庸，失去了手工业时代的劳动技艺性和创造性。工人的异化在资本主义社会以极其尖锐的形式表现出来，“机器具有减少人类劳动和使劳动更有成效的神奇力量，然而却引起了饥饿和过度的疲劳。财富的新源泉，由于某种奇怪的、不可思议的魔力而变成贫困的源泉。技术的胜利，似乎是以道德的败坏为代价换来的。”②

2. 资本主义制度是科学技术异化的根源。马克思、恩格斯认为，科学技术异化的根源并不在于科学技术本身，而在于科学技术的资本主义应用。资本是资本主义社会的统治力量，追求剩余价值的最大化是资本的本性。随着资本主义生产的扩展，科学因素作为生产要素第一次被有意识地和广泛地加以发展、应用并体现在生活中，促进了生产力的发展，也加强了对工人的压榨、剥削。马克思对这一异化状况进行了尖锐的揭露，“被招募来为资本服务的科学使劳动受资本支配”③，“机器就其本身来说缩短劳动时间，而它的资本主义应用延长工作日；因为机器本身减轻劳动，而它的资本主义应用提高劳动强度；因为机器本身是人对自然力的胜利，而它的资本主义应用使人受自然力奴役；因为机器本身增加生产者的财富，而它的资本主义应用使生产者变成需要救济的贫民”。④资本主义制度不可能从根本上消除科学技术异化现象。

3. 科学技术异化的影响。在资本主义条件下，科学技术异化对自然、社会和人类自身造成巨大影响。

首先，人工自然的开拓给人类带来巨大利益的同时，也改变了自然的本来面貌，打破了原有的良性自然平衡，引发了人口膨胀、环境污染、

---

① 《马克思恩格斯文集》第 8 卷，人民出版社 2009 年版，第 363 页

② 《马克思恩格斯文集》第 2 卷，人民出版社 2009 年版，第 580 页。

③ 《马克思恩格斯文集》第 8 卷，人民出版社 2009 年版，第 359 页。

④ 《马克思恩格斯文集》第 5 卷，人民出版社 2009 年版，第 508 页。

生态危机、能源短缺等严重问题。马克思指出，在资本主义社会中人类的私欲膨胀，资本家为了利润只愿伐树不想造林，最后使土地荒芜，造成人与自然关系恶化。恩格斯从中得出结论，“我们不要过分陶醉于我们人类对自然界的胜利。……每一次胜利，起初确实取得了我们预期的结果，但是往后和再往后却发生完全不同的、出乎预料的影响，常常把最初的结果又消除了。”①

其次，统治阶级设计和操控着机器生产程序和国家机构，而被统治阶级在技术上处于劣势，不得不忍受各种不合理的制度安排。但同时，统治阶级所营造的技术体系，有可能被转化为反对统治阶级自身的力量。在阶级对抗中，无产阶级有机会学习和掌握先进科学技术，从而打破统治阶级的技术体系，构建新的社会技术体系。因此，马克思在分析资本主义走向灭亡的趋势时指出，“资产阶级无意中造成而又无力抵抗的工业进步，使工人通过结社而达到的革命联合代替了他们由于竞争而造成的分散状态。……它首先生产的是它自身的掘墓人。资产阶级的灭亡和无产阶级的胜利是同样不可避免的。”②

最后，科学技术异化造成了人的主体地位的丧失。在机器大工业生产中，机器通过在自身中发生作用的力学规律发挥技能和力量，工人的活动都是由机器的运转来决定和调节的。马克思不仅强调大机器生产方式下的分工改变了工人和劳动对象之间的关系，造成了工人从属和依附机器体系的被动局面，还指出科学技术异化对工人身体的摧残。在资本主义条件下，机器技术进步又导致工人工作日延长、劳动强度加大。“在这种永无止境的苦役中，反复不断地完成同一个机械过程；这种苦役单调得令人丧气……机器劳动极度地损害了神经系统，同时它又压抑肌肉的多方面运动，夺去身体上和精神上的一切自由活动。”③ 机器是科学技术的产物，但在资本主义生产方式下已经迫使工人成为其奴隶，科学技

---

① 《马克思恩格斯文集》第9卷，人民出版社2009年版，第559—560页。

② 《马克思恩格斯文集》第2卷，人民出版社2009年版，第43页。

③ 《马克思恩格斯文集》第5卷，人民出版社2009年版，第486—487页。

术对工人来说表现为“异己的、敌对的和统治的权力”[①]。

马克思、恩格斯的科学技术思想，不仅是对马克思主义理论的丰富和发展，更有助于指导我们正确分析科学技术及其发展的理论和现实问题。

第二节 科学技术的本质与结构

马克思主义关于科学技术的本质特征和科学技术的体系结构的观点，是马克思、恩格斯科学技术思想的重要体现。科学是一般生产力，技术是现实生产力；科学主要是认识世界，技术主要是改造世界。在宏观上，科学是由基础科学、技术科学、工程科学组成相互关联的结构，技术是由实验技术、基本技术和产业技术组成相互关联的结构；在微观上，科学和技术分别由多要素组成了有机结构。

一、科学技术的本质特征

在人类社会发展的进程中，科学技术在不同的文化中具有不同的形态。随着现代科学的产生和发展，现代科学技术呈现出科学技术化、技术科学化、科学技术一体化的发展趋势。

（一）科学的本质特征

1. 马克思、恩格斯关于科学本质特征的分析。马克思、恩格斯认为，科学在本质上体现了“人对自然界的理论关系”[②]，是一般生产力。这具体包括以下内容：

（1）关于科学的内涵方面，马克思提出科学“是真正的实证科学”，是“真正的知识”，[③] 科学就在于把理性方法运用于感性材料。

---

① 《马克思恩格斯文集》第8卷，人民出版社2009年版，第358页。

② 《马克思恩格斯文集》第1卷，人民出版社2009年版，第350页。

③ 《马克思恩格斯文集》第1卷，人民出版社2009年版，第526、214页。

（2）关于科学的基础方面，马克思提出，“感性（见费尔巴哈）必须是一切科学的基础。科学只有从感性意识和感性需要这两种形式的感性出发，因而，科学只有从自然界出发，才是现实的科学。”①

马克思坚持一般唯物主义原则，认为自然科学是人类对自然界的理性认识，是对自然界的“运动形式的反映”②。恩格斯在当时科学技术发展水平的基础上对自然界的运动形式作了研究，进而在此基础上对科学进行分类。③

马克思还认为科学是人类实践活动的产物，因为“全部人类历史的第一个前提无疑是有生命的个人的存在”④，“这些人把自己和动物区别开来的第一个历史行动不在于他们有思想，而在于他们开始生产自己的生活资料”，⑤ 生产活动作为人类最基本的实践活动形式，在不同的历史时期随劳动资料的改进而不断提高，不仅区分出各种经济时代，而且使自然科学也越来越变成历史的科学。⑥

（3）关于科学的社会作用方面，马克思提出，“科学是一种在历史上起推动作用的、革命的力量。”⑦

科学具有实践属性，是属于精神生产领域的活动，⑧ 是一般生产力。在资本主义的大工业条件下，科学理论应用到生产过程，从而生产过程成了科学在工艺上的应用（所以马克思说生产的能力中“也包括科学”），创造出前所未有的物质财富，从而科学既是观念的财富又是实际的财富。⑨ 在这个意义上，科学就是财富的最可靠的形式，它既是财富的产物，又是财富的生产者。科学从一般生产力转化为直接生产力，必须以

---

① 《马克思恩格斯文集》第 1 卷，人民出版社 2009 年版，第 194 页。
② 《马克思恩格斯文集》第 9 卷，人民出版社 2009 年版，第 454 页。
③ 参见《马克思恩格斯文集》第 9 卷，人民出版社 2009 年版，第 92—95 页。
④ 《马克思恩格斯文集》第 1 卷，人民出版社 2009 年版，第 519 页。
⑤ 《马克思恩格斯文集》第 1 卷，人民出版社 2009 年版，第 519 页。
⑥ 参见《马克思恩格斯全集》第 21 卷，人民出版社 2003 年版，第 317 页。
⑦ 《马克思恩格斯文集》第 3 卷，人民出版社 2009 年版，第 602 页。
⑧ 参见《马克思恩格斯文集》第 8 卷，人民出版社 2009 年版，第 536 页。
⑨ 参见《马克思恩格斯文集》第 8 卷，人民出版社 2009 年版，第 170 页。

其物化形式即机器和直接的生产过程和资本相结合，才能完成。

在马克思看来，科学只有在同“有教育的劳动者”相结合时，其革命力量才能发挥巨大作用。由科学技术在生产中的使用所导致的生产力的进步，还必然引起生产关系的变革，他说，“一旦生产力发生了革命——这一革命表现在工艺技术方面——，生产关系也就会发生革命。”①

（4）在社会属性上，科学属于特殊的社会意识形式，是对客观世界的反映，但这种反映一旦和资本主义生产方式，具体说是和资本结合起来，就成为资本家统治的工具而与劳动相对抗。即“资本招募科学为自己服务，从而不断地迫使反叛的工人就范。”② 从而“只有资本才掌握历史的进步来为财富服务”③，马克思关于把资本划分为不变资本和可变资本，以及把资本划分为固定资本和流动资本的理论都力图在说明这一思想。

（5）科学具有双刃剑作用，它一方面推动了社会的发展，另一方面又成为一种控制人的力量。“随着人类愈益控制自然，个人却似乎愈益成为别人的奴隶或自身的卑劣行为的奴隶。甚至科学的纯洁光辉仿佛也只能在愚昧无知的黑暗背景上闪耀。我们的一切发明和进步，似乎结果是使物质力量成为有智慧的生命，而人的生命则化为愚钝的物质力量。”④

2. 国外关于科学本质特征的研究。由卢卡奇、科尔施和葛兰西等国外马克思主义者承接了马克思早期的异化理论，在对西方发达社会中的物化现象展开激烈批判的过程中阐述了他们对科学的理解，他们认为，理性的分化导致了现代社会对技术理性的过分弘扬，造成价值理性的失落，科学技术成为意识形态，成为统治社会的决定力量，从而社会成了单向度的社会，人成了单向度的人。哈贝马斯对科学技术的意识形态功能的批判，把马克思主义对社会的批判维度变成了改良，消解了马克思

① 《马克思恩格斯文集》第8卷，人民出版社2009年版，第341页。
② 《马克思恩格斯文集》第8卷，人民出版社2009年版，第302页。
③ 《马克思恩格斯全集》第30卷，人民出版社1995年版，第593页。
④ 《马克思恩格斯文集》第2卷，人民出版社2009年版，第580页。

主义的革命性特征。

作为20世纪较有影响力的哲学派别，现象学对世界的反思开始于欧洲科学危机，其中海德格尔在探讨科学中形成了一套系统的科学观。他提出了科学作为人的活动，是人存在的方式；还提出了现代科学本质上是作为数学筹划、研究和作为技术的科学，是形而上学思维方式的产物等基本观点。海德格尔对科学技术价值的探讨超越了流俗的工具论而上升到形而上学层次，他的科学思想对于当今身处技术时代的人们反思科学有着重要的意义。

在科学“是什么”的本质问题即科学的“划界”问题上，西方科学哲学经过了从实证主义（孔德）到逻辑实证主义（维特根斯坦），再到证伪主义（波珀）、精致证伪主义（拉卡托斯）、历史主义（库恩）等的观点，进而费耶阿本德认为不存在划分科学和非科学的绝对普遍的标准，提出了“怎么都行”的主张。这些观点尽管有可借鉴之处，但由于其或者只是从纯逻辑的方面探讨哲学，没有借助于科学发展的历史来验证自己的理论，因此所描述的科学往往与科学的实际发展不相符合；或者单纯强调社会对科学的作用，甚至陷入相对主义的境地，在理论上都有其局限性。

后现代主义兴起于20世纪70年代，它在科学观上秉承了其反传统的哲学理念，坚持反科学主义的立场，要求取消自然科学在当代占据的至高无上的地位。具体说就是反基础主义，否定科学有独立于整体文化的任何基础；反本质主义，否认科学的目标是追求真理；反表象主义，否认科学知识具有客观性；弱化传统的理性概念，否定传统的合理性标准，超越“理性”与“非理性”的传统框架，以实用性（德里达）、“协同性”或“经验适当性”（罗蒂）取代科学合理性；把科学与权力、意识形态联系起来，否定科学价值中立性。后现代主义科学观是对现代以来西方社会的科学主义、专家治国的盲目推崇的警醒，对于更深刻地理解科学于科学家的社会价值、社会功能有着重要的意义，但它否定科学的客观性，主张真理多元论，取消科学划界问题，甚至把科学与宗教、艺术和灵学等同起来，这就有陷入极端的相对主义、诡辩论和虚无主义的危险。

许多科学家在从事具体的科学研究的同时，对科学的本质特征等问题进行了深入思考，提出了各具特色的科学观。其中，牛顿以其因果决定论的科学观取代了神学目的论，爱因斯坦提出了科学本性的主客观统一性，纠正了牛顿的决定论观念，而维纳则进一步提出了事物发展过程中的偶然性（概率）问题。

牛顿作为近代科学的集大成者，在他那里科学思想和宗教精神存在着某种统一性，对上帝的信仰不仅是他从事科学研究的动因，而且对他的科学研究有很大促进作用，其原因在于宗教改革之后兴起的新教的神学宇宙观与早期近代科学的理论相一致。牛顿以其因果决定论的科学观取代了以往用目的论来解释运动现象的历史，认为天体运动的原因就是万有引力，行星运动的规律是由万有引力规律决定的，他根据万有引力定律成功解释了行星、卫星和彗星的运动，直至最微小的细节。牛顿建立的因果性的完整体系揭示了物理世界的深刻特征。恩格斯指出，“上帝在信仰上帝的自然科学家那里的遭遇，比在任何地方都要糟糕”，就牛顿而言，尽管他“还把‘第一推动’留给上帝，但是不允许他对自己的太阳系进行别的任何干预。”①

爱因斯坦是20世纪最伟大的科学家，他在从事科学研究的同时，也对科学本身进行了深刻的哲学反思。爱因斯坦既反对纯粹经验主义的科学观，又反对唯理主义的科学观，他认为“科学并不就是一些定律的汇集，也不是许多各不相关的事实的目录。它是人类头脑用其自由发明出来的观念和概念所作的创造。”并把科学定义为寻求我们感觉经验之间规律性关系的有条理的思想。② 在这里，他把科学视为认识过程和认识结果的统一体，认为科学的伟大目的在于从尽可能少的公理和事实出发，通过逻辑演绎，概括尽可能多的经验事实。

在科学的本性问题上，爱因斯坦提出科学是客观性和主观性的统一

---

① 《马克思恩格斯文集》第9卷，人民出版社2009年版，第461—462页。

② 参见《爱因斯坦文集》第3卷，许良英等编译，商务印书馆1979年版，第253页。

的思想。他指出：科学作为一种现存的和完成的东西，是人们所知道的最客观的，同人无关的东西。但是，科学作为一种尚在制定中的东西，作为一种被追求的目的，却同人类其他一切事业一样，是主观的，受心理状态制约的。① 爱因斯坦承认科学的客观性，承认科学的根本内容或最终结果是客观的，与科学主观主义划清了界限，同时他也强调了科学的主观性，肯定了科学家在科学研究中应该享有更多的自由，它体现了20世纪科学的方法论原则和进取精神，反映了现代科学的精神气质和发展潮流，又与科学客观主义划清了界限。

维纳通过分析以往对目的论和因果论的争论，在分析“目的”“因果”“反馈”等概念的基础上，提出即使在自然科学的水平上，机遇（偶然性）也是客观存在的。机遇的含义是世界既没有被唯一规定（机械规定），也没有外在的主张（旧目的论意义上的目的主张），自然界的属性是几率的，每时每刻处于选择之中。这种选择在行为上是有目的性的，所以它是内在的；在时间轴上它属因果性的，所以它有限制。能够使它顺利有效地完成自身选择达到目的的方法就是熟悉它的因果限制，又让它具有明晰的信息选择和畅通的信息通道。这是人类努力的两个方向。他说，“非完全决定论的几乎是非理性的要素……把吉布斯、弗洛伊德以及现代几率理论的创造者们归为一类”。②

上述这些观点是基于不同的哲学立场对科学本质的审视，各有其理论特色。认识和理解这些理论观点，对于我们当今审视科学现象具有一定的借鉴意义，但也要看到这些理论观点对科学的理解是片面的，需要用马克思主义科学技术观进行分析评价。

3. 对科学本质特征的理解。科学有广义和狭义之分，本书讨论的主要是狭义的科学。马克思主义认为，科学是在人类探索自然实践活动基础上的理论化、系统化的知识体系，科学知识是人在与自然接触的过程

---

① 参见《爱因斯坦文集》第1卷，许良英等编译，商务印书馆1976年版，第298页。

② ［美］N. 维纳：《人有人的用处——控制论和社会》，陈步译，商务印书馆1978年版，第5页。

中获得的对自然界的认识，同时人类也将这些科学知识用来进一步地认识自然和改造自然，使科学知识获得了实际的价值。

科学是产生知识体系的认识活动，它是属于精神生产领域的活动，科学的任务就是发现事实，揭示客观事物的规律性。在现代社会中，科学已经成为一种涉及科学发现、科学创造、科学组织和科学管理的综合性的知识生产过程。

科学也是一种社会建制，即一项成为现代社会组成部分的社会化事业。随着现代科学的诞生和科学潜在应用价值的出现，科学开始出现组织化和社会化，企业、集团、国家乃至国际间合作的科学研究逐步增多，科学研究之外的社会因素直接或间接地介入到科学研究中来。

科学是一种文化现象，科学作为一种特殊的知识生产方式和精神创造方式，是人类文化中最基本、也是最活跃的组成部分。科学既具有不同于其他文化的性质和价值，同时科学又扎根于社会文化之中。科学具有多样态的复杂性，为此，习近平指出，“科学研究既要追求知识和真理，也要服务于经济社会发展和广大人民群众。广大科技工作者要把论文写在祖国的大地上，把科技成果应用在实现现代化的伟大事业中。”①

科学在本质上体现了人对自然界的理论关系，具有客观性和实证性、探索性和创造性、通用性和共享性，现代科学通过技术体现等特征。

（1）客观性和实证性。自然科学是对自然事物、自然过程和自然规律的真实的或客观的反映，必须以实验事实为基础，必须有实证性的材料和数据，实证性是科学特别是自然科学的一个基本的和显著的特征。人们对自然界的认识是不是真知，是不是客观真理，必须经过科学实验的检验。可以说，原则上可以由实验来检验其真伪的认识或者知识才属于自然科学探讨的问题。如果某种观点或学说既不可能由实验来证实，又不可能由实验来证伪，就不属于科学的范畴。一切科学的东西都必须来自实践，都必须接受实践的严格检验。

（2）探索性和创造性。科学是认识客观世界的动态过程。科学与按

---

① 《习近平谈治国理政》第 2 卷，外文出版社 2017 年版，第 270 页。

既定规程运作的物质生产过程不同，科学活动面对的是未知的或知之甚少的世界，它又难以完全按预定的目的和计划进行，而有其不确定性和强烈的探索性。正因为人们在科学工作中不能完全确定地知道它的结局，才能有出人意料的创新。科学的生命在于创造，不断探索未知和创造新的知识是科学的根本任务。如果在科学活动中只是发现别人已经发现的事物，重复已经提出的见解，科学的生命就结束了。科学的创造性体现在相互联系的两个方面：一是不断解释自然事物的新的属性和新的自然过程，提出新的观点和原理；二是运用新知识去创造物质文明的新成果。

（3）通用性和共享性。自然科学作为知识体系，是人类认识自然的成果，它直接反映着人和自然间的关系，社会经济的变更、社会制度的更替和统治集团政策的改变，都不会导致自然科学内容的改变或者丧失。自然科学知识具有通用性和共享性，不存在与特定国家、特定民族或特定集团的特殊利益相关的自然科学，所有的人都可以利用自然科学知识。在这个意义上，科学无国界。然而，研究、掌握和利用自然科学的人是处于一定社会关系中的人，在阶级社会里是从属于一定阶级、一定社会集团和一定国家的，科学家有自己的祖国，他们总要为自己国家的科学事业作出贡献。

现代科学通过技术体现。人们一般认为，技术是科学的应用，但现代科学的发展过程中技术起到了先导作用，现代科学是通过或者借助于技术来完成的。美国历史学家林恩·怀特认为，古典科学和现代科学之间的联系在于中世纪的技术革命，在历史上和概念上技术革命都先于现代科学的兴起，并为现代科学的兴起打下了基础。在工业革命之前，蒸汽机、水利、机械工具、钟表制造、冶金等技术上的重大进步很少或者几乎是在没有具体的科学理论的指导下发展起来的，在这方面最典型的就是蒸汽机的发明和改进。然而，正是在这一基础上19世纪诞生了热力学。可以说，“科学受益于蒸汽机的，要比蒸汽机受益于科学的要多。”①

① 参见 RachelLaudan，ed.，TheNatureofTechnologicalKnowledge：AreModelsofScientificChangeRelevant？Dordrecht：D. ReidelPublishingCo.，1984，pp. 10.

美国科学史家和科学哲学家托马斯·库恩在他的名著《科学革命的结构》中就已经认识到了技术在科学发现中的作用，他认为，在科学的发展过程中，除了理论上的预期，还有仪器的预期，而且这些预期在科学发展中往往起着决定性的作用。①

相对技术的直接生产力作用而言，科学是一般生产力、精神生产力和间接生产力，必须和直接的生产过程相结合才能转化为现实的生产力。

（二）技术的本质特征

1. 马克思、恩格斯关于技术本质特征的分析。马克思、恩格斯认为，技术在本质上体现了“人对自然界的理论关系和实践关系”②，技术是人的本质力量的对象化。在马克思、恩格斯看来，技术本质特征体现在如下几个方面：

（1）劳动资料延长了人的“自然的肢体”③。马克思从分析劳动过程入手，指出：“劳动资料是劳动者置于自己和劳动对象之间、用来把自己的活动传导到劳动对象上去的物或物的综合体。劳动者利用物的机械的、物理的和化学的属性，以便把这些物当作发挥力量的手段，依照自己的目的作用于其他的物”，“这样，自然物本身就成为他的活动的器官，他把这种器官加到他身体的器官上，不顾圣经的训诫，延长了他的自然的肢体”。马克思还形象地把劳动资料中的“机械性的劳动资料”的总和称为“生产的骨骼系统和肌肉系统”，把那些只是“充当劳动对象的容器的劳动资料”（如管、桶、篮、罐等）的总和称为“生产的脉管系统”，并进一步提出机器的发展就是人类社会生产器官进化的人类工艺史。④

（2）工艺学在本质上揭示出人对自然的能动关系。在马克思看来，“自然界没有造出任何机器，没有造出机车、铁路、电报、自动走锭精纺机等等。它们是人的产业劳动的产物，是转化为人的意志驾驭自然界的

---

① 参见［美］托马斯·库恩：《科学革命的结构》，金吾伦、胡新和译，北京大学出版社2003年版，第55页。

② 《马克思恩格斯文集》第1卷，人民出版社2009年版，第350页。

③ 《马克思恩格斯文集》第5卷，人民出版社2009年版，第209页。

④ 参见《马克思恩格斯文集》第5卷，人民出版社2009年版，第209—211页。

器官或者说在自然界实现人的意志的器官的自然物质。”① 这些人工物的存在说明，“工艺学揭示出人对自然的能动关系，人的生活的直接生产过程，从而人的社会生活关系和由此产生的精神观念的直接生产过程。”②

（3）技术的发展引起生产关系的变革。在马克思看来，由于技术的发展所引起的生产方式的变革，必然引起生产关系本身的变革。他说，“随着一旦已经发生的，表现为工艺革命的生产力革命，还实现着生产关系的革命。”③ 从历史上看，正是技术的发展促进了资本主义生产关系的产生。“火药、指南针、印刷术——这是预告资产阶级社会到来的三大发明。火药把骑士阶层炸得粉碎，指南针打开了世界市场并建立了殖民地，而印刷术则变成新教的工具，总的来说变成科学复兴的手段，变成对精神发展创造必要前提的最强大的杠杆。”④

2. 国外学者对技术本质特征的研究。不同的哲学流派对技术的本质问题的认识各有特色。欧美技术哲学发展初期，由于反思主体的反思路向和反思目的的不同，技术哲学呈现出两种理论倾向：工程学的技术哲学和人文主义的技术哲学。工程学的技术哲学反思主体主要是技术专家或工程师，他们是比较倾向于亲技术的，⑤ 希望通过对技术细节的分析和考察，了解技术的发生、发展的内在规律，并且运用他们所掌握的技术术语去解释世界和改造世界，将世界进行人为的通约化。如卡普（E. Kapp）提出了技术的“器官投影说”，认为一切工具和机械都是人体器官的外化，是向大自然的“投影”，是人体结构对自然的“置换”。人文主义技术哲学的反思主体是人文哲学家，如芒福德、奥特加、海德格尔、埃吕尔等。他们表现出致力于捍卫非技术优先性的基本观点，⑥ 其反

---

① 《马克思恩格斯文集》第 8 卷，人民出版社 2009 年版，第 197—198 页。

② 《马克思恩格斯文集》第 5 卷，人民出版社 2009 年版，第 429 页。

③ 《马克思恩格斯全集》第 47 卷，人民出版社 1997 年版，第 473 页。

④ 《马克思恩格斯文集》第 8 卷，人民出版社 2009 年版，第 338 页。

⑤ 参见［美］卡尔·米切姆：《通过技术思考》，陈凡、朱春艳译，辽宁人民出版社 2008 年版，第 23 页。

⑥ 参见［美］卡尔·米切姆：《通过技术思考》，陈凡、朱春艳译，辽宁人民出版社 2008 年版，第 52 页。

思路向是从非技术的角度对技术的本质及其意义进行探索，力求洞察技术的意义，澄清技术与超技术事物的关系，如技术与艺术、技术与伦理学、技术与政治、技术与宗教、技术与社会等，强调人文价值对技术的先在性。如奥特加认为人的生活与环境相关联，人的生活不只是以一种被动方式表达出来，而同时是作为环境的响应者和创造者以主动的方式表达的："我＝我+环境"。

工程学的和人文主义的技术哲学在技术问题上各自偏执，前者只关心纯粹的技术之"是"和何以为"是"，忽略了人、技术与生活世界本真的关系，后者则只是从人的历史境遇出发批判技术，忽略了对技术过程具体的认识。技术哲学要保持生命力，必须一方面向技术本身敞开，另一方面对人与社会敞开，二者的相互融合才是技术哲学发展的可取之路。技术哲学在以后的发展过程中，较为典型的有日本技术论、存在主义、技术自主论、实用主义和后现代的技术本质观，苏俄的技术哲学也表现出自己的特点。

日本的技术论在技术的本质问题上形成了方法技能说、劳动手段说、知识应用说等多种观点。方法技能说认为技术是指人们使用工具完成某项科研和生产任务的操作方法和技能，代表人物为村田富二郎等人；知识应用说视技术为客观的自然规律，在生产实践中有意识地运用，根据生产实践经验和科学原理发展成各种工艺操作方法与技能，代表人物为武谷三男、星野芳郎等人；劳动手段说认为技术是劳动手段的总和，是人类活动手段的总和，是所有劳动手段和工艺的总和，代表人物为户坂润、相川春喜等人。这些观点都看到了技术中的某一成分而忽视了技术中的其他成分，都没有对技术进行系统全面的把握，都有其局限性。

存在主义的主要代表人物海德格尔认为现代技术的本质是"座架"，现代技术已经成为人类生存的有效手段与工具，在社会生产、生活的各个领域，发挥着极其重要的作用。现代技术在其发展过程中也导致人对自然的索取与强求，使人与自然的关系陷入危机，这是人类遇到的最高危险。面对现代技术给人类带来的种种危险，海德格尔通过对技术本质的追问，为我们解决该危险提供了参考。

埃吕尔是技术自主论的主要代表。他认为技术是一种理性的有效活动，认为技术是在一切人类活动中，通过理性活动而具有的绝对有效的各种方法的总体，这种具有理性特征的技术实质上是技艺或技能，它是一种社会技术。埃吕尔对技术的理解不仅具有悲观主义色彩，他对技术概念的使用也存在混乱，他一方面使用他所提出的广义的技术，另一方面在不同的场合又用到狭义的操作技术，而且这两个概念经常出现，矛盾重生。

后现代主义从其反本质主义的基本立场出发，认为不存在大写的单数的技术，只有小写的复数技术（J. 博德里亚、B. 拉图尔），无法达成对技术的抽象的理解；或者从一种宽泛的角度理解技术，认为技术是“智慧的实用性实现”（F. 费雷）或者“人类在劳作”（J. 皮特），从而无法把握具体的技术。由此，一种更为合理的后现代主义技术定义，应既考虑到解释学上的理解相对性，又考虑日常语言的人为约定性，达到对技术的准确把握。

实用主义哲学的主要代表人物杜威从工具主义的哲学立场出发，认为技术是“科学的技巧”，也指使用工具、仪器及实验技巧的科学方法，他甚至把理论也视作人工制造物，因此，人们所谓的“理论研究”“纯学术研究”实际上都是技术，社会学是一种技术，政治学也是一种技术。①技术就是制造人工制造物的过程，这种人工制造物既可以是有形的，也可以是无形的，比如科学、语言、法律、概念等，其中语言是工具的工具，这都属于广义的工具范畴。工具只有在被使用时才有意义，它们也只能在具体的情境中被使用。因此，有形工具和无形工具之间的区别是功能上的，而不是本体论意义上的。所以，杜威强调要在不同的背景中理解技术。较之传统对技术的理解，杜威的技术思想具有如下显著特点：一是从动态的观点对技术进行考察，二是消除了技术主体与客体之间的分离，拒绝了从主体性上建构技术本质的总体形而上学。这就避免了孤

① 参见［美］杜威：《杜威五大演讲》，胡适口译，安徽教育出版社 2005 年版，第 8 页。

立、静止、片面地看待技术问题，避免了形而上学的传统思维方式。

上述这些观点各有特色，一方面对于我们当今审视技术问题具有一定的借鉴意义，另一方面大都表现出对技术理解的单一性，需要用马克思主义科学技术观进行分析评价。

3. 对技术本质特征的理解。马克思主义认为，技术是人类为满足自身的需要，在实践活动中根据实践经验或科学原理所创造或发明的各种手段和方式方法的总和，它体现在两个方面：一是技术活动，狭义的技术活动是指人类在利用自然改造自然的劳动过程中所掌握的方法和手段；广义的技术活动是指人类改造自然、改造社会和改造人类自身的方法和手段。二是技术成果，包括技术理论、技能技巧、技术工艺与技术产品(物质设备)。其中技术理论是在科学理论应用于工程实践的过程中产生与发展起来的，是科学理论与工程实践的中介。它不仅存在于物质生产过程中，还表现在社会生活条件方面以及由此产生的精神生活的各个方面与过程之中。技术进步是变革社会的重要力量。

技术在本质上“揭示出人对自然的能动关系，人的生活的直接生产过程，从而人的社会生活关系和由此产生的精神观念的直接生产过程”①，体现了人对自然的实践关系，是人的本质力量的有力展现，属于直接生产力，是自然性和社会性、物质性和精神性、中立性与价值性、主体性和客体性、跃迁性和累积性的统一。

（1）自然性和社会性。技术作为人用来延长人的自然肢体和活动器官的自然物，是客观自然界的一部分，这决定了技术实践活动必须符合自然物质的运动规律，作为手段和方法的技术也必须依靠自然事物和自然过程，符合自然规律才能创造出来。因此，任何技术都首先具有自然性，从石器、铜器到铁器，从简单的工具、复合工具到计算机自动控制的庞大技术体系，都具有客观实在性。同时，技术作为变革自然、调控社会的手段，又必须服务于人类的目的、满足社会的需要才能为社会所接受，否则也难成为现实生产力。社会经济、政治和文化对技术的制约

---

① 《马克思恩格斯文集》第 5 卷，人民出版社 2009 年版，第 429 页。

使技术活动只有在社会的共同整合下才能产生和实现。如古希腊的希罗曾发明历史上第一部蒸汽机原型，但由于当时社会生产力发展水平和其他因素的制约，它难以作为动力机械在社会中出现。只是到了17世纪，近代工业的发展对蒸汽动力机提出了现实需要，当时的社会条件也为蒸汽机的出现提供了实际可能，蒸汽机才作为近代工业革命的标志载入技术史册。

（2）物质性和精神性。技术作为“人对自然的活动方式”或“能动关系”，它不仅表现在物质生产过程中，是实践中改造自然的资料和手段，包含着物质因素，同时，技术还是“运用于实践的科学”，是“怎样生产”的“特殊的方式和方法”或“操作方法的知识”，即实践的知识体系。马克思认为“劳动过程的简单要素是：有目的的活动或劳动本身，劳动对象和劳动资料”①，明确提出作为活动方式的技术手段，除了物质因素外，还有精神因素，是二者在生产劳动过程中的统一。现代技术的发展越来越显示出，技术不仅延长了人的劳动器官，而且延长了人的感觉器官和思维器官，成为人用以认识客观物质、人自身及其精神活动乃至部分代替人的大脑的智力活动的物质手段。

（3）中立性与价值性。技术的价值负荷问题长期以来都是争论的焦点之一，在这个问题上有两种观点：技术中立论与技术价值论。前者认为技术仅仅是方法论意义上的工具和手段，在政治、文化、伦理上没有正确与错误之分，其本身是价值中立的。后者则认为，任何技术本身都蕴含着一定的善恶、对错甚至好坏的价值取向。随着技术特别是现代技术的发展，对技术的价值分析越来越多地受到人们的关注。其实，任何技术都既具有中立性又具有价值性，其统一源于技术的内在价值与技术的现实价值的统一。技术的内在价值是指客体具有的作用与主体产生某种效应的内在可能性，它规定着技术所表现出来的自然属性；技术的现实价值是指现实的社会条件下技术客体作用于主体而产生的实际效应，它规定着技术的社会属性。技术的内在价值与现实价值不是绝对分开的。

---

① 《马克思恩格斯文集》第5卷，人民出版社2009年版，第208页。

（4）主体性和客体性。技术是人对自然的能动过程，人们的知识、技能和经验这些主体要素有重要的作用，即使是在现代技术活动中，经验性的技能、诀窍和规则仍然是必要的；然而，仅仅是主体的能力和知识还不能实现技术功能，技术还是精神向物质转化、知识转化为物质手段和实体的过程。技术是主体的知识、经验、技能与客体要素（工具、机器设备等）的统一。技术既包含方法、程序、规则等软件，也包括物质手段等硬件，缺少任何一方都不可能产生现实的技术。软件与硬件相互作用和不断更新，使技术不断发展。

（5）跃迁性和累积性。技术首先是发展变化的，在人类的不同历史时期占主导地位的技术不同。在人类社会早期，社会生产力水平很低，人往往直接或通过简单的工具对自然对象进行加工制作，这使材料加工技术在古代技术结构中占据重要地位。近代工业革命侧重于解决材料加工技术发展对能源动力提出的新要求，从而能源动力技术成为近代各技术中的主导技术。20 世纪中叶开始的以信息通信技术为主导的第三次技术革命引发了一系列高技术的产生，21 世纪将逐渐成为生物学的世纪。同时，技术又具有累积性。新的技术（群）出现后，原来的技术并非全部被否定掉，而是经过一个扬弃的过程，从而形成技术的多层次性和多种技术的相互融合特征。比如，如今人类文明的材料、能源、信息三大技术将和生物技术交叉融合，形成生物材料技术、生物能源技术和生物信息技术，而纳米技术引起的是人类经历了材料主导、能源主导、信息主导以及三者融合之后，在更高层次上进入材料主导的新时代。

二、科学技术的体系结构

（一）马克思、恩格斯关于科学技术体系结构的分析

1. 自然科学分类及其原则。按照当时自然科学的状况，恩格斯集中分析了基础的自然科学，即力学、物理学（热学、电学和光学）、化学和生物学，详细研究了它们之间的相互联系与相互转化，并在此基础上提出了科学分类的客观性原则和发展性原则。客观性原则即根据客观存在着的研究对象及其运动形式进行分类，这是科学分类的唯物论原则。发

展性原则即根据客观事物演化的顺序进行分类，这是科学分类的辩证法原则。

恩格斯认为，科学分类应当按照物质运动形式的区别及其固有次序来进行。他在《自然辩证法》一书中，把数学、力学（天文学）、物理学、化学和生物学列为基础学科，并指出每一门学科都是分析某一个别的运动形式或一系列互相关联和互相转化的运动形式的，而且“正如一个运动形式是从另一个运动形式中发展出来一样，这些形式的反映，即各种不同的科学，也必然是一个从另一个中产生出来”①。对此，恩格斯还作了具体的说明：机械运动、物理运动、化学运动、生物运动、人类社会运动是五种基本的运动形式，它们依次排列，越往后的越复杂、越高级。为了显示出各门学科之间的互相过渡，恩格斯还提出如下的学科命名法：力学是关于物体机械运动的科学，物理学是关于分子的力学，化学是关于原子的物理学，生物学是关于蛋白质的化学。即使在科学发展的今天，恩格斯把客观性原则和发展性原则有机地统一起来进行科学分类的方法，依然是我们研究科学分类问题的基本准则。

2. 自然科学与人文科学的关系。在《1844 年经济学哲学手稿》中，马克思提出了“自然科学往后将包括关于人的科学，正像关于人的科学包括自然科学一样：这将是一门科学”② 的命题，此后，他在《德意志意识形态》中对这个问题有进一步的阐述，“我们仅仅知道一门唯一的科学，即历史科学。历史可以从两方面来考察，可以把它划分为自然史和人类史。但这两方面是不可分割的；只要有人存在，自然史和人类史就彼此相互制约。自然史，即所谓自然科学，我们在这里不谈；我们需要深入研究的是人类史，因为几乎整个意识形态不是曲解人类史，就是完全撇开人类史。意识形态本身只不过是这一历史的一个方面。”③

显然，自然科学和人文科学是有区别的，但马克思认为，自然和社会具有共同的基础即人的感性实践。同时，在马克思看来，作为社会生

① 《马克思恩格斯文集》第 9 卷，人民出版社 2009 年版，第 505 页。
② 《马克思恩格斯文集》第 1 卷，人民出版社 2009 年版，第 194 页。
③ 《马克思恩格斯文集》第 1 卷，人民出版社 2009 年版，第 516、519 页。

产力现实因素的科学，既包括自然科学，又包括其他的科学，比如，他在《政治经济学批判》中论述社会财富的创造取决于科学和科学的应用时说，“这种科学，特别是自然科学以及和它有关的其他一切科学的发展，本身又和物质生产的发展相适应”。① 在自然科学和人的科学之间关系上，自然科学是一切科学的基础，② 在社会历史领域中，人文社会科学除了实证研究之外，还必须履行它所特有的历史理解和意识形态批判的功能。

3. 科学知识的类型。马克思将科学分为“作为社会发展的一般精神成果”③ 的科学、“应用于生产的科学”和“成为生产财富的手段”④ 的科学。这是我们把科学体系分为基础科学、技术科学（工艺学）、工程科学三种类型的理论根基。

自然科学“作为社会发展的一般精神成果”⑤ 的科学，这是马克思对自然科学的总的概括。他首先在科学研究的基础方面坚持了唯物主义的基本原则，进而强调了科学作为精神成果的一般性和社会性，指出了具有社会性的科学的理论维度和精神价值。也就是说，自然科学是人对自然的认识和改造的知识体系，它是一定时期的社会发展的精神基础，是社会发展的一般生产力。“应用于生产的科学”或者“应用于工艺的科学”（工艺学）突出了自然科学的实践价值。随着科学的进一步发展，科学从精神生产力变为直接的生产力，参与到物质生产过程之中，对资本主义生产方式的最终形成发挥了不可取代的作用。马克思一直关注自然科学对生产的推动作用，明确指出“生产力中也包括科学”⑥，认为“只有资本主义生产才把物质生产过程变成科学在生产中的应用，——被运用于实践的科学”，“生产过程成了科学的应用，而科学反过来成了生产

① 《马克思恩格斯文集》第 8 卷，人民出版社 2009 年版，第 196 页。
② 参见《马克思恩格斯文集》第 8 卷，人民出版社 2009 年版，第 358 页。
③ 《马克思恩格斯文集》第 8 卷，人民出版社 2009 年版，第 536 页。
④ 《马克思恩格斯文集》第 8 卷，人民出版社 2009 年版，第 357 页。
⑤ 《马克思恩格斯文集》第 8 卷，人民出版社 2009 年版，第 536 页。
⑥ 《马克思恩格斯文集》第 8 卷，人民出版社 2009 年版，第 188 页。

过程的因素即所谓职能”。① 在马克思看来，自然科学作为“应用于生产的科学”同时也就成为“被资本用作致富手段”的科学，反过来，对科学成为“被资本用作致富手段”，则是马克思对科学与资本关系以及资本主义生产秘密的深刻洞察。它表明，在资本主义生产过程中，科学对资本具有依赖性，服从于资本以自己为合理性的原则而建构的普遍有用性的体系，也正是在这个意义上，科学成为资本增值的手段。

（二）国内外关于科学技术体系结构的研究

亚里士多德较早对各门学科进行分类，他把科学分为理论的科学（数学、自然科学和第一哲学）、实践的科学（伦理学、政治学、经济学、战略学和修饰学）、创造的科学即诗学。

培根根据人类的思维方式的特征进行分类，把人类的全部知识成果分为记忆的科学（包括历史学、语言学等）、想象的科学（包括文学、艺术等）和理智的科学（包括哲学和自然科学等）三类。这是近代早期对科学分类的较为粗浅的成果。

法国的圣西门对科学分类提出了客观性原则，并把学科分为数学、无机体物理学、天文学、物理学、化学、有机体物理学和生理学。此后，孔德在总的体系结构中又加进了社会学，并把物理学具体分为关于重力的学说、热力学、声学、光学、电学；化学被分为无机化学和有机化学；生理学被分为关于生物体的结构、组成及分类的学说，包括植物生理学和动物生理学。

美国技术哲学家芒福德把人类的技术分为“单一技术”和“综合技术”，并提出现代技术的本质是“巨技术”。芒福德作为生态主义者，信奉的是“小的是美好的”，对巨大工程、巨型建筑、巨型城市有本能的恐惧和反感。对他来说，现代技术的主要问题是对于有机世界的系统性背离。克服巨机器的主要路线是回归人性的正确规定，回归生活世界和生活技术。

法国哲学家埃吕尔认为随着技术的发展，技术已逐渐具有了系统特

---

① 《马克思恩格斯文集》第 8 卷，人民出版社 2009 年版，第 363、356 页。

征，使我们能够把技术作为一个系统来思考。技术系统由次级系统组成，如通信系统、航空系统、电力生产和分配系统、市政系统和军事防御系统等。次级系统不需长期的计划就能产生，它们由更低一级的技术组成，并一步步地组织起来，相互适应、修正。各等级的技术通过信息使关系变得越来越紧密，信息构架了技术系统，为系统的形成创造了必要的条件。在系统的形成过程中，计算机起到了关键的作用，它是技术系统中的神经系统。政治、经济和文化等系统都处于技术环境之中，一切传统的观念由此都在发生改变。埃吕尔的技术系统理论看到了技术对现代社会经济政治文化各方面的影响，但表现出明显的技术决定论色彩。

德国的罗波尔提出了“社会—技术系统”理论。他认为，技术的中立性的观点起源于亚里士多德对制作与实践这两种人的活动形式的区分，这一思想导致了制作活动与实践活动的二元分裂，将生产活动从人的实践活动中割裂开来。其实技术包含了人工产品或实物系统、产生客观物质系统的人的活动和设施的总和以及使用这一客观物质系统的人的行为的总和三个方面的要素。这样，技术活动就不仅是一种技术活动，也是一种社会行为，一种生产和生活方式。由此，罗波尔成功地将生产和实践融入他的社会—技术系统。这一理论为进一步认清技术的结构以及技术和经济、社会的关系打开了新的视角，但罗波尔虽然指出了技术的社会系统特性，但在分析和论证技术活动的伦理责任时，却单纯地着眼于技术产品和技术活动，忽略了文化在技术建构中确定目的的作用，而且也忽略了文化与技术的内在联系。①

日本的技术论学者星野芳郎提出近代技术史上曾经出现过三次技术体系更替，第一技术体系形成和发展于18世纪末到19世纪末，其中蒸汽动力技术是主导技术。第二技术体系建立于19世纪下半叶到20世纪上半叶，其主导技术是电力和内燃机技术。第三技术体系开始于20世纪40年代，其发端是第二次世界大战期间在军事需要的刺激下产生的火箭技术、

① 参见王国豫、胡比希、刘则渊：《社会—技术系统框架下的技术伦理学——论罗波尔的功利主义技术伦理观》，《哲学研究》2007年第6期。

雷达技术、核技术和电子计算机技术。

我国著名科学家钱学森从系统科学思想出发提出了现代科学技术的体系结构。① 他从横向上把现代科学技术体系分为11大科学技术部门，即自然科学、社会科学、数学科学、系统科学、思维科学、行为科学、人体科学、军事科学、地理科学、建筑科学、文艺理论；从纵向上，每一个科学技术部门又都包含着三个层次的知识：直接用来改造客观世界的应用技术（或工程技术）；为应用技术直接提供理论基础和方法的技术科学；以及再往上一个层次，揭示客观世界规律的基础理论，也就是基础科学。技术科学实际上是从基础理论到应用技术的过渡桥梁。钱学森认为，马克思主义哲学是人类对客观世界认识的最高概括，也是科学技术的最高概括，处于11类技术科学的顶部。辩证唯物主义反映了自然界、人类社会和人的思维发展的普遍规律。因此，现代科学技术的发展，应该坚持马克思主义哲学的指导作用。另一方面，现代科学技术的发展，也为马克思主义哲学进一步发展提供了丰富的材料。钱学森的这个体系根据科学研究角度对现代科学技术特别是基础科学的划分，是对恩格斯分类思想的实际应用和发展。

（三）现代科学技术的体系结构

马克思主义认识论认为，认识过程是在实践的基础上产生感性认识，然后上升为理性认识，科学技术认识属于理性认识。钱学森把科学技术认识过程，按照从实践到理论的发展过程划分为三个层次，即工程技术—技术科学—基础科学。基础科学是认识世界，技术科学是转化的中间环节，工程技术是改造世界。习近平将科学技术体系分为科学研究、实验开发、推广应用，“科技成果只有同国家需要、人民要求、市场需求相结合，完成从科学研究、实验开发、推广应用的三级跳，才能真正实现创新价值、实现创新驱动发展。”② 现代科学的体系结构由学科结构和知识结构组成，其中学科结构由基础科学、技术科学、工程科学构成，

---

① 参见钱学森：《现代科学的结构》，《哲学研究》1982年第3期。

② 《习近平谈治国理政》，外文出版社2014年版，第124页。

知识结构由科学事实、科学概念、科学定律、科学假说、科学理论构成。

1. 现代科学的体系结构由学科结构和知识结构组成。科学的学科结构是一个由基础科学、技术科学、工程科学组成相互关联的有机整体。基础科学是对客观世界基本规律的认识，是研究自然界中物质结构和运动规律的科学，是现代自然科学与技术的整体结构的基石。根据自然界物质运动的特殊运动形式，基础科学可以分为以下六类学科：天文学、地学、物理学、化学、生物学、数学。技术科学是以基础科学为指导，研究的是生产技术和工艺工程中的共同性规律，它的研究对象大部分是技术产品，也就是所谓人工自然，目的是把认识自然的理论转化为改造自然的能力。它是科学转化为直接生产力的中间环节。技术科学一般包括应用数学、计算机科学、材料科学、能源科学、信息科学、空间科学，以及应用光学、电子学、应用化学、医药科学、环境科学、军事科学、农业科学等。工程科学具体地研究基础科学和技术科学如何转化为生产技术、工程技术和工艺流程的原则和方法，以供改造自然。工程科学一般包括土木工程学、水利工程学、机械工程学、电气工程学、计算机工程学、原子能工程学、材料工程学、航天工程学、生物工程学、信息工程学等。

科学的知识结构由科学事实、科学概念、科学定律、科学假说和科学理论等内容构成。科学事实与经验事实、客观事实不同，是指人们对所观察到的客观存在的事件、现象和过程作出的真实描述。科学概念是科学认识中的重要认识阶段和认识成果，是从感性认识到理性认识的中介环节。科学概念的形成标志着科学认识发生了质的飞跃，科学认识的过程已经由感性认识上升到了理性认识。科学定律是人们对于自然现象之间的必然的、实质性的不断重复着的关系的认识，是对某种自然现象之间所具有的一般的普遍的关系的描述。科学假说是科学认识的重要思维形式，是人们根据已经掌握的科学原理和科学事实对未知的自然现象和规律性所作的假定性的说明。科学假说在经过试验和实践检验后，被证明是正确的部分就成为科学理论。假说与理论的区别就在于前者的原理是假定的，后者是能够被证明为真实性的判断。科学理论具有高度的抽象性和严格的逻辑性，具有解释自然界因果联系、预见新的科学事实、新的因果联系的作用。

现代科学的体系结构表现出现代科学的发展过程，其中学科结构形成一个立体的架构，知识结构各要素渗透在学科结构的相对应的要素之中。基础科学、技术科学和工程科学都是系统化的知识，都会经过一个由科学事实到科学理论的形成过程。

2. 现代技术的体系结构由门类结构和形态结构组成。现代技术的体系结构由门类结构和形态结构组成，其中门类结构由实验技术、基本技术和产业技术构成，形态结构则由经验形态的技术、实体形态的技术和知识形态的技术构成。

（1）现代技术的门类结构。现代技术在宏观上由实验技术、基本技术和产业技术形成一个“三足鼎立”的结构。在现代技术中，实验技术、基本技术和产业技术既相互区别，又相互联系、相互促进。实验技术是为了科学认识而探索自然客体的元技术手段，包括力学试验技术、物理实验技术、化学实验技术和生物实验技术等。按照人工自然过程的四种基本形式，技术可划分为四种基本技术：广义的机械技术、物理技术、化工技术和生物技术，这四种基本技术只有纳入生产过程之中，才会作为现实生产力发挥作用，并借助劳动过程中的技术进入产业技术。产业技术是由不同劳动过程中的不同技术组成的更为复杂的系统。社会经济中的每种产业是各种劳动过程的综合，劳动过程中的技术只有加入到产业系统之中变为产业技术才会有经济效益。产业技术包括基础产业技术（如材料、能源、信息等产业技术）、制造产业技术（如装备制造业和产品加工业等产业技术）、服务产业技术（如生产服务业、生活服务业等产业技术）。

（2）现代技术的形态结构。按照马克思主义对技术的理解，技术在本质上体现了人对自然的实践关系，它包括了各种手段和方式方法的总和。这些手段和方式方法作为构成技术的要素，既包括经验形态的技能、经验，也包括实体形态的各种工具和机器，以及知识形态的技术理论和技术规则，相应地形成了经验技术形态、实体技术形态和知识技术形态等不同的技术形态结构。经验形态的技术结构是指由经验知识、手工工具和手工性经验技能等技术活动要素组成，并以手工性经验技能为主导要素的技术结构。实体形态的技术结构是指由机器、机械性经验技能和半经验半理论的技术知识等技术活动要素组成，并以机器等技术手段为主导要素的技术结构。知识形态的技术结构是指由理论知识、自控装置和知识性经验技能等技术活动要素组成，并且以技术知识为主导要素的技术结构。从人类历史上看，这三种技术形态分别在农业社会、工业社会早期和工业社会后期至今占据主导地位，从而分别代表了人类从古代到近代再到现代的技术形态的演化，形成相应历史时期的社会技术基础。

现代技术的体系结构表现出现代技术的发展过程，其中门类结构是立体的架构，形态结构的各要素同样渗透在门类结构的三个要素之中。现代实验技术、基本技术和产业技术，都包含经验技能、都使用机器，都蕴含了知识。

对现代科学技术体系结构的研究表明，科学技术在各自的发展中，不但日益多样化和系统化，而且越来越呈现出科学技术一体化的特征。习近平高度概括了科学技术一体化的时代特征和趋势，“工程科技更直接地把科学发现同产业发展联系在一起，成为经济社会发展的主要驱动力。”①

第三节 科学技术的发展模式及动力

马克思主义关于科学技术发展模式的观点是马克思、恩格斯科学技术思想的重要体现。在科学的发展模式问题上，马克思主义认为，科学的发展表现为从分化到综合的趋势，渐进与飞跃的统一，内外动力共同作用。在技术发展动力的问题上，马克思主义认为，社会需求与技术发

① 习近平：《让工程科技造福人类、创造未来——在2014年国际工程科技大会上的主旨演讲》，《人民日报》2014年6月4日。

展水平之间的矛盾是技术发展的基本动力，技术目的和技术手段之间的矛盾是技术发展的直接动力，科学进步是技术发展的重要推动力。

一、科学的发展模式及动力

（一）马克思、恩格斯关于科学发展模式及动力的分析

1. 科学发展呈现两种趋势。恩格斯从自然界的物质同一性的哲学高度，在19世纪自然科学的三大发现（能量守恒与转化定律、细胞学说、生物进化论）基础上，指出自然科学发展从分化到综合的趋势表现为两种形式：一种是当自然科学研究经过搜集材料和分析材料之后，就会向整理材料和综合材料过渡，从而形成科学理论。“经验的自然研究已经积累了庞大数量的实证的知识材料，因而在每一研究领域中系统地和依据其内在联系来整理这些材料，简直成为不可推卸的工作。同样，在各个知识领域之间确立正确的关系，这也是不可推卸的。于是，自然科学便走上理论领域”。[①] 另一种是自然科学对较简单的运动形式进行了充分的研究之后，就会转向研究较复杂的运动形式的科学，这就是一系列边缘学科、交叉学科与横断学科的发展。自然科学的发展具有内在的逻辑进程，即从研究最低级的运动形式的力学开始，不断上升发展，最后过渡到研究高级运动形式的生物学。“当我把物理学叫做分子的力学，把化学叫做原子的物理学，并进而把生物学叫做蛋白质的化学的时候，我是想借此表示这些科学中的一门向另一门的过渡，从而既表示出两者的联系和连续性，也表示出它们的差异和非连续性”。[②]

在恩格斯所处的时代，新兴的边缘性学科虽然为数不多，但恩格斯敏锐地认识到，这是自然科学发展的一种新形式。他指出，“在分子科学和原子科学的接触点上，双方都宣称无能为力，但是恰恰在这里可望取得最大的成果。”[③]

---

① 《马克思恩格斯选集》第4卷，人民出版社1995年版，第283—284页。

② 参见宫原将平：《与恩格斯的虚拟会见记——围绕自然辩证法的对话》，《科学与哲学》1980年第3期。

③ 《马克思恩格斯全集》第26卷，人民出版2014版，第737页。

20世纪以来，自然科学发展突出的特点，就是在高速分化基础上的高度综合，当代产生的新兴学科大部分是边缘学科、交叉学科，它们都兼有分化和综合的双重特点。

2. 科学发展是渐进与飞跃辩证统一的过程。马克思、恩格斯经典论述表明马克思、恩格斯深刻认识到科学是不断发展着的。自然科学是发展着的："自然研究当时也在普遍的革命中发展着，而且它本身就是彻底革命的"。① 科学是随着生产实践的发展而发展的，但科学发展的进程并不是一帆风顺地匀速前进的，而是渐进与飞跃交替发生的辩证统一过程。在恩格斯看来，科学发展的开端是革命性的，自然研究通过革命宣告了自己的独立，"科学以意想不到的力量一下子重新兴起，并且以神奇的速度发展起来"，② 在之后自然科学各部门的发展是循序的，随着生产的发展而发展，并且其过程是辩证的。不同科学领域也是不断进步和发展着的，并且它们是互相联系因而也是互相影响着的，"由于这三大发现和自然科学的其他巨大进步……总的说来也能说明各个领域之间的联系了"。③ 化学学科在进步："化学的每一个进步不仅增加有用物质的数量和已知物质的用途，从而随着资本的增长扩大投资领域。"④ 恩格斯在对化学过渡到生物学进行阐释时也说道："在从化学过渡到生命以后，首先应当阐述生命赖以产生和存在的条件，因而首先应当阐述地质学、气象学等等。然后才阐述生命的各种形式本身，如果不这样，这些生命形式也是不可理解的。"⑤ 从自然科学发展史来看，每一学科都经历了渐进的累积发展和飞跃的革命阶段，而且是两种形式交替发生。例如，生物进化论的发展，就是一个从知识的积累的渐进发展到质的飞跃的过程。从沃尔弗第一次反对物种不变开始，通过奥肯、拉马克、贝尔纳等人的研究工作，经过100年的研究历程，最后在达尔文那里完成。

---

① 《马克思恩格斯文集》第9卷，人民出版社，2009年版，第410页。
② 《马克思恩格斯全集》第26卷，人民出版社2014年版，第485页。
③ 《马克思恩格斯文集》第4卷，人民出版社，2009年版，第300页。
④ 《马克思恩格斯文集》第5卷，人民出版社，2009年版，第698—699页。
⑤ 《马克思恩格斯全集》第26卷，人民出版社2014年版，第740页。

3. 科学发展是内外动力共同作用的结果。科学的发展既有社会需要等外部动力，也有其自身内在的动力。外部动力一方面表现在社会生产的需要推动了科学研究成果的应用，另一方面表现在“自然科学本身［自然科学是一切知识的基础］的发展，也像与生产过程有关的一切知识的发展一样，它本身仍然是在资本主义生产的基础上进行的，这种资本主义生产第一次在相当大的程度上为自然科学创造了进行研究、观察、实验的物质手段”①，如恩格斯在谈到近代实验科学的产生条件时指出：“工业有了巨大的发展，并随之出现许多新的事实，有力学上的（纺织、钟表制造、磨坊），有化学上的（染色、冶金、酿酒），也有物理学上的（眼镜），这些事实不但提供了大量可供观察的材料，而且自身也提供了和以往完全不同的实验手段，并使新的工具的设计成为可能。可以说，真正系统的实验科学这时才成为可能。”② 科学发展的内部动力表现在，科学实验水平的提高引发了科学内部科学理论和科学试验发展的不平衡，从而迫切需要进一步完善科学理论。由此，“只有现在，实验和观察——以及生产过程本身的迫切需要——才达到使科学的应用成为可能和必要的那样一种规模”。③ 可见，科学在近代的巨大发展，是内外力共同作用的结果，如果没有近代以来科学实验水平的提高，新的科学理论是难以提出的。

（二）国外关于科学发展模式及动力的研究

1. 欧美科学哲学关于科学发展模式及动力的研究。维也纳学派的逻辑实证主义模式。它起源于20世纪20年代的以维也纳学派为代表的逻辑实证主义，按照证实原则建立了科学发展模式——科学发展的线性积累模式，即认为知识的增长是不断归纳的结果，科学的发展就是通过归纳获得的科学知识的不断增加。逻辑实证主义认为，科学发展的过程如下：感觉经验→归纳→假说→（观察、实验）→科学理论。在此过程中，各种科学成果一旦获得经验证实或认可，便将作为真理的一部分而进入科学

① 《马克思恩格斯文集》第8卷，人民出版社2009年版，第358—359页。
② 《马克思恩格斯文集》第9卷，人民出版社2009年版，第427—428页。
③ 《马克思恩格斯文集》第8卷，人民出版社2009年版，第357页。

的范畴，通过这种科学真理成分的不断累积，科学认识将逐渐深化，科学事业也会不断发展，从而最终达到客观真理的全体和本质。逻辑实证主义科学发展模式的根本缺陷是忽视了科学发展中的革命性环节，因而不能解释人们怎样提出逻辑上和传统理论上不同的革命性新理论。

波珀的证伪主义模式。以波珀为代表的批判理性主义者在科学发展模式问题上提出了与“经验证实原则”相反的“证伪主义”原则。① 在波珀看来，证实理论的确实性是信仰者的态度，而不是科学的态度；人们对于科学的应用在于肯定它，而对于科学的研究则在于否定它；不是证明其永恒性，而是要找出其可证伪性；科学的发展就是否定旧的，创造新的。因此，科学发展可概括为如下的“四段图式”：P1（问题）→TT（试探性理论）→EE（批判检验，排除错误）→P2（新问题）……他还认为，科学研究的程序是从问题到猜想再到反驳的过程，知识的发展不是反复或累进的过程，而是一个清除错误的过程，科学发展是一个证伪理论、推翻理论的过程。

证伪主义从一个新的角度强调了科学的革命，而且是科学的不断革命，它用一幅阶跃式的科学发展图画来取代科学平静累积的进化图像，确实给人以耳目一新之感。但这一理论否认科学知识的继承和积累，否认科学发展包含着两边渐进的过程，用间断出现的对传统理论的证伪来代替科学发展的全貌，具有片面性。

库恩的历史主义模式。美国科学史学家与哲学家库恩以其含义极为广泛的“范式”及与之相对应的科学共同体为基础，提出了一个具有综合性质的科学发展模式。他以丰富的史料，论述科学发展是以“范式”转换为枢纽、知识积累与创新相互更迭、具有动态结构的历史过程。库恩的科学发展图式是：前科学——种范式规定的常规科学—反常与危机—旧范式转换成新范式的科学革命—新常规科学。科学革命的本质是范式的变革和转换，在范式转换中，不仅科学的范畴、理论体系与方法发生根

---

① 参见［英］K.R. 波珀：《科学发现的逻辑》，查汝强、邱仁宗译，科学出版社1986年版。

本变化，而且哲学背景的变化是其先导并贯穿其中，科学革命也是“世界观的改变”，并且一再强调科学革命在于完成一次格式塔转换，即著名的“鸭—兔变换”。库恩的范式理论只承认知识的相对性，否认科学的客观真理性，陷入了相对主义和主观主义。另外，在库恩的理论中新旧范式之间是不相容和不可调和的，即新旧范式之间是不可通约的。这样一来就否认了科学发展的前后连续性和继承性，这是明显不符合科学史实际的。

拉卡托斯的“科学研究纲领”科学发展模式。拉卡托斯的科学研究纲领方法论，包括硬核、保护带两个部分和正、反启发法两条规则。研究纲领的硬核，即研究纲领所依据的基本假定，是一个纲领区别于另一个纲领的本质特征。研究纲领的保护带，即围绕硬核所形成的众多辅助性假设。纲领的反面启发法，即禁止把反驳的矛头指向硬核的方法论规则。可以把指向硬核的反驳的矛头改为指向保护带，通过调整、改善，甚至更换保护带而保护硬核。纲领的正面启发法，则是关于如何改变、发展、研究纲领，以及如何修改、完善保护带的指导方针。拉卡托斯由此提出了他的科学发展模式是：科学研究纲领的进化阶段—科学纲领的退化阶段—新的进化的研究纲领证伪并取代退化的研究纲领—新的研究纲领的进化阶段……并认为，有了他的科学研究纲领方法论，就有了抛弃和承认一个纲领的合理标准。

拉卡托斯的“科学研究纲领”的思想是对库恩的“范式”思想的改造和发展，他既体现了科学发展过程中的质变，也体现了量的变化，即科学发展的连续性与革命性的统一。但拉卡托斯的科学研究纲领方法论显得太过宽泛。在拉卡托斯看来，同一时期存在着不同的科学研究纲领，有的在进化，有的则在退化，但进化的纲领可能过一段时间会转入退化，退化的纲领也有可能卷土重来。这样一来，就没有一个真正合理的标准来评判相互竞争的纲领之间的优劣。另外，拉卡托斯的科学研究纲领并未能够提出解决“不可通约性”的问题，所以，他对科学合理性的辩护没有得到科学哲学界的共同认可。

劳丹的新历史主义学派或者科学实在论则是在扬弃库恩的“范式”

理论和拉卡托斯的“科学研究纲领方法论”的基础上提出来的，他提出的科学进步的理性重组思想，就是为了替代库恩和拉卡托斯的科学进步观。在劳丹看来，科学是人类解决问题的活动，而问题又被认为是形成科学思想的关键，因此科学进步作为一种不可避免的时间上的概念，是以问题的解决为基本活动单元的。任何进步都标志着研究传统或所属理论解决问题的能力和效力的提高，标志着重构科学活动的人的范围的扩大。实现科学进步的方式主要包括三种，一是通过增加解决经验问题的数目，二是通过消除所谓的“反常”，三是恢复冲突理论间的概念一致。他认为任何关于范式或研究传统的概念基础的争论都是一个历史上持续的过程，概念问题始终存在于研究传统的整个过程之中，而不是如库恩认为的那样存在于短暂的危机时期。由此，劳丹在科学进步的方式上，反对从惠威尔、皮尔士、杜威到赖欣巴哈、拉卡托斯、斯太格缪勒等人所主张的连续积累的形式，认为进步只可能发生在通过纯累积性理论获得知识之时。① 劳丹的科学进步模式既主张克服历史主义的非理性主义的缺陷，也主张克服逻辑实证主义把理性与进步割裂开来的片面性观点，这都是值得肯定的。但也应当看到，他的研究传统和科学进步的模式，都只不过是对前人研究所做的一点修补工作而已，实质上他的理论标志着历史主义的终结。

2. 日本的科学发展“三阶段”理论关于科学发展模式及动力的研究。日本物理学家、哲学家武谷三男提出科学发展“三阶段”理论。这一理论提出，科学发展表现为现象论、实体论和本质论三个阶段。在作为第一阶段的现象论阶段，许多互不相干的自然现象在实践中被陆续发现，引起科学家的兴趣与思考；在实体论阶段，人们在实践中又发现了联系着这些现象的物质实体结构，并对现象间的一些带规律性的联系也有所认识，但并未认识隐藏在现象背后的规律；在作为第三阶段的本质论阶段，则以实体为中介逐步认识了现象背后的规律。

---

① 参见［美］L. 劳丹：《进步及其问题》，刘新民译，华夏出版社 1990 年版，第 140 页。

武谷三男科学发展“三阶段”理论与马克思主义认识论的相同点是都强调实践的重要地位，但其“三阶段”理论与马克思主义认识论中的认识过程理论所讲的实践、认识、再实践并不相同，武谷三男的第二阶段是一种实体论阶段（即发现了反映现象的实体结构），而认识论的第二阶段，实践—认识—实践中的“认识”，是指人们在实践基础上形成了“理性认识”，即对事物发展规律的认识，从而为第三阶段的实践确立了方向。但武谷三男通过“三阶段”理论的发展模式企图把科学发展的过程与科学认识的活动统一起来，还是有启发意义的。

（三）科学的发展模式及动力

以马克思、恩格斯的科学发展模式及动力的思想为基础，同时吸收国外学界的相关认识，从马克思主义基本立场、原则和观点出发，阐明科学的发展模式及动力表现为渐进与飞跃的统一、分化与综合的统一、继承与创新的统一。

1. 在纵向上，科学发展表现为渐进与飞跃的统一。科学发展的渐进形式就是科学进化的形式，主要指在原有科学规范、框架之内科学理论的推广、局部新规律的发现，原有理论的局部修正和深化等。科学发展的飞跃形式就是科学革命形式，主要指科学基础规律的新发现，科学新的大综合，原有理论框架的突破，核心理论体系的建立等。对科学史的研究表明，科学总是在一定理论框架内的相对稳定时期和更新某一理论框架的剧烈的变化时期交替发展的。比如，物理学从亚里士多德自然哲学的物理学框架到牛顿以实验为基础的经典力学再到把物质、运动、时空作出完整描述的爱因斯坦相对论力学，都是科学理论和世界图景的更新。

2. 在横向上，科学发展表现为分化与综合的统一。分化是指事物向不同的方向发展、变化，或统一的事物变成分裂的事物，综合则是指不同种类、不同性质的事物组合在一起。人类认识自然界的途径就是用分析—综合—再分析—再综合的方法去无限地接近它。科学史上每一次分析和综合都标志着人类认识自然的进步。如文艺复兴之后人们把自然界分为无机界、有机界，又把无机界按运动形式分为不同门类，基于这种分析研究产生的科学学科分化带来了近代自然科学的蓬勃发展。在认识了自然界的各个方面之后，科学的进一步发展要求进行综合性概括，以创造综合性理论。如19世纪中叶的自然科学三大发现（能量守恒与转化定律、细胞学说、生物进化论）就是在物理学、生物学方面的更大综合。综合是科学在不同范围、不同层次上结合为有机整体，形成更为深刻、更具普遍性的理论，从而可以更为全面、深入地认识自然界。

20世纪以来，自然科学发展的突出特点就是在高速分化的基础上的高度综合，当代产生的新兴学科大部分是边缘学科、交叉学科，它们都兼有分化和综合的双重功能。

3. 在总体趋势上，科学发展表现为继承与创新的统一。继承是科学技术发展中的量变，它可使科学知识延续、扩大和加深。科学是个开放系统，它在时间上有继承性，在空间上有积累性。只有继承已发现的科学事实、已有理论中的正确东西，科学才能发展，不断完善，继续前进。近现代科学的诞生是一批科学家的成就，一个时代的成就，同时又是继承前人业绩，吸收整个人类智慧的成果。正是在前人成就的基础上，牛顿提出了物体运动三大定律和万有引力定律，形成了一个完整的经典力学体系。因此他说，如果我所见到的比笛卡尔要远一些，那是我站在巨人肩上的缘故。创新主要表现在正确的理论代替错误的理论，错误的理论被扬弃，它是科学发展中的质变，是整个科学理论体系的重大变革。哥白尼的日心说代替托勒密的地心说，是科学创新的著名案例。只有在继承的基础上进一步创新，才能使人类对自然界的认识出现新的飞跃，引起科学发展中的质变。创新是继承的必然趋势和目的。

二、技术的发展模式及动力

（一）马克思、恩格斯关于技术发展模式及动力的分析

1. 社会需要是技术发展的重要推动力。恩格斯指出，“科学的产生和发展一开始就是由生产决定的”。[①] 马克思指出，资产阶级的需要是近代

---

① 《马克思恩格斯文集》第9卷，人民出版社2009年版，第427页。

科学发展的主体原因之一，正如德国以异乎寻常的精力致力于自然科学，这是与1848年以来资产阶级的强大发展相适应的。在资本主义条件下，“应用机器的大规模协作——第一次使自然力，即风、水、蒸汽、电大规模地从属于直接的生产过程，使自然力变成社会劳动的因素”。① 资产阶级非常重视科学技术的作用。“资产阶级为了发展工业生产，需要科学来查明自然物体的物理特性，弄清自然力的作用方式”。② 资本主义商品生产的扩大和市场竞争的需要对科技发展和应用有着强大的刺激作用。

2. 技术体系内部发展不平衡引起变革。马克思曾以驱动力为依据，概述过磨技术的演进历程：“我们首先可以找到按一定顺序相继采用的、而在很长时间内又是同时并用的所有种类的动力：人力、畜力、水力、船磨、风磨、马车磨（磨装在马车上，靠马车的运动来带动，在战争等时候使用），最后是蒸汽磨。”③ 即使在某一产业技术系统内部，不同效率层次的技术也往往交错连为一体，影响着技术使用的效率。马克思在分析工场手工业技术形态时指出：“在有些生产过程中，部分地使用了类似机器的工具，部分地使用了机器（初期的工场手工业，当达到一定的水平时，就已使用机器了），局部地使用了蒸汽推动的机械，但是，这种机械的工作有时中断，这时就用手工劳动。”④ 宏观上从各生产部分的分工看，近代技术体系包括纺织部门、蒸汽机械的制造部门等，单从棉纺业来看，就有纺纱机、织布机、印花机、漂白机、染色机等，相应的，棉纺业的革命又引起分离棉花纤维和棉籽的轧面机的发明，进而社会生产过程的一般条件即交通运输工具的革命成为必要。

3. 科学对技术的先导作用。马克思曾以钟表的发展史来证明，在手工业基础上的理论和实践之间的关系，与在机器大工业时期的二者的关系，有着多么大的差别，他指出：“钟表是第一个应用于实际目的的自动机；匀速运动生产的全部理论就是在它的基础上发展起来的。按其性质

---

① 《马克思恩格斯文集》第8卷，人民出版社2009年版，第356页。

② 《马克思恩格斯文集》第3卷，人民出版社2009年版，第510页。

③ 《马克思恩格斯文集》第8卷，人民出版社2009年版，第333页。

④ 《马克思恩格斯全集》第47卷，人民出版社1979年版，第439页。

来说，它本身是以半艺术性的手工业和直接的理论相结合为基础的。”① “机器生产的原则是把生产过程分解为各个组成阶段，并且应用力学、化学等等，总之应用自然科学来解决由此产生的问题。”② 这样，整个生产过程不再是“从属于工人的直接技巧，而是表现为科学在工艺上的应用的时候，只有到这个时候，资本才获得了充分的发展”。③ 就是说，科学成为“生产的另一个可变要素，而且不仅指科学不断变化、完善、发展等方面而言。科学的这种过程或科学的这种运动本身可以看做积累过程的因素之一”④。

（二）国外关于技术发展动力的研究

在技术的发展动力问题上，国外存在着技术自主论和社会建构论两种不同的观点。

1. 技术自主论。技术自主论认为，技术是独立、自我决定、自我创生、自我推进、自在或自我扩展的力量，它按自身的内在逻辑发展，在某种程度上不受人类控制。法国的雅克·埃吕尔和美国学者兰登·温纳被公认为是技术自主论的主要代表。技术自主论的基本观点有：第一，技术是自我决定的。技术能自我发展、自我扩张、自我完善，技术的自身内在需要是决定性的。第二，技术能导致社会的变革，而经济和政治不是技术发展的条件，技术对于观念、价值和国家等来说都是自主的。第三，技术会自动选择，技术会选择人，但人不能选择技术，面对自主的技术，人没有自主性。比如，埃吕尔提出：在社会中技术的活动越少，人的自主性和主动性就越少。⑤ 技术的自主性使今天的人类不可能选择自己的命运。

2. 社会建构论。社会建构论是 20 世纪 70 年代兴起的研究科学知识社会学的一种方法论，科学知识社会学就是建立在这种建构主义方法论

---

① 《马克思恩格斯文集》第 10 卷，人民出版社 2009 年版，第 200—201 页。
② 《马克思恩格斯文集》第 5 卷，人民出版社 2009 年版，第 531 页。
③ 《马克思恩格斯文集》第 8 卷，人民出版社 2009 年版，第 188 页。
④ 《马克思恩格斯文集》第 8 卷，人民出版社 2009 年版，第 556 页。
⑤ 参见 EllulJ，Thetechnologicalsystem，Continuum，1980，pp. 156，256.

之上的一种科学知识观，其基本观点是主张所有的知识和论断都要被看作是社会建构起来的，而不是反映自然的结果。20 世纪 80 年代社会建构论的研究方法应用到技术研究，认为在技术的发展过程中，社会因素起到了至关重要的作用，应当把技术作为一个社会系统，从其内部来理解技术。技术的社会建构论的代表人物主要有荷兰技术社会学家比克和美国技术社会学家平齐，他们提出，“对科学的研究和对技术的研究应该也确实能够相互受益。我们尤其认为，在科学社会学中盛行的、在技术社会学中正在兴起的社会建构主义观点提供了一个有用的起点。我们必须在分析、经验意义上提出一种统一的社会建构主义方法”①。社会建构论的技术理论和方法论原则主要有技术设计的“待确定”原则、人工物解释的灵活性原则、对称性原则等。

技术自主论和社会建构论处于技术发展动力的两个极端，它们只看到了技术发展的某一方面的动力，忽视或者低估了其他方面动力的作用，都存在片面性。

（三）技术的发展动力

马克思主义认为，社会需求与技术发展水平之间的矛盾是技术发展的基本动力，技术目的和技术手段之间的矛盾是技术发展的直接动力，科学进步是技术发展的重要推动力。

1. 社会需求与技术发展水平之间的矛盾是技术发展的基本动力。任何技术，无论其起源还是发展，最早都源于人类的需要。正是为了生存发展的需要，人类起初模仿自然，进而进行创造，发明了各种技术，在这个意义上，“需要”本身就是各种发明的先导。“人民性是马克思主义最鲜明的品格。……我们要始终把人民立场作为根本立场，把为人民谋幸福作为根本使命”，② 科学技术发展的根本动力要顺应时代的发展趋势，最重要的就是要以人民为中心，要为人民的自由解放服务，“人民的需要

---

① 李三虎、赵万里：《技术的社会建构——新技术社会学评介》，《自然辩证法研究》1994 年第 10 期。

② 习近平：《在纪念马克思诞辰 200 周年大会上的讲话》，《人民日报》2018 年 5 月 4 日。

和呼唤，是科技进步和创新的时代声音。”① 人类在不同的历史发展时期，在经济、政治、军事、文化等方面的需要促进了不同领域技术的发展。亚里士多德在其现已遗失的作品《论哲学》第10卷中也提到远古时候人类为了生存逐渐累积起来的各种智慧（技术），从农业技术、手工业技术到经商的技术、管理城邦的技术等。比如，四大文明古国的共同特点是都有着发达的修建工程水利的技术和农业种植技术，正是农业生产的需要刺激了这些技术的发展。近代资本主义生产的发展，产生了对新动力的需要，在这种需求的推动下，出现了蒸汽机。摩尔根提出，人类从发展阶梯的底层出发，向高级阶段上升，这一重要事实，在顺序相成的各种人类生存技术上显得非常明显。人类能不能征服地球，完全取决于他们生存技术的巧拙，② 这里摩尔根突出的也是技术对人类生存需要的满足。

社会需要是预先的规划与设想，体现了人的目的，因而在机遇来临的时候能够产生一触即发的效果，迅速激活人内心的渴望，从而发明技术。需要包括多个方面，有物质需要、精神需要，自己的需要、他人的需要和社会的需要，体现在经济、政治、军事、文化、环境等诸多方面，因而对技术的要求也就有着不同的方面和层次。同时，需要的产生也是由矛盾引起的，其中最为基本的是人和自然的矛盾。人要生存，就要同自然界打交道，通过作用于自然而达到目的，也是在这个过程中人类的技术得以发展起来。

2. 技术目的和技术手段之间的矛盾是技术发展的直接动力。社会需求是所有技术发展的起点，但有时尽管有某种社会需求，但并不一定产生某种技术发明，更不一定会生产出满足这种需要的产品。在一个特定的历史时期，社会需求都要转化为现实的技术目的，进而创造满足这种目的的技术条件，才可能有现实的技术活动来满足人们的需要。许多例证表明，“刺激发明的是认识到一个高成本的问题需要解决，或者发现了

① 《习近平谈治国理政》第2卷，外文出版社2017年版，第272页。

② 参见王鸿生编著：《世界科学技术史》，中国人民大学出版社1996年版，第6页。

一个潜在的赢利机会需要把握”。[①] 技术目的和技术手段之间的矛盾是技术发展的直接动力。

任何一项技术实践从一开始就包含着某种改造客观世界的要求，这种要求作为技术实践所要取得的结果以目的形式事先存在于人们的观念之中。技术实践的起点就是技术目的的提出。技术目的就是在技术实践过程中在观念上预先建立的技术结果的主观形象，是技术实践的内在要求，影响并贯穿于技术实践的全过程。技术手段即实现技术目的的中介因素，包括实现技术目的的工具和用工具的形式。

目的与手段是相对而言又互为条件的，一种社会需要必须与技术可能性相符，与技术任务相关，并具备达到目的所需要的条件，才能成为技术发展的直接动力。技术目的的提出和实现，必须依赖于与之相匹配的技术手段；缺乏相应手段的目的不是真正的目的或现实的目的，而只是一种希望乃至是空想。技术手段是实现技术目的的中介和保证，它包括为达到技术功能要求所使用的工具以及应用工具的方式。要实现数值运算的技术目的，就要有算盘、计算尺、计算机以及相应的运算手段。要实现航空航天的技术目的，就要有升空气球、飞机、宇宙飞船等技术手段。

技术是以系统的形式存在的，也总是以系统的形式发展着。技术目的与技术手段之间的矛盾的解决，必然涉及技术结构与技术功能的关系。技术结构表征技术要素在一个整体中的结合方式和地位作用，技术要素的性质、数量及其组合方式决定一个技术结构的基本条件。同时，由于任何一项技术本身不仅是由内在要素构成的具有一定组合形式的有机整体，而且还与其他技术密切联系而构筑成具有立体网络形态的有机整体。技术的发展表现出其结构与功能的矛盾运动在历史与逻辑上的统一，即技术体系的连锁演变。从历史上看，构成技术三大要素的材料、能源、信息在不同的技术时代都起着不同的作用。材料技术、能源技术和信息

---

① ［澳］布里奇斯托克等：《科学技术与社会引论》，刘立等译，清华大学出版社2005年版，第236页。

技术这些单元技术，在历史上都曾先后相继作为主导技术交替地发生作用，从而导致技术发展中群体技术的连锁更替与历史演进。随着技术系统的结构改变，其技术功能也要发生变化；技术系统的功能要求取决于技术目的，当有了新的技术目的和新的功能要求时，又会引起技术结构的变化。只有改变已有的技术环节和它们的组合方式，才会产生新的功能。这二者之间由平衡到不平衡再到新的相对平衡，把技术推向前进。

3. 科学技术的交叉融合是技术发展的重要推动力。西方在近代工业革命以前，科学与技术基本上处于分离状态，即使到第一次工业革命之时，大部分的技术发明也仍源于经验与直接的生产活动，而与科学有着较少关联。19 世纪中期开始，技术与科学的关系发生了重要的变化。从 19 世纪中期第二次技术革命至今，经过麦克斯韦电磁场理论的建立（1862—1864 年）、赫兹电磁波试验的成功（1877 年）和集科研与生产于一身的爱迪生门罗公园试验室的创建（1876 年），原来走在技术后面的科学走到了前面，成为技术发展的理论向导。科学革命导致技术革命，技术发展对科学发展的依赖程度越来越高，可以说，技术已成为科学的应用。尤其是当今社会的发展，日益形成了“科学—技术—工程—生产—产业—经济—社会—环境”一体化的交叉融合过程。在这一过程中，科学研究与技术开发（简称“研究与开发”即 R&D）已成为核心，它一般要经过三个环节：基础研究、应用研究和开发研究。基础研究以认识自然现象、探索自然规律为目的，没有或者只有笼统的社会应用设想，其结果是对研究对象提出新的或者系统的规律性的认识。而应用研究着重于如何把自然科学的基础理论知识和技术理论知识转化为生产技术、工程技术、产业技术、工艺流程的原理和方法，使自然科学知识同社会生产力直接衔接起来，是基础研究与开发研究之间的中介。开发研究又称技术开发，是在科学研究的基础上，在现实中运用并发展应用研究成果，选择和寻求各种形式的技术原理、方法及工艺方案，使这些方案能在社会生产、生活和经营管理中加以运用和推广。近年来，一些发达国家已把开发研究融合到了产品的设计、生产、流通和消费的全过程之中。针对当代科学技术交叉融合的趋势，习近平既强调基础研究的重要性，“基础研究是整个科学体系的源头，是所有技术问题的总机关”,① 又充分肯定工程科技交叉融合的重要意义，“信息技术、生物技术、新能源技术、新材料技术等交叉融合正在引发新一轮科技革命和产业变革。”②

技术的发展是一个由社会需要、技术目的以及科学发展多种因素组成的动力系统。此外，在技术的发展过程中，文化对技术发展也表现出巨大的张力作用，先进的思想文化会推动技术的发展，而落后的思想文化则会制约和阻碍技术的发展，包括影响技术决策、技术研发以及技术成果的产业化各方面。比如，文艺复兴为西方近代科学技术的发展提供了强大的推动力，而在我国清朝时期，蒸汽机从西方传入国内时，在当时闭关锁国、因循守旧的文化氛围下，人们基本上持抵制的态度。而当代人们已充分认识到“科学技术是第一生产力”，必须依据科学技术，才能搞好改革开放、振兴中华、实现现代化，才能坚持科学发展观、建构和谐社会的文化氛围，技术创新、发明创造已成为全社会共同关注的重大事情。

案例：

电磁感应定律与发电机的发明③

电磁感应现象是电磁学中最重大的发现之一，它显示了电、磁现象之间的相互联系和转化，对其本质的深入研究所揭示的电、磁场之间的联系，对麦克斯韦电磁场理论的建立具有重大意义。电磁感应现象在电工技术、电子技术以及电磁测量等方面都有广泛的应用。

1820 年 H. C. 奥斯特发现电流磁效应后，许多物理学家便试图寻找它的逆效应，提出了磁能否产生电，磁能否对电作用的问题，1822 年 D. F. J. 阿喇戈和 A. von 洪堡在测量地磁强度时，偶然发现金属对附近磁

① 《习近平关于科技创新论述摘编》，中央文献出版社 2016 年版，第 44 页。

② 习近平：《让工程科技造福人类、创造未来——在 2014 年国际工程科技大会上的主旨演讲》，《人民日报》2014 年 6 月 4 日。

③ 本案例根据百度文库中“电磁感应定律与发电机的发明”改编。

针的振荡有阻尼作用。1824年，阿喇戈根据这个现象做了铜盘实验，发现转动的铜盘会带动上方自由悬挂的磁针旋转，但磁针的旋转与铜盘不同步，稍滞后。电磁阻尼和电磁驱动是最早发现的电磁感应现象，但由于没有直接表现为感应电流，当时未能予以说明。

1831年8月，法拉第在软铁环两侧分别绕两个线圈，其一为闭合回路，在导线下端附近平行放置一磁针，另一与电池组相连，接开关，形成有电源的闭合回路。实验发现，合上开关，磁针偏转；切断开关，磁针反向偏转，这表明在无电池组的线圈中出现了感应电流。法拉第立即意识到，这是一种非恒定的暂态效应。紧接着他做了几十个实验，把产生感应电流的情形概括为5类：变化的电流、变化的磁场、运动的恒定电流、运动的磁铁、在磁场中运动的导体，并把这些现象正式定名为电磁感应。进而，法拉第发现，在相同条件下不同金属导体回路中产生的感应电流与导体的导电能力成正比，他由此认识到，感应电流是由与导体性质无关的感应电动势产生的，即使没有回路没有感应电流，感应电动势依然存在。

后来，产生了给出确定感应电流方向的楞次定律以及描述电磁感应定量规律的法拉第电磁感应定律。并按产生原因的不同，把感应电动势分为动生电动势和感生电动势两种，前者起源于洛伦兹力，后者起源于变化磁场产生的有旋电场。

1831年，法拉第建造了第一座发电机原型，其中包括了在磁场中旋转的铜盘，此发电机产生了电力。在此之前，所有的电皆由静电机器和电池所产生，而这二者均无法产生巨大力量。但是，法拉第的发电机终于改变了一切。法拉第迈出了最艰难的一步，他不断研究，两个月后，试制了能产生稳恒电流的第一台真正的发电机。发电机包括一个能在两个或两个以上的磁场间迅速旋转的电磁铁，当两个磁场相互交错，就产生了电，由电线从发电机中导出。电子工程师依发电机线绕的方式和磁铁的安排，而获得交流电（AC）或直流电（DC），大部分发电机都是产生交流电，它比直流电更易由传输线作长距离的传送，这标志着人类从蒸汽时代进入了电气时代。

思考题

1. 如何理解18、19世纪科学技术发展与马克思、恩格斯科学技术思想产生的关系？
2. 怎样认识马克思、恩格斯的科学技术思想在马克思主义理论体系中的重要地位？
3. 试比较马克思、恩格斯与国外学者关于科学技术本质的分析。
4. 科学的体系结构在历史发展中有哪些变化？
5. 科学和技术的发展模式有哪些不同？
6. 如何理解“科学技术的交叉融合是技术发展的重要推动力”的观点？

阅读书目

1. 《马克思恩格斯文集》第1卷，人民出版社2009年版。
2. 《马克思恩格斯文集》第8卷，人民出版社2009年版。
3. 《马克思恩格斯文集》第9卷，人民出版社2009年版。
4. 《习近平关于科技创新论述摘编》，中央文献出版社2016年版。
5. 习近平：《让工程科技造福人类、创造未来——在2014年国际工程科技大会上的主旨演讲》，《人民日报》2014年6月4日。

第三章　马克思主义科学技术方法论

马克思主义科学技术方法论是马克思主义科学技术论的有机组成部分，它主要侧重于研究和讨论科学技术研究过程的方法论问题。马克思主义的科学技术方法论是以辩证唯物主义立场、观点为基础，吸取具体科学技术研究中的基本方法，并且对其进行概括和升华的方法论，是建立在吸取人类以往一切优秀、有效的思维的基础上的辩证方法论。分析与综合、归纳与演绎、从抽象到具体、历史与逻辑的统一等辩证思维是马克思主义科学技术方法论的精髓，以收敛性与发散性、逻辑性与非逻辑性、抽象性和形象性的对立统一等辩证思维为特征的创新思维是马克思主义科学技术方法论的重点，强调实践和理论相互结合的科学实践与工程技术实践方法是马克思主义科学技术方法论的核心，其主要内容包括科学家的科学实践方法和技术研究的各种活动性方法。马克思主义科学技术方法论特别注重的是实践的方法。

第一节　科学技术研究的辩证思维方法

科学技术研究，离不开辩证思维。对于现今的自然科学来说，辩证法恰好是最重要的思维形式，因为只有辩证法才为自然界中出现的发展过程，为各种普遍联系，为一个研究领域向另一个研究领域过渡提供类比，从而提供说明。① 分析与综合、归纳与演绎、从抽象到具体、历史与逻辑的统一，这些辩证思维的形式，对于科学研究具有重要意义，不论人们是否意识到，它都时刻体现和贯彻在科学家、工程师的具体科学技术研究中。马克思、恩格斯很早就意识到这些辩证思维形式的重要性，并且把它们看成是理性方法的主要条件。“归纳、分析、比较、观察和实

---

① 参见《马克思恩格斯文集》第9卷，人民出版社2009年版，第436页。

验是理性方法的主要条件。”① 自觉地认识和提升这些辩证思维的形式，不仅对于科学家、工程师的科学研究减少失误、少走弯路以及事半功倍具有重要意义，而且对于科学家、工程师们树立马克思主义科学技术观，深入研究科学技术问题，走自主创新之路、建设创新型国家也具有重要意义。正如习近平所说：“自主创新是我们攀登世界科技高峰的必由之路”。② 而如何掌握好马克思主义科学技术方法论则是能否做好创新的前提之一。

一、问题意识与问题导向

做科学研究，首先要从问题出发。抓住了问题就抓住了具体与关键。习近平特别强调问题意识与问题导向，他指出：“理论创新只能从问题开始。”③ 习近平在《关于〈中共中央关于全面深化改革若干重大问题的决定〉的说明》中所明确提出的“要有强烈的问题意识，以重大问题为导向”的思想也适用于科学研究。以问题为导向，是科学研究的重要方法，也是辩证思维首先需要考虑的基本点。

科学研究从问题出发，需要注意问题意识与把握机遇的结合。有了问题意识，才能抓住研究问题的机遇。关于问题意识和抓住问题与机遇相结合的讨论，见后文关于逻辑性与非逻辑性、发散性思维与收敛性思维等讨论，以及观察方法部分的讨论。

二、分析和综合

（一）分析

1. 分析。所谓分析的方法，就是在实践和理论结合的过程中把研究对象整体分解为各个组成部分、侧面、属性、层次或环节分别加以研究考察的方法。

---

① 《马克思恩格斯文集》第1卷，人民出版社2009年版，第331页。

② 习近平：《在中国科学院第十七次院士大会、中国工程院第十二次院士大会上的讲话》，《人民日报》2014年6月10日。

③ 《习近平谈治国理政》第2卷，外文出版社2017年版，第342页。

科学、技术和工程研究中分析的方法有许多具体形式。如果按照分析事物对象的属性进行分类，大体上可以区分为定性分析和定量分析两个类型。[①] 所谓定性分析，主要是分析事物对象的属性的性质，是从质的方面分析事物的方法；所谓定量分析，是指对被研究对象所包含成分的数量关系或所具备性质间的数量关系的分析；也可以对几个对象的某些性质、特征、相互关系从数量上进行分析比较，研究的结果也用数量加以描述。

2. 分析在认识和实践上的四个作用。（1）分析是把对研究对象的认识引向深入的基本条件；（2）分析可以帮助认识与实践者从已知结果出发寻找原因；（3）分析由于分别地考察对象的各个组成部分或要素，可以对部分或要素的认识达到细节，继而对认识它们之间的联系有所帮助；（4）分析也是认识和把握研究对象整体的前提。

分析就是把事物、对象进行分解。分解时要特别注意的科学和哲学问题是如何分解才是合理的。中国古代庄子所讲的“庖丁解牛”的分解可能是最合理的。事实上，合理的分解，是需要对事物或对象的内部要素之间的关系有深刻的了解，深入的认识，按照关系的强弱与内在联系进行分割。分析的活动不是一种纯粹抽象的东西，而是通过试错的实践，逐渐探查和掌握事物内部要素关联强弱的过程。分析是发挥主体思维活跃性与通过介入客体进行深入探究和思考，形成主客体联系的过程。

3. 单纯分析的局限性。单纯的分析，发现的是事物或对象的要素特性、属性，而不是事物本身的特性、属性，是事物可能包含的潜在的因子的属性、特征等，是事物局部的属性或特征。一个事物被分解后，往往会丢失掉一些性质，主要丢失的是事物内部各个要素之间关联的性质和关联本身，而这些关联的性质和关联本身，可能恰好是形成事物整体性的根本所在。这是单纯分析的不足。分析方法的局限性，是容易使人

① 当然，细致地看，分析不止两类，分析还有层次分析、结构—功能分析、系统分析、因果分析等。

只见树木不见森林。例如，恩格斯针对化学曾经指出，“以分析为主要研究形式的化学，如果没有分析的对立极即综合，就什么也不是了”。[①]

（二）综合

1. 综合。所谓综合的方法，就是在实践和思维中把研究对象的各个部分、侧面、属性、层次或环节按照内在联系有机地统一为整体，形成有关研究对象统一整体的认识，以掌握事物的整体、全貌、本质和特征的思维方法。

综合方法的特点是探求研究对象的各个部分、各个方面、各个层次和各种因素之间的联系（方式、特征和性质等），以复现研究对象结构的机理与功能，形成对于研究对象的整体认识。

2. 综合方法在科学实践和认识上的五个作用。（1）揭示事物在分解状态下不曾显现出来的特征；[②]（2）发现事物部分之间联系的强弱、性质差异、联系不同而带来的机理变化；（3）揭示事物整体状态与分解的部分或要素之间、层次之间的关联；（4）揭示或展示研究对象的全貌、整体特性；（5）综合也可以形成新概念、新原理或新学科。

综合也有多种类型。比如有概念综合、方法综合、原理综合、学科综合等。综合对于研究对象而言，通常指考虑研究对象时，不是只考虑其中一个要素或一个方面，而是把研究对象的诸多要素关联起来加以考虑和研究；综合对于方法而言，通常指解决一个问题时研究者运用两种或两种以上的方法；综合对于研究者和研究方式而言，有时也意味着团队合作的综合。现代科学研究正在从分析走向综合。

3. 综合的局限性。没有分析的综合，是一种表面的综合，不可能对事物的特性有深入全面的把握；综合也不是拼凑，不是把不相干的东西强行拉到一起的综合，也不是把分解了的事物、部分，线性地组装在一起的综合。单纯的综合只能做到表面的、现象的综合。

---

① 《马克思恩格斯文集》第9卷，人民出版社2009年版，第485页。

② 在认识次序上，是先在事物整体状态下发现了某种特性，然后把事物分解，分解后的事物的部分都没有此类特性，再在此基础上，与事物整体状态的特性比较，找到“涌现”此种特性的联系和机理。

（三）分析与综合

1. 分析与综合。分析与综合有机结合，形成分析与综合的辩证思维，形成了认识事物部分与整体辩证关系的完整过程，是人们思考事物、对象的必要思维方法与阶段，也是辩证法最重要的思维方法。

单纯的分析，并不构成辩证思维；单纯的综合也不是辩证思维。只有把分析与综合结合在一起的思维才是辩证思维。

2. 分析与综合的辩证关系。分析与综合的关系实际上是由整体与部分之间的关系所决定的。在整体与部分的相互制约关系中，分析和综合结合的方式有两种：

（1）如果部分之和就是整体，对事物的分解性认识就可以代表对研究对象整体的认识，那么对事物或研究对象的认识在某种意义上说只要分析即可；也就是说，当研究对象满足“整体等于各部分之和”条件时，我们则可以把部分自由地抽离于整体而加以研究；对其各个部分深入分析后，再采取加和的方式进行综合。此种方式是先把整体分解为各个部分，然后把研究重点放在部分上；最后把部分按照其结合方式整合起来。很明显，这是以分析为基础和加和方式的分析—综合方式，是以分析为重点的分析—综合方式。

（2）如果事物或研究对象比较复杂，其整体大于部分之和，那么仅对其部分的分析性认识是不够的。其整体的认识也不等于其部分认识之和，这时就需要把分析和综合结合起来。事实上，这时很难把整体中的某个部分从整体中分离出来，如果非要把整体分解为部分，不仅要选取好分解的合理方式，而且无论如何都会丢失一部分整体的信息。因此，要选取恰当的分解方式，以使关于整体的信息丢失减少到最小程度。

因此，仅有分析，对于比较复杂的研究对象的认识是不够的；综合不仅必要，而且也不能撇开分析，综合要以深入的分析为基础，同时又能够超越分析的局限，综合需要以分析为基础，没有分析的综合不是深刻的综合。在科学研究中，分析与综合是相互渗透和相互转化的。

三、归纳和演绎

（一）归纳

1. 归纳。归纳是从个别到一般，寻求事物一般特征的认识方法，也是一种逻辑推理形式。归纳推理不是必然性推理，其结论具有或然性。在科学实践活动中，把归纳的结论推广到其他情境时需要注意其适用性。

归纳是科学研究和技术工程实践中运用最多的思维方法。

2. 归纳推理或方法的特点。（1）归纳总是从许多个别事物或个别事实的观察、研究出发，归纳概括出一种所谓的对这类事物或对象的一般性结论。人们在社会生活实践中总是先接触许多个别事物或个别事实，而作出这些个别事物的个别性判断。比如，在农业生产实践中，我们观察、认识到小麦的生长是需要阳光、水分的；玉米的生长也是需要阳光、水分的；稻子的生长也是如此。这些都是个别性判断和认识，经过长期的农业生产实践，历经反复的认识、实践和验证，不断加深这些认识。那么，我们可能会根据这些并无反例出现的个别性认识和实践，作出一种一般性判断——所有的农作物生长都需要阳光、水分。（2）归纳的前提数量应该是大量的、种类相异的、一定范围和时段内无反例的，并且要根据我们在实践中观察和研究的个别事物或对象的数量来决定。

3. 归纳方法的种类。归纳有两类方法：第一类是完全归纳，即通过考察某类事物中全部个别事物，包括其属性、类型、特性，概括或抽象出这类事物的一般性特征结论的认识方法。在科学技术研究中很少有完全归纳，除非完全归纳的对象是一个有限类，或者限定了具体情境。第二类是不完全归纳法，即在考察某类事物的部分个别对象后，就得出这类事物的一般特性的认识的方法。不完全归纳法又分为简单枚举法和判明因果联系归纳法（又称科学归纳法）。

- 归纳法
  - 完全归纳法（结论确定）
  - 不完全归纳法
    - 简单枚举法
    - 因果联系归纳法

归纳推理的一般格式或原理如下：

S1 是 P

S2 是 P

S3 是 P

……

而 S1S2S3……都是 P，

所以，S 是 P

从该格式或原理看，归纳法的前提是关于若干已知的个别事物的判断和陈述，其结论却是关于这一类事物的普遍性或一般性判断和陈述，其结论大于前提，具有创造性。但归纳法的推理方向是从个别到一般，其结论是未获得全体验证的，因而也具有或然性或不确定性，不能保证其结论判断一定为真。

英国近代哲学家休谟曾对归纳法的合理性提出质疑，他研究了归纳法的原理，认为，归纳原理无论是在逻辑上或是在经验上都无法得到证明。对于不完全归纳，事实的确如此，这个难题因此被称为归纳难题（休谟问题），一般认为它充分说明了归纳法在科学研究和工程技术研究中的局限性。而今天看来，这个局限性可能是由于我们认为科学理论所作的结论一定是一种普遍性的结论，科学知识一定是一种普遍性知识的认识论立场所造成的。因为很可能在有穷有界的范围内，我们可以运用完全归纳法，从而避免不完全归纳带来的问题。另外，在有穷的范围，或某个局域范围里，我们直接介入研究对象，所得认识的真理性可以用介入对象的成功作为判定标准，这样就可以实现其认识在某局域内或某种条件下为真，因此，只要我们不把这种局域真理随便扩展出去，就可以避免休谟的归纳问题。即便是在传统认识的立场上，我们也不能因为归纳法有这样一些所谓的局限，而不承认归纳法在科学研究中和社会生活实践中的作用，或对归纳法的运用产生完全的怀疑，我们更应该在运用归纳法时多注意所得判断的适用范围、条件和程度。

4. 判明因果联系归纳法。针对简单归纳法的问题，英国哲学家和逻辑学家穆勒提出了因果关系的归纳五法——求同、求异、求同求异共用法、共变法、剩余法。它是在简单枚举法的基础上，进一步分析了被考察事物与结论间的因果关系后作出的归纳。这就把归纳法精细化和可操作了。

（1）求同法：考察几个出现某一被研究现象的不同场合，如果各个不同场合除一个条件相同外，其他条件都不同，那么，这个相同条件就是某被研究现象的原因。因这种方法是异中求同，求同法可用公式表示如下：

场合	先行情况	被研究现象
①	ABC	a
②	ADE	a
③	AFG	a
……		

所以 A 是 a 的原因

（2）求异法：比较某现象出现的场合和不出现的场合，如果这两个场合除一点不同外，其他情况都相同，那么这个不同点就是这个现象的原因。因这种方法是同中求其差异，所以又称为差异法。求异法可用公式表示如下：

场合	先行情况	被研究现象
①	ABC	a
②	—BC	—

所以 A 是 a 的原因

（3）求同求异共用法：如果某被研究现象出现的各个场合（正事例组）只有一个共同的因素，而这个被考察现象不出现的各个场合（负事例组）都没有这个共同因素，那么，这个共同的因素就是某被考察现象的原因。该法的步骤是两次求同一次求异。求同求异共用法可用公式表示如下：

场合	先行情况	被研究现象
①	ABC	a
②	ADE	a
③	AFG	a
……		
①	—BC	—
②	—DE	—
③	—FG	—
……		

所以 A 是 a 的原因

（4）共变法：在其他条件不变的情况下，如果某一现象发生变化另一现象也随之发生相应变化，那么，前一现象就是后一现象的原因。共变法可用公式表示如下：

场合	先行情况	被研究现象
①	A1BC	a1
②	A2BC	a2
③	A3BC	a3
……		

所以 A 是 a 的原因

（5）剩余法：如果某一现象已确定是由某种复合原因引起的，把其中已确认有因果联系的部分减去，那么，剩余部分也必有因果联系。剩余法可用公式表示如下：

ABC 是复杂现象 abc 的复杂原因，

已知 A 是 a 的原因，B 是 b 的原因，

所以 C 是 c 的原因。

例如：有一次居里夫人和她的丈夫为了弄清一批沥青铀矿样品中是否含有值得提炼的铀，对其含铀量进行了测定。令他们惊讶的是，有几

块样品的放射性甚至比纯铀的还要大。这就意味着，在这些沥青铀矿中一定含有别的放射性元素。同时，这些未知的放射性元素只能是非常少量的，因为用普通的化学分析法不能测出它们来。量小而放射性又那样强，说明该元素的放射性要远远高于铀。1898 年 7 月，他们终于分离出放射性比铀强 400 倍的钋。从该元素的发现看，应用的应该是剩余法的思维方式。

5. 归纳法在科学研究中的两个主要作用。（1）通过归纳，可以从科学观察与实验中概括出有一定适用范围的一般性判断，甚至是规律性的认识，因此，归纳法是提出假说和形成理论的有效方法。（2）为科学观察和实验的设计提供逻辑依据，为合理抽取研究对象内部以及与其他某项要素的因果联系提供依据，揭示在人工实验室条件下研究对象的科学规律。

（二）演绎

1. 演绎。所谓演绎是一种从对事物概括的一般性前提推论出个别性结论的认识方法。演绎与归纳的思考方向正好相反，演绎推理的结论是必然性的，只要其前提正确，推理过程正确，其结论就必然正确。

2. 演绎方法的类型。演绎最基本格式是三段论，即由大前提，小前提和结论三个部分组成。其基本形态为：如果所有的 S 具有 P 性质，且 Sx 是 S 类中的一个事物，那么，Sx 必定具有 P 性质。例如：

所有的金属都导电　（大前提）

铝是金属　　　　　（小前提）

铝也导电　　　　　（结　论）

演绎推理除了有三段论外，还有选言推理、假言推理等形式。

选言推理是以选言判断为前提的推理。选言推理分为相容的选言推理和不相容的选言推理两种：（1）相容的选言推理的基本原则是：大前提是一个相容的选言判断，小前提否定了其中一个（或一部分）选言支，结论就要肯定剩下的一个选言支。例如：这个三段论的错误，或者是前提不正确，或者是推理不符合规则，这个三段论的前提是正确的，所以，这个三段论的错误是推理不符合规则。（2）不相容的选言推理的基本原则是：大前提是个不相容的选言判断，小前提肯定其中的一个选言支，结论则否定其他选言支；小前提否定除其中一个以外的选言支，结论则肯定剩下的那个选言支。例如：一个三角形，或者是锐角三角形，或者是钝角三角形，或者是直角三角形。这个三角形不是锐角三角形和直角三角形，所以，它是钝角三角形。

假言推理是以假言判断为前提的推理。假言推理分为充分条件假言推理和必要条件假言推理两种：（1）充分条件假言推理的基本原则是：小前提肯定大前提的前件，结论就肯定大前提的后件；小前提否定大前提的后件，结论就否定大前提的前件。比如，如果一个图形是正方形，那么它的四边相等。这个图形四边不相等，所以，它不是正方形。（2）必要条件假言推理的基本原则是：小前提肯定大前提的后件，结论就要肯定大前提的前件；小前提否定大前提的前件，结论就要否定大前提的后件。比如，育种时，只有达到一定的温度，种子才能发芽。这次育种没有达到一定的温度，所以，种子没有发芽。其基本形式采纳了"如果……那么……"的逻辑格式。

演绎方法运用到科学说明与解释中，也可以有多种变形。例如，科学哲学家亨普尔提出的科学说明的"演绎—律则模型"就是一例。演绎—律则说明模型简称 DN 模型（Deductive-Nomological Model），其形式可以表达如图 3-1。①

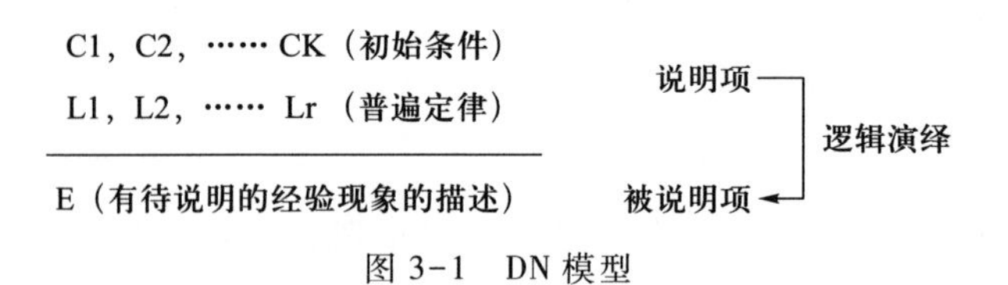

图 3-1 DN 模型

尽管这类模型有很多问题（常常是一些科学哲学家将其绝对化造成的），但在逻辑的角度看，的确是运用到科学的经验研究中的有效的说明

① 参见王巍：《说明、定律与因果》，清华大学出版社 2011 年版，第 4 页。

方法之一。对这种方法的研究也推进着科学研究方法的改进与演化。

3. 演绎方法的特点。演绎方法的特点是其前提大于结论涵盖的范围，推理过程具有必然性。如果前提正确，那么，结论必然正确。因此演绎推理正确与否关键在于前提，所以，只要我们能够寻找和选取到确实可靠的事实作为基础，形成前提命题，然后经过正确严格的、符合逻辑的推理过程，其推理的结论就是可信的。

4. 演绎在科学研究中的作用。演绎常常用在科学理论的建立和完善上。演绎方法在科学研究中的重要作用有如下方面：

（1）演绎是论证科学假说和理论方面的重要工具。由于演绎方法注重逻辑分析和逻辑形式，因此可以使科学假说和科学理论获得可靠论证的合理形式。

在演绎方法的推动下，科学家使用演绎方法最直接的演绎结果就是公理化方法。所谓公理化方法，是一种能够从少数几个基本概念、公理或公设出发，通过演绎推理，逻辑地得出一系列推论，从而建立起一套理论体系的方法。著名的欧氏几何就是通过公理化方法建立起来的。爱因斯坦狭义相对论是通过公理化方法建立起来的。公理化方法要求建立理论时，要注意其体系内部的无矛盾性、体系内选择的公理的独立性和体系内选择公理的完备性。

然而，公理化要求并非完美无缺，公理化的各个要求常常不能同时获得满足，哥德尔曾经证明在数学公理系统中，一个体系不能同时满足无矛盾性与完备性要求。① 科学史上也发生过发现一个理论或理论体系内部存在矛盾而导致新的理论的诞生的境况，如爱因斯坦发现伽利略相对性原理与经典电磁学关于光速不变的矛盾，从而提出光速不变公设之假定，继而推导建立了狭义相对论。

此外，公理的可靠性并非都是不证自明的。欧氏几何的第五公设，

---

① 关于哥德尔不完全定理的讨论与研究，参见王浩：《哥德尔思想概说》，邢滔滔译，《科学文化评论》，2004 年第 6 期，文章第 80—81 页把哥德尔不完全定理表述为 5 种等价形式，其中 GT3 为：没有既一致又完全的形式数学理论；刘晓力：《数学是不可完全的——哥德尔的哲学手稿》，《自然辩证法研究》，1998 年第 4 期。

后来被数学家发现不具有不证自明性。19 世纪的数学家黎曼、罗巴切夫斯基在怀疑第五公设的基础上，建立了两种非欧几何。因此在公理化过程中，研究者要仔细检查公设的可靠性。反过来看，事实上，我们可以通过公理化要求，以其作为一种方法论要求，去寻找理论体系中的不完备之处，或有矛盾之处，适时地对理论加以修正或革命。

（2）演绎方法是提出科学说明和预见方面的有力手段。一个新建立的假说或理论是否正确地反映或说明了要研究的对象，一般都要通过从假说或理论中推演出一个或几个具体的预言性论断或结论，预言某一事实的存在或某一现象的发生，来对假说或理论的正确性进行考察。科学家也会依据这种预言去演绎、设计检验性实验或观察。这些推演过程离不开演绎。

（3）演绎的综合运用也可以在一定范围推进新认识的发展。人们一般认为，演绎推理是从一般到个别的推理认识，它只能表达知识，不能创造新知识，即其结论蕴含在其前提之中。然而，演绎推理也可能具有创造性。当某种知识蕴含在某种大前提性的知识中，人们往往不能清晰明了被蕴含在其中的知识的地位、与其他知识的关系等。这样被蕴含的知识虽然看起来在逻辑上是蕴含在其中，但是事实上人们是不清楚的，通过演绎推理，人们找出了它，使之从潜在知识变成显在知识，这本身就是创造。还有当人们运用演绎推理对不同前提的知识进行综合考察时，不同前提的融合可以创造新的知识。

（三）归纳与演绎

归纳是从特殊到一般的推理方法，单纯运用归纳会遇到“归纳难题”；演绎是从一般到特殊的必然推理方法，单纯运用演绎，无法永续推进科学实践的新发现、新发明。恩格斯指出，归纳和演绎，正如综合和分析一样，必然是相互关联的。不应当牺牲一个而把另一个片面地捧上天去，应当设法把每一个都用到该用的地方，但是只有认清它们是相互关联、相辅相成的，才能做到这一点。① 只有把归纳与演绎结合起来，才

① 参见《马克思恩格斯文集》第 9 卷，人民出版社 2009 年版，第 492 页。

能通过两者的张力来推动科学研究。此外，在科学实践中，发现的情境是复杂多变的，活动的条件与限制也很大，因此归纳与演绎不仅是思维中的方法，而且是科学实践中研究的实践运动过程的两个不同方面，只有把归纳与演绎相互结合起来，才能形成归纳与演绎的辩证思维，也随之才能形成马克思主义科学技术研究的辩证思维，才能对科学研究的发展发挥更大的推动作用。

事实上，在科学研究中，归纳常常是科学研究中演绎运用的基础，演绎需要不容置疑的合理的假定作为前提，这些假定的抽象、提升往往来自大量的、不同的对科学研究中的实践获得的无反例的事实的归纳。而演绎反过来则为归纳确定合理性和方向。因此，归纳与演绎在实践中常常相互渗透、相互转化，有些科学家和工程师可能自发地运用了这点，但是却没有意识到，而如能自觉地运用两者结合的辩证思维，将会较为有效地推进科学研究。

四、从抽象到具体

（一）抽象

1. 抽象与科学抽象。抽象是从许多具体事物中，舍弃个别的、非本质的属性，抽出共同的、本质的属性的过程，是形成概念的必要手段。列宁指出，当思维从具体上升到抽象的东西时，它不是离开真理，而是接近真理。物质的抽象、自然规律的抽象、价值的抽象及其他等，一句话，那一切科学的（正确的、郑重的、不是荒唐的）抽象，都更深刻、更正确、更完全地反映着自然。①

科学抽象是科学研究和工程技术实践中，研究主体在特定的科学实践与认识活动中，在对研究对象的思维把握中对同类事物去除其现象的、次要的方面，抽取其共同的、重要的方面，从而做到从个别中把握同类事物的一般，从其某类现象中把握共同特性或本质的认知过程与思维方

---

① 参见《列宁全集》第55卷，人民出版社1990年版，第142页。

法。① 科学抽象是对研究人员获得的经验材料的改造与升华，好的科学抽象虽然远离直观的经验世界，但是却可以反映被把握的经验世界的精髓。比如亚里士多德关于人是政治动物的看法，马克思关于人是社会关系总和的说法，卡西尔关于人是文化符号动物的认识，就都是从某个角度关于人的某种特性或本质的概括与抽象，它们都更深刻地反映了人不仅是生物学意义的人，而是社会性的动物。

由于科学研究是针对特定对象，具有特定任务的，因此科学抽象一方面反映被研究对象的特性，一方面也受到研究任务、研究者研究旨趣等研究情境的限制，所以它不是没有限制和条件的抽象，而是一种一定意义和一定程度上的抽象，是科学实践中主客体统一认知的结果。

2. 科学抽象的直接影响与作用。科学抽象集中体现在科学概念、科学定律及其假说理论等科学系统的形成过程与建立的系统上。科学概念是科学抽象的直接产物。科学家通过对科学事实和研究对象界定、抽象和升华，进行理性加工，通过科学技术和工程研究实践，对研究对象获得的信息、知识进行总结、抽象和加工，从而凝练形成科学概念。科学概念在科学实践与理论研究过程中占有重要地位，是从实践介入研究到表征研究的转折与中介。抽象对于科学定律的产生也有重要作用。定律并不是现成地体现于自然和社会之上的。科学定律常常是科学家在实验室里研究自然界和社会中已经被纯化的事物之间的因果关系而抽象概括的理论化的关系模型。假说、理论等科学系统化的成果的形成也与科学抽象有关。抽象可以在纷繁复杂的关系中找出关键联系，简化和升华认识。在科学研究中，科学抽象无处不在。

（二）具体

一般而言，在理论上，具体有两个含义。第一，指感性具体，也就是人们面对客观事物本身所获得的感性表象；第二，指理性具体，即反映事物本质规定的、与科学实践结合的理论内容。

以上的认识基本上还是限定在表征的知识层面，如果把具体这一概

---

① 参见曾国屏等主编：《当代自然辩证法教程》，清华大学出版社2005年版，第179页。

念所指看作一种实践过程中的思维活动，并且放置在实践活动过程中，具体的含义就发生了微妙的改变。事实上，在面对科学研究的实践过程时，具体的含义可能更为丰富，具体当指感性具体时，意味着科学研究的具体情境、具体条件和机会。而这些感性的具体过去常常被认为是科学研究中的偶然因素、非主要因素而被忽视。而今日的大量的科学研究和科学哲学证明，这些都是科学研究不能忽视的所谓的情境性因素。

事实上，我们通常通过实验室条件的限定与改造，把研究对象的要素及其关系单一化，然后通过技术规程的标准化，使得研究情境可以标准化，对其中研究关系的抽象，然后再通过概念的全称变化，使之概念抽象化，从而忽略了已经被标准化了的情境，达到概念抽象的。然而这只是研究的第一步。当抽象回到具体时，我们还要与具体情境结合。

（三）从抽象到具体

科学研究中的从抽象到具体是指，研究的下一步是把从感性经验中抽象的、内容贫乏的概念、理论再返回实践的过程，是给抽象概念和理论赋予丰富的经验和实践内容的过程。这一过程是更为重要的阶段，科学家和工程师们在这个阶段把思维中的假说或理论付诸实践，或经过实践检验，把假说变成理论；或进一步认识了自然界；或在实践中制造人工物质世界的新产品、仪器或工具，极大地丰富了人工物质世界。

在辩证思维中，从抽象到具体的过程，要实现认识的两次飞跃：第一次，是从感性的现实具体上升到思维抽象的过程，是一种建立在实践基础上的经验总结提升的过程；第二次，是从科学的思维抽象逐步使抽象的理论上升到与具体实践相结合的理性的思维具体的过程，是把抽象的概念和理论再返回科学实践，赋予理论具体内容的过程。列宁指出，“从生动的直观到抽象的思维，并从抽象的思维到实践，这就是认识真理、认识客观实在的辩证途径”。①

我们拿一个科学家的实验工作全过程来作为例子说明抽象到具体的

① 《列宁全集》第55卷，人民出版社2017年版，第142页。

二次飞跃。一般而言，一个科学家的工作常常是在某种假定下先进行尝试性的实验，如果实验达到了预期的效果，那么这是一种常规科学的渐进性实践。其意义可能比较平庸。如果实验产生了过去并未预期的新的结果，那么，其意义可能很是深远。但是后面的工作就是要进一步检验新结果与原有假说、理论甚至是原有理论体系的关系。在表征层面，就是要从新结果中抽象新概念，用新概念对新发现进行界定和命名。新概念经过抽象而产生后，科学研究并没有完成。科学家还会再回到实践上，考虑新的成果与既往研究的逻辑关系，去补充在逻辑环节上新实验成果与既往研究之间的缺环。这样的实验的目标不是去作出新发现，而是为了修补、完善以往理论或假说与新实践之间的关系，使得认识更为全面、深刻和系统。这里再回到实验中去，就是从抽象再到理性具体的第二次飞跃，是为了完成这个飞跃所作出的铺垫。

以往的科学哲学对于科学家这种两次飞跃的说明，往往只停留在理论发明上，以为科学家只要完成了理论验证，建立了理论，就是一次科学研究的完整过程。这样的说明不仅是理论优位的说明，而且也是不完整的说明。这样的说明扭曲了科学的实践过程，扭曲了科学实际的形象。

五、历史和逻辑的统一

（一）历史

1. 历史。历史通常指一种已经过去的过程、事件和经历。对于科学研究而言，科学的历史，通常是指在科学发展过程中的经历、事件和过程。

2. 历史方法及其意义。在科学研究中，把历史作为一种实践的思维方法时，通常是指在科学研究中要注重过去的经历、事件和历程以及给我们带来的启发。即以史为鉴、以史为镜。比如，科学家对于以往实验数据和研究资料的搜集、积累、梳理，都与历史思维和考量有关；技术预测或科学预测的趋势外推法，就是从科学或技术发展的历史趋势外推而预测未来的发展的。因此，历史方法是一种注重感性实践过程的思维形式，科学技术研究需要掌握具体的研究过程、概念演变史、学科史和前人研究方法，从而形成创新性科学研究的背景。历史方法的着重点是历史的实践。科学技术的历史研究方法，应该注重的是，科学技术的历史实践及其经验教训，是科学技术研究在社会历史过程中的发展变化的特征、性质以及与社会相互作用的方面。

（二）逻辑

1. 逻辑作为一种思维方法，通常指人们在认识过程中借助于概念、判断、推理等思维形式能动地认识研究对象的思维过程。逻辑思维有其基本的规则，如形式逻辑的排中律、矛盾律和充足理由律等。比如，我们不能说今日下雨又不下雨，在同一思维过程中，互相否定的思想不能同时为真。我们的判断要有充分的理由。

2. 逻辑思维的形式与作用。逻辑思维的基本形式是概念、判断、推理。逻辑思维常被称为抽象思维。逻辑思维的重点通常是以抽象的概念、判断和推理把握事物的内在特性、关系和关联的稳定性的部分，注重的是事物的内在属性的分析，而不是与时间相关的变化特征。因此，单纯的逻辑分析，往往撇开了事物的演化、变革及其与外部的关系。是一种所谓的抽象理性思维方式。

（三）历史与逻辑的统一

1. 历史与逻辑统一的含义与根据。历史与逻辑的统一是有其内在根据的。逻辑应当反映历史的发展过程并与之相符合，并且逻辑也经常隐藏在历史过程之中。恩格斯认为，为了从历史的偶然性中摆脱出来，尽管在研究经济学或其他领域的问题时，逻辑方法是唯一适用的。“但是，实际上这种方式无非是历史的方式，不过摆脱了历史的形式以及起扰乱作用的偶然性而已。历史从哪里开始，思想进程也应当从哪里开始，而思想进程的进一步发展不过是历史过程在抽象的、理论上前后一贯的形式上的反映；这种反映是经过修正的，然而是按照现实的历史过程本身的规律修正的，这时，每一个要素可以在它完全成熟而具有典型性的发展点上加以考察”。① 事实上，逻辑的概念的实践运动过程，应是对实践

---

① 《马克思恩格斯文集》第2卷，人民出版社2009年版，第603页。

的历史过程的反思性把握和反映，并且也应该与实践的历史过程大体一致。反过来，由于历史是人类实践活动的历史，逻辑本身也是人们在长期的实践活动中总结抽象出来的、合乎规律的特别是合乎人的思维规律的东西。逻辑中的概念是人类实践活动中所接触到的主观和客观事物的抽象，判断则是人们对在实践活动中所发现的各种事物之间的正确关系的判断，而推理则是人们在实践活动的历史中发现的事物之间的因果联系的反映。

2. 历史与逻辑统一的辩证关系。我们强调历史与逻辑的统一，是认为逻辑是实践的历史的抽象，历史是实践的逻辑的具体。单纯的历史分析，只注重感性实践和演化特征，把握的是事物经验、知觉到的部分，把握的是事物与外部关系及其感性的历史变化；单纯的逻辑分析，则把事物抽空，注重的是事物内部不变的特性、静止的特性和形式的部分。逻辑与历史的统一，要求我们在认识事物时，要把对事物的历史考察与对事物的逻辑分析有机地结合起来。马克思指出，“逻辑的发展完全不必限于纯抽象的领域。相反，逻辑的发展需要历史的例证，需要不断接触现实”。[①] 恩格斯也批判了那种只从逻辑或概念出发的做法，他指出，“这一方法是：不是从对象本身去认识某一对象的特性，而是从对象的概念中逻辑地推导出这些特性。……这时，不是概念应当和对象相适应，而是对象应当和概念相适应了。”[②] 可见在实践基础上，历史和逻辑的统一，不仅仅是关于历史方法和逻辑方法的关系，更重要的是，它是认识和实践的基本原则，也是进行具体科学研究的基本路径和方法，是构建科学技术理论体系和实践活动的规定性或原则。科学技术历史实践是科学逻辑思维形成和发展的基础，确定逻辑思维的任务和方向，而科学逻辑思维的形成则指导着科学的实践。

在科学技术研究中，注意历史与逻辑的统一，可以使科学家与工程师站得更高，看得更远，可以从横向也可以从纵向把握科学技术研究的

---

① 《马克思恩格斯文集》第2卷，人民出版社2009年版，第605页。

② 《马克思恩格斯文集》第9卷，人民出版社2009年版，第101页。

脉络和前景；可以使科学家和工程师们既具有理性的、缜密的思维与科学修养，又具有宏观开阔的全局视野和战略思维。

第二节 科学技术研究的创新思维方法

创新是科学技术研究的不竭动力和灵魂。特别当资本主义制度产生以后，专利制度的创新与完善，[①] 技术标准的竞争与控制，共同推动了科学技术的创新。这正如美国总统林肯所说，专利制度是为技术发明的天才之火，添加了利益的燃油，所以它才能从星星之火，变成燎原之势。[②] 可见提倡创新思维，一方面是科学研究本身的要求，另一方面也是社会对科学和技术的外部要求。这也正如习近平所说，“要创新，就要有强烈的创新意识，凡事要有打破砂锅问到底的劲头，敢于质疑现有理论，勇于开拓新的方向，攻坚克难，追求卓越。”[③]

所谓创新思维，就是思维要素的辩证组合与重新配置。正如著名经济学家熊彼特对创新作出的定义：创新就是生产要素的重新组合，创新思维也同样是其思维要素的重新组合与配置。

科学技术研究的创新除了辩证思维形式之外，还体现为收敛性与发散性、逻辑性与非逻辑性、抽象性和形象性的对立统一等辩证思维特征。虽然其中某种思维特性在科学研究的某个阶段或某种状态也能对发现或创造有所贡献，但如果能够在这些具有对立方向的特性之间保持张力，则能够进行持续的创造，这也是辩证思维的基本特征。同时也是把马克

---

① 关于世界上第一部专利法，据说是1474年的威尼斯颁布的，而真正有现代化特征的专利法是英国于1624年颁布的《垄断法》。参见胡佐超主编：《专利基础知识》，知识产权出版社2004年版，第13页。

② 据称，这是镌刻在美国专利商标局大门前的林肯总统的名言，原话是“专利制度为天才之火添加利益之油”。参见戴吾三等：《影响世界的发明专利》，清华大学出版社2010年版，第11页。

③ 《习近平关于科技创新论述摘编》，中央文献出版社2016年版，第39页。

思主义的辩证思维运用到创造性过程中的尝试。

一、思维的收敛性与发散性

(一) 思维的收敛性

思维的收敛性特点是能够使思维集中于一个方向，思维的收敛性特征有时也被称为收敛思维，又称聚合思维、求同思维、辐合思维、集中思维，是指从已知各种信息中沿着同一目标、方向产生逻辑结论，寻求正确答案的一种有方向、有范围、有条例的思维方式。思维的收敛性也指逐渐收缩到准确地思考出某一问题的正确答案的能力。也有研究者认为，创造力的思维收敛性通常也会要求研究者能够提出解决某一问题的新颖方法，能够从与众不同的角度思考问题，或者是对问题的各个部分进行独特的联系。①

(二) 思维的发散性

思维发散性特点是指从一个目标出发，沿着各种不同的途径去思考，探求多种答案的思维特性，也可以从某一起点出发，把思维放射出去，自由驰骋，去思考各种可能的发展方向，与思维收敛性相对。又称放射思维、求异思维、分散思维或扩散思维特性。思维发散性是创造性思维最重要的特点之一。

思考某一物体可以想出其多种用处，解题时一题多解，这时的思维活动就是属于发散思维类型。此时思维活动是向多个方面展开，从多个角度进行，力图求得尽可能多的答案与解法。能举一反三、以一带十、触类旁通，善于灵活地掌握和运用知识，思路广阔，灵活多变，善于从新的角度提出问题，从多方面探寻解决问题的方式，是思维具有发散性的特征。

大量事实和研究结果表明，发散思维对于人们的创造活动，具有十分重要的作用。在各种创造性活动中，人们能否不落俗套，不受旧思想、旧观念、旧知识、旧的思维方式的束缚，能否改变思维方向，从新的角

---

① 参见 Guiford J P, The nature of human intelligence, McGraw Hill, 1967.

度提出问题和解决问题，能否从各个方面提出各种可能的假设，想出各种可能行之有效的解决办法，都与其发散思维水平的高低有密切的关系。

发散思维具有流变性、变通灵活性、独特性等特征和品质，培养发散思维能力主要是培养发散的意识和习性、善于寻找发散点，提供发散的情境和条件。①

（三）思维收敛与发散的辩证统一

思维的收敛与发散是对立的统一，具有互补性，不可偏废。需要在两者之间保持思维的张力，在收敛中注意发散，在发散中注意收敛。

对于一个个体而言，的确很难做到既具有思维的收敛性，同时又具有同样水平的发散性。事实上，一个个体的思维常常是要么发散性更好，要么收敛性更好，很难兼得。此时可以通过团队合作解决思维的收敛性与发散性的综合与统一。

事实上，科学技术的创造性过程更多体现了思维的收敛与发散的综合性。实践中的创造性思维常常表现为发散与收敛的对立统一综合。单一的发散性和聚合性都不利于创造力的发展和取得创造成果。在创造过程中，发散思维的重要性不可忽视，它是一种导引、一种多方向的搜寻，但从整体上看，在整个创造过程中，思维活动的整合、聚焦、指向、归类也起着或发挥着重要的作用。对于科学研究，思维的发散性像侦察兵，而思维的收敛性则像排兵布阵的军师。侦察兵提供了各种可能的进攻方向；军师则集中兵力，使得科学研究的进攻获得创新的突破。

二、思维的逻辑性与非逻辑性

创造是科学研究和技术发明最重要的特性之一。创造性思维不是在所有辩证思维和科学研究方法之外的独立的一种思维形式或方法，而是指能够提出创见的思维，与一般性思维相比，是指在思维特征方面不刻板，是组合各种思维、灵活调用各种思维、进行综合创造的特性。

---

① 参见许嘉璐、林崇德主编：《中国中学教学百科全书·教育卷》，沈阳出版社 1990 年版，第 106 页。

创造性思维的特点是能够经常在两种异质性的思维中保持一种张力，亦即我们所说的保持辩证统一。比如，思维方向的求异性与求同性的结合、思维结构的灵活性与稳定性的结合、思维进程的飞跃性与连续性的结合、思维效果的整体性与部分性的结合、思维表达的新颖性与连贯性的结合等。

创造性思维也特别注重思维的逻辑性与非逻辑性的辩证统一、思维的抽象性与形象性的辩证统一。

（一）创造性思维的逻辑性：类比推理、溯因推理和最佳说明推理

创造性思维过程的逻辑性，指其创造的过程中包括演绎、归纳、类比推理等逻辑性思维过程和方法的运用，也指在创造性过程中离不开逻辑思维的运用。由于已经分别单独地讨论了归纳与演绎方法，在此将特别讨论类比推理和新近发展起来的溯因推理、最佳说明推理等逻辑推理在创造性发现中的作用。

1. 类比推理。所谓类比推理，是根据两类对象之间在某些方面的类似或同一，推断它们在其他方面也可能类似或同一的逻辑思维方法。

类比方法的基本逻辑形式如下：

A 有属性 a、b、c，以及 d

B 有属性 a、b、c

———————————————

则 B 也有可能有属性 d

根据类比对象的事物相同或相似属性之间的关系，类比可以大致分为：因果关系类比、并存关系类比、对称关系类比和协变关系类比等类型。另外，也可以根据类比推理分为形式类比和综合类比。前者是根据两个领域的因果关系或可见的规律性进行类比，后者则是以数学模型的关系的相似性作为基础进行类比。有的类比简单，有的类比十分复杂。

可以把类比推理与归纳推理、演绎推理做一比较：归纳推理的方向是从个别到一般；演绎推理的方向是从一般到个别；而类比推理则是在同一对象的层次进行推理，如若对象是个别对象，那么类比推理就是从个别到个别，如若类比推理涉及的对象是一个类，那么类比推理就是从

一个类到另一个类。

类比推理是或然性推理。类比完全是根据两个对象或两类对象（其中一类已知），来类比地猜测另一类对象与已知对象之间可能存在一种类似或相似关系，它所获得的结论并不具有必然性。

因此，在类比推理的运用中，应注意到：（1）类比所根据的相似属性越多，类比的应用也就越为有效。（2）类比所根据的相似属性之间越是相关联，类比的应用也就越为有效。（3）类比所根据的相似数学模型越精确，类比的应用也就越有成效。

类比常常是科学技术研究从已知跨越到未知的桥梁。在逻辑思维方面，类比推理在科学发现与创造方面的作用很大。

首先，类比推理在科学研究中，具有开拓思路、提供线索、解释或说明外推的功能。类比依据的是已知的事物知识，然后试探地外推到未知方面，所以它是发展科学认识的有效途径。其次，类比推理或方法也是提出科学假说、设计实验，特别是模拟实验的逻辑前提基础，具有助探作用。最后，类比在理解科学理论和科学世界观时，也具有重要的范例作用。通过新情况与以往情况的类比，知道以往科学家在遇到相似情境时是如何处理的，从而起到助发现的作用。

然而，不仅运用类比推理有一定的难度，而且类比推理本身也有一些局限性。首先，类比推理的哲学基础，是这样的本体存在论的前提假定，即两类事物如果若干属性相似，则可能存在另一些属性也相似的假定。这个假定是可以质疑的。其次，类比推理虽然是运用于人对事物的认识领域，它本应属于认识论范畴，但是它表达的方式以及建立的基础是撇开了人的认识的、纯粹对象的本体论假定。我们应该把类比推理改写为：

已发现 A 有属性 a、b、c，以及 d

也发现 B 有属性 a、b、c

———————————————

则 B 也有可能有属性 d

这样的说明，表明我们已经发现 A 的属性，而 B 的属性尚未发现全。

这样的类比推理才进入到认识论范畴。类比推理的第三个问题是，我们怎么会想到寻找某两类事物进行类比呢?

在运用类比推理时，我们应该注意类比推理的思维过程，其基本环节是联想和比较。因此，首先是选取何种类比对象的联想和比较；其次是对所研究对象在形态、属性、结构、功能方面，理论的原则、形式、方法、内容方面的联想和比较，以便从已知事物的判断过渡到未知事物的判断。

2. 溯因推理。长期以来，西方科学哲学家们就一直在科学发现、科学辩护方面寻找合理的科学说明。在这种寻找中，他们提出了若干模型说明方式，比如科学说明模型、溯因推理和最佳说明模型推理。这些努力推动了关于逻辑推理在科学创造性方面的研究。

溯因推理思想所致力的工作是从被解释项到解释项。具体可以表述为从已知事实出发，依据推论者的背景知识，借助充分条件假言推理的肯定后件式，由后件出发过渡到前件的一种非归纳的或然性推理。它最初由皮尔士所创，后又被汉森发展，下面是溯因推理形式:[①]

（1）某一令人惊异的现象 P 被观察到

（2）若 H 是真的，则 P 理所当然地是可解释的

（3）因此有理由认为 H 是真的

溯因推理是如何运用在科学发现中的？例如，开普勒在面对和整理第谷的大量火星观测资料来发现行星运动第一定律时，可能就是这样想的：如果火星的运行轨道是椭圆形的，则其位置理所当然地介于圆和卵形线之间。[②] 经过检验，其位置果不其然位于圆与卵形线之间，因此有理由相信行星运行的轨道是一椭圆。当然开普勒做了大量的确定位置的工作与计算，来验证其假说。

3. 最佳说明推理。由溯因推理很容易达到最佳说明推理。最佳说明

① 参见汉森:《科学发现的模式》，中国国际广播出版社 1988 年版，第 93 页。引用时加了推理形式的格式。

② 参见汉森:《科学发现的模式》，中国国际广播出版社 1988 年版，第 93 页。

推理（Inference to the Best Explanation，简称 IBE）是一种对非证明性推理的原则性说明，其核心思想体现在：说明的思考（explanatory considerations）是为了引导推理，科学家从可获得的证据中推断出假说，如果该假说是正确的，那么，它将是对证据的最佳说明。

最佳说明推理的形式如下：①

（1）E 是事实、观察等数据的集合；而对此有一系列说明性假说 H1、H2、H3……

（2）H1→E（如果 H1 真，将说明 E）

（3）没有其他假说像 H1 一样好地说明 E

（4）因此，H1（可能）是真的

4. 归纳、溯因和最佳说明推理的关系。事实上，如果把归纳推理、溯因推理和最佳说明推理结合在一起，则构成了在科学研究中的发现前、发现后对发现的解释等逻辑因素的各段各种作用，构成了一幅完善的逻辑作用路径图（见图 3-2）。

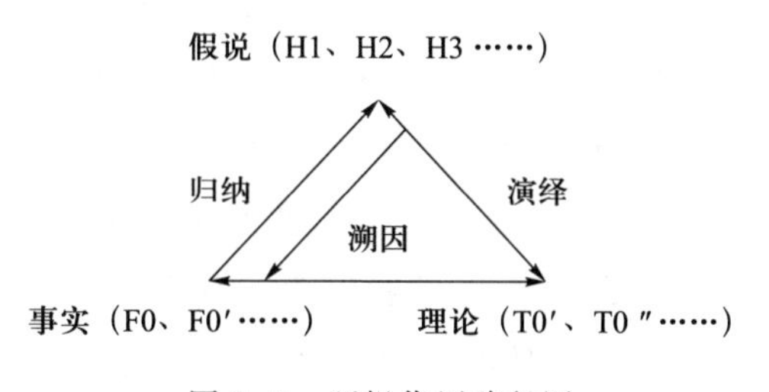

图 3-2 逻辑作用路径图

由事实的集合形成归纳说明，形成假说，假说并不一定只有一个。诸多科学家在科学研究的竞争与合作的社会过程中，提出多个假说，他们分别沿两个方向前行：向发现的奇异事实方向前行，是以溯因推理的

① 参见 Psillos S，The Fine Structure of Inference to the Best Explanation，Philosophy and Phenomenological Research，2007，Vol 74 No 2（3）：442—443. 引用时，有改动，在（1）中加了“而对此有一系列说明性假说 H1、H2、H3……”。

方式比较哪个假说更为合理，解释力更强；向理论方向前行，是以演绎推理的方式，形成理论，同时也会以最佳说明推理的方式对其各个假说形成的理论进行最佳说明的比较，选择最佳的说明理论。

这些逻辑推理模式在实践中生成，在实践中稳定下来，形成了科学研究的表征说明与介入研究的复杂关系，又反过来规范着科学家和工程师的科学实践、技术实践和工程实践。

(二) 创造性思维的非逻辑性：形象思维和直觉思维

在创造性过程中，逻辑思维只是其中发挥作用的一类思维形式，其实，在创造性的过程中，特别是在其开端处，非逻辑思维的作用是不容忽视的。

所谓非逻辑思维主要是指，创造的行动者往往并不遵循逻辑的格式和常规过程，而在某种状态下突然找到了直接指向问题解决的答案的思维。这种思维没有逻辑格式，并不固定，在某种状态下会突然接通已知与未知的联系渠道。比如猜测到问题可能的答案，而这种猜测往往不是通过逻辑推理一步步获得的，而是突然顿悟，或看到某项其他东西，获得灵感，在彼物与要研究的对象、课题之间产生联想，从而获得了对问题的解决方案。如阿基米德在洗澡时把身体坐入盛满洗澡水的盆里而使得水溢出时突然领悟了应该如何测量真假金冠的问题答案时，所发出的大叫：我找到了！我找到了！就是非逻辑思维的作用。

在非逻辑思维方面，形象思维和直觉思维的创造性作用最为突出。而我们常见的创造过程中的那些非逻辑类型，即联想、想象、隐喻、灵感、直觉与顿悟等特性其实都可以归结为这两类非逻辑思维，即形象思维和直觉思维。

1. 形象思维。所谓形象思维是在形象浮现研究对象的感性认识基础上，通过意象、联想和想象来揭示、解释研究对象的思维及其过程。

(1) 形象思维要素。形象思维与逻辑思维不同，它不是运用概念、判断和推理进行思考，而是运用它特有的三个要素：意象、联想和想象，进行思维。

意象。所谓意象是认知主体在观察、接触或介入过研究对象后，在认知主体背景知识的基础上，通过感性知觉传递出来的关于对象最有形象特征部分，可以概括对象的表象信息的形象把握，从而在思维空间中形成的有关认知客体的加工形象。例如一些有深厚功力的画家以敏锐的观察力对对象进行观察和思考后，简单几笔就勾勒出来的关于对象的简笔画，就是对对象进行意象表征的形象意象。

联想。所谓联想是指由一事物或对象想到另外一事物或对象的思维活动。联想这样的思维活动往往通过类比来揭示不同对象的意象之间的差别、相似或接近之处，因此联想是一种通过意象之间的关系来把握意象内容的思维过程；联想的两个事物或对象可以完全不同，比如成语“触景生情”，引起联想的物是“景”，由接触或看到物，而生发某种“情”，或悲伤、或快乐、或思索。物是客观为主的视觉感受，情是主观为主的内心感受。

想象。想象是在联想的基础上，对联想的对象或结果进行加工，并且创造出新的意象的思维活动和形式。对于科学研究而言，想象以联想为基础，想象比联想更高级。

想象，是对过去存储在大脑中的知识、经验、方法进行重新组合的思维活动，它可以把这种大脑中的知识、方法的暂时思维组合与现存研究对象通过某种形式关联起来，形成新的联想。想象常常触发灵感，作出科学发现和技术发明。大科学家爱因斯坦非常推崇想象，他认为，“想象力比知识更重要，因为知识是有限的，而想象力概括着世界的一切，推动着进步，并且是知识进化的源泉。严格地说，想象力是科学研究中的实在因素”。① 而爱因斯坦在其思维上的独到之处也正是在于他依靠已有的经验和自己的想象，在思想中创造出各种未知对象可能的图像和模型，填补起已知与未知连接的断裂之谷，并且通过艰苦努力的探索，突破了经典物理学的框架，建构起了相对论的两个理论——狭义相对论与广义相对论。因此，我们之所以认为在科学研究上，想象力之所以非常重要，不仅在于它可以引导我们发现新的事实，而且在于它激发我们作

① 《爱因斯坦文集》第1卷，许良英等编译，商务印书馆1976年版，第284页。

出新的努力。再者，事实和设想本身是死的东西，是想象力赋予它们生命。①

想象对于科学发现和技术发明的作用很大。19 世纪物理学家法拉第观察到各种形体的磁铁附近如果放置铁粉，铁粉就会按照磁铁形体形成线状图案，据此，他想象出磁力线模型，进而结合形象类比，综合运用其他逻辑思维方法和概念移植，提出了电场概念，对于经典物理学的电学发展贡献很大。20 世纪初，原子模型的建立，就是物理学家卢瑟福把这种原子探测的特征与行星绕太阳运行的结构进行联想而创造的新的科学模型，结果经过检验很符合实验结果。科学中有许多重要的概念和模型，如 DNA 双螺旋模型结构、大陆漂移的假说，都是依靠科学家的新奇的想象而建立起来的。

当然，要具有良好而丰富的想象力，不是轻而易举的事情，在科学上需要有像马克思所说的科学毅力和奋斗精神，只有在崎岖的山路上敢于攀登的人，才有希望达到光辉的顶点；也需要在平时多积累经验与理论知识。具有丰富知识和经验的人，比只有一种知识和经验的人更容易产生新的联想和独到的见解。②

（2）形象思维在科学研究活动中的重要意义和作用。首先，通过形象思维，可以以直观形象清晰、具体和明确地呈现要研究对象可能的结构和联系。比如科学家华森和克里克对于 DNA（脱氧核糖核酸）结构的探索，就是以一组搭积木的形象模型建立起来的，而他们一开始就在以形象思维中的想象在构建、修改和完善这个模型。他们以不完整的图像、数据作为基本依据，通过科学的想象，创造性地建立了 DNA 双螺旋模型结构，为分子生物学的发展作出了巨大贡献。

其次，通过形象思维，可以使比较抽象的理论假说变得容易理解，使科学家容易把握被研究对象的机理与结构，对被研究对象有比较清晰

---

① ［英］W. I. B. 贝弗里奇：《科学研究的艺术》，陈捷译，科学出版社 1979 年版，第 61 页。

② ［英］W. I. B. 贝弗里奇：《科学研究的艺术》，陈捷译，科学出版社 1979 年版，第 58 页。

的图景。例如，卢瑟福通过太阳系原子模型的建立，就有助于其他科学家理解当时人们还认识不清的原子结构。有了这个原子模型，似乎电子就在一定的轨道上绕核运转，加上后来玻尔对于轨道的量子论的说明，原子轨道的能级概念以及能量跃迁也就表现得非常清晰，易于理解。而且把思想具体化，在脑海中构成形象，容易激发想象力。

形象思维也是推动科学理论发展和工程技术发明的一种重要手段。19 世纪英国物理学家廷德尔说，“有了精确的实验和观测作为研究的依据，想象力便成为自然科学理论的设计师”。① 对象越是抽象，科学研究就越是需要求助于形象思维。而在工程技术领域，人们也同样是首先在头脑中或方案设计中先建立其对设计对象的意象，然后才能把它转变为工程蓝图，进而成为工程结果。因此，可以在一定意义上这样说，没有形象思维，没有形象思维这种非逻辑思维与逻辑思维的结合，就不可能有任何的工程技术成就，今日的人工世界也不可能如此宏伟。

2. 直觉思维。直觉思维是指不受某种固定的逻辑规则约束而直接领悟研究对象某种特性、某种要害的思维过程与状态。直觉不是空穴来风，直觉的出现常常需要在对所要研究的对象有过较长时间的关注，并且同时这种关注又比较集中，而且通过逻辑思维和以往思考并不能获得较好的理解和结果，也有过困难来临即所谓“百思不得其解”的状态出现。这时，如果研究者坚持对研究对象继续思考，并且有时又有把所思考的问题暂时搁置的情形，就可能会在某种特定情况下，突然获得某种突如其来的领悟和理解，其形式通常表现为一个答案的突然涌现。②

（1）直觉思维要素。直觉思维有三个关联的要素：直觉、灵感与顿悟，它们在创造性过程中常常相互伴随。直觉、灵感与顿悟是三种创造性很强的非逻辑思维特性。它们在创造成果涌现的呈现方面尤其如此。

直觉。著名的科学方法论专家（也是著名的科学家）贝弗里奇考察

---

① ［英］W. I. B. 贝弗里奇：《科学研究的艺术》，陈捷译，科学出版社 1979 年版，第 56 页。

② 参见曾国屏等主编：《当代自然辩证法教程》，清华大学出版社 2005 年版，第 198—200 页。

过直觉的用法。他指出，“直觉一词有几种略微不同的用法，……直觉用在这里是指对情况的一种突如其来的颖悟或理解，也就是人们在不自觉地想着某一题目时，虽不一定但却常常跃入意识的一种使问题得到澄清的思想”。① 直觉是不以人类意志控制的特殊思维特性，不论自觉或不自觉，某一先前未曾想到的观念或意象或概念戏剧性地出现，是直觉的特征。直觉并非没有推理，但是却在推理的演替上不遵从程序，有所跳跃。因此直觉具有直接性、迅捷性、或然性等特征。

灵感。“灵感”一词源于古希腊文，是古希腊哲学家德谟克利特为了描述诗人创作时那种热烈奔放、欣喜若狂的精神状态而首先使用的。后来，古希腊哲学家柏拉图也谈及灵感，认为这是诗人对于作诗的癫狂着迷的状态。② 我国著名科学家钱学森也论及过灵感，他指出，“……灵感，也就是人在科学或文艺创作中的高潮，突然出现的、瞬息即逝的短暂思维过程”。③

在科学技术研究与发明方面，灵感通常是创造主体对所要研究的问题百思不解时，有时通过意识的积淀而孕育，通过某种触媒诱发，而突然贯通，瞬间迸发出破解问题的一种思想闪光或认识的飞跃。

科学家遇到科学或技术难题时久思不解，因某一事物的触发而产生灵感，完成一次认识上的飞跃，解决了科学或技术上的难题，这是常有的事。例如人们常说的，牛顿见苹果落地而颖悟了困扰他已久的地心引力的道理。

顿悟。顿悟是创造性思维的一种特性和状态，指当思考某个问题长期得不到解决时，在某种时刻突然获得解决问题的茅塞顿开、豁然开朗的状态。顿悟有突发性、诱发性、偶然性、极度快乐或豁然开朗等特性。

科学史上许多科学研究难题的解决，都与直觉思维有关。化学家凯

---

① ［英］W. I. B. 贝弗里奇：《科学研究的艺术》，陈捷译，科学出版社 1979 年版，第 72 页。

② 参见［古希腊］柏拉图：《柏拉图文艺对话集》，朱光潜译，新文艺出版社 1956 年版，第 111 页。

③ 钱学森：《系统科学、思维科学与人体科学》，《自然杂志》1981 年第 1 期。

库勒的故事广为人知：他研究得并不顺利，于是在桌子旁把椅子移向炉子边开始打盹，在梦中，梦到原子们排成了长列，像一条蛇在起舞，头与尾衔接起来。于是凯库勒想到苯环的结构可能是环状，他接下来紧张工作了一整夜，做出了苯环的正确结构，因此他劝导科学家要学会做梦。①

（2）直觉、灵感与顿悟在创新中的作用。直觉、灵感和顿悟三者有时是单独发挥作用的，但是大多数情况下，三者是交错发挥影响的。如阿基米德在大喊“找到了”的那一瞬间，就可能既有建立在对比联想基础上的想象活动的作用，也有灵感迸发的情绪激动和对问题得到深刻理解的直觉颖悟。②

非逻辑思维与逻辑思维的关系很有意思，它们在科学研究中没有定势。一般而言，对于常规科学研究而言，常常从逻辑思维开始，而当常规方法不起作用时，才不自觉地运用非逻辑思维，而且这种非逻辑思维的运用不是说来就来，也不能守株待兔，而是下意识孕育的结果。非逻辑思维开拓思路，逻辑思维整理思路，两者共同完成创新的理性建构。因此，正如习近平所指出的：“要尊重科学研究灵感瞬间性、方式随意性、路径不确定性的特点，允许科学家自由畅想、大胆假设、认真求证。”③

三、移植、交叉与跨学科研究方法

移植和交叉学科或跨学科的研究方法，是创造性思维的两种非常有效的研究方法。当代科学研究和技术发明变得越来越复杂，进行移植与交叉，通过多学科或跨学科的研究，常常能够获得单一学科研究无法获得的创新成果。多学科融合或通过跨学科研究问题也是当代科学和技术

① 参见［英］W. I. B. 贝弗里奇：《科学研究的艺术》，陈捷译，科学出版社 1979 年版，第 60 页。

② 参见傅世侠编著：《创造》，辽宁人民出版社 1985 年版，第 71 页。

③ 习近平：《为建设世界科技强国而奋斗——在全国科技创新大会、两院院士大会、中国科协第九次全国代表大会上的讲话》，《人民日报》2016 年 6 月 1 日。

解决问题的创造性方法，体现了广泛联系和发展的辩证法。

（一）移植方法

1. 移植方法。移植是把在其他学科中已经运用的方法或研究方式移到要研究的新领域或新学科中，加以运用或加以改造后的研究方法。

移植到新领域的方法对于原来的领域，并不新鲜，也许是原领域中成熟和运用熟练的方法，但是对于新领域而言，则可能是新方法。移植来的方法也需要与新的情境进行协调，因此，移植并不是跟在别人后面走老路。移植也是浓缩别处的经验和方法，对新领域的研究进行整合的过程。移植方法的创造性很高。

2. 移植方法的类型。移植方法包括概念移植、对象移植和方法或技术移植等。概念移植是把一门学科或理论中的概念移植到另一门学科中，成为该学科的重要概念或概念变形的启发器。例如，地质学中有分层的概念，在地质学中指的是地质层级的不同层次，通过它们可以明显获得对于地层构造与演化的认识。社会学把这个概念借用和移植过来，“分层”概念则变形为社会等级结构的层次概念，而科学社会学再次借用该概念时，把这一概念变形为科学家在奖励系统中的等级结构的概念。

对象移植是指某种领域或学科中的对象，移植到一个新的领域或新的学科中。例如，发达国家的某种管理组织很有管理功效，我们要进行政策学习和组织创新，就需要把该组织的架构、管理移植到我们的环境中，不论成功与否，这种移植就是对象的移植。一个实验室成功地做出某种研究成果，我们要在自己的实验室里实现这个研究，需要在研究上重复该实验，就必须把该实验的条件、方法和材料，统统移植过来。这相当于把与该实验有关的实验室条件和所需的情境移植到了另一处。

方法或技术移植，指的是某一领域或学科的方法，被运用到另一领域或学科中去。例如，植物学研究中，常常采用药物杀菌的方法，但是这种方法常常在杀死植物病毒的同时，也杀死了植物本身。因为病毒与植物两者生命物质的基础都是核酸。我国科学家在研究西红柿病毒时，想到了中医药不是直接杀死病菌，而主要是对患者肌体进行调理，经过多年研究，把中医的方法移植到对于西红柿病毒防治方面，成效显著。

科学方法的移植，是同科学研究对象之间的相互联系分不开的。因此方法移植的同时，往往伴随着某些科学概念、科学原理的移植。比如，量子化方法向许多学科中移植，使得被接受移植的学科中也采用量子概念、量子理论解决该学科的某些问题。

3. 移植方法的意义与需要注意的问题。在高度分化与高度综合相统一的现代科学技术发展中，一门学科中的研究向另一门学科的研究借用概念或方法，就是移植。通过移植，使得一门学科中的思想、原理或方法运用到另一门学科中去，一方面使该研究方法获得了新的阵地，一方面又促使接受移植的学科得到进一步的发展。

随着科技发展综合趋势日益明显，科学方法、科学概念、科学原理的移植还会越来越多。如系统论、控制论、信息论的一些方法及概念，向许多学科，特别是向社会科学诸学科中的移植正在进行。

运用移植方法时，也需要注意移植的适用性、本土化问题。否则很容易出现“南橘北枳”“水土不服”的问题。

（二）学科交叉方法或跨学科方法

当代各门科学之间的交叉性越来越大，通过学科之间的交叉往往可以获得新的认识，带来创新。学科交叉成为一种新的思考方式和研究方法。

1. 学科交叉方法。两门以上的学科之间在面对同一研究对象时，从不同学科的角度进行对比研究的方法，就是学科交叉方法。借鉴其他学科的研究，思考本学科的问题和对象，融合其他学科的研究方法，以达到对研究对象的新认识。学科交叉往往是通过不同科学家或不同的技术研究团队进行的。

2. 学科交叉的意义。（1）通过学科交叉，可以对研究对象进行多视角的研究，从而在事物研究上发现更多的单一学科发现不了的性质、方面，获得对于事物的多样性认识。（2）可以产生新的交叉科学。如：化学与物理学的交叉，产生了物理化学；哲学与人类学的学科交叉，产生了哲学人类学的新学科。（3）学科交叉呼唤和推动合作。学科交叉的研究，可以推动不同的科研团队之间的合作，促进不同团队自觉提升看问题、处理对象的多维视角出现。

3. 跨学科方法。跨学科方法是通过多学科的协作共同解决同一问题的方法，跨学科也是一种多学科融合的方法，也可以称为多维融贯的方法。跨学科方法不同于学科交叉方法，学科交叉方法着重的是两个或两个以上的学科研究方法各自对于对象的研究以及交叉；跨学科方法，则完全从研究对象或问题出发，完全撇开学科壁垒，不强调学科，而在更上一级实现综合，跨学科方法不属于任何一个研究中涉及的学科。它一般超越了原有的学科范式。

一般较为重大的科学研究、工程技术研究以及社会科学研究的问题，常常需要跨学科的研究。比如，纳米技术的研究，可能既需要科学研究，也需要技术攻关。由于其中可能涉及技术的伦理问题，因此还需要社会科学和人文学科的研究介入。转基因研究也是同样。

第三节 科学技术研究的数学与系统思维方法

恩格斯指出，“数学：辩证的辅助手段和表达方式”。①

数学方法是一种关注事物的形式和抽象结构的方法，它通过抽象的方式表达事物的空间关系与数量关系。数学方法包括多种形式，如数学方程方法、数理统计方法、数学建模方法、数学实验方法等。之所以要研究和讨论数学方法，是因为它可以为科学技术研究提供简明精确的形式化语言，是科学抽象的有力工具。历史上著名的数学家傅里叶早就认识到数学的作用范围有多么广阔，他指出，数学分析与自然界本身同样广阔。②

系统思维是把事物视为系统，当作系统处理的思维方法。系统思维是一种整体性和关联性很强的思维方法。系统科学自 20 世纪 50 年代问世，系统科学的各类方法和思维已在现代科学技术中有了大量运用，产

---

① 《马克思恩格斯文集》第 9 卷，人民出版社 2009 年版，第 401 页。

② 参见［美］莫里斯·克莱因：《古今数学思想》第 2 册，朱学贤、申又枨、叶其孝等译，上海科学技术出版社 2002 年版，第 239 页。

生了重要的影响。特别是创新更需要系统思维与辩证思维的结合，正如习近平所指出的，“坚持创新发展，既要坚持全面系统的观点，又要抓住关键，以重要领域和关键环节的突破带动全局。”①

数学方法也是处理系统问题的方法之一。系统思维常常借助数学工具处理复杂问题。在某种意义上，系统思维方法就是以数学为手段，处理复杂系统问题的思维方法。

一、数学方法及其作用

数学是一门工具性很强的科学，它和别的科学比较起来还具有较高的抽象性等特征。② 哈里·亨德森甚至说，数学是描绘自然与社会的有力模式。③

数学方法是所有成熟的数理科学的基本研究方法之一。

数学方法也是一种关注事物的形式和抽象结构的思维和科学方法，数学方法注重抽象、模型化，是可以把自然研究对象高度抽象、转化为人工模型，抽象其中因果关系的基本方法。

（一）数学方程方法

1. 数学方程。通常的数学方程有两类：常微分方程和偏微分方程。在数学上，凡含有参数、未知函数和未知函数导数（或微分）的方程，称为微分方程，有时简称为方程，未知函数是一元函数的微分方程称作常微分方程，未知函数是多元函数的微分方程称作偏微分方程。微分方程中出现的未知函数最高阶导数的阶数，称为微分方程的阶。定义式为：$F(x,y,y,....,y(n))=0$。

很多科学问题都可以表示为常微分方程，例如根据牛顿第二定律，假若没有其他干扰，那么物体在力的作用下的位移 s 和时间 t 的关系就可

---

① 习近平：《在省部级主要领导干部学习贯彻党的十八届五中全会精神专题研讨班上的讲话》，《人民日报》2016 年 5 月 10 日。

② 参见徐利治：《数学方法论选讲》，华中工学院出版社 1983 年版，第 1 页。

③ 参见［美］哈里·亨德森：《数学——描绘自然与社会的有力模式》，王正科、赵华译，上海科学技术文献出版社 2008 年版。

以表示为常微分方程：$f(s)=m\frac{d^2s}{dt^2}$。其中 m 是物体的质量，$f(s)$ 是物体所受的力，是位移的函数，是自变量时间 t 的函数。牛顿第二定律是一个人们所知的可以共享的范例，然而我们对于方程的运用并不是简单的直接对 $f=ma$ 进行逻辑和数学操作。当研究中的科学家从一个问题情形转向另一个问题情形时，操作就开始变化了，符号概括也变化了。对自由落体运动，$f=ma$ 变成了 $mg=m\frac{d^2s}{dt^2}$；对单摆，它变成了 $mg\sin\theta=-ml\frac{d^2\theta}{dt^2}$。因此，库恩常常把定律概括的作用，看成一种工具。① 这些符号概括也意味着，知识在转译中也会保有从一种情境转译到另一种情境的特点。

2. 数学方程方法。把数学方程作为一种数学方法时，通常考虑的是，这种方法的特性、作用和意义。数学方程作为方法，指的是数学方程是一种把事物的关键关系抽象出来，形成了关于某种事物的形式化表征的方法。例如，洛特卡—魏尔特拉方程，抽象地描述了捕食者与被捕食者的关系，让人们理解了在一定条件下，特定生态系统的运行。亨德森甚至这样说，方程提供给我们最简易的途径，让我们理解更加一般的概念，比如力、摩擦或者振动。方程还能帮助科学家根据已经被理解的现象去认识新的问题。②

数学方程最早是一些数学家为了解决涉及数学积分的物理问题而建立起来的。到 18 世纪中期，微分方程研究已经成为数学的一门独立学科。③ 在这个学科中，方程的求解成为其目标之一，而这样的努力推动了方程的研究和发展，找到了一些通解。反过来，一旦知道某些通解的存在，并且把物理问题化为相关的数学问题，也会推动科学各个其他学科

---

① Kuhn, T. S. The Structure of Scientific Revolutions, 2ed. The University of Chicago Press, 1970.

② 参见［美］哈里·亨德森：《数学——描绘自然与社会的有力模式》，王正科、赵华译，上海科学技术文献出版社 2008 年版，第 134 页。

③ 参见［美］莫里斯·克莱因：《古今数学思想》第 2 册，朱学贤、申又枨、叶其孝等译，上海科学技术出版社 2002 年版，第 235 页。

的发展。

例如，在18—19世纪，弹性的问题，水力与波动的问题，万有引力的问题，它们是否有其一般的数学的方程表达？18世纪的贝努利、欧拉、达兰贝尔，特别是拉格朗日、拉普拉斯等数学家经过努力，建立了这些问题的数学方程，并且获得了一些特定的解，不仅推动了这些物理问题的解决，而且推动了数学方程作为解决问题的方法的发展，还进一步推动了数学与其他学科的结合。科学越来越数学化了。今日数学与实际问题的关联更加紧密，数学方程对于实际问题的解决的重要性越来越凸显出来。大多数工程技术问题通过数学建模获得方程，通过计算机技术，即便不能得到精确解，也可以获得数值解，大大提高了数学方程的影响。也同时验证了数学家傅里叶这样一句话："对自然界的深刻研究是数学最富饶的源泉"。①

（二）数学建模方法

1. 模型与数学模型。模型是指所研究对象的有关性质的一种模拟物。模型是科学抽象的一种；模型是科学家考察和介入自然事物的中介与桥梁。数学模型则是利用数学语言来模拟现实的模型。数学在建模方面具有重要作用，数学模型比实物模型更能够反映事物内在属性的抽象关系。一般而言，为了定量地解决一个实际问题，从中抽象、归结出来的数学表述就是数学模型。细致一点，数学模型可以描述为，对于现实世界的一个研究对象，为了一个特定目的，做出必要的简化假设，根据对象的内在规律，运用适当的数学工具，得到的一个数学表述。②

大体上有三类数学模型。③

（1）确定性数学模型。指这类模型所依据的背景对象一般为实体，具有确定性或固定性，对象间的关系也是确定的。这类模型的表示形式

---

① ［美］莫里斯·克莱因：《古今数学思想》第3册，万伟勋、申又枨、叶其孝等译，上海科学技术出版社2002年版，第54页。

② 参见姜启源、邢文训、谢金星、杨顶辉编著：《大学数学实验》，清华大学出版社2005年版，第2页。

③ 参见徐利治：《数学方法论选讲》，华中工学院出版社1983年版，第16—17页。

可以是各种各样的方程式、关系式、逻辑关系式、网络图等。

(2) 随机性数学模型。这类模型的背景对象具有或然性或随机性。其数学模型表示经常运用的是概率论、过程论及数理统计学等方法。

(3) 模糊性数学模型。这类模型所对应的背景对象及其相互关系均具有模糊性特征。其数学模型的基本表示工具是 Fuzzy 逻辑和理论。

通过数学家和其他科学家的努力，已经有相当多的数学模型被建立起来，如初等数学模型里有：核军备竞赛模型、公平的席位分配模型等；简单优化模型里有：存储模型、最优价格模型等；微分方程模型里有：传染病模型、经济增长模型等；稳定性模型里有：军备竞赛模型、种群相互竞争模型等；差分方程模型里有：市场经济中的蛛网模型等……。①

2. 数学建模方法。数学建模方法不仅是处理数学理论的一种经典方法，也是处理现代科学技术领域中各种实际问题的一种数学方法。粗略地说，数学模型就是针对或参照某种事物系统的特征或数量相依关系，采用形式化数学语言，概括地或近似地表述出来的一种数学结构。抽象分析是构造数学模型的基本手段。②

数学建模，即构造数学模型。其步骤一般需要三步：

(1) 对现实原型进行分析，找出其对象与关系结构，以便确定使用数学模型的类别；(2) 确定要研究对象的系统及其边界，并且抓取其中最重要的特征和变量关系；(3) 进行数学抽象尽可能使用数学概念、符号和数学表达式去表征事物对象及其关系。

数学建模包括模型的建立、求解、分析和检验的全过程，包括从现实问题到数学模型的建立，又从数学模型的求解结果回到现实对象的比对，数学模型建模的全过程可以用一图示（图 3-3）形象地表达这些步骤：③

就数学模型建构而言，它可以培养（或反过来需要）四种能力：理

---

① 参见姜启源等编著：《数学模型》，高等教育出版社 2003 年版。

② 参见徐利治：《数学方法论选讲》，华中工学院出版社 1983 年版，第 15 页。

③ 参见徐利治：《数学方法论选讲》，华中工学院出版社 1983 年版，第 18 页。

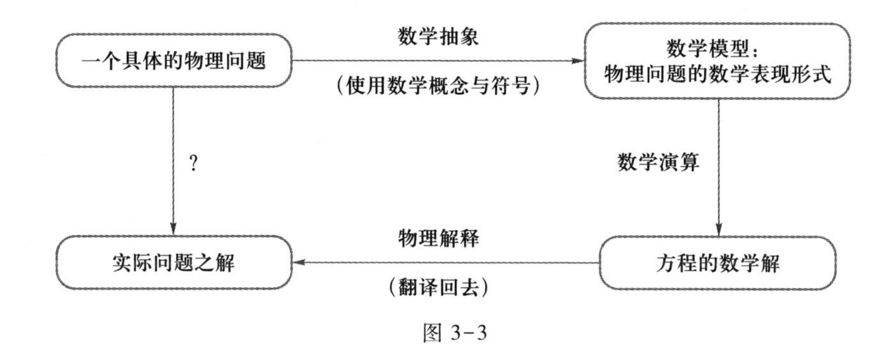

图 3-3

解实际问题的能力、抽象分析能力、运用数学工具能力和通过实践验证能力。

（三）数学统计方法

1. 统计与概率。统计方法是人类对事物总体数量、类型及其关系的认识方法。统计方法在统计资料的基础上来研究如何搜集、整理和分析统计资料的方法。它对认识事物总体状况、分布状态及其相互关系有重要意义。

统计方法建立的依据是概率。所谓概率又称或然率、几率，是对随机事件发生的可能性的一种数学测度。人们问“……可能会发生吗?”时，人们就是在关注这个事件发生的机会。在数学上，事件发生的机会可用一个数来表示，我们称该数为概率。

我们日常所见所闻的事件大致可分为两种：

一种是在一定条件下必然发生的事件。如太阳从东方升起；或者凡是人都会死亡；或者在标准大气压下，水在 100℃ 时会沸腾。我们称这些事件为必然事件。

此外，有大量事件在一定条件下是否发生，是无法确定的。如明天的气温比今天低、掷一枚硬币正面向上。像以上可能发生也可能不会发生的事件称为随机事件。这种随机发生的事件，在大量发生的情况下，有时也会呈现出某种稳定性，如投掷硬币，当我们投掷的次数很多时，正面向上的次数与正面向下的次数可能会大致相等。因此，在大量出现的随机事件中有可能呈现某种稳定性。

2. 数学统计方法。数学统计方法是对大量随机现象进行有限次的观测或试验的结果进行数量研究，并依之对总体的数量规律性作出具有一定可靠性推断的应用数学的方法。它是研究怎样有效地收集、整理和分析带有随机性的数据，以对所考察的问题作出推断或预测，直至为采取一定的决策和行动提供依据和建议的数学方法。

近几十年来，数理统计的广泛应用是非常引人注目的。在社会科学中，选举人对政府意见的调查、民意测验、产品销路的预测等，都有数理统计的功劳。在自然科学、军事科学、工农业生产、医疗卫生等领域，数理统计都有应用的影子。事实上，数理统计的理论和方法，与人类活动的各个领域在不同程度上都有关联。因为在各个领域内，人们都得在不同的程度上与采集到的各种数据打交道，都有如何收集和分析数据的问题，因此也就有数理统计的理论和方法的用武之地。

例如，在技术发明后要大规模生产一种产品，首先就碰到了设计的问题，随即遇到包括配方和工艺条件的选定。这要通过从大量可能的条件组合中，分析试验结果来选定。而可能的条件组合很多，选择哪一部分去做试验就是一个很有讲究的问题。在数理统计学中有一个专门分支叫试验设计，就是研究怎样在尽可能少的试验次数之下，达到尽可能高效率的分析结果。

就领域而言，医学与生物学是统计方法应用最多的领域之一。在医学方面，不同的人群有不同的症候，此时的统计面临的是在有变异的数据中，如何发现统计规律，这是对统计方法的有效性和作用的最有效的考验，而此时其他的方法面对这样的境况可能很无奈。就医学而言，不同人体测度的数据是变化的，这是一个重要的因素，不同的人的情况千差万别，其对一种药物和治疗方法的反应也各不相同。因此，对一种药物和治疗方法的评价，就一定是一种统计性的问题。不少国家对一种新药的上市和一种治疗方法的批准，都设定了很严格的试验和统计检验的要求。确实需要通过收集大量数据进行统计分析来研究。

统计方法的哲学基础是关于必然性和偶然性之间关系如何认识的观点。著名的科学哲学家哈金曾经写过一本书名为《驯服偶然》的著作，论述概率和统计作为方法来研究偶然性的作用与意义。由此看来，数理统计方法就是驯服偶然的工具。

（四）数学实验方法

数学实验方法是把计算机技术和数学方法结合起来，在计算机上以数学方法设计实现的理想实验。数学实验方法丰富了实验的概念，扩展了实验的内容。是一种理想化的数学实践。数学实验作为一种基本的数学方法，目前广泛地应用于发现数学规律、检验数学命题、解决数学问题及应用数学成果等各个方面，具有重要的数学方法论价值。作为一种科研方法和技术手段，数学实验在提出猜想、验证定理、解决实际工程问题等方面起到了不可估量的作用，尤其随着近年来计算机技术日新月异的发展，计算速度的高速提升，使得以前无法计算的问题得到解决。

按照把数学实验分为传统与现代的分类，数学实验方法大致有传统数学实验方法和现代数学实验方法两大类。

传统数学实验方法是指运用手工的方法，如利用实物模型、实物教具等进行操作的演示性模型实验，或使用纸笔通过具体或特殊数学例子进行的思想性实验。

现代数学实验方法是指以计算机（器）为工具的实验，具体而言，就是利用计算机或 TI 图形计算器这些先进的现代技术工具和数学软件为实验手段，以图形演示、数值计算、符号变换等作为实验内容，以数学理论作为实验原理，以实例分析、模拟仿真、归纳发现等作为主要实验形式，旨在探索数学现象、发现数学规律、验证数学结论或辅助做数学、学数学、用数学的数学学习与研究的实践活动。

数学中的有些实验问题，是通过对实物对象的操作完成的，通常被称为操作实验，即利用实物模型或数学教具等进行实验操作，从而发现并解决数学问题。如测量、手工及模型制作、实物等，主要是为了帮助理解和掌握数学概念、定理，以发现、演示、验证结论为主要目的。

数学有时也借助思想实验，根据研究目的人为地创设、改变和控制某种数学情景，在一定条件下经过思想活动（包括必要的推理和计算），来研究某种数学现象和规律。这种实验是在想象中完成的，不必依靠具体的实验器材，只需要有一个具体操作的模型作为依据。

计算技术的快速发展，给数学实验增添了许多技术成分，计算机模拟实验使得以前手工操作不能实现或不易实现的很多实验得以解决。计算机模拟实验以计算机软件的应用为平台，充分运用现代信息技术，模拟实验环境，通过操作、实践、试验，探索数学定理的证明、数学问题的解决。

数学实验本身起源于数学教学，现在已经形成为数学教育的一门重要课程。但是，数学实验在历史上早就存在，而且为一些大数学家所使用。正因为如此，现代数学教育中才强调数学实验，以培养人们的数学创造性，继而培养人们的科学研究的创造能力。

二、系统方法及其作用

20 世纪 40 年代开始，系统科学开始涌现。最早出现的是贝塔兰菲创造的一般系统论，然后是维纳创造的控制论、申农创造的信息论问世。这三个系统理论，研究了系统的一般结构、功能以及在系统中的信息控制、反馈等重要的系统问题。随后到 20 世纪 60—90 年代，又先后出现了一系列的系统理论，如耗散结构理论、协同学、突变论，混沌与分形理论等。它们研究了系统的形成条件、动力学和演化途径与图景、演化的时间与空间等问题。这些理论统统被划归为系统科学。

系统方法是指 20 世纪 40—90 年代出现的系统科学所采用的一系列方法的总和。这些方法对于从横断方面抽象认识对象的物质结构、能量流动和信息传递有重要的作用。系统科学方法不是一个方法，而是一组方法。同时，我们介绍系统科学方法，希望读者更加重视系统科学的思维方式，重视系统思维的整体性，并且把这种方法的思维特性与还原分析的深入的、局部的思维特性结合起来，既不只见树木不见森林，也不只见森林而不去深入分析树木。

（一）系统分析与综合方法

1. 系统。关于系统有多种定义，一般系统论的创始人贝塔兰菲定义系统是相互作用的元素的综合体。[①] 许国志院士在其主编的《系统科学大辞典》里认为，"系统是由相互联系、相互作用的要素（部分）组成的具有一定结构和功能的有机整体"。[②] 关于系统的定义大同小异，所谓系统，就是一群有相互作用的元素的综合体。

系统有多种类型。按照系统与环境的关系分类，有孤立系统（与环境没有物质、能量与信息的交换）、封闭系统（与环境没有物质交换，但有能量交换）和开放系统（与环境有物质、能量与信息交换）。

按照系统的复杂程度，有简单系统、复杂系统和复杂巨系统等分类。简单系统是指系统内部要素少，相互作用和关联程度较低的系统；复杂系统是指系统内部要素较多，相互关联和相互作用程度较高的系统；复杂巨系统是指系统内部要素众多，相互作用和关联比较紧密，关系类型也众多的巨大系统。

2. 系统分析。系统分析是把系统进行分解，对其要素进行分析，找出解决问题的可行方案的思维与思考方法。系统分析的方法，是由美国兰德咨询公司首先使用的一种为解决复杂问题而发展出来的方法和步骤。《美国大百科全书》对系统分析的说法是，系统分析的意义就是用科学和数学方法对系统进行研究和运用。《美国麦氏科学技术大百科全书》的提法是，系统分析是运用数学手段研究系统的一种方法，系统分析的概念是，对研究对象建立一种数学模型，按照这种模型进行数学分析，然后将分析的结果运用于原来的系统。[③] 有研究者指出，系统分析是从系统论的概念和思想出发，采用各种分析方法和手段，对研究的事物进行定性和定量分析、协调和综合，求得系统整体最优或最满意的解决办法。[④]

当然也有更为狭义的看法，把系统分析看作系统工程或系统工程的一个部分。比如，在许国志主编的《系统科学大辞典》中关于"系统分

---

① 参见［奥］L. 贝塔兰菲：《一般系统论》，秋同、袁嘉新译，社会科学文献出版社 1987 年版，第 27 页。

② 许国志主编：《系统科学大辞典》，云南科技出版社 1993 年版，第 540 页。

③ 参见汪树玉、刘国华编著：《系统分析》，浙江大学出版社 2002 年版，第 16 页。

④ 参见汪树玉、刘国华编著：《系统分析》，浙江大学出版社 2002 年版，第 16 页。

析”的条目是这样写的：“目前，对系统分析的解释有广义与狭义之分。广义的解释是把系统分析作为系统工程的同义语，狭义的解释是把系统分析作为系统工程的一个逻辑步骤”。该条目认为：“系统分析就是对一个系统内的基本问题，采用系统方法进行分析研究……”。[①]

3. 系统综合。系统综合是把研究、创造和发明对象看作是系统综合整体，并对这一系统综合整体及其要素、层次、结构、功能、联系方式、发展趋势等进行辩证综合的考察，以取得创造性成果的一种思维方法。

系统综合方法与系统分析方法不同，它不是一个方法，而是多种方法的集成运用。因此，人们常常把系统综合方法称为系统的综合集成方法。比如，它可能包括运筹学的方法，也可能包括系统分析的另外的一些方法，事实上，系统综合集成的理论研究应该结合科学研究和技术科学以及工程实践，把科学研究、技术研制和工程实践中的许多原则、经验和各个不同领域的共同性加以整理与总结，提取其中蕴含的方法，有条件的还有可能上升为理论，即方法论。综合集成方法因此也是解决系统工程实践中的问题时所应遵循的步骤、程序和方法，它是系统工程思考问题和处理问题的思想方法和工作方法，方法论体系的基础就是运用系统思想把分析对象作为整体系统来考虑，进行系统分析和系统设计，实现系统的模型化和最优化。

系统综合是与系统分析相反的逆向思维方法。系统综合强调从系统整体出发；强调从部分与整体的相互依赖、相互结合、相互制约的关系中揭示系统的特征和规律。

4. 系统分析与综合的统一。系统分析如果被视为系统工程的一个逻辑步骤，那么就有必要与系统综合结合起来，把定量研究与定性研究结合起来，把局部研究与整体研究结合起来，把静态系统分析与动态系统变化的研究结合起来，把系统的结构分析与系统的历史研究结合起来，把系统的阶段性目标与系统的最终演化结果预测研究结合起来，把整体论的系统思维与还原论的思维结合起来。既“远观取其势”，又“近观取

---

① 许国志主编：《系统科学大辞典》，云南科技出版社 1993 年版，第 547 页。

其质”，达到系统全面并且深入的认识事物的目标。

（二）软系统方法

1. 硬系统与软系统。按照人们对系统的问题情境了解、掌握的程度，系统可以分为硬系统与软系统。所谓硬系统是指问题情境比较清晰，问题属于确定性的问题，可以通过系统分析或系统工程的方式加以处理；所谓软系统，是指问题情境不明确、不清晰，无法运用系统工程或系统分析的方式加以直接处理的系统。

2. 软系统方法。软系统方法是英国系统学家切克兰德创造的一种系统认识的方法和方法论。软系统方法认为，软问题是指在现实世界中的人类活动所表现出来的、不能精确定义、无法确切说明的问题及其情境。软系统方法，采取从问题所处的情境认识出发，对于其情境教学描述，然后与相应的方法论对应，在相应的系统模型中寻求与之相关的系统说明方式和模型，再与现实情境和问题进行多次试错实践，最终建立较好的系统解决模型来解决问题的方法。

3. 软系统与硬系统方法的对立统一。硬系统方法把研究对象视为系统加以处理和干预，硬系统方法比较适用于确定的问题和工程研究。软系统方法着重于分析研究对象的环境，侧重于以系统的思想和方法研究不确定的问题。问题的确定与不确定也是随着研究者的研究而变化的。如果我们遇到的是不确定的对象或问题，我们可以采取软系统方法加以研究，一旦对象的某些方面变得确定起来，则这个部分就可以采取硬系统方法加以处理。硬系统方法论把现实世界本身视为系统，并且以系统分析和综合的方式处理问题；软系统方法论不再把问题所处的现实世界全部看作是系统，它可能是系统，也可能一部分是系统，也可能不是系统，但是认为系统是我们看待世界和处理世界的一种认识方式。所以软系统方法论是我们看待世界的系统观、认识论与方法论。

（三）反馈与控制方法

1. 反馈与反馈方法。反馈是控制论的基本概念，指将系统的输出返回到输入端并以某种方式改变输入，进而影响系统功能的过程。

反馈大量地存在于自然界与社会过程中。反馈作为一种调节机制特别存在于生物过程中。如恒温动物通过调节代谢而保持温度恒定在某一温度附近。如人体通过调节胰岛素和高血糖素作用的强弱而使得血糖含量控制在正常水平上。利用反馈构成自动控制以解决重大技术问题的早期例子是瓦特在1787年发明的蒸汽机离心调速器。① 在市场经济中，供求偏差也会自动调节商品生产。

反馈可分为负反馈和正反馈。所谓负反馈是指系统的信号返回方式是减弱系统功能作用的一种反馈。对于控制系统，负反馈带来的输出与系统原有的输出在极性上相反，两者相加的输出总量上变小。负反馈是自动控制中广泛采用的基本控制方式。合理地运用负反馈，有利于提高系统的稳定性。② 所谓正反馈是指系统的信号返回方式是增强系统功能作用的一种反馈。对于控制系统，正反馈带来的输出与系统原有的输出在极性上相同，两者相加的输出总量上变大。正反馈不是自动控制中广泛采用的基本控制方式。正反馈能够提高系统的增益，用于产生周期性振荡信号，但不利于系统的稳定性。③ 合理地运用正反馈，有利于激励系统，并且使得系统处于一定的振荡频率和波段上。

总体上，反馈方法是指运用反馈概念去分析和处理问题的方法，是一种以结果反过来影响进一步产生事物或原因的思考方法。

2. 控制与控制方法。控制是指对事物起因、发展及结果的全过程的一种把握，是能预测和了解并决定事物的结果。

在科学上，控制主要指，为了改善系统的性能或达到特定的目的，通过信息采集和加工而选择出来的、施加于系统的一种作用。④

控制有多种具体形态，可以采取多种方式方法。使系统保持稳定，有稳定控制，负反馈控制；使系统状态按照预定方式随时间变化的控制，是程序控制；使系统跟踪未知外来信号而变化的控制，是随动控制；使系统在满足某种约束条件下的某一目标值达到最小（大）值的控制，是

① 参见许国志主编：《系统科学大辞典》，云南科技出版社1993年版，第100页。
② 参见许国志主编：《系统科学大辞典》，云南科技出版社1993年版，第177页。
③ 参见许国志主编：《系统科学大辞典》，云南科技出版社1993年版，第667页。
④ 参见许国志主编：《系统科学大辞典》，云南科技出版社1993年版，第317页。

最优控制；使系统在内外环境变化中保持性能的控制，是适应控制。

控制方法的核心是一种在系统视野中如何处理好控制主体与控制客体的辩证关系。运用控制方法对复杂对象进行研究时，是对其控制流程加以综合性的考察，是以事物的系统要素、结构和功能关系的立场观察事物。

3. 黑箱方法与功能模拟方法。当无法对于被控制对象进行解剖、了解其内部信息与结构构成时，人们常常采取在外部对被控制对象施加某种影响，来看被控制对象会给出怎样的呼应或反应。这种方法常常称为黑箱方法。因为对象无法解剖，因此，我们把一无所知其内部结构的所要控制或研究的对象，称为黑箱。相应地，把对其内部结构了解完全清晰的对象称为白箱，把介于黑箱与白箱之间的、了解其内部结构一部分，一部分并不了解的对象称为灰箱。对于白箱，可以直接利用结构分析的方法，对于灰箱则需要既利用结构分析的方法，又对其功能进行模拟，而对于黑箱，则只能通过外部输入刺激，获得系统功能反应来模拟系统行为。

由此，利用有类似输出功能的已知的结构对被控制对象进行模拟的方法，被称为功能模拟方法。因此，可以把功能模拟方法概括为："用功能模型来模拟客体原型的功能和行为的一种方法"。① 功能模拟方法并不追求模型与原型在结构上的相同或类似，而只是着眼于两者的功能是否相似。通过功能模拟，产生相似的效用。

（四）信息方法

1. 信息。信息是与物质、能量相并立的第三类对象。正如控制论创始人维纳指出的，信息就是信息，它既不是物质，也不是能量。其实可以在本体论、认识论和方法论三个层面对信息有所认识。事物运动及其变化的状态与方式即本体论意义上的信息；认识主体所能够感知到事物状态变化及其变化的方式即认识论意义的信息；消除人的认识中的随机性的信号及其意义即方法论意义的信息。

---

① 许国志主编：《系统科学大辞典》，云南科技出版社 1993 年版，第 192 页。

2. 信息方法。信息方法是运用信息的观点，把系统的运动过程看作信息传递和信息转换的过程，通过对信息流程前后变化状态的分析和处理，获得对某一复杂系统运动过程所透露出来的状态形式、含义和效用认识的一种研究方法。

信息方法的优点是不割断系统的联系，通过流经系统结构的信息考察系统的结构和功能，以及变化发展，用联系的、全面的、功能化的观点去综合分析系统运动过程。

3. 信息方法的特点。（1）以信息而不是物质和能量为基础，把系统的运动状态变化看作是信息转换的过程，从流经系统的信息接收与转换过程的角度研究系统的特性、功能等；（2）信息方法的哲学基础是整体思维，有联系转化的立场，是一种基于信息的综合研究方法。

三、复杂性思维及其方法

（一）复杂性思维

著名的科学家霍金曾经说过，“我相信21世纪是复杂性的世纪”。复杂性是20世纪90年代以后伴随复杂性科学兴起而与简单性思维相对的思维方式。复杂性思维把事物本身的复杂性特征凸显出来，让人们更加认识到事物发展的复杂性状态和性质，考虑问题的多样性。复杂性思维在更高的层次上体现了当代马克思主义的辩证思维。

1. 复杂性概念。在不同学科和领域有非常多的复杂性概念。据统计，有50多种已经有定义的复杂性概念。①

在哲学上，美国科学哲学家雷舍尔对各类复杂性从认识论、本体论的角度给出了一个分类的表述：② 他按照哲学的观点，把复杂性区分为认识论和本体论两大类。然后，在认识论里，只研究可以形式化的复杂性［以计算机为模型］。他又把认识论复杂性区分为三种：描述复杂性（用为了有效描述系统所给定的计算长度来度量）、生成复杂性（用为生成一

---

① 参见吴彤：《复杂性的科学哲学探索》，内蒙古人民出版社2008年版，第23—34页。

② 参见 Rescher, N., Complexity, A Philosopical Overview, Transaction Publishers, 1998, pp. 9.

个系统而提供的程序的大小，亦即给出的指令长度来度量）和计算复杂性（用解决一个问题所耗费的时间总量，或占用的空间大小，或花费的代价多寡度量）。在本体论的复杂性里，他把本体论意义上的复杂性首先划分为三种：组分复杂性、结构复杂性和功能复杂性。其中组分复杂性又有两种：构成复杂性（用构成组分的数量多寡来度量）、类型复杂性（用构成系统的要素的多样性来度量）。结构复杂性也包括两种：组织复杂性（用组分的组合可能排列的结构的多少来度量）、层级复杂性（用系统结构中可能的层级数目与分类模式多寡来度量）。功能复杂性则包括两种：操作复杂性（用各种可能的操作模式的多少来度量）、规则复杂性（用在操作中可能运用的规律的多少来度量）。

通观这些复杂性概念，实际上，有两类思想体现出来，（1）直接讨论研究对象的本体论意义的复杂性，这时，复杂性是通过比较两个对象来度量其复杂性大小的。如讨论对象的结构、层次或要素多寡，相互联系的类型与数目等，这时单纯讨论一个对象是无意义的。（2）通过研究者的认识角度讨论研究对象的复杂性，这时是以研究者在研究对象时所花费的成本、经历或精力来度量对象的复杂性的。如要计算对象的复杂性，那么花费了多大的计算量就成为度量复杂性的测度，这时可以以计算机作为绝对测度标准，来计算对象的复杂性，假如对象不可计算，比如运行计算机进行计算，运行相当长时间后死机了，而另一个对象在做计算时，在运行一段时间后，计算机得到了其测量的计算量，那么后者的复杂性要低于前者。总之，我们可以用认识成本来度量一个被认识对象的复杂性。

2. 复杂性思维。复杂性思维是与简单性思维相对的。让我们比较一下复杂性思维与简单性思维对同一事物的看法。假定有某一事物，用简单性思维去看，只看到事物的一点，或一个方面，或一个侧面，简单性思维往往“只见树木，不见森林”；简单性思维指导下的科学研究可能在其一点上很深入，但是在全局对事物的认识上却常常以偏概全。针对这个事物，如果用复杂性思维去看，那么复杂性思维首先看到的是事物的全貌，它也会看到事物的各个点、各个面，但是复杂性思维会把这些被看到的点、侧面和方面放置在该事物与其环境的关系中、与其他事物的关系中去看。不仅如此，复杂性思维和简单性思维对于同一事物关注的特性也不相同。例如，复杂性思维是一种注重演化的思维，而简单性思维常常把事物静止化，割取其一个断面来代表事物全部和演化的历程研究。法国当代思想家埃德加·莫兰很有趣地以一种对星空的看法比喻讨论了这种复杂性思维的演化特性，这被称为“第三眼”观察思维：看第一眼时，布满繁星的夜空给我们以纷乱无序的印象。看第二眼时，就会发现有条不紊的宇宙秩序……每夜我们都看到同样的星空，每颗恒星在它固定的位置上，每个行星完成着丝毫不变的运动周期。但是，随后的第三眼又看到不同的情况，因为有新的惊人的无序被注入这个秩序之中：我们看到宇宙处于膨胀、扩散中，恒星在它里面产生、爆炸、死亡。这第三眼要求我们把有序和无序联合起来进行认识，我们需要有思想上的双目。①

复杂性思维会着重考察事物的如下特性：

（1）自组织性：复杂性思维强调事物的自组织演化特性，在对研究对象进行认识与控制时，注意事物的自我发展演化的特性，既不过分和直接干预对象的演化，也不完全坐视不管事物的演化方向，而是有目的地引导事物变化朝向某一特定方向发展。（2）多样性：复杂性思维特别注意从多个侧面认识和把握对象；注意对象的多样性关系；注意事物多样性联系，并且对这种多样性持一种欣赏和维护的态度与立场。（3）融贯性：复杂性思维会把对事物的历史考察和逻辑认知统一起来，把多样性与统一性联系起来，把整体与部分统一起来，以连贯、系统的方式关注对象。（4）整体性：复杂性思维首先把事物作为整体考察，力图超越还原论，从事物的整体出发，认识事物的存在、演化的复杂规律与特性。（5）涌现性：复杂性思维特别关注事物演化中涌现特性和现象。所谓涌现，即一个整体有涌现的性质，该性质不能还原为其部分的性质

① 参见［法］埃德加·莫兰：《复杂思想：自觉的科学》，陈一壮译，北京大学出版社 2001 年版，第 153 页。

之和。

涌现概念不仅强调了事物整体大于部分，而且注意其中超出部分之和的新性质、新联系和新特征，还特别注意到整体中部分通过其相互作用而使得原有的独立性与联系性在整体联系过程中产生出新质的特性。从而发现事物新发展、新演化和部分之所以不等于整体的方面。

(二) 复杂性科学方法

复杂性科学是各种以复杂系统、复杂事物为研究对象的学科组成的一簇学科群。按照研究复杂性某种特性或方式分类，复杂性研究可以有很多学科分支，比如，混沌理论研究、分形理论研究、遗传算法、人工生命、元胞自动机研究以及涌现研究等都是复杂性研究的分支。其中遗传算法、进化算法已经成为人工生命和生物科学领域中最为重要的复杂性研究的新方法之一。

复杂性领域的研究，也可以按照研究对象分类，比如算法复杂性研究、物理复杂性研究、生命复杂性研究、生态复杂性研究、哲学复杂性研究、经济复杂性研究，文化复杂性研究和社会复杂性研究等。可以说，在那些传统学科或领域，都会出现新的复杂性研究。

由于有不同学科和不同对象研究，因此，复杂性科学方法的没有确定的、适合于所有学科的方法。目前，复杂性科学方法主要是，在借鉴传统科学方法的基础上，以辩证法为理论取向的一套方法，它是一种侧重把定性判断与定量计算、微观分析与宏观分析、还原论与整体论、科学推理与哲学思辨等四对范畴相结合的方法。

以上四个结合是复杂性方法的特点，另外，复杂性方法也确实有不同于传统方法的方面。举例来说，在传统建模方法中，所有的变量和关系在建模中是确定的，建模后的运算只是在求得解答方案。而复杂性的建模不是这样。它注重规则和给出规则后的系统自组织的演化。例如在人工生命的各类建模中，它在计算机建模过程中只给出简单的几个规则，让变量（要素）在计算机中按照简单规则做出自主运算，在这种编程中，会自动产生越来越复杂的算法，变量在运算或运动中与规则本身是在一种互动中相互修改，这样就在计算机程序中产生了自我修改、自我组织的过程。人工生命的算法就是这样。所以，复杂性科学方法的灵魂是复杂性思维中的那些特性。只要以复杂性思维关注事物的这些方面——整体性、自组织性、涌现性等，复杂性科学方法即便借用了传统方法，也会在这种运用中涌现出新的特征。

复杂性的方法要求我们在思维时永远不要使概念封闭起来，要粉碎封闭的疆界，在被分割的东西之间重建联系，努力掌握多方面性，考虑到特殊性、地点、时间，又永不忘记起整合作用的总体。① 这也如习近平指出的，“要坚持具体问题具体分析，“入山问樵、入水问渔”，一切以时间、地点、条件为转移，善于进行交换比较反复，善于把握工作的时度效。”②

第四节 科学技术活动的方法

科学技术研究的基本目标是发现、发明与创造，科学技术实践是科学技术活动中最基本的活动。科学实践主要包括观察、实验和实验室工作实践。技术实践和发明包括技术构思、技术发明、技术试验、技术预测和技术评估等活动的方法。马克思主义特别强调实践，科学和技术实践是马克思主义理论的人类重要实践内容之一。

一、科学实践的方法

科学实践的基本方法有科学观察、科学实验（包括科学仪器的运用）和实验室工作实践。其中涉及观察、实验与理论的辩证关系，涉及科学研究主体、科学工具与研究对象，以及与研究环境的复杂关系。也涉及研究者与天然自然、人工自然等关系问题。

---

① 参见［法］埃德加·莫兰：《复杂思想：自觉的科学》，陈一壮译，北京大学出版社 2001 年版，第 151 页。

② 习近平：《在省部级主要领导干部学习贯彻党的十八届五中全会精神专题研讨班上的讲话》，《人民日报》2016 年 5 月 10 日。

（一）科学观察

1. 科学观察。科学观察是人们有目的、有计划地感知和描述处于自然状态下的客观事物、获取感性材料的基本手段。

科学观察的基本特点：它是一种有理性目标的感性实践活动；它是一种有目的、有计划的实践活动；它虽然主要是对于自然状态下客体的自然而然的感知过程，基本上不干预自然状态的研究对象，或比较弱地介入对象及其环境中进行观察，但是观察毫无疑问地要介入对对象的研究过程中。最为重要的是，观察不仅是“观看”，而且是一种寻视性的“做”，即研究。

2. 科学观察种类。按照有无观察仪器或是否借助工具进行观察，观察可以分为直接观察和间接观察。一般而言，直接观察是通过感官直接考察对象的观察，直接观察比较切近事物对象，直观、生动，但直接观察会受到人的视觉等感觉器官的局限（感官阈限），观察的精确性和范围会受到限制；而间接观察则需要通过仪器，借助科学仪器或工具较弱地介入观察环境中，借助仪器或工具，观察可以看到原来看不到的对象深处，可以把所谓的在人感官之外的视觉或其他感觉形态转换为人可以感知的宏观感知形态。所以，观察不是单纯的观看，科学因此也不是纯粹的表象和观察世界的方式，而是操作和介入世界的方式。①

科学观察是获取研究对象基本信息的手段之一。科学发展历程中有许多重要的发现来自于观察，例如法国科学家巴斯德对于细菌感染的观察发现，布朗对花粉粒子在液体中随机运动的观察发现，最后都推动了该学科的发展。观察也是通过观察获得的事实为假说的检验、理论的确立做出辩护的重要依据。爱因斯坦相对论，最后是通过被爱丁顿率队的日食观测所证实其推论而得到科学界认可的。

（二）科学实验

1. 科学实验。科学实验是科学研究者依据一定的科研目的，用一定

---

① 参见 Rouse, J. Knowledge and Power, Toward A Political Philosophy of Science, Cornell University Press, 1987, pp. 38.

的物质手段（科学仪器和设备），在人为控制或变革研究对象的条件下获得对象信息的基本方法。

科学实验中既有观察的内容与任务，也有介入自然对象的可控实践任务。它为理论的发展提供基础和导引。实验是科学介入世界和建立人工世界的重要手段和工具。如果说，科学观察是一种弱介入对象或观察世界的方式，那么科学实验就是一种积极的、强的介入和干预世界或对象的实践方式。

2. 实验结构。科学实验的构成有四个部分：（1）实验者，即组织和设计实验的研究者。一般实验的构思、实验目标的确立与修订、实验方案的设计与实施、实验步骤的制定、实验过程的操作、实验结果的处理，都与实验者密切相关，没有一个环节可以脱离开实验者。（2）实验对象或实验研究对象，即在实验中对其施加操作和需要认识的对象，有时这个对象是某种物质性的对象，有时是这个对象的属性或关系，有时是借助于某种物质性对象而检验或研究其中的其他存在，包括精神性的存在。如在研究灵长类动物时，虽然以灵长类动物作为对象，其实它的身体的物质性存在只是一种载体，我们可能要研究它的认知特性，它对于表征的意义领悟等。（3）实验仪器、手段或工具，是实验者借助其实现实验目的的工具，是连接实验者与实验对象之间的桥梁或纽带，一方面实验仪器等体现了实验者的目的、意图，实现着实验者的操作；另一方面，实验仪器也反映着实验者想要掌握的被实验对象的特性。（4）实验情境，包括实验室，以及实验室的布局、结构，实验室内实验者社会和科学共同体结构、关系，实验室资源情境等。①

3. 科学实验的特性。科学实验可以纯化和简化研究对象，强化对象及其条件；科学实验具有可重复性，可以模拟研究对象的属性及其变化过程；科学实验可以获得较为经济可靠的认识，变革被带入实验室的“自然对象”。正如马克思所说，“物理学家是在自然过程表现得最确实、

---

① 科学实践哲学非常重视实验室的实践建构作用，对于实验室在实践中的作用和意义，后面有专节论述。此处不展开。

最少受干扰的地方观察自然过程的，或者，如有可能，是在保证过程以其纯粹形态进行的条件下从事实验的”。①

这里也涉及一个重大的哲学问题，在实验室里研究的对象，是自然物还是人工物？对于无机物而言，似乎这个问题已经解决，它是人工物，因为它通过实验室创造条件（如真空、高温或高压），提纯或其他方式获得。这些人工物的基础是自然界，但获得这些人工物却是以破坏其自然基础为代价的。对于有机物，似乎还存有疑惑，难道小白鼠是人工物？一些生物实验制品公司大规模、定制式地生产特定的靶实验物——小白鼠或兔子等。这些有机物的生命宏观形态还是自然物状态，但其基因已经经过多少代的筛选和定向研究，形成了纯粹的基因代表。因此尽管它们有生命，但是它们是人工创造的生命，或温和一点说，是人工干预的生命。也有一些科学实验哲学家试图调和这个问题，他们把这类生命，比如专门为实验室制备的实验室生命物称为“自然/人工”混合体，或野生生命的驯化版本。② 如实验室的果蝇、小白鼠等。

所以，科学实验可以纯化、强化研究对象及其条件，都是因为有一个为特定目的制造出来的实验室。由于有了科学实验和科学实验室，科学才变得如此强大，才能渗透到自然界里，消解自然和变革自然，使其向人工自然方向演化。

马克思主义科学实践观也很注意这一科学实践发展的双重意义，一方面，科学实践对于自然界和社会有很好的认识、介入和改造作用，另一方面，也需要警惕科学实践过分过量的影响，要注意科学实践的双重性，特别要注意在社会语境中它可能产生的负面影响。

（三）机遇和机会在科学发现中的意义

1. 机遇。在科学研究中，能够通过意外事件把握机会而导致科学上的新发现，称为机遇。把握机遇是一种科学研究的创造性能力。因此，在科学观察和科学实验中要有意去注意机遇的作用。

---

① 《马克思恩格斯文集》第5卷，人民出版社2009年版，第8页。

② 参见Radder，H. ed.，Philosophy of Scientific experimentation，University of Pittsburg Press，2003，pp. 27—30.

科学发现有许多意外发现。比较典型的，如伦琴对 X 射线的意外发现；贝克勒尔关于放射性的意外发现等。总结起来，科学的意外发现往往有两种类型：一种是发现本身的意外；另一种是发现是有目标的，但发现的场合是意外的。后一种如奥斯特很早就猜测到的电磁之间有关联，当法拉第发现了电的磁效应后，奥斯特在一个意外的场合终于发现了磁的电效应。

在这里，第一种机遇与顿悟和长期坚持研究都不期而遇。而第二种机遇则需要有很好的相互关联的境况或场合出现。

2. 机会。机会通常指偶然发生的事先未能预见的事情。在科学研究上，机会通常指一些偶然发生的、突然遇到的、对于研究有意义的事情，或研究者意识到可能对后续研究有意义的事情突然来到面前。在科学研究上，能否把握机会，也是科学研究成败的重要环节。

近期，科学实践哲学对机会在科学研究过程中的作用给予很高评价。明确的“科学研究始于机会，而不是问题”的观点，来源于劳斯的论述。劳斯在探讨探测太阳中微子实验设计的历史时发现，在这个科学史案例里，什么成为当下能够进行研究的问题，取决于现有的资源及其如何利用它们的机会的把握。由于研究仪器的进步而导致的对太阳中微子流量的测量，并不是科学家的目标，至少不是科学家的最初目标，科学家开始也没有理论旨趣去探测太阳中微子。劳斯敏感地指出，对于研究太阳中微子这个研究方案而言，最初的研究理由并不是问题，而是机会。① 我们认为，在总体上看，观察、问题或机会都可能成为一个具体科学研究的起点。不必非要说哪一个更为基础或本质。非要找寻一个科学研究的绝对起点，是本质主义或基础主义的做法。在很多问题上，基础主义或本质主义常常导致独断论。

（四）观察、实验方法与理论的关系

传统观点认为观察是中性的，理论依赖观察。现代科学哲学认为观

① 为了清楚起见，我们把劳斯的原话引述如下：“…… the original reason for the project was not a problem but an opportunity”，（Rouse，J.，1987，pp. 87.）。

察渗透着理论。这样的观点曾经在西方科学哲学的发展历程中一度成为主流观点，并且带来了逻辑实证主义的衰落。

科学实验哲学提出，实验有自己独立的生命，以反对实验完全负载理论的极端观点。这样的观点很接近马克思主义的观点。马克思主义科学方法论一直认为，科学实验是人类实践活动的一种，而且随着科学技术对社会越来越大的影响的发生和发展，科学实验这种人类实践在所有实践形式中越来越重要，作用也越来越大。马克思主义的科学方法论，借助现代科学研究，吸取现代科学哲学发展中积极的成分，提出了观察、特别是实验和理论有双向相互作用的观点。在科学发展中，实验相比理论，实验的实践性更强，具有更为基础的地位；实践比理论总是更为积极和活跃，实验的新发现不断推动理论的进步，修正理论，指引理论的发展；同样，理论一旦建立，就规范着实验，为实验的设计提供理论框架和指导，使得实验更具有理性的色彩。观察、实验与理论的三螺旋生命之缠绕和相互作用，才是科学实践的真实过程。①

事实上，极端的理论优位的科学哲学丧失了对科学的最重要部分——实验和观察的说明功能。以往的西方科学哲学以一种“理论至上”的观点看待科学，把科学主要看成为一种理论体系，割裂了科学和技术的联系，扭曲了科学的形象，贬低了技术在整个科学技术中的地位与作用。正如查尔默斯所说，新实验主义使得科学哲学重新脚踏实地，走在有价值的道路上。它对理论优位的研究进路是一种不错的矫正。② 事实上，观察、实验与理论三者都有严格意义上的差异，即便从语言学和语义学的角度看，三者之所以叫作不同的名称，已经表明它们在人们的认识中是不同的东西。

观察、实验与理论之间存在着复杂的多样性关系，在不同的发展阶

---

① 参见吴彤等：《复归科学实践——一种科学哲学的新反思》，清华大学出版社 2010 年版，第 290 页。在那里，我们当时的说法是实验与理论的双螺旋，这里把观察与实验再有所区分。构成三螺旋相互缠绕与作用。

② 参见 Chalmers, A. F., What is this Thing Called Science? Open University Press, 1999, pp. 206.

段，不同的科学中，理论和实验有不同的相互关系。只有采取这种演化的观点，过程的观点和多样性的观点，才是较为正确地、全面地反映了观察、实验与理论的真实关系。不仅实验有自己独立的演化，而且理论也有自己的生命，它们之间的关系就像三螺旋一样是相互纠缠而共同发展变化的。①

（五）科学仪器的作用

科学仪器、工具和设备对于科学技术发展有重要的推动作用，在进行科学实验时，科研之成败决定于探测试验方法及仪器设备的研制。马克思把使用什么劳动资料进行生产称为划分经济时代的指示器，反映了马克思主义对于物质性工具的重视。科学仪器是科学技术发展的“倍增器”“指示剂”和“先行官”。

马克思主义高度重视物质性的科学实践，其中科学仪器有突出的地位；近年来，西方科学哲学中开始出现了重视科学实践的倾向，推进了人们对于科学仪器在科学研究活动中的作用的认识，提升了科学仪器和工具在科学认识论上的地位。② 这些发展丰富了马克思主义科学技术观和方法论的实践观点。

当代新实验主义科学哲学不仅注意到工具或仪器对于科学研究的基础性作用、支持性作用，而且还通过研究指出，科学仪器和工具对于科学知识也有卓越的贡献。比如，在科学仪器或工具中，蕴含着三类知识，它们可以统称为工作知识，也称为事物知识。其中第一类是模型知识，比如华森和克里克的DNA模型，就是运用物质材料表征知识而不是运用词汇表征知识的。第二类通过操作表达的工作知识。第三类是通过测量仪器表达的测度知识。③ 这些研究获得的论断，是对马克思主义科学技术

---

① 参见吴彤等：《复归科学实践——一种科学哲学的新反思》，清华大学出版社2010年版，第297页。

② 参见Radder，H. ed.，Philosophy of Scientific experimentation，University of Pittsburg Press，2003.

③ 参见Radder，H. ed.，Philosophy of Scientific experimentation，University of Pittsburg Press，2003，pp. 45—50.

方法论内容的重要补充和发展。

（六）科学实验室与人工自然

实验室不仅仅是科学家的研究空间。科学实验室的实践对于科学研究有如下作用：

1. 建构特定的微观人工世界。科学家通过实验室，构建了一个特定的人工简单化“世界”，从而规避了现象本性所包含的巨量的复杂性。

2. 隔离和突出研究对象。它把外部的任何可能的影响隔离开来，并且把建构现象中的若干要素突出出来。

3. 操纵和介入。通过实验室，科学家有意引入一个人工微观世界，让事件在实验室里运动。他们的科学研究方式不是“看”，而是“做”。

4. 追踪微观世界。通过实验室，才可以追踪实验全程，这涉及从最初的建构到对整个实验进程实施的全程控制。通过追踪，使得实验室的微观世界的种种事件变成为可观察现象。

对于实验室的作用分析，要注意其双重性。我们不能把整个世界都变成实验室，拉图尔仿照阿基米德说过，给我一个实验室，我可以举起整个世界。如果世界全部变成实验室。我们的自然哪里去了？我们除科学以外的生活世界的丰富多彩就没有了。艺术、文艺和自然的生活世界就会被淹没或被破坏。所以做科学研究或技术研究，一定要记住，科学技术是双刃剑，如何让它造福人类，造福全球生命和这个蓝色星球，则一定是要在心中存有道德律令去认真思索的。

二、技术活动的方法

技术活动方法是人类在技术发明等活动过程中所使用的各类方法的总和。马克思主义极为重视技术活动。马克思在写作《资本论》中曾经大量和深入地研究了技术史和工艺过程。通过对于人类技术发明等活动的历史与现实的总结，形成了今天的马克思主义技术活动方法论。

（一）技术思维及其特点

技术思维是工程师进行技术活动和工程建构活动的思维。

与科学思维相比，技术思维的特点有：

1. 科学思维更关注普遍性；技术思维更关注可行性。科学关注那种其他情况均同条件下的无例外的理论建构，似乎这样才可以成为理论；技术思维则关注某种设计或工程是否在现实约束下可以实行。

2. 科学思维更关注创造性；技术思维更关注价值性。科学的发现一定要求是人类的以往认识没有达到的；而技术思维并不特别关心这项技术是否第一次被发明，而是关注这项技术在使用中的相对价值大小。

3. 科学思维没有限制，可以任凭思维跳跃发展；技术思维是限制性思维，是在已有原理的基础上思考如何通过现有条件或改造条件从而实现它。现实条件要限制它，科学理论要限制它。然而，工程师在一定意义上也应该跳出这种局限，努力思考在何种意义上可以超越这些限制，达到更高更美的境界。比如，建筑师武重在递交悉尼歌剧院的设计方案时就大胆设计了一种风帆的建筑立面，来展现在悉尼大海边建造这样的歌剧院与环境的融洽。然而，十几年后，武重的设计才因为可以实现薄壳工程构造技术的出现而得以梦想成真。

4. 技术思维是联系性思维，它一方面要连通科学的理论，另一方面要联系技术的实际，是两极思维，技术思维要求"顶天立地"。这个世界绝大部分是由工程师支持的，工程师的历史也悠远于科学家的历史。因此，不要瞧不起工程师以实践的方式立地的活动。当然，工程师也要向科学家学习，多一些理论思维，多一点理想主义，在面向现实思考中，不要成为屈服现实约束的奴隶，特别是不要成为社会利益集团的奴隶或工具。

（二）技术活动的方法

有多种多样的技术活动的方法，其主要核心是研究技术活动的不同阶段、过程和方面，以及如何实现技术活动目标。

技术活动的方法主要包括：

1. 技术构思方法。技术构思是指在技术研究与开发中，对思维中考虑的设计对象进行结构、功能和工艺的构思。

技术构思方法包括经验方法和科学方法。技术构思的经验方法是在劳动者的直接经验的基础上，以原有技术或产品为基础，渐进的改进技术的方法，包括模仿创新和技术改制两类。模仿创新法是指在技术发明过程中，保留原有发明结构，而根据新的发明，进行局部的改进和创新。模仿创新的基础是模仿或仿制，即以某种技术原型作为模板，在结构或功能方面有所创新，而不是单纯模仿。技术改制方法，比模仿创新方法更进一步，它是在对原有技术成果吸收和继承的基础上加以改制，从而创造出与原有技术不同的新技术或新产品的方法。

技术构思的科学方法是以科学知识和实践的理论成果为基础进行技术构思，主要有原理推演法、科学实验提升法、模型模拟法、移植法、回采法等。

技术原理推演法是从基础科学揭示的一般规律出发，以技术科学研究的特定规律为桥梁，去解决工程技术实践问题，技术原理推演法的核心是从科学原理到技术原理的推演。所以，技术原理推演法的鲜明特色是以科学突破或发展为先导，形成新的技术原理，然后物化为崭新的技术，从而引起技术上的飞跃。例如，固体物理学的发展，对晶体管的发明有所推动。

科学实验提升法，是指在科学实验中新现象的发现，引起了技术原理的构思和技术发明，或推动了技术的发明。比如，电磁感应现象的发现，先后导致了发电机原理的构思，以及发电机的发明；并且导致了电动机原理的构思和电动机的发明。液晶态的发现，成为液晶显示技术的先导。

模型模拟法，是指通过研究模型来揭示原型的形态、特征和本质的方法。模拟方法的基础是类比，一般技术构思通常有非生物类比的模拟（如利用金属材料的“记忆”特征，构思温度敏感的传感器）、生物类比的模拟（仿生学）和拟人的类比（机器人技术的构思）。

技术构思的移植法，是指在具有质的差异的系统之间，将某些共同相关的因素或机理，从一个系统中移到另一个系统中，从而发展出崭新的技术的方法。[①] 比如，生物工程研究中的基因拼接，工程技术中的技术

① 参见曾国屏、高亮华、刘立、吴彤主编：《当代自然辩证法教程》，清华大学出版社 2005 年版，第 297 页。

移植等。

技术构思的回采法，是指在新条件下，“回采”老的或旧的甚至是被否定过的技术，使老技术在新条件下恢复“青春”的方法。

2. 技术发明方法。技术发明是创造人工自然物的方法。技术的发明是人类在自然客体的基础上，利用自然物质、能量和信息，创造出来的原本自然没有的人工创造物。技术发明是最古老的创造方法。早期的发明除了社会需要的激励、刺激外，更多地是依赖于发明人的智慧与灵感。鲁班发明锯子，中国古代马钧等对指南车的发明，瓦特对蒸汽机的发明，就被过分地认为是个人智慧的结果。其实，许多技术发明需要社会条件和情境。社会欢迎发明、鼓励发明还是惧怕发明、限制发明，是发明能否得以发扬的土壤。专利制度就是激励发明的条件和情境。

技术发明也有许多种可以遵循的方法。目前比较流行的技术发明创造的方法主要有 TRIZ 方法。这是俄国发明家阿里特舒列尔等人通过对 10 万份专利研究归纳总结出 1 200 多种技术措施，并提炼出 40 种基本措施和 53 种较有成效的成对措施和成组措施的方法。

技术发明方法尽管多种多样，但其精髓仍然离不开辩证思维和生活实践，需要在不同方法之间保持思维的张力，才能产生有效和优化的技术发明，建构与天然自然和谐的、合理的人工自然。

3. 技术试验的方法。技术试验是在应用研究或技术开发中，对技术思想、技术设计、技术成果进行探索、考察、检验的实践活动。它也是把技术设计、构思转化为物质对象的技术检验的实践活动。

技术试验与科学实验是科学技术领域中两个不同的实践活动。两者既有共性，又有区别。科学实验是实验室中的过程，是在理想实验条件下进行的；而技术试验则要把所试验的对象放置到尽可能恢复到的现实的情况下进行，以使被试验对象可以运用到现实实践中去。科学实验主要执行了认识世界或认识极端条件下的人工自然的任务；而技术试验则主要执行了通过技术直接改变世界的职能。科学实验主要是在实验中把自然对象纯化后，揭示在纯化条件下对象内部的因果关系以及变化机理；而技术试验在试验中是把对象置入复杂的、天然自然的情境中，考察人工自然物对象是否可以耐受天然环境和情境的考验。

技术试验大致有三种类型，实验室试验、中间试验和生产试验。实验室试验是指对技术制品样机的科研阶段进行试验的过程，其目的是检验技术原理的科学性和可行性。中间试验，是对样机的各种实际问题进行检验和测试，比如材料、工艺和社会经济效益等问题，中间试验已经开始从样机单机到小批量样机进行实地性的检验过程。生产试验，是指以生产为主而仍然带有试验性的检验，生产试验的重点是工艺研究，其目的是要让技术产品的工艺性能更好。

4. 技术预测的方法。技术预测指对未来的科学、技术、经济和社会发展进行系统的研究，包括利用已有的理论、方法和技术手段，根据要预测的技术的过去、现在状况，推测和判断该技术发展的趋势或未知状况，确定具有战略性的研究领域，选择对经济和社会利益具有较大贡献的技术群。

技术预测的基本类型有类比性预测（又称类推法）、归纳性预测和演绎性预测。其中类推法是利用两类技术系统具有类似的特征，已知其中一类的发展变化过程（先导技术），根据类推原则，类推出另一种技术系统的发展趋势。归纳性预测方法则是利用归纳方法，通过若干个别的预测，做出某类技术预测的方法。德尔菲法是典型的归纳性预测方法。演绎性预测方法是根据有关预测对象的历史和现实资料，选取恰当的数学模型，运用数学方法求解所选预测模型的待定系数，从而得到一条表示预测对象发展趋势曲线，外推被预测对象未来可能发展趋势的方法。①

技术预测对于社会有重要意义。一项技术及其运用，是否对社会构成潜在风险？这是一个非常棘手的问题。我们确实在科学技术发展史上看到这样的例子，即开始认为该技术有助于认识和社会发展，有助于提升人类生活质量，比如 DDT 的发明与使用，后来发现 DDT 无法消解的积累作用对于生物有致命作用。

---

① 参见曾国屏、高亮华、刘立、吴彤主编：《当代自然辩证法教程》，清华大学出版社 2005 年版，第 270 页。

技术预测遇到的科学和哲学问题有一些是非常棘手的问题，如事物的发展如若是混沌类型的，如何预测？技术的长期预测是否可能？技术预测与事物的演化方式是怎样的关系？

5. 技术评估的方法。技术评估是对技术系统、技术活动、技术环境，包括技术计划、项目、机构、人员、政策等可能产生的作用、效果和影响进行测算与评价的行为，是从总体上把握利害得失，将被评估的系列技术活动的负面影响降至最低，使其活动的正面影响达到最大，从而引导技术活动朝着有利于自然、社会和技术的和谐发展的方向前进。

技术评估按照机构评估有内部评估和外部评估的区分，按照时间进程有前期、中期和后期以及事后评估的区分。

技术评估具有风险性。由此，要求技术评估要遵循专业性、系统全面性、公正性、独立性和客观性等原则。现代社会高技术的发展，使得技术发明或技术工程越来越专业化，由此评估技术一定要由专家来进行；评估技术也必须注意到技术可能给社会带来的风险，技术风险、经济风险、政治风险和社会风险，由此评估技术就要有非专业技术人士参加，如伦理专家、法律专家等。技术评估的公正性和独立性，是指在评估技术时，要摆脱委托者和外界干扰，评估应该是技术研制方和委托方之外的第三方来进行的评估。客观性是指可操作的客观性，即评估技术的结果应该有充分的事实依据，评估指标具有可操作的客观性，是建立在现实基础资料上的。

总之，马克思主义的科学技术方法论是在科学家、工程师和其他研究者研究科学技术的发现、发明过程中获得的方法、方法论的基础上，进行总结、深化和升华的方法论，不能割裂具体的科学研究方法与马克思主义科学技术方法论之间的联系，也不能用所谓的抽象的“马克思主义科学技术方法论”取代具体的基础性的科学技术研究的方法和方法论。马克思主义的活的灵魂就在于把辩证法渗透到这些具体方法及其运用之中，在注意到一个问题研究的一个方面的同时，也需要注意该问题研究的另一个方面，辩证地思考不同方面对研究可能带来的影响。

马克思主义科学技术方法论的第二个特征是极其重视科学研究的实践方面，实践是人类一切活动的基础，也是科学研究和工程技术发明创造的基础。马克思主义科学技术方法论重视理论在科学实践中的作用、影响和意义，但是绝不是唯理论的科学观。

马克思主义科学技术方法论还赋予科学实践以辩证的意义，一方面，科学技术活动改造这个人类所在的世界以及与人类关联的自然界，确有积极的建设性意义，另一方面，科学实践也需要有伦理和价值的维度约束，不要过分以人工自然代替天然自然。天然自然是人及其一切生命的基础和活动的基础场域，人工自然如果过分侵占了天然自然的场域，这种科学实践应该有所约束，不仅在活动的数量方面，而且在活动的性质方面都应该注意到自觉的约束。唯此，我们才能与其他生命在我们共同的地球上可持续地发展。而方法论的所有作用才能发挥出来。

案例：

昆虫飞行测量：目标、资源、与机会①

这是一个关于科学研究源于机会而不是问题的深具代表性的现实案例，由于这个案例是普普通通的博士生的博士论文涉及的科学研究，因此它更具有广泛性和普遍性意义。在这个案例里，研究目标先后有变化；现实条件制约着研究；通过实践还创立了最初谁也没有意料的新实验方法。是某大学现有的资源、研究者所能够把握的研究机会发挥了决定性的作用。

2005 年，某著名大学某同学是做光学工程课题研究的博士生，他的博士论文是研究昆虫飞行的测量问题。但是最初的研究目标不是昆虫的飞行测量而是通过仿生昆虫飞行为微小飞行器研究提供支持。

平常我们见到昆虫的飞行，都会对昆虫的复杂飞行技巧感到惊讶。因而昆虫是如何飞行的？人们提出这种问题，并不构成科学的问题。因为即便它是一个问题，在没有测量工具和仪器时，也无法研究它。之所以对昆虫的飞行产生旨趣，是因为我们想借助于昆虫研究微小飞行器。

① 参见吴彤等：《复归科学实践——一种科学哲学的反思》，清华大学出版社 2010 年版，第 286—288 页。

然而，我们只是在日常经验中知道，微小的昆虫能够直飞、悬停和突然拐弯，但是这些动作的动力学特性是不知道的。在没有合适仪器之前，它们无法构成研究问题。所以最初，这个研究只是建基于一些模糊的想法上面。事实上，研究者最初的研究目的是宏大的，不仅想系统地获得昆虫飞行数据，而且如果基于数据能够提出一套微小飞行器理论就更好了。但是，这个目标经过实践尝试后没有达到，仅达到了建立起一个初步的昆虫飞行的新测量系统的目的而已（这当然已经相当了不起了）。

其主要原因是，关于昆虫的飞行，如蜂的飞行，我们只有经验直观，而没有观测数据，进而也没有任何关于昆虫飞行的理论，而且最为重要的是甚至无从下手如何对昆虫的自由飞行进行测量。构成能够对昆虫空间飞行进行研究的机会，取决于多方面的因素，有无较好的跟踪飞行的观测仪器是其中最重要的瓶颈因子。

因此，如何能够建构起对昆虫自由飞行进行观测和精确测量的一套设备仪器成为研究昆虫飞行的重要前提。论文作者原来想要在博士研究阶段把昆虫飞行的规律找出来，限于仪器设计、博士论文研究要求的时间不够完成这样的研究，他最后完成的是由两个子系统组成的混合测量系统：磁场传感线圈测量系统和图像跟踪系统。通过这个系统的完成，研究者初步跟踪拍摄了熊蜂的飞行（悬停、直飞和拐弯）姿态，获取了若干相关数据，而且研究者还通过各种尝试，成功地运用在熊蜂翅膀上粘接微型传感线圈来测量熊蜂扇翅角和扭转角的方法对熊蜂进行了实验。最后由于这个方法的成功，即粘接线圈方法的成功实践，这种本来是试试的工作，就成为这个研究实践的重要组成部分。所以，我们看到，这个研究，即波珀的试错实践的成功，构成了研究工作的核心，并且为后来者的持续研究提供了基础。恩格斯并不知道这个实验和研究，但是引用他在《自然辩证法》里的话，就好像他就是特指这件事情似的，“从历史的观点来看，这件事也许有某种意义：我们只能在我们时代的条件下去认识，而且这些条件达到什么程度，我们就认识到什么程度”。①

① 《马克思恩格斯文集》第9卷，人民出版社2009年版，第494页。

思考题

1. 如何理解马克思主义科学技术方法论与科学研究中的具体方法的关系?
2. 如何理解辩证思维渗透在科学研究的全部过程中?
3. 如何把握创造性思维特性?
4. 数学方法的运用对于科学研究是否有创造性的作用?
5. 掌握系统科学和复杂性科学的方法对于科学研究有何积极意义?
6. 观察是否有信念渗入,如何在有信念渗入的境况下排除先见?
7. 实验有自己独立的生命,是否不需要理论的指导?理论对实验如有指导,是否实验就没有自己独立的生命?
8. 技术构思、技术设计和技术试验三者的关系如何?

阅读书目

1. 《习近平关于科技创新论述摘编》,中央文献出版社 2016 年版。
2. [英] W. I. B. 贝弗里奇:《科学研究的艺术》,陈捷译,科学出版社 1979 年版。
3. 徐利治:《数学方法论选讲》,华中工学院出版社 1983 年版。
4. [法] 埃德加·莫兰:《复杂思想:自觉的科学》,陈一壮译,北京大学出版社 2001 年版。
5. 吴彤:《复杂性的科学哲学探索》,内蒙古人民出版社 2008 年版。

第四章　马克思主义科学技术社会论

马克思主义科学技术社会论是基于马克思、恩格斯的科学技术思想，对科学技术与社会的总的概括和进一步发展，是马克思主义科学技术论的重要组成部分。科学技术对社会的发展起着巨大的作用，社会对科学技术的发展和应用也有着重要影响。科学技术既带来了经济转型、社会变迁、人类解放等，同时也带来了劳动的异化、环境的破坏以及伦理问题等。为此，需要动员全社会力量，改革科学技术体制和机制，推进科学研究和技术创新；加强科学技术共同体的伦理规范和责任，应对新兴科学技术的伦理冲击；发展事关国计民生的科学技术，协调科学文化与人文文化之间的关系，建构有利于环境保护的科学技术，降低科学技术的风险。科学技术的社会功能观，科学技术的社会运行观和科学技术的社会治理观等，构成了马克思主义科学技术社会论的核心内容。

第一节　科学技术的社会功能

科学技术是历史发展的火车头，这是马克思主义的基本观点。科学技术推动了生产力内部各要素的变革，促进了产业结构的调整、经济形势的变化和经济增长方式的转变，造就了经济的转型；变革了生产关系，增进了人类自由全面的发展，推进人类社会进入发展的新阶段；产生了劳动异化现象，造成了工具理性的张扬以及意识形态的科学技术化倾向。应该以辩证的态度看待科学技术的社会功能。

一、科学技术与经济转型

（一）引发技术创新模式的改变

习近平指出："科技是国家强盛之基，创新是民族进步之魂。"① 科

① 习近平：《在中国科学院第十七次院士大会、中国工程院第十二次院士大会上的讲话》，《人民日报》2014年6月10日。

技创新是提高国家综合国力的重要途径。技术创新的模式概括起来有两种，一种是来自经验探索或已有技术的延伸，科学对技术的作用不大；另外一种是来自科学理论的引导，科学成为技术创新的知识基础，成为“第一生产力”。

关于“科学技术是第一生产力”，马克思有许多论述。马克思指出，“资本是以生产力的一定的现有的历史发展为前提的——在这些生产力中也包括科学”。① “在固定资本中，劳动的社会生产力表现为资本固有的属性；它既包括科学的力量，又包括生产过程中社会力量的结合，最后还包括从直接劳动转移到机器即死的生产力上的技巧。”② 他又说，科学“是人的生产力的发展即财富的发展所表现的一个方面，一种形式”③。“劳动资料取得机器这种物质存在方式，要求以自然力来代替人力，以自觉应用自然科学来代替从经验中得出的成规。”④ 他还曾断言，“劳动生产力是随着科学和技术的不断进步而不断发展的”⑤。“生产力的这种发展，最终总是归结为发挥作用的劳动的社会性质，归结为社会内部的分工，归结为脑力劳动特别是自然科学的发展。”⑥ 马克思认为，当机器大工业生产方式建立后，第一次使自然科学为直接的生产过程服务，第一次产生了只有科学才能解决的实际问题，第一次达到使科学成为必要的那样一种规模，第一次把物质生产变成科学在生产中的应用。

在此，马克思就把科学看作是生产力的“知识形态”，应用于生产中能够大大提高社会生产力水平，推动整个人类物质生产的迅猛发展。这是马克思的“科学是生产力”的思想。它打破了以往“科学与经济、生产无关”的传统观念，揭示了科学与经济、生产的紧密关联，为人们更好地发挥科学的生产力功能提供了思想基础，也为近代技术科学化的演

---

① 《马克思恩格斯文集》第 8 卷，人民出版社 2009 年版，第 188 页。
② 《马克思恩格斯文集》第 8 卷，人民出版社 2009 年版，第 206 页。
③ 《马克思恩格斯文集》第 8 卷，人民出版社 2009 年版，第 170 页。
④ 《马克思恩格斯文集》第 5 卷，人民出版社 2009 年版，第 443 页。
⑤ 《马克思恩格斯文集》第 5 卷，人民出版社 2009 年版，第 698 页。
⑥ 《马克思恩格斯文集》第 7 卷，人民出版社 2009 年版，第 96 页。

化趋势所印证。

16世纪以前，技术发明常常来源于一些偶然的经验发现。16、17世纪，除航海业外，科学的研究成果几乎没有或很少转化为技术。从18世纪蒸汽机的应用开始，科学与技术之间的联系日益密切，但是，直到18世纪末，科学获益于工业的远多于它所给予工业的。从19世纪中叶开始，科学开始走在技术的前面，科学引导技术发展或推动新技术产生，重大的科学突破引发新的技术革命，成为技术革命和工业革命发生的基础和最重要的驱动力。尤其是到了20世纪以后，链式反应（核能）的利用，半导体（晶体管）的发明，激光器的研制，基因重组生物技术的产生，都是来自科学理论的引导，而不是来自经验探索或者已有技术的延伸。

这使人们认识到，科学不仅是人类认识世界的知识体系，还是人类改造世界的知识基础；作为知识形态的科学能够为技术创新奠定知识基础，应用于社会生产，促进新技术领域的产生，进而创造出巨大的经济价值；没有科学理论上的重大突破，很多技术创新将不能实现，很多新产品的生产和使用也将不再可能。因此，推动科学向技术转化以及科学技术向生产力转化，就成为当代社会关注的焦点，也成为技术创新的最重要模式。

（二）推动生产力要素的变革

生产力的提高与生产者、生产工具、生产对象以及生产管理等要素紧密相关。科学技术作为第一生产力，是通过推动生产力诸要素的变革实现的。习近平指出："随着要素质量不断提高，经济增长将更多依靠人力资本质量和技术进步，必须让创新成为驱动发展新引擎。"①

生产者是生产力中起主导作用的最积极、最活跃的因素。生产者的生产能力取决于体力的大小，更取决于文化水平的高低。科学技术的发展及其在经济领域中的大规模应用，要求生产者掌握更多、更先进的科学技术知识和技能。生产者的科学技术水平越高，生产效率就越高。

---

① 《习近平谈治国理政》第2卷，外文出版社2017年版，第231页。

生产工具的改进和革新，鲜明地体现着科学技术对生产资料的渗透和强化作用。科学技术可以物化为生产手段，使生产工具代替人的体力劳动成为现实，而且使生产工具向代替人的脑力劳动发展。这既改变了劳动手段的构成，也改变了劳动手段的性质，极大地扩展了生产手段的功能，提高了生产效率。

历史的发展表明，一部生产史，也是一部生产对象不断扩展的历史。当今科学技术既扩大了生产对象的范围和种类，也改变了生产对象的品质、性能和用途。

现代经济和生产管理极大地依赖于先进的科学技术，一些巨大的工程管理一旦离开科学技术根本无法进行。现代管理广泛应用最新的科学技术，使人、财、物得到最合理的利用，从而取得最大的经济效益。

（三）促进经济结构的调整

科学技术导致了新的产业结构和新的经济形式的产生，促进了整个生产力系统的优化和发展，提高了劳动生产率，成为经济结构调整的内生变量。

1. 升级产业结构。产业结构是国民经济进一步健康、快速发展的前提条件，反映了一个国家经济与科学技术发展水平。农业经济的主导产业是种植业，形成了以第一产业为主导的产业结构；工业经济的主导产业是制造业，形成了以第二产业为主导的产业结构；而现代科技革命主导下的产业是高技术产业，原有的产业部门得到改造，新的产业部门和朝阳产业开始出现，第三产业的比重迅速上升，而第一产业和第二产业的比重减小，形成了以第三产业为主导的产业结构。

2. 产生经济形式。新的经济形势如信息经济、知识经济、网络经济、生物经济等开始出现，成为新的经济增长点。信息经济，又称资讯经济或 IT 经济，是以现代信息技术等高科技为物质基础，信息产业起主导作用，基于信息、知识、智力的一种新型经济。知识经济，是以知识为基础、以脑力劳动为主体的经济，是与农业经济、工业经济相对应的一个概念，工业化、信息化和知识化是现代化发展的三个阶段。教育和研究开发是知识经济的主要部门，高素质的人力资源是重要的资源。网络经济，是一种建立在计算机网络（特别是 Internet）基础之上，以现代信息技术为核心的新的经济形态。它不仅是指以计算机为核心的信息技术产业的兴起和快速增长，也包括以现代计算机技术为基础的整个高新技术产业的崛起和迅猛发展，更包括由于高新技术的推广和运用所引起的传统产业、传统经济部门的深刻的革命性变化和飞跃性发展。生物经济，是以生物科学技术为基础，进行生物产品的生产、分配、使用的一种经济形式。生物经济以开发生物资源为特征，它的发展依赖于生物工程，涉及农业、工业等产业。

3. 转变经济增长方式。高消耗、低产出、高污染的粗放型经济，逐渐被低消耗、高产出、低污染的集约型经济代替。生态经济、循环经济、低碳经济等被提出并得到贯彻实施。生态经济，是指在生态系统承载能力范围内，运用生态经济学原理和系统工程方法改变生产和消费方式，挖掘一切可以利用的资源潜力，发展一些经济发达、生态高效的产业，建设体制合理、社会和谐的文化以及生态健康、景观适宜的环境。生态经济是实现经济腾飞与环境保护、物质文明与精神文明、自然生态与人类生态的高度统一和可持续发展的经济。循环经济，是指模仿大自然的整体、协同、循环和自适应功能去规划、组织和管理人类社会的劳动、消费和流通活动，是一类集自生、共生和竞争经济为一体，具有高效的资源代谢过程、完整的系统耦合结构的复合生态经济，具有网络型和进化型的特点。它以资源的高效利用和循环利用为目标，以“减量化、再利用、资源化”为原则，以物质闭路循环和能量梯次使用为特征，按照自然生态系统物质循环和能量流动方式运行。低碳经济，是指在可持续发展理念指导下，通过技术创新、制度创新、产业转型、新能源开发等多种手段，尽可能地减少煤炭、石油等高碳能源消耗，减少温室气体排放，达到经济社会发展与生态环境保护双赢的经济发展形态。

科学技术对经济转型的推动作用意义重大。党的十八大报告围绕“大力推进生态文明建设”，提出了四大重点任务：第一，优化国土空间开发格局；第二，全面促进资源节约；第三，加大自然生态系统和环境保护力度；第四，加强生态文明制度建设。[1] 在这四项任务中，前三项任务的完成都与“推动科学技术进步，实现经济转型”紧密相关。

二、科学技术与社会变迁

（一）变革和调整生产关系

习近平指出：“重视科技的历史作用，是马克思主义的一个基本观点。”[2] 在马克思主义的思想中，科学是一种在历史上起推动作用的、革命的力量。马克思意识到，作为强大精神力量的科学技术，能够促进人类思想的解放，在产业革命的基础上推动社会变革，对生产关系产生有力影响。“蒸汽、电力和自动走锭纺纱机甚至是比巴尔贝斯、拉斯拜尔和布朗基诸位公民更危险万分的革命家。”[3] 在马克思看来，正是科学技术的发展引起人类社会生产力的巨大进步，推动旧的生产关系发生不可逆转的变化，直接参与到不可阻挡的人类历史发展的进程当中，为资本主义制度的建立创造了条件。

发生于20世纪的现代科学技术革命，是以现代科学革命和新技术革命为标志的。现代科学革命包括相对论革命、量子力学革命和分子生物学革命等。新技术革命以信息技术革命为核心，包括新材料、新能源、生物、海洋、空间、环境与管理等方面的技术革命。各种新兴科学技术，如信息科学技术、网络科学技术、基因科学技术、纳米科学技术等得到迅猛发展，带来广泛的社会应用，有力地促进了资本主义生产关系的再调整。这种再调整包括：既有国有经济，又有国、私共有经济和跨国经济，既有私营企业、股份企业，又有国有企业、跨国合营企业或合资企业，多种所有制形式并存；劳动者队伍整体素质提高，白领阶层开始出现，社会收入分配差距呈缩小趋势；资本主义社会经过自由竞争—私人垄断—国家垄断后，已发展到国际垄断阶段；科学技术的政治功能得到

---

① 参见《中国共产党第十八次全国代表大会文件汇编》，人民出版社2012年版，第36—37页。

② 《习近平关于科技创新论述摘编》，中央文献出版社2016年版，第23页。

③ 《马克思恩格斯文集》第2卷，人民出版社2009年版，第579页。

加强，专家治国、网络民主开始凸显。

（二）推动人类社会走向新的发展阶段

历史的发展充分证明，马克思主义科学技术的社会功能观是正确的。原始荒野中的石器和火光与采集狩猎社会紧密关联；动植物培育和铜鼎铁犁铸就农业文明；近代科学技术革命与西方市场经济革命以及政治革命一道，为人类带来了工业文明；现代科学技术革命更使人类社会发展进入到一些未来学家所提出的各种社会发展新阶段；“未来几十年，新一轮科技革命和产业变革将同人类社会发展形成历史性交汇，工程科技进步和创新将成为推动人类社会发展的重要引擎。”① 托夫勒、贝尔、奈斯比特等，从科学技术革命（很大程度上是生产力革命）所引起的社会变革出发，提出了“第三次浪潮”“后工业社会”“知识社会”“智能社会”等社会发展阶段学说。

1.“第三次浪潮”。1980年托夫勒出版了轰动世界的《第三次浪潮》，形成了自己的未来学思想体系。他认为，人类社会已经经历了两次浪潮，正面临着第三次浪潮。第一次浪潮即农业革命，人类从原始野蛮的渔猎时代进入以农业为基础的社会，历时几千年，使得社会结构、家庭结构、价值观念发生了根本变化；第二次浪潮即工业革命，历时300年，它摧毁了古老的农业文明社会，在第二次世界大战后10年达到顶峰，社会的和经济的变化出现了群体化、标准化、同步化、集中化和大型化等特点；第三次浪潮即信息革命，从20世纪50年代后期开始，以电子工业、宇航工业、海洋工业、遗传工程组成工业群，社会进步既以技术和物质生活标准来衡量，还以丰富多彩的文化来衡量，呈现出知识化、多样化、小型化、个人化和分散化的特点。托夫勒认为，第三次浪潮是人类文明史的新阶段，是一种独特的社会状态。他强烈主张，人类应该在思想、政治、经济、家庭领域来一场革命，以适应第三次浪潮文明。他进一步断言，资本主义和社会主义都是“工业时代的产物”，两种社会制度的对立和差异都将随着科学技术的进步和工业时代的结束而结束，趋向于“第

---

①《习近平关于科技创新论述摘编》，中央文献出版社2016年版，第97页。

三次浪潮”文明的社会。①

2.“后工业社会”。美国学者丹尼尔·贝尔于1973年发表《后工业社会的来临——对社会预测的一项探索》一书，全面阐述他的关于未来社会发展的观点。他认为，人类社会是从前工业社会（包括渔业社会和农业社会）经过工业社会向后工业社会发展的。他认为后工业社会有五大特征：经济方面，从产品生产经济转变为服务性经济；职业分布方面，专业和技术人员处于主导地位；“中轴原理”② 方面，理论知识成为社会核心，是社会革新与制定政策的源泉；未来技术方面，发展是有计划、有节制的，技术评估占有重要地位；制定政策方面，“智能技术”非常重要，各种政策的制定都必须通过它来实现。③ 从这五大特征看，它们都是科学技术进步的结果，其中理论知识处于中轴，人与人之间的竞争是知识竞争，科技精英成为社会的统治人物。后来，他又指出，“后工业社会”实质上就是“信息社会”。

3.“知识社会”。知识社会是以知识为基础的社会，是世界现代化的发展趋向和未来社会的一种形态。早在20世纪中叶，就有学者意识到工业化国家现代化开始从工业经济向知识经济，从工业社会向知识社会的转变。1966年，罗伯特·E. 莱恩最早提出“知识社会”这一概念。1969年，彼得·F. 德鲁克在《不连续的时代》中，就将知识置于我们社会的中心，以及经济和社会行为的基础地位。1973年，丹尼尔·贝尔在其《后工业社会的来临——对社会预测的一项探索》一书中提出：后工业社会是以科学技术知识为核心的“知识社会”，是“围绕知识组织起来的”，“理论知识的积累与传播”是后工业社会革新和变革的主要力量。1982年，约翰·奈斯比特在《大趋势——改变我们生活的十个方面》一书中

---

① 参见［美］阿尔文·托夫勒：《第三次浪潮》，黄明坚译，中信出版社2006年版。

② 参见贝尔《后工业社会的来临——对社会预测的一项探索》。此书最突出的特点之一是其方法论，即“中轴原理”（axial principle）。该原理认为在某一历史时期内，特定的中轴原理成为其他大多数社会关系的决定性因素。

③ 参见［美］丹尼尔·贝尔：《后工业社会的来临——对社会预测的一项探索》，高铦等译，新华出版社1997年版。

进一步概括了知识社会的四个特征：起决定作用的生产要素不是资本，而是信息知识；价值的增长不再通过劳动，而是通过知识；人们注意和关心的不是过去和现在，而是将来；信息社会是诉讼密集型的社会。①1985年，堺屋太一在《知识价值革命——工业社会的终结和知识价值社会的开始》一书中提出，20世纪80年代，由于科学技术和产业组织发生了根本变革，世界将进入“知识价值社会”。② 1990年，阿尔文·托夫勒在《权力的转移》一书中提出，知识、科学技术就是财富、资源和资本，就是权力，就是权力转移中的决定性的推动力量。③ 20世纪90年代初，彼得·F. 德鲁克在他的新作《后资本主义社会》一书中提出，人类正在进入知识社会，知识社会是一个以知识为核心的社会，“智力资本”已成为企业最重要的资源，有着良好教育的人成为社会的主流。④

4. “智能社会”。这是以人工智能（Artificial Intelligence，英文缩写为AI）技术为依托的社会。人工智能是研究、开发用于模拟、延伸和扩展人的智能的理论、方法、技术及应用系统的一门新的技术科学。该领域的研究包括机器人、语言识别、图像识别、自然语言处理和专家系统等。可以设想，未来人工智能带来的科技产品，是使机器能够胜任一些通常需要人类智能才能完成的复杂工作。

综观上述各种社会发展阶段学说，都是从科学技术革命（很大程度上是生产力革命）所引起的社会变革提出来的。这有一定道理。因为，科学技术在极大地推动生产力发展的同时，也要求生产关系发生变革，以便与变革了的生产力相适应，就其而言，科学技术革命是与社会形态的变革与文明的转型紧密联系在一起的。但是，从马克思主义的观点看，

---

① 参见［美］约翰·奈斯比特：《大趋势——改变我们生活的十个方面》，孙道章译，中国社会科学出版社1984年版。

② 参见［日］堺屋太一：《知识价值革命——工业社会的终结和知识价值社会的开始》，黄晓勇译，三联书店1987年版。

③ 参见［美］阿尔文·托夫勒：《权力的转移》，吴迎春、傅凌译，中信出版社2006年版。

④ 参见［美］彼得·F. 德鲁克：《后资本主义社会》，傅振焜译，东方出版社2009年版。

社会变迁与一定的生产力以及经济基础有关，也与生产关系以及上层建筑有关。我们不能把人类社会变迁单纯地看做是科学技术和生产力自然而然发展的结果。社会变迁归根结底是生产力和生产关系、经济基础和上层建筑之间矛盾运动的结果。只有当这种矛盾运动发展到一定阶段，旧的、落后的生产关系严重阻碍生产力发展，旧的、落后的上层建筑严重阻碍经济基础之时，社会变迁才会发生。那种片面夸大科学技术的社会作用，认为社会发展是由科学技术决定的观点，是错误的。

三、科学技术与人类解放

（一）将人类从繁重的劳动中解放出来

近代以及现代科学技术革命的发生，推动产业革命的进行，使得劳动生产方式从手工化走向机械化、电气化、自动化、信息化和智能化。第一次科学技术革命，以机器取代人手对工具的直接操作，实现了劳动生产方式的机械化；第二次科学技术革命，以电力作为生产动力，把人从动力供给中彻底解放出来，实现了劳动生产方式的电气化；第三次科学技术革命，用机器系统取代人的直接操纵，控制生产使之按一定方式进行，实现了劳动生产方式的自动化；第四次科学技术革命即现代科学技术革命，使计算机科学技术和信息科学技术得到突飞猛进的发展，实现劳动生产方式的信息化和智能化。所有这些大大延伸了人的感觉器官、效应器官和思维器官，将人类从繁重的体力劳动和脑力劳动中解放出来。

（二）对人类的生活方式产生深刻影响

马克思指出："一定的生产方式或一定的工业阶段始终是与一定的共同活动方式或一定的社会阶段联系着的，而这种共同活动方式本身就是'生产力'；由此可见，人们所达到的生产力的总和决定着社会状况"。①人类社会的生产方式和生活方式紧密关联。科学技术推动社会生产方式变革的同时，也推动着人类生活方式的不断变革。马克思认为："随着资本主义生产的扩展，科学因素第一次被有意识地和广泛地加以发展、应

---

① 《马克思恩格斯文集》第1卷，人民出版社2009年版，第532—533页。

用并体现在生活中，其规模是以往的时代根本想象不到的。”① 人类凭借近代科学技术革命，以工业时代商品经济生活方式替代农业时代的自给自足自然经济生活方式，充分地表明了马克思上述论断的正确性。随着现代科学技术革命的进行，人类正在走向具有崭新特征的高科技生活方式。

从家庭生活方式看，网络化的生产方式导致工作形式在时间和空间上呈现分离，居家上班、远程工作成为可能。如此，家庭功能发生变化，家庭重新成为社会中心，妇女的自主性增强，家庭内部关系更加趋于平等；传统、单一的家庭结构开始改变，单身家庭、丁克家庭以及不同于传统的新的群居家庭——“电子大家庭”日益呈现。

从消费方式看，生产的迅速发展使物质产品极大丰富，人类的消费趋向多元化；时尚消费、过度消费、品牌消费、一次性消费、超前消费、借贷消费等成为消费的重要形式；网络银行、网络商店、网络购物、远程学习和医疗将普遍实现，成为人们生活的重要组成部分。

从社会交往方式看，私人交通工具、飞机和高速铁路交通的发展，电话、手机以及网络通信技术的进步，突破了人类交往的时空限制，改变着人类的交往形式，社会交往日益呈现多元化的态势，“网上交往”等成为普遍现象，人类的交往和沟通比以前更加方便和频繁了。

……

所有这一切，不仅使人的衣、食、住、行等基本的生存需要得到满足，而且还能够使人的认知交往、审美、自我价值实现等发展需要得到满足。科学技术既提高了人的主体能力和主体地位，也为在满足人的需要前提下实现人的全面而自由的发展提供保证，从而促进人类的解放。马克思认为，作为人类最终走向自由的中介的科学技术，能够作为解放的杠杆，增进人类精神生活的丰富性和自我发展能力，有助于实现人的全面、自由的发展。马克思指出：“自然科学却通过工业日益在实践上进入人的生活，改造人的生活，并为人的解放做准备，尽管它不得不直接

① 《马克思恩格斯文集》第 8 卷，人民出版社 2009 年版，第 359 页。

地使非人化充分发展。"①

四、科学技术的异化及其反思

（一）马克思劳动和技术异化理论

马克思一方面充分肯定了技术在社会，特别是在资本主义社会发展中发挥的巨大作用，另一方面也揭示了在资本主义条件下，科学技术的应用所产生的异化现象。马克思提到：在资本主义社会中，"科学对于劳动来说，表现为异己的、敌对的和统治的权力"，②"所以文明的进步只会增大支配劳动的客体的权力"，③"这种科学并不存在于工人的意识中，而是作为异己的力量，作为机器本身的力量，通过机器对工人发生作用。"④

在马克思学说中，劳动和技术的异化表现在以下几方面：一是资本家一味追求剩余价值，在加紧剥削工人阶级的同时，加紧掠夺自然资源，结果在破坏了作为劳动者的人本身的劳动力的同时，也破坏了人类赖以生存和发展的自然界；二是机器技术表现为资本剥削劳动者的手段、统治工人阶级的力量、占有剩余价值的工具，结果使机器技术成为同工人阶级相对立的力量，机器和技术在给资本家创造巨额财富的同时，给工人阶级带来了贫困和灾难；三是机器技术严重压抑工人的自主性，工人操纵机器变成了机器操纵工人，工人逐渐成为机器技术的附属物，日益丧失自由，被机器的节奏和需要所统治。

在马克思那里，技术已经成为资本主义社会的一种异己力量，既压制、排挤、掠夺、剥削和控制工人及其劳动，又压榨、剥削、奴役自然，成为人自由发展的桎梏。

然而，马克思并没有因此把技术本身当作罪恶之源。他认为资本主义的生产关系是技术异化现象得以产生的社会历史根源。他指出："因为

① 《马克思恩格斯文集》第1卷，人民出版社2009年版，第193页。
② 《马克思恩格斯文集》第8卷，人民出版社2009年版，第358页。
③ 《马克思恩格斯全集》第30卷，人民出版社1995年版，第267页。
④ 《马克思恩格斯文集》第8卷，人民出版社2009年版，第185页。

机器就其本身来说缩短劳动时间，而它的资本主义应用延长工作日；因为机器本身减轻劳动，而它的资本主义应用提高劳动强度；因为机器本身是人对自然力的胜利，而它的资本主义应用使人受自然力奴役；因为机器本身增加生产者的财富，而它的资本主义应用使生产者变成需要救济的贫民”。① 就此，马克思是把机器和机器的资本主义应用区别对待的，认为技术异化的根源并不在于它自身或它的物化，而在于资本主义社会中资本的逻辑，它使得技术的使用成为资本家阶级攫取利润和霸权的工具，资本主义的生产关系才是技术异化现象得以产生的社会历史根源。

既然如此，马克思认为，要消灭技术异化现象，就必须消灭生产资料的资本主义私有制，使技术不再成为资本增殖的手段，使全社会的人成为全部生产资料的主人，使技术的逻辑服从于人的自由和发展的逻辑，以达到人与人、人与自然的和谐统一。

马克思对技术异化现象的批判是彻底而现实的，不是单纯就技术本身展开分析，而是把对技术的人本主义批判与对资本主义制度的社会批判有机地结合起来。这既不是技术决定论的，也不是社会决定论的，对于我国现阶段科学技术应用具有重要的启发作用。作为社会主义国家，我国能够充分发挥制度的优势，为技术的合理使用提供制度上的保障。同时，我们也应清醒地认识到，社会主义建设是在现有生产力还不发达的前提下进行的，这就决定了资本在中国还有其长期存在的合理性。鉴此，必须改革和完善我们的经济制度和结构，使科学技术发展的资本导向和人本导向之间保持必要的张力，避免科学技术在资本逐利的本性下被滥用从而导致异化，以体现科学发展观的深刻内涵。

（二）法兰克福学派科学技术社会批判理论

西方马克思主义发扬马克思对资本主义批判的精神，对现代科学技术革命和现代社会进行了反思，提出了许多有价值的见解。法兰克福学派是西方马克思主义的重要流派，他们认为，现代科学技术革命在发挥正面社会作用的同时，使人变成商品的奴隶、消费的奴隶，发达资本主

---

① 《马克思恩格斯文集》第5卷，人民出版社2009年版，第508页。

义社会既是“富裕社会”，又是“病态社会”，造成了畸形的、“单向度”的人；现代科学技术不是价值中立的，而是具有明确的政治意向性，作为新的控制形式，具有意识形态的功能；工具理性成为唯一的社会标准，现代科学技术成为独裁的手段。

马尔库塞是西方激进的社会批判家、法兰克福左派领导人，对科学技术的批判是其最大的理论特色。同马克思一样，马尔库塞也非常肯定技术在社会发展中的作用。他认为，在当代工业社会中，决定性的东西是技术，但是“技术装备……不是作为脱离其社会影响和政治影响的单纯工具的总和，而是作为一个系统来发挥作用的。”① 具体而言，当代工业社会，不仅仅能够利用先进的技术手段控制物质生产过程，而且还能够加强对人的心理、意识的操纵与控制，使人们彻底屈从于整体社会需要，最终丧失那种人之所以为人的“内在的自由”；不仅仅使人过上越来越舒适的生活，而且还把人们束缚在现有的社会体制之中，使人变成了只追求物质的人。这样，人们习惯性地把受操纵的生活当作舒适的生活，把社会的需要当作个人的需要，把社会的强制当作个人的自由，丧失了追求精神自由和批判的思维能力，从而也丧失了对现存制度的否定能力。

这就是马尔库塞所谓“单向度的人”。在他看来，人之所以成为单向度的人，其根源在于科学技术的发展和自动化的实现，在于现代技术已经取代传统的政治统治手段而成为一种新的控制形式。其中，技术理性成为社会的组织原则，支配着人们的思想意识和社会行为，而社会凭借这种组织它自己的技术基础的新方式，已经成为一个从来没有过的理性系统。所有先前的独立体制——宗教、政治、立法等都成了技术系统自身的理性化、客观化和物化的附属物。每一件东西都被协调起来以保证这个系统的最佳运转，而这个系统则以其不断发展的生产力来使自身合法化。因此，“技术理性的概念，也许本身就是意识形态，不仅技术理性的应用，而且技术本身就是（对自然和人的）统治，就是方法的、科学

---

① ［美］赫伯特·马尔库塞：《单向度的人》，刘继译，上海译文出版社 1989 年版，第 6 页。

的、筹划好了的和正在筹划着的统治。”①

按照上述观点，技术理性等同于理性自身，任何对现存技术的批评都被认为是反理性的，因而也就被判定为不合理的。相应地，任何对由技术理性组织起来的社会的批评也被认为是反理性的，也是不合理的。技术已经成为一种新的控制形式，它组成和凝聚为新的更有效的社会控制形式，包含着一种暴力的、极权主义的因素；它与统治阶级联合起来，成为一股专制的力量，导致了对资本主义的不合理现实的深层捍卫。在发达资本主义社会中，技术已经成为对现存统治辩护的工具，它封闭了人们的不满和反抗，成为极权统治的工具，造成人与社会的双重异化。在这样一种技术理性的本质中，科学技术从一种解放力量转变为解放的桎梏：科学技术越发展，人就越陷入被奴役的地位不能自拔。这就是“科学技术的意识形态化”。

如何解决这个问题呢？马尔库塞在《单向度的人》一书中明确提出了“新技术”的概念，他设想用一种人道主义的新技术来转变现有的政治统治，以帮助人们摆脱掉物质需求的诱惑与思想异化的束缚，促进人的自由解放。

哈贝马斯是法兰克福学派晚期的杰出代表人物，他对马尔库塞的社会批判理论作了进一步阐发。他认为，人类有两种活动——改造自然的活动和社会实践活动。这两种活动方式反映了人类的两种旨趣：一种是技术旨趣，它是人类预测与控制自然的旨趣；一种是交往旨趣，它是人类为了在不受扭曲的基础上获得相互交往的旨趣。根据哈贝马斯的理论，自启蒙以来，科学技术的日益膨胀，使得技术旨趣高踞于交往旨趣之上，科学知识成为人类知识的唯一典范，成为人文社会知识是否得以合法存在的仲裁者，从而阻断了人们理解、交往和自由解放的可能性，使得社会生活缺乏意义，变得冷酷无情。要解决这一问题，哈贝马斯指出，只有将作为生产力的科学技术服务于作为解放力的人文社会科学，否则，

---

① ［德］哈贝马斯：《作为“意识形态”的技术与科学》，李黎、郭官义译，学林出版社1999年版，第39—40页。

只能带来灾难。

哈贝马斯进一步指出，传统社会的政治统治是靠对世界作神话的、宗教的和形而上学的解释来论证其合法性的，而在资本主义社会晚期，则是依靠科学技术来保证这种合法性。在这一阶段，经济增长被当作社会进步的唯一目标，而科学技术的不断发展和应用，促进了经济的不断增长，保持了经济秩序的持续稳定，提供了充分的物质产品和丰富的社会服务，满足了人们各种各样的物质文化需求，从而也为资本主义国家的政治统治提供了合法化的依据。这就是资本主义国家的政治经济化以及科学技术化，科学技术成为证明现存政治秩序和政治统治合理性的意识形态，执行着意识形态的功能。

哈贝马斯指出，技术"作为隐形意识形态，甚至可以渗透到非政治化的广大居民的意识中，并且可以使合法性的力量得到发展。这种意识形态的独特成就就是，它能使社会的自我理解同交往活动的坐标系以及同以符号为中介的相互作用的概念相分离，并且能够被科学的模式代替。同样，在目的理性的活动以及相应的行为范畴下，人的自我物化代替了人对社会生活世界所作的文化上既定的自我理解"①。照此，"技术统治"作为现代社会新的意识形态，已经不仅仅限于政治系统之中，而是渗透到了非政治的文化、生活领域，它能强化公众的非政治化意识，从而使合法化的力量大大扩展。此外，哈贝马斯还认为，与传统的意识形态相比，技术与科学这种新的意识形态至少表现为三个方面的新特点：更具操作性、较少意识形态性、更具辩护性。

法兰克福学派指出了科学技术的意识形态性，对如何全面认识科学技术作出了重要贡献，在一定意义上发展了马克思主义科学技术论。但是，法兰克福学派将对科学技术异化的批判转变为对科学技术本身的批判和否定，掩盖了科学技术异化现象背后的社会根源，把经济问题、社会问题转换为科学技术问题，消解了人们对资本主义社会本身的批判，

① [德] 哈贝马斯：《作为"意识形态"的技术与科学》，李黎、郭官义译，学林出版社 1999 年版，第 63 页。

偏离了马克思历史唯物主义的轨道，走向了社会批判初衷的反面。实际上，科学技术的意识形态功能并不能归咎于科学技术本身，而应该归咎于资本主义社会的资本的逻辑，以及资本主义的生产关系。

第二节 科学技术的社会运行

科学技术的运行需要相应的社会建制的支撑。社会建制化是科学技术持续发展的基本条件。科学技术的社会建制化，经济支持制度、法律保障体系等科学技术体制是根本，各种组织机构及其科研组织运行是保证。在科学技术发展应用的新阶段，科学技术的社会建制呈现出新特点，必须进行科学技术体制改革，保证科学技术的良性运行。科学技术的社会良性运行需要政治、经济、文化、教育等各方面的支撑，良好的社会环境是科学技术顺利运行的保证。科学技术的良性运行需要伦理规范的导引，需要科学技术共同体遵守相应的伦理准则，需要全社会应对新兴科学技术的伦理冲击。

一、科学技术的社会建制

（一）科学技术社会建制的形成

科学技术社会建制的形成有一个历史过程，与科学家和技术专家的社会角色形成密切相关。

科学的社会建制是从创建科学学会进而组成特殊的小社会开始逐渐形成壮大的。从 17 世纪英国以及法国皇家学会的成立，到 19 世纪德国大学实验室制度和研究班制度的建立，再到美国大学系和研究生院制度的建立，科学的社会建制逐渐完善。技术的社会建制与工程教育、工程师社会角色的确立有关。科学技术的社会建制过程是科学技术活动的制度化过程，也使科学家和工程师的社会角色最终得以确立。

1660 年，英国皇家学会宣布成立，并于 1662 年获得英王的特许状。皇家学会的成立表明科学活动在英国社会中得到认可。法国在英国之后迈出了第二步。1666年，法兰西皇家科学院在巴黎成立，并由政府提供经费支持。这是科学家社会角色形成过程中的重要一步，表明科学院建制已经作为国家机构的一部分，科学研究得到了国家的支持。19世纪初，德国新建了柏林大学、波恩大学、慕尼黑大学等一批大学，制定并贯彻实验室制度和研究班制度，作为大学培养科学家的有效形式，科学家开始以相关研究与教育为职业，开展自由研究。这使得德国在科学建制化方面走在世界前列，成为世界各国效仿的榜样。之后，美国在大学中建立了系和研究生院制度，完善和推动了科学的体制化。

大学和工业中的研究为科学家提供了职业岗位，使科学家成为社会中的一种新型角色，也使得“科学家”这一词语被人们逐渐接受。1834年，英国哲学家休厄尔创造了“科学家”（scientist）一词，为英国科学促进会的会员们提供一个总的称呼。当时该词并没有被接受，人们普遍使用的是“科学人”（men of science）一词。直到19世纪末，随着英国科学职业化的基本完成，“科学家”一词才逐渐被接受，并广泛使用。至此，近代科学家群体的社会角色真正诞生了。

技术的社会建制与工程教育、工程师社会角色的确立有关。从16世纪开始，欧洲开始出现工程师（civil engineer），当时主要指以从事测量和路桥建设为职业的人员。此后，随着劳动的发展，又相继出现了采矿、冶金、机械、电气、化工和管理等一系列工程师。

工程师角色的出现还与工业革命的发展和工程技术教育的昌盛密不可分。英国最早发生工业革命，然而英国的工程师起初大多是自学成才，并没有接受过系统的工程技术教育。工业革命晚于英国的法、德两国，工程技术教育反倒走在英国的前面，在世界上首先创办了具有相当规模的技术学院。高等工程技术教育的发展不仅培养了一大批工程师，也促进了技术科学的诞生。技术科学和工程师互为因果的推动，促使工程师队伍不断壮大，并逐渐取代传统工匠，担当近代工业社会的技术专家角色。

（二）科学技术社会建制的内涵

科学认识总要采取一定的社会形式，并且总是在一定的社会关系中展开的；科学活动是一种社会劳动，是社会总劳动的一项基本内容。早在一百多年前，马克思就已经对科学的社会建制问题进行了思考。

所谓科学技术的社会建制，是指科学技术事业成为社会构成中的一个相对独立的部门和职业部类，是一种社会现象，主要包括组织机构、社会体制、活动机制、行为规范等要素。作为科学技术必不可少的条件，它们承载着科学技术活动的展开。科学技术的社会建制最终结果是成立各种类型的科学技术研究及其应用的独立的社会机构和职业机构。这些机构是在社会各类活动组织化、职业化、专业化趋势不断增强的背景下，在自身特有价值导向和经济基础支撑下成立的，目标是由数量日益庞大且具有明确分工协作关系的科学家和工程师形成科学技术共同体，从事科学技术研究和创新活动。

随着科学技术渗透到社会的经济、政治、文化等活动中，国家专门设置了科学技术各层次的决策、管理与咨询机构；科学技术的活动组织机构，包括大专院校、科研院所、工业研究中心、科学技术学会等，科学家和技术专家被组织到这些机构中从事科学技术活动；科学技术的传播机构，主要指各种科学技术工程出版物，为科学家和技术专家的学术交流与讨论提供平台；科学技术的人才培养机构，主要是大学和专科院校，为科学技术界提供源源不竭的智力资源；等等。

科学技术组织机构的形成有一个过程，并随着历史的演化而变化，发挥着相应的功能，是科学技术活动顺利展开的组织保证。

（三）科学技术的社会体制

科学技术的社会体制是其社会建制的一部分，是在一定社会价值观念支配下，依据相应的物质设备条件形成的一种社会组织制度，旨在支持推动人类对自然的认识和利用。科学技术的体制化以相应的职业化为核心，其内涵随着科学技术的发展而不断拓展和丰富。科学技术的社会体制包括经济支持体制、法律保障体制、交流传播体制、教育培养体制、行政领导体制等。积极推进科学技术体制改革，完善科学技术体制，使其与当代科学技术的发展规律相适应，对提高国家的科学技术水平和能力，增强综合国力和国际竞争力，具有决定性作用。

1. 科学技术的经济支持体制。随着“研究与发展”（R&D）成为科学、技术与经济相结合的关键环节，必须建立相关科研经费制度，保证政府拨款，扩大科学基金，激励企业资助，建立合理的科研经费来源；必须调整基础研究、应用研究和试验发展之间或者战略性研究与非战略性研究之间的科研经费比例，完善科研经费在国家 R&D 中的支出以及在执行部门如研究与开发机构、企业、高校和其他单位之间的合理分配。

2. 科学技术的法律保障体制。科学技术活动离不开法律保障。新的科学技术体制需要以法律形式加以确认：以市场为引导的科学技术活动良好秩序的建立需要法律的指引，科学发现的优先权以及技术发明的专利权需要法律的保障，科学技术纠纷需要有法律的解决，科学技术活动引起的新的社会关系需要法律的调整。为了满足这些需要，颁布并实施《科学技术进步法》《专利法》《技术合同法》《科学技术普及法》等科学技术法律，就既必要也重要。

3. 科学技术的交流传播体制。科学技术的交流、合作、传播非常重要。完善科学技术的交流传播体制，必须建立各种学会，推动科学技术共同体的交流与合作；必须创办各种期刊、杂志、会报，发布研究报告和论文；必须进行同行评议、专家评审；奖励、激励科学技术人员创造和创新；必须完善科学技术中介服务体系，尤其是高风险的研发投入中介服务机构，促进科学技术的有效应用。

4. 科学技术的教育培养体制。科学技术教育是保证科学技术人才不断成长的基本条件。政府应建立培养科技人才的教育制度，如设立综合技术学院、工业学院、农业学院、医学院等。进入 21 世纪，文、理、工结合的教育发展，催生了更为多样灵活的人才教育制度，如“带薪式”的科研教学体制，研究生培养的导师制，按工农业劳动发展的需要设置科系，等等。

5. 科学技术的行政领导体制。推进科学技术的发展和应用，已经成为国家战略的一部分。国家为了指导、支持与组织科学技术活动，必须建立有关的组织机构，以规划、统筹科学技术的教育、科研及经费使用、发展战略以及企业的研究与发展方向等。

了解科学技术体制的主要内涵，对理解我国科技体制改革的方向和目标有重要意义。科学技术研究资源的合理配置和科学技术活动的法律保障，是科学技术体制改革的主要内容。习近平指出："要深化科技体制改革，坚决扫除阻碍科技创新能力提高的体制障碍，有力打通科技和经济转移转化的通道，优化科技政策供给，完善科技评价体系，营造良好创新环境。"①

（四）科学技术的组织机制

科学技术共同体通过一定的组织机制从事科学技术活动。随着科学技术的发展及其应用的推进，科学技术活动的主题和形式都发生了一定的变化，从而使得科研活动的组织机制相应地呈现出新的特点。

1. 从"基础理论研究"到"基础应用研究"，从"个人自由探索"到"国家计划指导"。习近平指出："我们要全面研判世界科技创新和产业变革大势，既要重视不掉队问题，也要从国情出发确定跟进和突破策略，按照主动跟进、精心选择、有所为有所不为的方针，明确我国科技创新主攻方向和突破口。"②

（1）从"基础理论研究"到"基础应用研究"。第二次世界大战末期，时任美国科学研究发展局主任的V. 布什博士向罗斯福总统提交了著名的报告——《科学：没有止境的前沿》，提出了"基础研究"这一概念。他之所以这么做，主要是要用"基础研究"概念来取代"纯研究"概念，以此表明这两者是不同的，"基础研究"是技术的先驱，有实用的意涵，"纯研究"纯粹出于个人兴趣，不考虑实用目的。③

"基础研究"概念的提出，对于人们认识新的历史时期基础研究与应用研究之间的关系，投资基础研究以保持国家经济竞争力，具有十分重要的意义。

1997年司托克斯撰写专著，对布什的"基础研究"概念进行了批判

---

① 《习近平关于科技创新论述摘编》，中央文献出版社2016年版，第56页。

② 《习近平关于科技创新论述摘编》，中央文献出版社2016年版，第48—49页。

③ ［美］参见V. 布什等：《科学：没有止境的前沿》，范岱年、解道华译，商务印书馆2004年版。

性考察。他发现："虽然许多研究都完全由认识目标或应用目标驱动，但是，一些重要的研究表明，研究过程中不断进行的选择活动往往同时受两个目标的影响。"① 据此，他提出科学研究的象限模型（见表 4-1）。

表 4-1　科学研究的象限模型②

研究由…引起？		应用考虑？	
		否	是
追求基本认识？	是	纯基础研究（波尔）	应用引起的基础研究（巴斯德）
	否		纯应用研究（爱迪生）

根据上述模型，基础研究分为"纯基础研究"和"应用引起的基础研究"。前者即布什所提出的"基础研究"，又叫"基础理论研究"；后者称为"基础应用研究"。

"基础应用研究"概念的提出有其历史必然性。当代社会，企业等技术创新主体在技术创新的过程中遇到了各种各样的认识问题，需要科学去回答。科学、技术与社会的关系一定程度上已经由"科学—技术—社会"的发展模式，向"社会—技术—科学"的模式转变。在这一过程中，科学研究的进行就不只是由科学自身的发展引起，还可以由先导性的社会需求以及随之而来的技术创新的需求引起。更为重要的是，现代社会已经进入风险社会，国家安全、环境、能源、资源、国民健康等领域的问题日益凸显出来，需要我们对相关问题进行科学研究。

"基础应用研究"与"基础理论研究"，在动机、资金支持、组织形式等方面是不同的。这就要求科学技术共同体的一部分走出学术象牙塔，更多地关注企业技术创新和社会经济发展过程中提出的科学问题，针对

① ［美］D. E. 司托克斯：《基础科学与技术创新：巴斯德象限》，周春彦、谷春立译，科学出版社 1999 年版，第 10 页。

② ［美］D. E. 司托克斯：《基础科学与技术创新：巴斯德象限》，周春彦、谷春立译，科学出版社 1999 年版，第 63 页。

“基础应用研究”的特点展开相关研究，从而为技术创新和社会经济发展服务。

（2）从“个人自由探索”到“国家计划指导”。科学在近代主要处在自由研究状态，科学研究活动主要是科学家个人的智力活动，属于“小科学”。其主要特点是：科学家自己解决研究经费，自己制造仪器设备，自己自由选题开展独立研究；研究人员比较少，研究规模比较小，研究成本比较低。这属于“非战略性的基础研究”。

到了现代，科学研究的情况有所改变，有时涉及科学自身发展中的重大问题，有时涉及国民经济和社会发展过程中的重大科学问题。这类问题的研究，无论是对于科学自身的发展还是对于国家经济社会的发展，都具有十分重要的价值，事关一国的国家利益，因此可以称之为“战略性基础研究”，也叫“大科学”。“大科学”具有两个特点：一是围绕与国民经济和社会发展以及科学自身发展等相关的重大科学问题而开展，以国家战略利益为导向，突出国家利益，强调科学研究的知识目标与国家发展的战略目标的统一，具有明显的国家目标导向性；二是所涉及的科学问题更重大，更复杂，通常需要巨大的项目经费、大型仪器设备和基础设施的投入，需要由众多的人力资源组成的跨学科、跨单位甚至跨国的协作，才能完成。就此，大科学日益受到国家和政府的重视，由政府加以规划、指导、组织、管理和资金支持。美国的“曼哈顿工程”“阿波罗计划”，中国的“两弹一星”“载人航天”，以及由世界多国合作的“人类基因组计划”等，都是这样。

2. 从学院科学到后学院科学，从高校科研到“官产学”三螺旋。

（1）从学院科学到后学院科学。随着大科学时代的到来和工业实验室的兴起，科学活动出现了机制性分化，在学院科学存在的同时，产业科学和政府科学出现了，科学进入到后学院科学时代。所谓“学院科学”，简单地讲，就是在学术机构里进行的科学活动。这里的学术机构包括大学及类似的组织机构，主要进行的是科研与教学，其中学院科学家的主要目标是发表论文。所谓“产业科学”，就是在产业组织如企业研发机构或工业实验室中进行的科学活动，其中科学家进行科研的主要目标是提高企业的经济地位，而不是发表其研究成果，因为工业界很少允许企业内部的科学家发表其研究成果。所谓“政府科学”，指的是既由政府资助，又在政府实验室里进行的科学活动，其中科学家主要进行的是那些既不能走向市场，又具有公共物品性质的 R&D 项目。通过比较可以看出，大学主要从事基础研究，生产科学知识（产业也做一部分），企业则从事应用研究和开发研究，将知识转化为产品和工艺，而政府从事上述两者不能做的研发活动。①

（2）从高校科研到“官产学”三螺旋。在当代，科学技术的发展及其社会应用正在发生急剧的变化，科学、技术、劳动日益呈现一体化趋势，科技成果的应用转化周期不断缩短，技术更新换代不断加快，科学技术已经成为社会大系统中的一个举足轻重的子系统，成为一种新的战略产业。单纯由高校进行科研的传统格局发生改变，国家主导的政府科学有所加强，工业研究发展迅速，政府、企业与大学之间的关系紧密，呈现出“政府—产业界—学术界”三螺旋发展态势。

为了适应上述新的状况，需要政府、企业与大学的共同努力。即，政府建立国家创新系统，在宏观层次上对科学技术知识的产生、交流、传播与应用过程进行总体规划，推动和影响新技术扩散的机构和组织组成不可分割的整体，更好地进行 R&D 活动，并将此成果转化为商品；企业对 R&D 的模式和类型进行重大变革，更加重视基础研究，并与外部组织进行 R&D 合作；大学在进行基础研究的同时，与政府和企业紧密联系，促进知识资本化和产业化。

习近平提出：“要坚持创新驱动，推动产学研结合和技术成果转化，强化对创新的激励和创新成果应用，加大对新动力的扶持，培育良好创新环境。”②“要积极开展重大科技项目研发合作，支持企业同高等院校、科研院所跨区域共建一批产学研创新实体，共同打造创新发展战略高

---

① ［澳］M. Bridgstock、D. Burch、J. Forge、J. Laurent、I. Lowe：《科学技术与社会导论》，刘立等译，清华大学出版社 2005 年版，第 20—43 页。

② 《习近平关于科技创新论述摘编》，中央文献出版社 2016 年版，第 10 页。

地。”① “深化科技体制改革，建立以企业为主体、市场为导向、产学研深度融合的技术创新体系，加强对中小企业创新的支持，促进科技成果转化。”②

3. 从“机械连带”到“有机连带”，从正式的学术交流到非正式的学术交流。

（1）从机械连带到有机连带。劳（Law）通过考察英国X射线晶体学的研究，发现X射线晶体学家的很多早期工作（到20世纪30年代）是用X射线照射晶体，去观察衍射图样，并推论出晶体的分子结构。在这里，将这类晶体学家整合起来的是这样一个事实，即每个人借助相似的工具做相似的工作。他们受机械连带的制约。

但是，劳进一步发现，到了20世纪30年代中期，阿斯特伯里和J. D. 贝尔纳开始用X射线研究蛋白质。这是一个新的研究领域，X射线晶体学从原先主要研究小型有机分子和无机分子以及金属的晶体结构，转向研究蛋白质的晶体结构。它属于X射线蛋白质晶体学，与原来的晶体关系不大，而与对蛋白质研究感兴趣的人关系较大。这样一来，蛋白质晶体学家就与其他蛋白质研究者整合起来形成“蛋白质共同体”，共同研究蛋白质。与前述不同的是，“蛋白质共同体”不是借助于相似的工具做相似的工作，而是围绕着共同的研究对象“蛋白质”，利用不同的工具和方法做着不同的工作。这种科学共同体的科研组织方式就是有机连带。③

比较科学共同体的这两种连带方式，可以发现，机械连带的连带性取决于研究手段，有机连带的连带性取决于研究目的；在机械连带中，对于任何一位研究人员的工作质量，每一位研究人员都可以加以鉴别、

---

① 《习近平关于科技创新论述摘编》，中央文献出版社2016年版，第60页。

② 习近平：《决胜全面建成小康社会 夺取新时代中国特色社会主义伟大胜利——在中国共产党第十九次全国代表大会上的报告》，人民出版社2017年版，第31页。

③ 参见 John Law, The Development of Specielties in Science: The Case of X-ray Protein Crystallography, Social Studies of Science, 1973 (3): pp. 275—303.

评估，因此它对反常研究持严格态度：研究问题以及所使用技能的任何改变都要被仔细审查，要么允许，要么不允许，没有中立选项；在有机连带中，科学共同体（又称有机共同体）围绕着共同的目标开展工作，他们要根据研究的对象以及要解决的问题，对技能和方法作出调整，从而对反常更为宽容，因为他们知道，问题和技能对应于一个等级分层，而对于分层的喜好程度则取决于它们推进共同目标的可能性；与有机连带相比，机械连带限制了自由和创造性。①

当然，这不是说“有机连带”就一定比“机械连带”好。不过，在科学研究过程中，科学共同体的“有机连带”往往会带来“机械连带”所不能预见或获得的科学发现和技术创新。从科研组织机制的发展趋势看，科学共同体将由传统的机械连带形式更多地走向有机连带形式。

（2）从正式的学术交流到非正式的学术交流。科学共同体的交流方式有两类：一类是正式的学术交流系统，包括正规的学术会议、学术期刊、学术专著、文献摘要和目录索引等；另外一类是迅捷的、非正式的学术交流系统，常常出现于学科前沿和几个学科的边缘。为了尽快获得新的信息，研究人员大多通过直接交谈、通信等个人联系的方式进行非正式交流，这就是“无形学院”——地理上分散的科学家集簇，这些科学家处在较大的科学共同体之中，但是他们彼此之间在认识上的相互作用要比其他科学家的相互影响更加频繁。技术共同体有一种重要的交流形式叫“创新者网络”，它提供给创新者非正式的直接互动的机会，从而提高创新活动的效率。

进入21世纪，计算的数量和信息的范围正以难以想象的速度扩张，由计算机和通信技术发展进程所推动，科研环境也发生了很大的变化，虚拟科研组织即“e-Science”开始出现。在“e-Science”中，科学技术共同体彼此信任，以虚拟组织的方式组织用户和成员，通过科学2.0②、

---

① [加] 瑟乔·西斯蒙多：《科学技术学导论》，许为民、孟强、崔海灵、陈海丹译，上海世纪出版集团2007年版，第144页。

② 科学家们同步将实验数据、实验记录发布到网上，任何人都可以参考、使用，借此方式，科学家们实现了可能是以往任何方式都达不到的最大程度的信息共享。

Web 2.0[①]、开放源代码[②]、开放存取（Open Access）[③] 等，实现资源共享和协同工作。“e-Science”标志着人类正在进入开放科学的伟大时代，通过对所拥有的科研资源不再是集中的、可控的管理，而是跨组织的、跨地域的和分布式的管理，能够使跨学科、跨地域和跨文化的科学家群体共同协作，以完成大型的、高难度的现代科学技术研究工作。

积极改革科学技术体制，完善科研组织机构，是科学技术社会建制的重要内容，也是科学技术运行的基本保证。

二、科学技术的社会支撑

（一）政治对科学技术发展的影响

这主要表现在社会制度、政策体制、军事对抗以及政治理念和行为等方面。

1. 社会制度对科学技术发展的影响。一般而言，先进的社会制度为科学技术的发展提供了更大的可能性，科学技术的进步程度与其所处的社会制度的先进性成正比。越是先进的、积极的、开明的社会制度，越是有利于科学技术的发展和繁荣。资本主义制度比封建主义制度更加优越，从而使得科学技术在资本主义社会取得了封建社会不可比拟的巨大进步。而社会主义制度，由于它的全部经济活动只是为了满足广大人民群众不断增长的物质和文化需要，理当为科学技术的发展创造出更加优越的社会环境，取得比资本主义制度下更大的科学技术进步。

2. 政策体制对科学技术发展的影响。不同的社会制度只是为科学技术的发展提供了不同的可能性，要把这种可能变为现实，必须通过具体

---

① Web 2.0 是一种新的互联网方式，通过网络应用（Web Applications）促进网络上人与人间的信息交换和协同合作，其模式更加以用户为中心。典型的 Web 2.0 站点有：网络社区、网络应用程序、社交网站、博客、Wiki 等。

② Open Source，描述了一种在产品的出品和开发中提供最终源材料的做法。一些人将开放源代码认为是一种哲学思想，另一些人则把它当成一种实用主义。

③ 开放存取（Open Access，简称 OA）是国际科技界、学术界、出版界、信息传播界为推动科研成果利用网络自由传播而发起的运动。通过网络技术，任何人可以免费获得各类文献。

的政策和体制来运行。这就是国家科学技术发展战略。为了保证科学技术活动的顺利开展，必须制定相关的国家科学技术发展战略，构建完善的社会保障体系，如良好的社会政治环境，充满活力的科学技术运行机制，恰当的科学技术法律体系与奖励模式，充足且结构合理的科研经费投入，高素质的科学技术人才培养教育体系等；必须处理好政府规划与自由探索，自主创新与消化引进，基础研究、应用研究与技术开发，战略性研究与非战略性研究之间的关系。科学技术发展战略实际上决定了科学技术发展的方向、规模和速度，并完成对科学技术系统与整个社会大系统之间关系的调整。党的十八大报告就提出，要进行科技体制改革，实施创新驱动发展战略。①

3. 军事对抗对科学技术发展的作用。战争是政治的继续，军事对抗作为最激烈的政治行为，必然成为科学技术发展的重要推动力量。J. D. 贝尔纳指出："科学与战争一直是极其密切地联系着的；实际上，除了十九世纪的某一段期间，我们可以公正地说：大部分重要的技术和科学进展是海陆军的需要所直接促成的。这并不是由于科学与战争之间有任何神秘的亲和力，而是由于一些更为根本的原因：不计费用的军事需要的紧迫性……不用说，由于科学帮助满足了战争的需要，战争需要也同样地帮助了科学事业。"② 战争对科学技术的导向、推动作用在现代愈演愈烈。第二次世界大战时期美国发起"曼哈顿工程"制造原子弹，主要是出于打击纳粹德国和军国主义日本的考虑；冷战时期美国发起"星球大战计划"以及"9·11 事件"后美国加强反恐科学技术的研究，主要也是出于国防军事等方面的考虑。计算机技术、核技术、空间技术等的产生和发展在很大程度上都是由军事对抗推动的。不过，必须说明的是，军事对抗阻碍社会发展以及随之阻碍科学技术发展的情况，在人类社会发展的历史上，也是经常发生的。

---

① 参见《中国共产党第十八次全国代表大会文件汇编》，人民出版社 2012 年版，第 20 页。

② ［英］J. D. 贝尔纳：《科学的社会功能》，陈体芳译，商务印书馆 1982 年版，第 241—242 页。

4. 政治理念及行为对科学技术发展的作用。好的政治理论及行为对科学技术的发展是起推动作用的。相反，在一个极端政治化的社会中，统治阶级往往会依据某些政治理念，评判并粗暴干涉科学技术活动。在德国，希特勒法西斯对科学界严加控制，极力美化夸大“雅利安人”作为科学家的优越天赋和基本条件，贬低“犹太人种”，反对“犹太人科学”，宣称建立“德意志物理学”“日耳曼优生学”，宣扬“大学训练的目的并不是客观科学，而是军人的英雄科学”，把科学看成是培养民族光荣的手段；在苏联，由斯大林支持的李森科，宣扬“春化育种”，声称“米丘林生物学”是“社会主义的”“进步的”“唯物主义的”“无产阶级的”，而孟德尔——摩尔根遗传学则是“反动的”“唯心主义的”“形而上学的”“资产阶级的”，用阶级来划分科学，用“阶级斗争”来对待“学术争论”，酿成臭名昭著的“李森科事件”。在中国，“文化大革命”时期也发生过类似苏联从政治上批判科学的事件，如对爱因斯坦“相对论”的批判等。这些都对科学技术的发展产生了负面影响。

（二）经济对科学技术发展的影响

马克思对科学技术相关论述的一个重要特点，就是从社会的经济结构出发，揭示了社会需要是推动科学技术发展的强大动力，科学技术的发展及其应用离不开社会的支撑。马克思主义经典作家基于唯物史观，深刻地分析了科学发生、发展的历史性前提和构成性原则。他认为，“只有在大工业已经达到较高的阶段，一切科学都被用来为资本服务的时候……在这种情况下，发明就将成为一种职业，而科学在直接生产上的应用本身就成为对科学具有决定性的和推动作用的着眼点。”[①] 在马克思看来，近代科学的产生、发展及其大规模应用，是与机器大工业和资本主义劳动方式联系在一起的，后者是前者不可逾越的社会基础。

随着“科学—技术—生产”一体化的推进，社会经济为科学技术研究提供了很大一部分课题来源，提供了科学和技术活动中的人力、物力、财力以及科学技术发展所使用的物质手段。社会的经济需求是科学技术

① 《马克思恩格斯文集》第8卷，人民出版社2009年版，第195页。

发展的最重要推动力量，社会的经济支持是科学技术发展的最重要基础，社会的经济竞争是科学技术发展的最重要刺激因素。

（三）文化对科学技术发展的影响

科学社会学之父默顿详细论述了17世纪英格兰的文化背景和价值观念对科学技术的巨大推动作用，同时也阐述了经济、军事需要对科学技术的促进作用。默顿认为，尚未体制化的科学需要社会和文化的形式的支持。他紧密结合特定的社会历史文化背景，从科学兴起的外部因素（尤其是宗教、军事、经济等）的相互作用和影响来说明近代科学的体制化。默顿将视野聚焦于17世纪的英格兰，通过案例分析，他发现清教与科学在价值观念上的确存在某种相通性或相近性。清教伦理所固有的功利主义、经验主义、理性主义、禁欲主义等观念，和科学的精神气质间有类似的实质性联系。默顿用大量的事实说明，“清教的精神气质所固有的种种社会价值是这样一些价值，它们（由于基本的、用宗教术语表达并由宗教权威加以促进的功利主义倾向）导致了对科学的赞许。”① 科学的体制化需要一定的文化支持，而宗教是文化价值的一种表现——而且在17世纪的英格兰是一种显然占主导地位的表现，这种文化价值恰好由清教来担任，即清教无意识中“通过为科学的合法性提供出一个坚实的基础，从而推动了科学的体制化”②。

这就是著名的“默顿论题”。它表明，科学技术的产生和发展需要一定的社会文化环境，社会文化影响科学技术的发展及其应用。关于此点，在“近代科学革命为什么没有在中国诞生”（“李约瑟难题”）以及“新中国成立后中国大陆为什么没有科学家获得诺贝尔奖”等问题的解答中，也多有涉及。

（四）教育对科学技术发展的影响

科学技术具有很强的继承性和连续性，而教育的一项主要功能就是

---

① ［美］罗伯特·K. 默顿：《十七世纪英格兰的科学、技术与社会》，范岱年等译，商务印书馆2000年版，第117页。

② ［美］罗伯特·K. 默顿：《十七世纪英格兰的科学、技术与社会》，范岱年等译，商务印书馆2000年版，第14页。

向人们传授前人或他人所获得的科学知识和技能。教育的发展水平直接影响着科学技术的发展水平，教育的普及程度直接影响着科学技术成果在社会中的传播、消化、吸收和应用，教育的实施培养着人们的科学精神和创新精神。因此，良好的教育是科学技术发展的前提和基础；没有教育，科学技术事业就后继乏人，科学技术知识就无法传承。

（五）哲学对科学技术发展的影响

任何科学研究活动都必须运用理论思维。科学愈是向前发展，理论思维也愈益重要。一切理论思维过程，不管从事理论思维的科学家们愿意与否、承认与否、自觉与否，都要受到他们的世界观、认识论和方法论的影响。马克思主义哲学是正确的世界观、认识论和方法论，对科学技术活动有指导作用。

科学技术运行需要经济、政治、教育等方面的支撑，制定并实施好科学技术发展战略，营造良好的科学技术运行社会环境，对科学技术的顺利运行至关重要。

三、科学技术的社会规范

（一）科学共同体的行为规范和研究伦理

1. 科学共同体的行为规范。科学共同体是从事智力劳动的职业群体，是在一定的价值观念和行为规范下开展工作的，具有特殊的社会责任。现代意义上的科学共同体开始于 17 世纪。英国皇家学会成立时，学会秘书长胡克所起草的章程明确指出科学的目标有两层含义：一是科学应致力于扩展确证无误的知识；二是科学应为社会服务。这两点决定了科学共同体内部应该要有相应的行为规范。

1942 年，科学社会学家默顿将科学共同体内部行为规范概括为普遍主义、公有主义、无私利性和有条理的怀疑主义，以此凸显科学所独有的文化和精神气质。所谓“普遍主义原则”，是指科学认识的客观性和真理性是普遍的，取决于科学认识自身，与种族、国籍、宗教信仰、阶级属性或个人品质等无关；所谓“知识公有原则”，是指所有的科学发现都是“公共知识”，所有权归属于全体社会成员，发现者要做的就是及时向社会公布自己的研究成果，不应该秘而不宣；所谓“无私利原则”，是指从事科学活动、生产科学知识的人，不应该以科学谋取私利，而应该为了科学而科学；所谓“有条理的怀疑主义原则”，是指任何科技成果都必须经受合理的怀疑和批判的检验，而这些应该在对事实和知识进行分析的基础上，借助经验的和逻辑的标准进行。

默顿的科学共同体行为规范“四原则”带有理想化色彩，主要适用于以纯粹求知兴趣为导向、与产业没有直接关系的纯科学、小科学或学院科学，是对科学共同体的理想要求。进入20世纪下半叶以后，科学自身的发展特点以及社会运行机制发生了巨大的变化：科学从“纯科学”“小科学”和“学院科学”嬗变为“应用科学”“大科学”和“后学院科学”。科学活动不再只是少数人基于兴趣的自由探索，还是社会建制化的研究与开发；科学研究不再只是小规模、小投入的运行方式，还是大规模、大投入；科学家不再只有“学院科学家”，还有“产业科学家”和“政府科学家”；科研职位、学术地位、论文发表、奖励以及科研经费与资源的获取都充满了竞争，政府、企业、大学、基金会等科学共同体外部的利益相关者，很大程度上决定着科学研究的内容与方向；一些新兴的技术科学，如信息科学技术、基因科学技术，对知识的公有性产生了挑战，相关企业对其科学家基础研究成果的保密性要求，也削弱了知识的公有性原则；科学共同体内部按照职称、职务、声望等维度进行分层，呈现金字塔的形态，有着“马太效应”和优势积累，体现了等级层次和权威结构。不发表便出局（publish or perish）、“马太效应”“分层差异”“学术行政化”等，都对科学共同体的行为规范产生影响，由此导致他们可能会为了追求个人利益最大化而违反默顿“四原则”，产生一系列学术不端行为。

鉴于此，需要制定相应的科研诚信指南或行为规范，来指导和规范科学共同体的研究活动。例如，在学术活动中，应该尊重他人发现的优先权，尊重他人的知识产权；不抄袭、剽窃他人的作品或者学术观点、思想；不主观臆造学术结论、篡改他人成果或引用的资料；在具有公示效力的正式文书、正式表格上，如实报告学术经历、学术成果，不涂改或伪造专家鉴定、证书等证明材料；未参与实质研究，不在别人发表成果上署名；不歪曲或恶意诋毁别人的成果和学术思想，对正常学术批评不得采取报复行为；不利用学术地位、权力，索贿、受贿；不为学术利益而行贿；不通过非学术途径失真传播研究成果的学术价值，夸大其经济与社会效益等。这些都是科学共同体实现科学的体制目标即“扩展确证无误的知识”的必然要求。

2. 科学共同体的研究伦理。从研究伦理的视角看，科学共同体在科学研究中要对研究中的个人、动物以及研究可能影响到的公众负责。这就要求科学共同体的科学研究符合社会伦理和动物伦理的基本要求。

（1）人体试验应该尊重人类的尊严和伦理。第二次世界大战期间，德国法西斯军医和日本731部队进行了一系列惨无人道的人体试验，引起世人极大的愤慨和担忧。1946年在德国的纽伦堡军事法庭上诞生了世界上第一部规范人体试验的“法典”，即《纽伦堡法典》，开启了人类规范人体试验的先河。在此之后，人们以此为蓝本，制定了包括《赫尔辛基宣言》《东京宣言》在内的一系列规范人体试验的国际“法典”，以此指导和规范人体试验。

从1964年问世到2008年完成最新版修订的《赫尔辛基宣言》，被认为是指导人体试验最重要和最基本的文献。该《宣言》明确指出：“医学的进步是以研究为基础的，这些研究最终必须包括涉及人类受试者的研究。那些在医学研究中没有充分代表的人群也应该获得适当参与研究的机会。”不过，该《宣言》同时指出：“医学研究必须遵守的伦理标准是，促进对人类受试者的尊重并保护他们的健康和权利。有些研究人群尤其脆弱，需要特别的保护。这些脆弱人群包括那些自己不能做出同意或不同意的人群，以及那些容易受到胁迫或受到不正当影响的人群。”①

（2）动物实验应该遵循“动物实验伦理”。科学家常常利用动物做实验，此时，本着生命伦理的原则，应该遵循“动物伦理”。现在许多国

① 世界医学会：《赫尔辛基宣言——涉及人类受试者的医学研究的伦理原则》，杨丽然、邱仁宗译，邱仁宗审校，《医学与哲学》（人文社会医学版）2009年第5期。

家、大学和科研机构都制定了“动物实验伦理规范”，其内涵主要包括：实验不合法认定，即任何一种动物实验都将被认为是不合乎道德的，除非实验者能够证明该实验的合理性；实验者要承担举证的责任，除非该实验的好处非常明显，否则该实验即不合理；尽量提高被用于实验的动物的“福利”，减少动物所遭受的不必要的痛苦；尽量减少用于实验的动物数量；尽量寻求动物实验的替代实验等。

（3）科学研究应该增进人类福祉。科学应该是一项增进人类公共福利和生存环境的可持续性事业，必须遵循“公众利益优先原则”。但是，随着科学研究和科学组织的社会化，科学技术劳动一体化进程的加快，科学对社会的影响越来越深刻而强烈。这种影响是双重的，既能创造巨大的财富，也能产生深重的灾难。在这种情况下，一切严重危害当代人和后代人的公共福利、有损环境的可持续性的科学活动，都是不道德的，科学共同体应该对科学研究及其应用后果承担相应的责任。

1984 年，由一批科学家联名制定的《乌普斯拉规范》明确提出：科学家应保证他们所进行的科学研究的应用及其应用后果不致引起严重的生态破坏；科学家应保证他们所进行的科学研究的后果不会危害我们这一代及我们后代的生存安全，科学成果不应该应用于或有利于战争和暴力；科学家应保证他们所进行科学研究的应用后果不与国际协议中提到的人类基本权利（包括公民权、政治、经济、社会与文化的权利等）相冲突；科学家应认真地评估自己的科学研究成果，应该充分考虑可能出现的后果的严重性，并对其产生的后果承担特殊责任；当科学家断定他们正在进行或参加的科学活动与这一伦理道德规范相冲突时，应该中断研究活动，并公开声明他们做出这一判断的理由。①

1999 年 7 月 1 日布达佩斯世界科学大会通过并颁布的《科学和利用科学知识宣言》声明：“科学促知识，知识促进步；科学促和平；科学促发展；科学扎根于社会，科学服务于社会。”这一声明应该是对科学家科

---

① 刘大椿等：《在真与善之间——科技时代的伦理问题与道德抉择》，中国社会科学出版社 2000 年版，第 243—244 页。

学活动中的各种行为进行伦理甄别的最高原则。

(二) 技术共同体的伦理规范和责任

马克思认为，自由应该建立在非异化的技术基础之上，未来技术的社会发展目标应该是“它是人向自身、也就是向社会的即合乎人性的人的复归，”① 目的是实现自然主义和人道主义的统一。这就从人类、社会、自然三者和谐发展的角度，为技术共同体的伦理规范指明了最高目标。

技术共同体的主体是工程师。工程师既是工程活动的设计者，也是工程方案的提供者、阐释者和工程活动的执行者、监督者，还是工程决策的参谋，在工程活动中起着至关重要的作用，对社会的影响巨大，有必要对工程师的行为进行伦理规范。工程师在工程技术活动中，应该遵循一定的职业伦理和社会伦理准则，应该承担对社会、专业、雇主和同事的责任，应该对工程的环境影响负有特别的责任，规范自己的行为，负责任地创新，为人类福祉和环境保护服务。国外一些发达国家公布的工程师伦理准则明确指出，工程技术活动要遵守四个基本的伦理原则：一切为了公众安全、健康和福祉；尊重环境，友善地对待环境和其他生命；诚实公平；维护和增强职业的荣誉、正直和尊严等。

1931 年 2 月 16 日，爱因斯坦在美国加利福尼亚理工学院发表的题为《科学的颂歌》的即兴演讲中就说：“为了使你们的工作增进人类的幸福，你们只懂得应用科学是不够的。关心人本身及其命运，应当始终成为一切技术上奋斗的主要目标；关心组织劳动和产品分配这个重大的尚未解决的问题才能保证我们智慧的产物会促进人类幸福，而不致成为祸害。在你们埋头于图表和方程式中时，千万不要忘记这一点。”②

国外制定工程师伦理规范较早。如美国电气与电子工程师协会（IEEE）的前身电气工程师协会（IEE）和美国土木工程师学会（ASCE）分别于 1912 年和 1914 年在制定技术章程的同时引入了伦理章程（code of ethics，又译伦理法典）。现代工程伦理的研究、教育和实践从此开始。

---

① 《马克思恩格斯文集》第 1 卷，人民出版社 2009 年版，第 185 页。

② 阿尔伯特·爱因斯坦：《科学的颂歌》，《教育与职业》1996 年第 1 期。

1947年美国工程师专业发展委员会（ECPD，即后来的工程和技术认证委员会、ABET的前身）起草了第一个跨学科的工程伦理准则，要求工程师关心公共福利。1963年和1974年的修改进一步强化了这个要求。迄今为止，许多发达国家制定了工程师伦理准则，对相关行业工程师行为加以规范，如安大略职业工程师学会伦理守则、德国工程协会工程师伦理基础、澳大利亚工程师协会工程师伦理准则等；一些专业性行会也制定了行业工程师伦理准则，如《美国计算机学会伦理章程与职业守则》等。

考察这些伦理准则的内容，可以发现，其中包含了对雇主的责任、对客户的责任和对社会（公众）的责任等。如《美国土木工程师协会伦理章程》的基本准则是：

“1. 工程师应当把公众的安全、健康和福祉置于首位，并且在履行他们职业责任的过程中努力遵守可持续发展的原则。

2. 工程师应当仅当在其能胜任的领域内从事职业工作。

3. 工程师应当仅以客观、诚实的态度发表公开声明。

4. 在职业事务中，工程师应当作为可靠的代理人或受托人为每一位雇主或客户服务，并避免利益冲突。

5. 工程师应当将他们的职业声誉建立在自己的职业服务的价值上，不应与他人进行不公平的竞争。

6. 工程师的行为应当维护和增强工程职业的荣誉、正直和尊严。

7. 工程师应当在其职业生涯中不断进取，并为在他们指导之下的工程师提供职业发展的机会。”①

不仅如此，随着环境问题的日益凸显，工程师对环境的责任也被写入章程。如美国土木工程师协会（ASCE）、电气与电子工程师协会（IEEE）等都将对环境和可持续发展等的责任引入伦理章程之中。更为重要的是，世界工程组织联盟（World Federation of Engineering Organizations，WFEO）于1986年颁布了全球第一个《工程师环境伦理规范》，规定工程师的环

---

① ［美］查尔斯·E. 哈理斯、迈克尔·S. 普里查德、迈克尔·J. 雷宾斯：《工程伦理：概念和案例》，丛杭青、沈琪等译，北京理工大学出版社2006年版，第292页。

境责任为：

“（1）尽你最大的能力、勇气、热情和奉献精神，取得出众的技术成就，从而有助于增进人类健康和提供舒适的环境（不论在户外还是户内）。

（2）努力使用尽可能少的原材料与能源，并只产生最少的废物和任何其他污染，来达到你的工作目标。

（3）特别要讨论你的方案和行动所产生的后果，不论是直接的或间接的、短期的或长期的，对人们健康、社会公平和当地价值系统产生的影响。

（4）充分研究可能受到影响的环境，评价所有的生态系统（包括都市和自然的）可能受到的静态的、动态的和审美上的影响以及对相关的社会经济系统的影响，并选出有利于环境和可持续发展的最佳方案。

（5）增进对需要恢复环境的行动的透彻理解，如有可能，改善可能遭到干扰的环境，并将它们写入你的方案中。

（6）拒绝任何牵涉不公平地破坏居住环境和自然的委托，并通过协商取得最佳的可能的社会与政治解决办法。

（7）意识到：生态系统的相互依赖性、物种多样性的保持、资源的恢复及其彼此间的和谐协调形成了我们持续生存的基础，这一基础的各个部分都有可持续性的阈值，那是不容许超越的。”①

工程实践过程中的具体案例表明，工程师在具体的工程实践过程中会遇到形形色色的环境伦理难题，面临各种各样的环境伦理责任。此时，工程师所持有的环境伦理观念，对于其履行相应的环境伦理责任至关重要。工程师在不同环境伦理观念指导下的工程实践行为，将会产生不同的环境影响。为了更好地履行环境保护的责任，工程师应该持有恰当的环境伦理观念，遵守工程师环境伦理规范，贯彻工程实践行为，达到保护环境的目的。

（三）新兴科学技术的伦理冲击及其应对

新兴科学技术是指那些出现不久或刚刚起步，但具有很大潜力，有

---

① ［美］维西林、冈恩：《工程、伦理与环境》，吴晓东、翁端译，清华大学出版社2003年版，第73—74页。

可能在未来产生巨大影响的高科学技术。典型的有：网络与信息科学技术、基因科学技术、材料科学技术、能源科学技术等。它们的发展应用有可能引发一系列的伦理难题，如网络伦理问题、克隆人的伦理问题、基因治疗和基因增强的伦理问题、核伦理问题等，需要我们运用伦理学的基本原则，结合科学技术发展应用的现状以及社会发展的需要，制定并实施切实可行的伦理规范，以更好地实现科学技术的社会价值。

以网络与信息科学技术为例，它涉及的伦理难题有：网络内容规制的伦理问题——是否应当限制不良信息（如色情信息、虚假信息、垃圾邮件、憎恨言论、在线恐吓、邪教言论、攻击政府的言论和反社会言论）？谁有权来对这些信息加以限制？应该采取什么样的方式加以限制？网络知识产权的伦理问题——网络环境下造成了什么样的知识产权困境？我们应该如何看待和处理网络空间中的知识产权问题，应该遵守什么样的知识产权伦理原则？网络隐私的伦理问题——在自由、开放和共享精神盛行的网络空间中，如何协调隐私权和自由知悉权之间的冲突？保护隐私权的伦理原则有哪些？网络犯罪的伦理问题——如非授权侵入他人网络系统、网络金融诈骗、电子盗窃、网络欺骗、窃取国家机密以及网络恐怖活动等。

再以生物和医学技术为例，这方面涉及的主要伦理难题有：生物技术伦理问题——基因技术，如基因检测、基因治疗和转基因动植物等，存在什么样的伦理问题？克隆技术，如治疗性克隆、生殖性克隆等，存在什么样的伦理困境？人造组织器官，如机械性人造组织器官、生物性人造组织器官以及介于两者之间的半机械性半生物性人造组织器官，遇到什么样的伦理诘难？临床医学技术伦理问题——人类生殖技术，如试管婴儿、代孕母亲、人类精子库等，面临什么样的伦理难题？器官移植技术，如同种尸体移植、同种活体移植、异种活体移植等，存在什么样的伦理困境？神经技术伦理问题——认知增强剂和相关装置，如植入大脑的微电脑芯片等，引起什么样的伦理问题？卫生保健技术伦理问题——疫苗技术、网瘾戒断技术、整形美容技术等，存在什么样的伦理难题？等等。

至于人工智能技术，其涉及的主要伦理问题有：智能机器社会地位的伦理问题——强人工智能物应以何种身份存在？在人类社会中应处于何种地位？是否要赋予强人工智能物“人权”？应该赋予其哪些“人权”？人与人工智能物关系的伦理问题——人和人工智能物能应以何种方式相处？二者能够整合吗？如何划定二者之间的边界？智能机器犯罪的伦理问题——如自动驾驶汽车出故障致使驾驶员死亡、工厂机器自动启动绞杀工人、程序编码出现问题致使机器杀人等，我们应该如何判定责任归属？人工智能技术管理的伦理问题——是否要对人工智能技术加以管理以解决其在发展中所产生的问题？针对算法歧视，要对哪些环节哪些人员进行管理？应该以何种方式进行管理？等等。

对于上述新兴科学技术内含的伦理难题，要加以积极应对。布丁格等人提出以下应对策略，以解决科学技术的伦理困境。

第一，把握事实：具体准确地把握新的科学技术伦理问题中所涉及的特定的科学事实及其价值伦理内涵，分析其中涌现出的伦理冲突的实质，以此作为进一步研究的依据与出发点。

第二，寻求替代：在把握科学事实与伦理冲突的实质的基础上，寻求克服、限制和缓冲特定伦理问题的替代性科学研究与技术应用方案。

第三，进行评估：在尊重科学事实和廓清伦理冲突的基础上，通过跨学科研究与对话对替代性的科研与应用方案进行评估与选择。

第四，动态行动：在评估与选择的基础上采取相应的行动，并根据科技发展进行动态调整。①

科学技术共同体是科学研究和技术创新的“小社会”，科学技术研究及其应用面向的是“大社会”，既需要对科学技术共同体这个“小社会”进行伦理规范，也需要面向“大社会”，针对新兴科学技术的伦理冲击加以应对。两者的最终目标都是制定相应的伦理原则，规范“小

① 参见 T. F. Budinger & M. D. Budinger：Ethics of Emerging Technologies：Scientific Facts and Moral Challenges，John Wiley & Sons，2006，pp. 3—5.

社会”和“大社会”的理念和行为，遵循“公众利益优选的原则”，增强人类福祉。

第三节 科学技术的社会治理

科学技术对社会的作用呈现出两面性，它在极大地推动社会经济发展，实现文明转型的同时，也对社会发展和环境保护产生负面影响。必须动员全社会力量，面对社会发展和环境保护的现实需要，对科学技术进行社会治理。必须以人民为中心，大力发展事关国计民生的科学技术；必须以先进的文化来引导，协调科学文化与人文文化的冲突，警惕“科学主义”和“反科学思潮”对科学技术的不良影响；必须建构有利于环境保护的科学技术，让科学回归自然，走环境技术创新之路；必须全面客观地评价科学技术的风险与收益，打破垄断决策模式，实现科学技术的民主化。

一、大力发展有关国计民生的科学技术

科学技术的运行必须与国家综合国力的提高、国家利益的维护以及经济社会健康和谐发展相一致。《国家中长期科学和技术发展规划纲要(2006—2020)》指出：“今后15年，科技工作的指导方针是：自主创新，重点跨越，支撑发展，引领未来。自主创新，就是从增强国家创新能力出发，加强原始创新、集成创新和引进消化吸收再创新。重点跨越，就是坚持有所为、有所不为，选择具有一定基础和优势、关系国计民生和国家安全的关键领域，集中力量、重点突破，实现跨越式发展。支撑发展，就是从现实的紧迫需求出发，着力突破重大关键、共性技术，支撑经济社会的持续协调发展。引领未来，就是着眼长远，超前部署前沿技术和基础研究，创造新的市场需求，培育新兴产业，引领未来经济社会的发展。这一方针是我国半个多世纪科技发展实践经验的概括总结，是

面向未来、实现中华民族伟大复兴的重要抉择。”① 由此可以看出，科学技术运行的根本目的在于推进科学技术创新，服务民生，支撑经济社会的健康、协调、持续发展，提高综合国力，以实现振兴国家的伟大目标。这体现了科学发展观的内涵。

科学技术的发展和应用要为国家的经济社会发展、长治久安以及可持续发展服务。这方面包括：工业化、信息化、城市化科学技术发展战略，粮食安全、能源安全、国防安全等涉及国家安全的科学技术发展战略，资源节约、环境保护科学技术发展战略等。

科学技术的发展和应用要以人为本，促进民生，推进社会的公平与公义，为和谐社会建设服务。这方面包括：大力发展最贴近百姓生活，直接服务于公民的科学技术——民生科学技术；发挥科学技术在增进就业、提高收入、缩小贫富差距、帮助弱势群体等方面的作用；等等。

要达到上述目的，就需要建立并完善国家创新系统，大力发展有关国计民生的科学技术。在大力进行基础理论研究的同时，加强基础应用研究；在大力进行战略性基础理论研究的同时，加强战略性基础应用研究；在积极发挥科学技术经济功能的同时，充分发挥其政治、文化以及环境保护的功能，以实现人与人的和谐以及人与自然的和谐。

如对于传统的技术创新，其核心内涵是创新成果的商业化过程，技术创新的着眼点是经济利益，判断技术创新成败的重要标志是市场的实现程度，即获取商业利润、市场份额的多少，这成为技术创新的唯一目的，环境保护就不被重视甚至不予考虑，更没有从可持续发展的角度考虑技术创新的成败，结果导致经济增长、环境污染加剧的情况。要改变这一点，就要改变传统技术创新目标的单一性，大力发展环境技术创新，如末端治理技术、清洁劳动技术、生态化技术、低碳技术等，变追求经济效益的单一目标体系为追求经济效益、环境效益和社会效益相统一的

---

① 《国家中长期科学和技术发展规划纲要（2006—2020）》，人民出版社 2010 年版。

多目标体系，在发展经济的同时保护环境。

二、以人文文化引导科学技术文化

（一）科学技术文化与人文文化的冲突与协调

1. 科学文化与人文文化的冲突与协调。1959 年 5 月 7 日，英国学者 C. P. 斯诺在剑桥大学的里德讲座（The Rede Lecture）上发表了著名演讲报告《两种文化》。他在报告中指出，“科学文化与人文文化”这两种文化存在分歧与冲突。他发现，从事科学文化的人（科学家）和从事人文文化的人（如文学家）之间，几十年来几乎没有交往，在知识、心理状态和道德方面很少有共同性，这也使得西方社会的精神生活日益分裂为两个极端：“一极是文学知识分子，另一极是科学家，特别是最有代表性的物理学家。二者之间存在着互不理解的鸿沟——有时（特别是在年轻人中间）还互相憎恨和厌恶，当然大多数是由于缺乏了解。……他们对待问题的态度完全不同，甚至在感情方面也难以找到很多共同的基础。”①

在当代，这种冲突仍然有其具体体现：科学家倾向于认为，人文学者智力水平低下，只提供不起任何实际作用的闲言碎语与虚文，不关注外在的物质世界，缺乏远见，散漫及不守规矩；人文学者倾向于主张，科学家只是些善于思考与计算的机器，缺少对宇宙、自然、社会及人生的细微深入的体验与感受，缺乏对人的内心世界的关注，浅薄乐观，刻板老套。

这就是科学文化与人文文化之间的冲突。要协调这种冲突，首先要承认这两种文化之间的差别。因为，自然科学和人文学科在认识对象、认识方法、认识特征、认识目的、评判认识的标准以及认识的功能上，都有本质的不同，经过科学教育培养出来的人和经过人文教育培养出来的人，在科学文化和人文文化素养方面存在差异。一般而言，科学家更多地具有与理性、客观、实验、严谨、条理、规范、效率等相联的特质，而人文学者更多地具有与感性、温情、诗性、浪漫、洞察、智慧、机缘等

① ［英］C. P. 斯诺：《两种文化》，纪树立译，生活·读书·新知三联书店 1994 年版，第 4 页。

相联的特质。甚至有人将典型的科学家与传统的文学家、艺术家、浪漫型人之间的特质进行了有趣的对比，概括出14个方面的两两对照，这就是：理性—感觉，抽象—具体，概括—特殊，有意抑制—自然而然，决定性—自由，逻辑—直觉，简化—杂多，分析—综合，原子主义—整体主义，实在性—表面化，乐观主义—悲观主义，男性化—女性化，阳刚—阴柔，左脑—右脑。①

这表明，科学文化与人文文化各自有其自己的领域，任何抹杀上述两者之间的差别，将两者相互混淆和代替，试图通过单方面的改造，或者将科学改造成人文，或者将人文改造成科学，都是行不通的，也是错误的。要协调科学文化与人文文化的冲突，首先就要承认科学与人文、科学文化与人文文化之间的内在差异和各自功能，在此基础上，加强科学工作者与人文工作者之间的沟通和对话，使两种文化相互宽容、相互借鉴、相得益彰。科学工作者要特别提醒自己，必须像人文知识分子那样始终关注人及人的存在，具备更多的人文精神——如自由、平等、民主、博爱；权利、法制、公平、正义；仁慈、尊重、宽容、诚实等。反过来，人文知识分子则很有必要借鉴科技专家的思维方式和工作方式，关注事实和功用，具备更多的科学精神——如探索求知的理性精神，经验实证的求实精神，大胆怀疑的批判精神等。只有这样才能使以“求真”为旨趣的科学具有更多的“善”和“美”，也才能使以求“善”和求“美”为主旨的人文具有更多的“真”。

2. 技术文化与人文文化的冲突与协调。在当代，技术已经成为影响文化发展的决定性因素之一。它提供的是科学与日常生活之间具体的物质媒介，“我们自身的存在陷于其中，不论我们愿意与否，它直接决定了我们的生活方式，间接决定了我们对价值的陈述和价值系统”。② 作为文化系统的一部分，技术文化的核心是技术理性。它本质上关注的是特定

---

① 参见 Leslie，Stevenson & Henry，Byerly：The Many Faces of Science. Westview Press，1995，pp. 32.

② ［法］让·拉特利尔：《科学和技术对文化的挑战》，吕乃基、王卓君、林啸宇译，商务印书馆1997年版，第3页。

目的的实现，是一种手段和适用性，很少关心目的本身的合理性。技术理性追求发展的物的意义，从而遮蔽了发展的人的意义，人被异化为技术和物的奴隶，成为“技术—经济人”；技术理性以机械世界观及其工具高效性将机械程序导入人们生活的各个层面，用机器模式形塑人们的生活模式，使人们更自觉更严格地按照机器生活方式生活①；技术理性向社会各个领域的扩张过程，也是其控制自然以及入侵控制人类的过程，为西方文化的“合理化”奠定了基础。一句话，技术文化就是一种“物化”的文化，一种“控制”的文化，它将物的文化代替人的文化，将物的关系替代人的关系，不仅将人类带至海德格尔所说的与自然普遍对立的境地，还将使人类像胡塞尔所说的那样“遗忘生活世界，丧失生活意义”。

要走出技术文化的上述困境，不能一味地更新技术或拒绝技术，因为，技术文化的异化实质上是人自身的异化，要批判的恰恰是人自身。现代人的生存危机在于生存意义的迷失与精神家园的失落，应该在追寻人类生存和发展意义的基点之上，进行技术文化的价值理性重建，发展并重构技术，使之走向人性化和民主化，为实现人与自然的和谐以及人与人之间的和谐作出贡献。这就是以社会先进文化来引领技术文化，使技术发展和应用为经济社会健康全面发展服务。当前得到广泛提倡的绿色技术、工业生态技术等，就是为协调人与自然之间的关系，以及协调技术发展与人的需求之间的矛盾所做的努力，是技术文化与人文文化（绿色文化）的良性互动，是技术回归人文的体现。

（二）女性主义、后殖民主义科学技术论

1. 女性主义科学技术论。20 世纪 60 年代起，女性主义者对科学技术史、科学哲学和科学社会学等的相关问题日益关注，形成了女性主义的科学技术研究。它对科学技术领域的性别分层原因、科学技术的性别化特征以及性别建构等问题作了深入阐述。

考察科学、技术、工程研究的人员数量，以及学科领域分布、取得

---

① ［美］杰里米·里夫金、特德·霍华德：《熵：一种新的世界观》，吕明、袁舟译，上海译文出版社 1987 年版，第 13—14 页。

的成就和学科威望，不难发现，男性和女性之间存在较大的差异：女性科技人员人数偏少，职位偏低，且越到高层，女性数量越少。有人把这种现象称为“女性在科学中的缺席”。这催生了一些学者对科学技术中的性别差异根源进行理论探讨。有观点认为，这种差异是由生理性别决定的，在科研能力上，男性更多地擅长理性的、线性的逻辑思维和数学思维，女性更多地擅长感性的、非逻辑思维。女性主义科学技术论者对这种观点进行了反驳。她们认为，并没有很好的证据证明男性和女性在科研能力方面存在天生的差别，之所以出现科学技术的性别分层，是由于社会性别文化偏见造成的。如认为女性天生不适合从事科学技术工作，从而没有创造良好的环境去培养她。而且，女性主义科学技术论者还以男性气质特征来衡量科学，认为西方科学本质上是男权文化意义上的科学，更多地体现了“男性本质”，如理性、客观、严密等，由此，科学就成为男性的特权，科学思维就成为男性的专利。这必然影响女性参与科学技术活动。

除上之外，女性主义还将科学认识与技术产品本身与性别相联系。有女性主义研究者发现，在科学研究尤其是生物学研究中，渗透了性别文化，体现了性别文化对科学的建构，如 20 世纪早期以来，精子通常被描述为主动的，而卵子被描述为被动的。她们进一步认为，之所以如此，并非出于科学证据，而是人们受着性别文化的影响所致。还有女性主义研究者发现，技术具有高度的性别化的政治色彩，技术中的性别角色预设强化了现有的性别结构。如在维多利亚晚期，女性采取男性化的、暴露性的体态有悖于当时的社会礼节，鉴此，制造商开发的自行车外形特征就与这一社会文化观念相一致。甚至，有些激进的女性主义研究者认为，新的生育技术和家庭技术远没有把女性从家庭中解放出来，相反使她们进一步陷入性别的社会组织之中，如新的生育技术是父权制侵害女性身体的一种形式，新的家庭技术并不能使得女性花在家务劳动上的时间减少。①

2. 后殖民主义、后殖民科学与欠发达国家。一种观点认为，殖民主

① 参见［美］朱蒂·维基克曼：《女权主义技术理论》，希拉·贾撒诺夫、杰拉尔德·马克尔、詹姆斯·彼得森、特雷弗·平奇编：《科学技术论手册》，盛晓明、孟强、胡娟、陈蓉蓉译，北京理工大学出版社 2004 年版，第 145—156 页。

义国家在进行殖民开发的同时，也对殖民地国家进行生物殖民主义。殖民主义国家利用从殖民地国家掠夺来的资源发展了自己系统的农业，并以此完全支撑了国家的工业，促进了国家的科学如生物学、医学等的发展。与之相比较，殖民地国家从中得到的却非常少。[①] 究其原因，不是由于殖民地国家的资源是公共资源，也不是由于殖民地国家当地民众的知识——地方性知识是无效知识，更不是他们的知识及其技术等不符合专利标准，而是殖民主义国家利用其文化霸权，依据科学的标准以及西方国家的法律知识和专利观念，对殖民地国家生物资源及附着于其上的地方性知识进行的掠夺。

生物殖民主义表明，“科学为殖民地国家带来发展”这种观点是站不住脚的。类似地，“从19世纪开始，科学技术从欧洲转移到欧洲的殖民地，带来的更多是殖民地国家的工业化和发达”这种观点也是错误的。如黑德里克就认为，技术从欧洲转移到欧洲的殖民地，带来的更多的是欠发达，而不是人们希望的工业化。[②] 按照这种观点，科学技术并不能为帝国主义和殖民主义的合法化提供辩护。

到了现代，在科学技术对于欠发达国家的意义这一问题上，存在三种理论视角：现代化、制度化和依附性。所谓现代化，是指科学技术是一个国家发展的最主要推动力，科学之于技术，科学技术之于社会经济发展意义重大，而这与本国之外的其他国家没有什么关系；所谓制度化，是指科学是普遍的，科学对于现代化是必要的，每个国家接受并按照科学制度运作是必然的，只有这样的科学以及科学制度才能为国家的理性行动提供“解释模式、文化意义和工具性杠杆”，获得有效的结果；所谓依附性，指的是欠发达国家无论社会经济结构还是就科学技术需求，都与发达国家有很大的不同，如果欠发达国家在科学上一味追随，技术上盲目引进，则很可能导致科学与社会经济的脱节，技术与经济社会发展

---

① 参见［美］丹尼尔·李·克莱曼：《科学技术在社会中——从生物技术到互联网》，张敦敏译，商务印书馆2009年版，第141—169页。

② 参见Headrick, Daniel R, The Tentacles Progress: Technology Transfer in the Age of Imperialism (1850—1940), Oxford: Oxford University Press, 1988.

不相适应，甚至会导致国家资源的不当配置，劳动分工的社会扰乱，阻碍经济发展，导致其依附性和虚弱性。①

以上三种理论视角各有其道理，但也都存在不足。现代化理论视角重视科学技术在社会经济发展中的作用，这一点无疑是正确的。但是，科学转化为技术，技术作用于社会，是与欠发达国家以及发达国家的社会状况紧密相关的，欠发达国家常常缺乏健全的经济基础结构，这将会直接影响到科学技术在现代化过程中的作用。制度化理论视角看到了现今不可阻挡的全球化趋势，以及西方科学及其组织形式的普遍性，但是，欠发达国家有其自身社会经济发展现状，试图以一种普遍的西方科学知识和制度模式来解决发展问题，是不可能得到普遍有效的结果的。特恩布尔就说："欠发达国家接受西方的科学和西方的组织形式虽然有助于提高可比性和兼容性，但却无助于解决当地的问题。"② 依附性理论视角区分了本土科学知识与西方科学知识，看到了欠发达国家盲目发展和引进西方科学技术的不足，有可能引发科学、技术的殖民主义。

这后一种观点属于"后殖民主义"，又称为"后殖民科学"。"后殖民科学"有一定道理。因为，欠发达国家在科技人员的创新能力、科学文献发表、研发资金等方面都与发达国家有一定的差距，从而在科学上处于"外围"；欠发达国家追捧西方科学技术，只将此研发金额的很少一部分用于研究与自身直接相关的问题，本土知识精英远离其所在的社会经济现实，忽视相关的科学技术研究，缺乏把理论知识转化成技术应用的能力；欠发达国家的经济基础结构不适合西方技术，盲目依赖西方技术的转移，可能会影响到欠发达国家的传统产业和公众就业。

但是，这也并不意味着欠发达国家可以一味强调本国国情而拒绝发展和引进发达国家的科学技术，而是意味着欠发达国家应该意识到"后殖

① 参见［美］韦斯利·施乐姆、耶豪达·舍恩哈夫：《欠发达国家的科学技术》，希拉·贾撒诺夫、杰拉尔德·马克尔、詹姆斯·彼得森、特雷弗·平奇编：《科学技术论手册》，盛晓明等译，北京理工大学出版社 2004 年版，第 480—483 页。

② 参见 Turnbull, David, "The Push for a Malaria Vaccine." Social Studies of Science, 1989: 19 (2), pp. 283—300.

民科学”的存在，对科学的多元文化起源与欧洲中心论进行反思，认识到：地方性知识具有一定的合理性，西方科学并非唯一的科学知识，还有民族科学；西方科学的欧洲中心主义的社会建构，成为剥削殖民地国家的手段；从西方发达国家输入科学思想和技术制品会导致欠发达国家虚弱的依附性。树立这些思想，有助于深刻理解欠发达国家科学与西方科学之内涵，全面认识发达国家和欠发达国家在科学技术以及社会发展上的差异，正确处理消化引进与自主创新的关系，发展出既与西方科学技术接轨又能适合本国国情的科学技术，以更好、更快地推动本国的社会经济发展。

（三）反科学主义但不反科学

1. 科学主义与反科学主义。“科学主义”（scientism，亦译“唯科学主义”），试图用科学的标准来衡量裁决人类的认识和生活，把一切与科学不相符合的人类认识与价值信仰看作是没有多少价值的或是错误的，把科学技术看成是解决人类一切问题的工具。科学主义分为学科内的科学主义和学科外的科学主义。学科内的科学主义认为，人文社会科学应该归并、还原或转化为自然科学。学科外的科学主义又分为：认识的科学主义——所有真正的认识或者是科学认识，或者是那些能够归入科学认识的认识，与科学认识一致的认识是有价值的，否则就没有价值；理性的科学主义——我们知道的只是科学已经认识到的，科学不知道的、或与科学不相一致的，我们就不应该去相信；本体论的科学主义——存在的也就是科学进入的，或科学已经认识到它的存在的；价值论的科学主义——科学是人类认识中具有最大价值和最多价值的部分，其他认识或者没有价值或者比科学认识价值更小；拯救的科学主义——宗教和伦理完全能够由科学来解释，并最终由科学所代替；综合的科学主义——科学过去和现在尽管不能解决我们所面临的所有难题，不过，随着科学的发展，它将单独能够逐渐解决人类所面临的所有的，或者是几乎所有的真正的难题。①

① 参见 Mikael. Stenmark，Scientism：Science，Ethics and Religion，Ashgate Publishing Limited，2001，pp. 1—16.

科学主义的产生有其社会、文化、心理等方面的原因，是人类在一定历史时期对科学的理想看法，表示的是对科学的态度和对科学应用的态度，有一定的历史必然性与合理性。科学主义确实能够推动科学建制的确立、科学技术的发展及其广泛应用，能够帮助人们解放思想，摆脱迷信，辨明是非。而且，将科学方法应用到人文社会科学的研究中，确实在一定程度上促进了这些学科的发展。不过，科学主义是对科学认识、方法和价值的正确性、普适性的绝对肯定和夸大，同时却贬低乃至否定了其他人文社会科学的方法的有效性、认识的正确性以及对于人类社会生活的价值和意义，是用科学裁定和代替人文，用工具理性来代替价值理性，把科学技术看成解决人类一切问题的工具，造成重科学技术轻人文思想以及科学技术在生活世界、自然世界对人文的僭越，引发科学文化与人文文化之间的对立和冲突，导致人文精神的缺失，使人们产生科技乐观论、科技万能论，盲目滥用科技，从而加剧科技应用的负面影响。

这是应该反思和批判的。我们应该深刻理解科学技术的限度，为人文信仰留下空间，用正确的人文理念指导我们的生活。要知道，科学技术虽然能够使人富足、舒适、博学、健康、长寿、快捷、方便，但是却无法治愈贫困、不平等、战争、恶欲、屈辱、无爱、奴役、缺德、犯罪、腐败等人类痼疾；相反，它的不恰当扩张，很可能会扭曲人生的价值和意义，造成生态环境的破坏，加剧社会危机和环境危机。

2. 不要由反科学主义走向反科学。20 世纪下半叶在西方学术界出现的“反科学思潮”，就是“反科学主义”的具体体现，表现在激进的后现代主义、“强纲领”科学知识社会学、极端的环境主义者等的相关论述中。这些观点的中心含义是：科学知识是社会建构的，与自然无关，是科学共同体内部成员之间相互谈判和妥协的结果；科学与真理无关，所有知识体系在认识论上与现代科学同样有效，应当给予非正统的“认知形式”与科学同样的地位；科学是一个与其他文化形态一样的、没有特殊优先地位的东西；西方科学的出现与西方男性统治、种族主义和帝国主义有着紧密的联系，西方科学发展了西方霸权的工具，并导致了非西方的衰落；等等。

对于上述观点，应该辩证分析，加以扬弃。如果完全接受他们的这些极端观点，就在很大程度上否定了科学的真理性，片面夸大了科学技术产生的负效应，消解了科学的进步性、权威性和社会文化地位，走向了科学技术悲观论甚至“反科学”，不利于科学技术的发展和应用。上述观点表明，科学事业是对科学研究纲领、技术设计以及与此相关的社会过程的选择，是一个困难而复杂的问题，应该引起公众和决策层的注意。

这表明反科学主义本身是复杂的，不要由反科学主义走向反科学。我们完全可以在对科学主义的反思批判中，做到：不反对科学本身，而是反对将科学绝对化；不否定科学是具有相对真理性的知识体系，却反对绝对的科学真理观；不否定自然科学知识的准确性、有效性，却反对视科学认识为唯一有效的认识形式而否定人文社会科学的认识及其形式；不反对科学的方法可以应用到人文社会科学中去，却反对机械地将科学方法盲目地应用到人文社会科学中去；不反对科学对人类生活所具有的不可忽视的价值，却反对否定其他非科学领域对人类生活所具有的价值；不否定科学作为我们判断认识、树立信念等的根据，却反对将此作为唯一的根据；不否定科学技术能够为人类解决很多问题，却反对科学技术单独就能够解决或逐步解决人类所面临的所有问题或所有的真正的问题；不反对科学技术能够给人们带来幸福，却反对视科学技术为导向人类幸福的唯一工具；不反对科学技术的广泛作用，却反对科学技术万能的观念。一句话，不反对科学技术的发展应用以及重要文化地位，而反对科学主义对科学真理性的绝对化以及对科学、人文社会科学以及两者之间关系的错误认识。

这才是对待科学的正确态度，是对科学技术重要文化地位的肯定。它对于人们深化科学技术的理解，树立正确的科学技术观念，清除科学主义的影响，认清乃至避免科学技术的负效应，明了科学技术进步对于人类社会以及人自身的发展意义，消除科学技术文化与人文文化之间的冲突，正确地发展和应用科学技术和人文社会科学，更好地建立自然科学和人文社会科学的联盟，共同抵制伪科学、反科学以及其他各种错误思潮的负面影响，具有重要的意义。这与普及科学知识、传播科学文化、弘扬科学精神和人文精神、倡导科学方法是一致的，能够更好地保持自然科学、人文社会科学以及人类社会之间的协调发展和相互促进，应该大力提倡。

三、建构有利于环境保护的科学技术

（一）科学技术的应用是影响环境的因素

1. 科学的非自然性与环境破坏。一种观点认为，科学应用之所以造成环境问题，是由于人们滥用科学的结果。另外一种观点认为，科学是一种认识，技术是一种制造，环境问题是人们生产产品、使用产品以及排放废弃物的过程中产生的。进一步的分析表明，上述两种观点都有失偏颇。一些在科学认识的基础上出于为人类造福目的而应用的科学，虽然并非出于滥用的目的，但是其应用却造成了环境问题；而且，当代技术创新几乎都是在科学认识的基础上进行的，科学认识成为技术创新的先导，技术创新造成的环境问题，根源在科学。科学应用造成环境问题的根本原因在自身。

第一，有什么样的自然观，就会有什么样的方法论原则，从而也就会有什么样的关于自然的认识。由于近现代科学以机械自然观为基础，在认识自然时就遵循简单性原则、还原性原则、决定性原则以及祛魅性原则等，对自然加以认识，但是，由于自然本质并非是简单的、还原的、决定论的等，还存在复杂性的、整体性的、非决定性的、智能的方面，当将上述方法论原则应用于自然认识时，就只是科学家在认识自然时所采用的一种策略。虽然它的应用有时能够使科学获得对具有机械简单性特征的那一部分自然对象的正确认识，但是，更多的时候是将复杂的、不可分离和还原的、不可祛魅的认识对象机械地加以了简化、分离、还原和祛魅，获得的是对已被简单化了的、还原了的、分离了的、祛魅了的、规则化了的有机整体性对象的简单化了的、还原了的、分离了的、祛魅了的、规则化了的认识，建立的是分门别类的知识体系，如物理学、化学等。由于这些认识和知识体系是在否定有机整体性的对象具有超越其构成部分特性的基础上建立的，歪曲和践踏了此类对象的有机整体性，所以就不能保证对有机整体性的对象获得全面、正确的认识，将此认识应用于改造有机整体性的自然时，就很可能会与自然系统相违背，造成自然生态环境的破坏。

第二，科学技术学的研究表明，实验知识和理论知识都具有“非自然性”。① 具体而言，就是近现代科学是以实验方法的运用为其基本特点的。对于科学实验，是在一定的理论指导下，运用一定的实验仪器，对实验对象施加一定的作用，从而获得一定的实验现象的过程。在这一过程中，假定没有人类对实验对象的如此这般的操作，该实验现象就不存在，即该实验现象并不是先在于大自然之中由大自然自我展现的，而是经过处理的自然事物或人造物在人类所进行的实验的特定干预作用下的特定的回应。一种实验条件的存在，就是对实验对象的一种限制、规定，是对实验对象的非自然化；一种实验操作的进行，是对实验对象的一种特定的作用和干涉，是一种人工现象的创造。在这里，实验对象成了人类实验、作用和认识的对象，不能独立于人类而存在，而是与人类对其的分类、处理、操作、认识紧密关联，是一个人工对象；实验现象是人类“发明”的，而不是“发现”的，最起码可以说是在“发明”基础上的“发现”。这样的“发现”不是发现了“自然界中本来就存在的那一现象”，而是发现了“我们在实验室中创造或制造出来的那一现象”。如此一来，实验所获得的科学事实就主要不是自然事实，而是人工事实；源于实验室中的科学认识主要就不是关于独立于我们心灵的“自然事物”的认识，而是关于我们所建构或制造出来的“非自然事物”（人工事物）的认识；在实验操作的作用下，很多时候即使是自然事物也变得非自然（人工）了，即使是原先不存在的也被建构出来了。

对于近现代科学理论的建构，是以相应的数学手段的运用和相应的理想模型为基础的，这导致理论建构的模型化和实验条件的理想化，导致的许多科学规律只有在理想条件下才成立，即只有在所有理想条件都

① 参见［加］瑟乔·西斯蒙多：《科学技术学导论》，许为民、孟强、崔海灵、陈海丹译，上海世纪出版集团2007年版，第202—206页。

正确的前提下，该科学定律才适用。这也表明，科学理论很多时候并没有告诉我们自然界在自然状态下是什么样子，而只是说，具有且仅有如此这般性质的一组对象将会是什么样子。这样一来，“理论和模型是直接面向物质世界的，描述着它的状态和性质，但它们最多只是对自己意图表象的实在世界的理想化或抽象。”① 这可以看作理论的“非自然化”（“理想化”或“人工化”）。

上述实验实践和理论建构的非自然化（人工化）表明，科学实验的现象创造与科学理论的主观建构，使得科学是在建构自然对象或人造对象的过程中获得对自然对象或人造对象的认识的，是对经过干预了的、经验建构了自然对象或人造对象的建构了的认识，得到的规律主要不是关于自然事物的“自然规律”，而是科学规律。科学规律与自然规律是不同的，它是我们在实验室中或在科学理论的建构过程中创造出来的规律，如果没有实验和理论的建构，这样的规律就不会存在甚至不会出现，我们也就不会发现这样的规律。这些规律是科学家发明的，是在发明的基础上的发现，因此是人工的，以非自然的方式存在着。

这一点与环境问题关系密切。由于科学实验以及科学理论的非自然性，因此，用这种人工自然规律改造外在自然时，就与外在自然规律存在着不一致的甚至根本不同的地方，就会产生出许许多多的人工物，与自然物相冲突，最终造成环境破坏。

2. 技术的“集置”本质与环境破坏。在环境问题的产生上，“技术中性论”是错误的，技术是在科学、社会文化背景下形成的，负荷科学、政治、经济、伦理文化意涵。技术不仅体现了技术批判而且也体现了更广泛的社会价值和那些设计和使用它的人的利益。脱离了它的人类背景，技术就不可能得到完整意义上的理解。人类社会并不是一个装着文化上中性的人造物的包裹。那些设计、接受和维持技术的人的价值与世界观、聪明与愚蠢、倾向与自得利益必将体现在技术身上。

---

① [加] 瑟乔·西斯蒙多：《科学技术学导论》，许为民、孟强、崔海灵、陈海丹译，上海世纪出版集团 2007 年版，第 203 页。

这是关于技术的社会建构论的观点。在市场经济条件下，技术的开发应用自始至终都是为经济服务的，是为经济人追求个人经济利益最大化服务的。虽然从经济利益出发的科技进步能够比早先的欠先进的科技消耗更少的资源，生产出更多的产品，产生更少的副产物，从而给资源和环境带来更少的压力，但是，科技应用的非环境保护目的确实阻碍了环境保护科技的研究、开发和利用。从经济利益出发的技术进步看，它确实造成了经济合理性及生态环境保护的不合理性。

首先，从技术的产生看，它是机械论的。这一方面是由于技术产生过程的必然性使然，另一方面则是由于人类经济通常就是分立的活动，只需应用分门别类的技术即可。如此，技术不仅以分化和专门化的方式发展，而且过分简化，具有可分割的性质，不能反映人与大自然的复杂关系。

其次，从技术应用的目的看，它是经济主义的，是以牺牲环境和资源为代价以求从自然界谋求最大的收获量。这必然导致人们为了局部的、眼前的利益，而大肆掠夺自然界，造成资源危机和环境破坏。

再次，从技术应用的过程看，它的组织原则是线性的和非循环的。为了更快地取得经济利益，传统物质生产以单个过程的最优化为目标，更多的是考虑自然规律的某一方面，而忽视了其他方面以及所存在的整个自然界。

这样一来，天地万物在技术世界中就显现为技术生产的原材料，还原为一个功能性的存在，成为满足人类物质欲望的工具。自然的自然性、整体性、复杂性和丰富性丧失了，自然的单向的为人的功能性增强了，进入到被控制和受压迫的状态，存在着破坏自然的可能。

（二）进行新的科学技术革命以解决环境问题

1. 让科学回归自然。科学的非自然性（人工性）是科学应用造成环境问题的根本原因，如果不改变科学的机械自然观基础，如果不改变实验科学和数理科学的特征，那么，随着科学的发展，科学的非自然性（人工性）特征将会越来越显著和强烈，其应用所造成的环境问题将会越来越大，也将会越来越强烈，越来越广泛。不可否认，随着这种科学的发展，其解决环境问题的能力在增强，鉴于以上状况，其对环境问题的解决将远远赶不上其应用对环境的破坏。那种试图通过推进近现代科学进步以解决其所造成的环境问题，无异于“痴人说梦”，必须针对科学的非自然性（人工性）特征与环境问题产生之间的关联，进行新的科学革命，以利于保护环境。

（1）以新自然观为基础，进行新的科学革命。从自然的祛魅性走向自然的返魅性，从自然的简单性走向自然的复杂性，从自然的决定性走向自然的非决定性，从自然的还原性走向自然的有机整体性，坚持返魅性、复杂性、非决定性、整体性等方法论原则，探索与此原则相对应的具体化的研究方法，对自然的返魅性的方面、复杂性的方面、非决定性的方面、整体性的方面展开研究，以获得对自然的更加全面、更加深刻、更加准确的认识。

（2）以大自然为研究对象，大力发展直接面对自然的科学。这样做的目的是，真正向自然学习，发现自然规律，按自然规律办事，以达到保护自然环境的目的。这方面典型的有生态学、农学、林学、海洋学、大气学等，它们直接面对自然的科学是对自然对象的直接的认识，所获得的更多的是自然规律本身，其应用是能够有利于环境保护的。

只有大力发展直接面对自然的科学，人类才能更多、更准确地认识自然规律，按自然规律办事，产生更少的环境破坏；才能更好地考察认识实验科学应用所可能产生的环境影响，以尽量避免之；才能在实验科学与面向自然的科学发展及其应用之间取得平衡，从而在第一产业与第二产业之间、工业文明建设与生态文明建设之间取得平衡，既能够满足人类的物质文化生活需要，又能够保护环境，实现可持续发展。这是科学的发展、社会的进步、可持续发展的必然要求！

（3）让科学适应环境而不是相反。根据劳斯的“科学的政治哲学”，在实验室中所获得的知识也是一种“地方性知识”，即只在相应的实验室背景中才具有普遍性。① 就此，当将这种科学知识应用于改造地方性的自然环境时，就不是“放之四海而皆准”的，必须“规训”地方环境，使其与实验室背景条件相一致。这是“让环境适应科学”，必然造成环境破坏。

---

① 参见［加］瑟乔·西斯蒙多：《科学技术学导论》，许为民、孟强、崔海灵、陈海丹译，上海世纪出版集团2007年版。

为了解决环境问题，就必须改变这种状况，让科学走出实验室，回归自然，面向各个地方环境，按照自然的本来面貌去认识自然，尽量获得关于自然自在状态的认识。因为，只有这样，按照这样的认识去改造自然时，才可能与各个地方环境相一致，也才能顺应自然，保护环境。这是“让科学适应环境”而不是相反，是环境保护的最终旨归。

这样的科学的最大特点是回归自然和顺应自然。所谓回归自然，指的是回到自然本身，获得关于自然的自在状态的认识；所谓顺应自然，指的是按照自然的法则或尺度（对象尺度、时间尺度、空间尺度）办事。只有回归自然，才能获得关于自然本身的认识，也才能在按照这样的认识去改造自然时，顺应自然，保护自然。只有顺应自然，即对自然施加尽可能少的“干涉”，才能获得更多的关于自然自在状态的认识，才能在科学应用过程中“让科学适应环境”，而不是相反。回归自然、顺应自然，是未来科学革命的根本路径，这能够使科学走出实验室，走向自然，去研究自然界中的对象和现象，获得关于自然界中的对象和现象的认识，然后再按照这样的对象和现象改造世界，以真正做到按照自然的状态改造自然，不造成或少造成环境破坏。

2. 从技术创新走向环境技术创新。在科学、政治、经济、文化价值等的作用下，技术的应用方式只是拘泥于自然规律的某一方面，忽视了其他方面，违反了自然过程的流动性、循环性、分散性、网络性，割裂了技术活动与自然生命的统一，干扰了自然过程的多种节律，破坏了生物圈整体的有机联系，从而给自然界造成了破坏。技术应用的科学基础的不完备性以及由此获得的自然的局部性的规律，技术开发和应用的经济导向的利润合理性和生态不合理性，人类中心主义的价值观念等是造成技术应用破坏自然的最根本原因。要走出技术的危机，就必须在发展经济的同时，解决环境问题，还必须利用人文社会科学的相关知识，去分析环境问题的产生原因并找出解决之道。

正因为如此，针对相关的环境问题，现代社会正力图建立自然科学家和社会科学家的联盟，运用自然科学和人文社会科学的融合来分析并解决（参见图 4-1）。

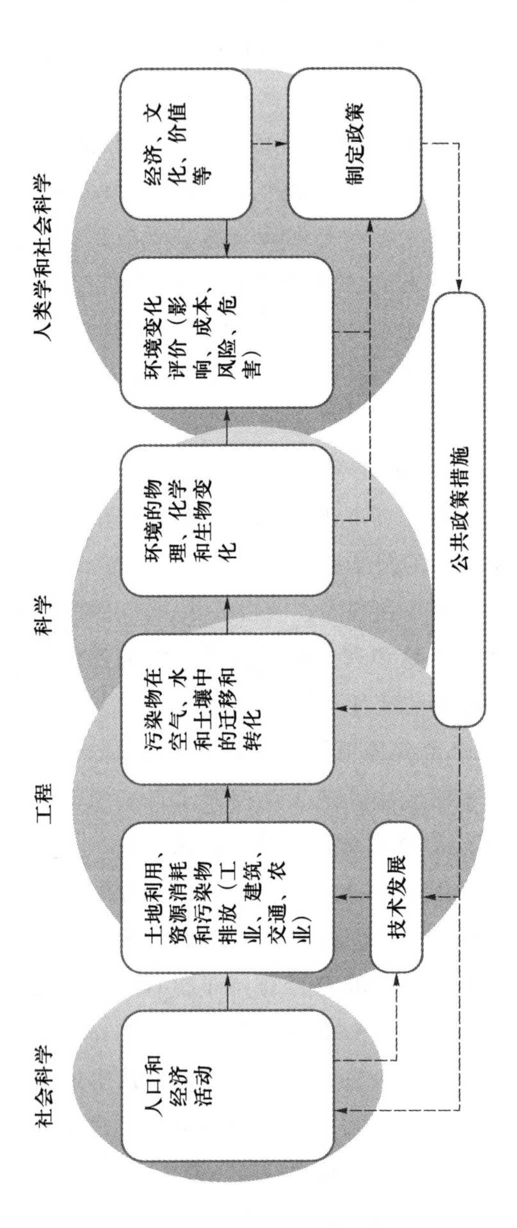

图 4-1 各环境主题纳入传统的学科门类的框图①

① ［美］ Edward S. Rubin 编著：《工程与环境导论》，郝吉明、叶雪梅译，科学出版社 2004 年版，第 8 页。

这就给从事自然科学研究的人员，尤其是从事环境科学的人员，提出了一个新的任务，即在运用自然科学分析并解决环境问题的时候，更多地吸取人文社会科学的相关知识，从自然科学和人文社会科学两个途径去分析环境问题的产生原因和解决之道，以弥补单纯从自然科学途径分析和解决环境问题的片面和欠缺。

3. 解决环境问题必须变革资本主义制度。马克思认为，“只有在社会中，自然界才是人自己的合乎人性的存在的基础”。① 马克思主义者认为，环境问题的根源不在科学技术，在资本主义制度背景下，资本的逐利本性驱使技术沦为资本家牟利的工具，这是技术应用造成环境问题的根本原因；资本主义为了保持经济的增长，利用媒体广告宣传等进行“消费的生产”，迫使工业更为毫无限制地利用科学技术生产产品，导致异化消费和异化劳动，严重损害了人类赖以生存的自然生态环境，延缓了资本主义的经济危机但造成了生态危机。要从根本上解决环境问题，真正实现人与自然的和谐，就必须改变资本主义制度，把技术从资本主义生产的非理性动力中解放出来，从异化消费和异化劳动中解放出来。这对于我们深刻地理解资本主义社会，发现当代全球性生态危机的资本因素，树立正确的科学技术观，发展有利于环境保护的科学技术，具有重要意义。

四、科学技术的风险评价与决策

（一）加强科学技术风险评价与决策是时代需要

科学技术的运行在给人类带来巨大正面作用的同时，也带来了一系列的负面影响，有可能产生各种各样的风险，如克隆人的伦理风险、水坝和核电站的环境风险、转基因食品风险等，由此引发了一系列的争论，造成评价和决策上的困难。这一问题需要解决。习近平提出：“要加快建立科技咨询支撑行政决策的科技决策机制，加强科技决策咨询系统，建设高水平科技智库。要加快推进重大科技决策制度化，解决好实际存在

① 《马克思恩格斯文集》第 1 卷，人民出版社 2009 年版，第 187 页。

的部门领导拍脑袋、科技专家看眼色行事等问题。”①

在有关科学技术风险公共政策的制定上，应该动员全社会力量，如专家、公众和政府官员等参与进来，全面评价科学技术风险，批判性地考查“内部”存有争议的科学知识或技术知识，分析相互竞争的利益集团和社会结构的“外部”政治学，理解专家知识和决策的局限性、公众理解科学的必要性以及外行知识的优势，明确政府、专家以及公众在与科学技术风险相关的公共决策中的不同作用，辨别公众参与决策的可能方式，从而形成最优化的科学技术公共政策模式，制定恰当的公共政策，以达到对科学技术风险社会有效治理的目的。

（二）科学技术专家知识和决策的局限性

在科学技术风险评价与决策的主体问题上，有人认为，科学是例外的，享有特殊的地位，具有特殊的品质，有关科学政策应该置于一个特定的范围，由科学技术专家进行。这就是“科学例外论”。它包含四个方面：一是知识论的例外论——科学获得了真理性的认识，科学是好的，政治公共体系应该接受科学家的建议，支持科学事业；二是柏拉图式的例外论——科学及其应用是复杂的和深奥的，公众无法理解，所以也就不能参与，科学政策不受民主决策控制，应交由科学家进行；三是社会学的例外论——科学具有一个能够自我管理的独特的规范秩序，科学家能够自我管理和理性批判，能够修正自身的不当和错误，能够正确决策，不需要其他决策主体如公众参与；四是经济学的例外论——科学是为了在将来获得收益而就当前的资源进行的独特投资，是政府为了提高未来的经济劳动力所选择的最佳投资对象。②

将上述“科学例外论”联系科学技术风险评价与决策，就是：科学技术专家能够正确认识科学技术风险，因此他们能够正确地进行相关风

① 《习近平谈治国理政》第 2 卷，外文出版社 2017 年版，第 273 页。

② ［美］布鲁斯·宾伯、大卫·H. 古斯顿：《同一种意义上的政治学——美国的政府与科学》，希拉·贾撒诺夫、杰拉尔德·马克尔、詹姆斯·彼得森、特雷弗·平奇编：《科学技术论手册》，盛晓明、孟强、胡娟、陈蓉蓉译，北京理工大学出版社 2004 年版，第 424—437 页。

险评价与决策；科学技术风险评价与决策需要专业知识，只有科学技术专家能够进行相关风险评价与决策；科学技术专家具有追求真理的科学精神，他们能够作出公正的评价与决策；科学收益是巨大的，能够抵消其所可能带来的风险，只要科学能做的就应该去做，而不需要考虑其风险。

如果科学技术风险与收益真像科学例外论之“经济学的例外论”所宣称的那样，那么，科学技术风险虽然存在，甚至还应该采取措施去减少，但是，不必因此而限制科学的应用；如果科学技术专家真像“科学例外论”所声称的那样，那么科技专家就是真理的代理人、道德的楷模，科学技术风险评价就能够由他们进行，只能由他们进行，而且他们还能够客观公正进行。

事实上，上述“科学例外论”是错误的。首先，“经济学的例外论”是错误的。科技应用会带来收益，有时甚至还会带来巨大的收益，但是，很多科学技术风险具有不确定性、增殖性、潜在性、不可逆性等特征，风险一旦发生，可能对自然环境、人类健康、社会经济等产生很大影响。其次，“知识论的例外论”是错误的。对于某些复杂性对象如核电站风险及其决策的科学认识，是异常复杂多变的，有些是科技专家不能直接感知的，有些是科技专家不能完全认识或不能量化的。此时，科技专家也成了“非专家”，那种基于科学主义观念，根据确定性、真理性的科学认识，然后依据这种认识制定合适且无争议的政策的传统科学，在这里已经不复存在。再次，“社会学的例外论”是错误的，在实际的科学技术风险评价与决策过程中，科学技术专家由于这样那样的原因，有可能将个人利益而非国家利益和公众利益放在首位，而成为政治权力和经济利益的俘虏，作出不客观公正的科学技术风险评价与决策。

为了保证科学技术专家在科学技术风险评估与决策的客观公正，应该拒绝“科学例外论”，否决科学技术专家的特权，恰当定位科学技术专家在科学技术风险评价与决策中的角色。对此，国外有学者提炼出了科学家在政策与政治过程中可以选择的四种理想化的角色，即纯粹的科学家、科学仲裁者、观点辩护者以及政策选择的诚实代理人，并且通过进一步深入分析，认为在科学技术风险评价与决策过程中，科学技术专家应该更多地扮演“政策选择的诚实代理人”角色。①

（三）公众参与评价与决策的必要性

事实上，“知识论的例外论”是错误的，科学技术专家对于具体的科学技术风险评价是不确定的，因此，需要发展一种新形式的科学，能够面对不确定的事实、有争议的价值观、高风险、紧迫的决定、典型的复杂性和可能要失控的人为的危险等，在承认不确定性和无知的基础上进行对话，以获得多数支持的合理观点和价值取向，在其基础上作出合理的决策。它包括从科学技术专家进行的与政策相关的研究，到老百姓对该项研究性质的讨论之间的一切内容，是在科学与政策发生争议时的一种新的研究方式——一种不同于常规科学的研究方式。这种方式就是国外某些学者所提出的“后常规科学”。“后常规科学”与科学认识不确定背景下的决策紧密相关，以一种充分的防范意识，进行充分辩驳论证，尽量避免出现认知上始料未及的问题，尽可能减小乃至规避科学技术风险。

必要性之二是“柏拉图的例外论”是错误的。对于需要专业知识的科学技术风险与决策，普通公众对其理解确实存在一定的困难，但是，他们是相关科学技术研究的直接接受者和技术产品的使用者，直接承担科学技术风险并受到技术后果的影响，更能够从现实生活的实际出发，从社会和民众利益的角度，去感受和思考科学技术可能带来的各种影响，公众应该参与科学技术风险的评价与决策中。况且，科学技术风险与决策不单纯涉及科学问题，也涉及政治、经济、文化、伦理等问题，对于这些问题，公众有其知识和权利参与评价和决策。

更为重要的是，将公众作为“行动者”和“权利人”引入公共政策的制定过程，针对公共决策的具体情境，强调决策公共性、正当性、可归责性的理论、制度和实践框架，打破官僚精英、经济精英、科技精英

① 参见［美］小罗杰·皮尔克：《诚实的代理人：科学在政策与政治中的意义》，李正风、缪航译，上海交通大学出版社2010年版。

联手形成的“三位一体”垄断决策，形成科学、民主的决策模式，实现“科学技术的民主化”，具有重要意义。

（四）政府主导制定恰当的科学技术公共政策

政府是制定科学技术公共政策的主体，是科学技术风险评价与决策的“守夜人”。他们应该在全面评估科学技术风险—收益多个方面的基础上，确定相应的科学技术风险评估与决策的政策模式。

如对于国家农业转基因生物安全政策，国外学者分别对美国、欧盟、中国等国家1999—2000年的情况进行了分析，认为可分为以下四种模式：鼓励式的、禁止式的、允许式的、预警式的，具体内涵见表4-2。

表4-2 国家农业转基因生物安全政策模式①

鼓励的政策	允许的政策	预警的政策	限制的政策
没有认真的检查，仅仅是象征性的检查，或者只是基于其他国家的赞成而赞成	为了可说明的风险进行个案分析的检查，基于产品的预期用处	由于科学上的不确定性，像对待可说明的风险那样进行个案检查，基于转基因工程的创新性	没有认真的个案分析的检查，生物安全风险的认定是基于转基因的过程

进一步的分析可以发现，鼓励式的国家农业转基因生物安全政策虽然可以加快转基因技术的发展，在短期内能产生明显的效益并解决一些燃眉之急，比如饥饿问题、贫困问题等，但这不是明智之举，因为它忽略了环境风险和健康风险，没有采取防范措施，一旦发生问题，就会造成严重的局面。这不是一种能实现可持续发展的政策模式。禁止式的国家农业转基因生物安全政策，虽然可以保障生物安全，但同时也丧失了发展和应用现代生物技术的机会。这是一种顾此失彼的政策，对建立现代农业、保障粮食安全是不利的。允许式的国家农业转基因生物安全政策，没有考虑到转基因技术的新颖性以及随之而来的环境风险或健康风

① 参见 Robert L. Paarlberg, The Politics of Precaution: Genetically Modified Crops in Developing Countries, The Johns Hopkins University Press, 2001, pp. 9—10.

险的特殊性，仍然按照“可靠科学”原则——“科学上认为安全的就是安全的”或“科学上没有发现风险表明就不存在风险”，来对待农业转基因生物，对农业转基因生物风险估计不足，存在极大的隐患。预警式的国家农业转基因生物安全政策与允许式的相反，承认转基因技术的新颖性和相关风险的特殊性，秉承“非可靠科学”原则，认为，“没有发现风险并非就是没有风险，”而是“迄今为止没有发现其风险或没有足够的证据表明其风险，其还可能存在潜在的、科学还没有认识到的风险”，鉴于此，应该对农业转基因生物风险保持警惕，采取预警政策，对可能出现的风险做好应对准备，兼顾其经济效益、生态效益、社会效益。这应该是较为合理的农业转基因生物安全政策。

案例：

为什么未来不需要我们①

比尔·乔伊是一位著名的计算机研究专家，曾开发早期的unix操作系统，后来又领导开发了诸如Java等软件技术，是负责研究信息技术前途的总统顾问委员会的两主席之一，也是太阳微系统公司首席科学家和创建者。

他在《连线》杂志2000年4月号上发表了一篇惊世骇俗的文章——“为什么未来不需要我们”。他对迅速变化的技术领域的担心集中在三个方面：

第一，具有“思维”能力的机器人。在短短的30年内，这种机器人的思维能力可能比目前的机器人高100万倍。乔伊认为这种机器人将为一种能够自我复制的智能“机器人物种”的出现奠定基础。

第二，在控制生物体结构方面取得科学突破的遗传学。乔伊说，尽管遗传学给人类带来了诸如抗虫害作物等好处，但是也为出现新的、人为制造的、可能使自然世界毁灭的灾难创造了条件。

第三，在单个原子基础上创造物体的纳米技术。他说，用不了多久，

① 材料来源：Bill Joy，Why the Future doesn't Need Us. ［OL］http：//www.wired.com/wired/archive/8.04/joy.html.

纳米技术可能被用来制造体积非常微小的智能机器。

以上三种技术都具备一个共同的、人类以前创造的诸如原子弹等危险发明所不具备的特点：可以轻而易举地自我复制，可能像计算机病毒在整个网络传播一样，给物质世界带来一系列影响。

乔伊写道："我们在没有规划、没有控制、没有停歇的情况下被动进入新的世纪。实施控制的最后机会——保证故障安全的临界点——正迅速接近"。他说，在21世纪，我们威力无比的三种科技：机器人、基因工程和纳米技术正在使人类成为濒危物种。

思考题

1. 为什么说"科学是一种在历史上起推动作用的、革命的力量"？
2. 科学技术的社会建制对科学技术的发展有何意义？
3. 新兴科学技术有什么样的伦理冲击？应该如何应对？
4. 如何理解科学技术文化与人文文化之间的冲突与协调？
5. 科学技术与环境问题的产生及其解决之间有什么样的关联？
6. 如何恰当地进行科学技术风险评价与决策？

阅读书目

1. [美] 丹尼尔·贝尔：《后工业社会的来临——对社会预测的一项探索》，高铦等译，新华出版社1997年版。
2. [美] 赫伯特·马尔库塞：《单向度的人》，刘继译，上海译文出版社1989年版。
3. 《习近平关于科技创新论述摘编》，中央文献出版社2016年版。
4. [澳] 布里奇斯托克等：《科学技术与社会导论》，刘立等译，清华大学出版社2005年版。
5. [美] 丹尼尔·李·克莱曼：《科学技术在社会中——从生物技术到互联网》，张敦敏译，商务印书馆2009年版。

第五章 中国马克思主义科学技术观

中国马克思主义科学技术观是马克思主义科学技术观与中国具体科学技术实践相结合的产物，是中国共产党人集体智慧的结晶，是他们有关科学技术思想的理论升华和飞跃，是他们科学技术思想的凝练和精髓，是中国化的马克思主义科学技术观。习近平指出，“马克思的思想理论源于那个时代又超越了那个时代，既是那个时代精神的精华又是整个人类精神的精华。”① 中国共产党自诞生以来，为了实现民族独立、人民解放和实现国家富强、人民幸福的伟大的历史使命，中国共产党人领导中国人民经历了中国革命和建设、中国改革开放和新时代中国特色社会主义新的伟大实践，中国民族从“站起来”到“富起来”，又进一步“迎来了从富起来到强起来的伟大飞跃”②。中国化的马克思主义科学技术观同样是源于时代的经济、科技和社会发展现状，又超越特定时代的发展限制，成为时代精神的精华，又体现着整个人类精神的精华，是中国共产党人对科学技术发展规律的认识和把握，也是对科学技术实践的理论概括和总结。中国马克思主义科学技术观的产生与发展的阶段性与现当代中国人民从“站起来”到“富起来”再到“强起来”的革命、建设、改革和新时代的历史进程相一致。

2018 年 3 月 7 日在参加第十三届全国人民代表大会广东代表团审议时习近平强调“三个第一”：发展是第一要务，人才是第一资源，创新是第一动力。“发展”是实现国家富强、人民富裕的首要任务；中国要真正强大起来，必须走创新驱动发展道路，必须要实现新旧动能的顺利转换。进入新时代的中国要真正强大起来实现高质量发展，关键靠创新，创新靠人才。中国马克思主义科学技术观内容极其丰富，习近平“三个第一”

---

① 习近平：《在纪念马克思诞辰 200 周年大会上的讲话》，人民出版社 2018 年版，第 7 页。

② 习近平：《在纪念马克思诞辰 200 周年大会上的讲话》，人民出版社 2018 年版，第 14 页。

的思想准确诠释并凸显了中国特色社会主义科学技术观具有的独特的思想品格、鲜明的时代特征和重要的历史地位，既能体现中国马克思主义科技观对马克思、恩格斯科学技术思想的继承与创新，又是对现当代中国科学技术实践历程的深刻的认识和理论总结，同时也鲜明展现了中国马克思主义科学技术观三个历史阶段之间的继承与创新的关系。因此，本章从科学技术的创新观、人才观和发展观三个方面阐述中国马克思主义科技观主要内容。

第一节　毛泽东思想中的科学技术观

以毛泽东同志为核心的党的第一代中央领导集体带领全党全国各族人民成功实现了中国历史上最深刻最伟大的社会变革，为当代中国一切发展进步奠定了根本政治前提和制度基础，取得了独创性理论成果和巨大成就，为新的历史时期开创中国特色社会主义提供了宝贵经验、理论准备、物质基础。毛泽东的科学技术思想是毛泽东思想的重要组成部分。以毛泽东同志为核心的党的第一代中央领导集体在新中国科学技术相对落后的条件下，提出了一系列关于科学技术发展的理论观点，形成了毛泽东思想重要组成部分的科学技术观。毛泽东思想中的科学技术观的形成和发展与近代中国的历史、中国共产党的历史和新中国科学技术发展的历史紧密相连，呈现出鲜明的时代特色。①

一、科学技术创新观

新中国成立伊始，毛泽东从维护国家国防安全的战略高度，生产力发展的社会需求出发，开创了一条自力更生的新中国科技创新之路。

（一）科学技术促进生产力发展的科技创新功能论

毛泽东认为，科学技术及其创新是立国兴国的先决条件之一，他特

① 参见曾民：《毛泽东科技思想研究》，中央文献出版社 2011 年版，第 13 页。

别重视科学技术创新的生产力功能和军事功能。毛泽东认为，在科学技术的多种社会功能中，最突出的功能是它对社会生产力发展的巨大推动作用。毛泽东系统总结了世界各国科学技术经济发展的经验，指出："资本主义各国，苏联，都是靠采用最先进的技术，来赶上最先进的国家，我国也要这样。"① 毛泽东认为，依靠科学技术进步是提高生产力的基本途径。社会主义革命"使生产力大大地获得解放。这样就为大大地发展工业和农业的生产创造了社会条件"②。然而，提高生产力却要靠科学技术，毛泽东深刻体会到中国加快发展科学技术的必要性，在毛泽东加快发展科学技术思想的指导下，我国开始制定《1963—1972 年科学技术发展规划》。此时他明确指出："科学技术这一仗，一定要打，而且必须打好。过去我们打的是上层建筑的仗，是建立人民政权、人民军队。建立这些上层建筑干什么呢？搞上层建筑、搞生产关系的目的就是解放生产力。现在生产关系是改变了，就要提高生产力。不搞科学技术，生产力无法提高。"③ 所以毛泽东认为，科学技术对于中国的民族独立和解放，对于中国由农业国到工业国的转变，都具有重要的作用。

（二）自力更生与学习西方先进科学技术的科技创新途径论

自力更生是毛泽东科技创新思想的根本立足点。新中国面临的国际环境决定了毛泽东选择走自力更生之路来推动科技创新的必然性。自力更生为主，争取外援为辅，这是毛泽东为我国科学技术事业确定的一条根本原则。在自力更生的基础上，虚心向外国学习，学习先进知识，引进先进技术，洋为中用，这是毛泽东的一贯思想。

毛泽东在探索中国社会主义建设道路的过程中始终坚持的一个原则是独立自主。他反复强调，"各国应根据自己国家的特点决定方针、政策，把马克思主义同本国特点结合起来"。"照抄别国的经验是要吃亏的，照抄是一定会上当的。这是一条重要的国际经验"。④ 毛泽东强调，现代

① 《毛泽东文集》第 8 卷，人民出版社 1999 年版，第 126 页。

② 《毛泽东文集》第 7 卷，人民出版社 1999 年版，第 1 页。

③ 《毛泽东文集》第 8 卷，人民出版社 1999 年版，第 351 页。

④ 《毛泽东文集》第 7 卷，人民出版社 1999 年版，第 64 页。

武器装备的研制和生产必须充分发挥我国科技人员的积极性和自主创新精神，坚持自力更生为主，必须始终将国家安全的命运牢牢掌握在我们自己手中。

毛泽东强调要独立自主地探索中国的社会主义现代化道路，但也不盲目地拒绝国外先进的东西。在《论十大关系》中，他专门讲到如何处理中国和外国的关系。他指出："对外国的科学、技术和文化，不加分析地一概排斥，和前面所说的对外国东西不加分析地一概照搬，都不是马克思主义的态度，都对我们的事业不利。"① 他还特别强调："自然科学方面，我们比较落后，特别要努力向外国学习。但是也要有批判地学，不可盲目地学。在技术方面，我看大部分先要照办，因为那些我们现在还没有，还不懂，学了比较有利。但是，已经清楚的那一部分，就不要事事照办了。"②

1956 年 8 月，毛泽东指出，对于资本主义国家，"他们的技术科学，只要是对于我们有用，我们也应当学习"。③ 毛泽东说："外国资产阶级的一切腐败制度和思想作风，我们要坚决抵制和批判。但是，这并不妨碍我们去学习资本主义国家的先进的科学技术和企业管理方法中合乎科学的方面。"④ 他还说："不但在第一个五年计划期间要向人家学习，就是在几十个五年计划之后，还应当向人家学习。"⑤ 毛泽东指出，"我们的方针是，一切民族、一切国家的长处都要学，政治、经济、科学、技术、文学、艺术的一切真正好的东西都要学。但是，必须有分析有批判地学，不能盲目地学，不能一切照抄，机械搬用。"⑥

由于当时的政治原因，毛泽东认为，"为了使我国变为工业国，我们

---

① 《毛泽东文集》第 7 卷，人民出版社 1999 年版，第 43 页。
② 《毛泽东文集》第 7 卷，人民出版社 1999 年版，第 42 页。
③ 《建国以来重要文献选编》第 9 册，中央文献出版社 1994 年版，第 239 页。
④ 《毛泽东文集》第 7 卷，人民出版社 1999 年版，第 43 页。
⑤ 《毛泽东文集》第 7 卷，人民出版社 1999 年版，第 44 页。
⑥ 《毛泽东文集》第 7 卷，人民出版社 1999 年版，第 41 页。

必须认真学习苏联的先进经验。”① 毛泽东在强调学习苏联经验的同时，并不排斥西方经验，他曾多次指出，“一切国家的好经验我们都要学，不管是社会主义国家的，还是资本主义国家的，这一点是肯定的。但是主要的还是要学苏联。”② 20 世纪 50 年代，我们不仅从苏联和其他人民民主国家请来 3 000 多名经济技术专家，还向这些国家派遣了 7 000 多名留学生。我国先后从苏联获得 10 多亿美元的贷款。“一五”计划也是以苏联帮助我们设计的 156 个大型项目为中心，以包括苏联提供援助的 143 个项目在内的总计 694 个限额以上项目组成的工业建设为重点。

1958 年 6 月，毛泽东在批示有关第二个五年计划要点的报告时写道：“自力更生为主，争取外援为辅，破除迷信，独立自主地干工业、干农业、干技术革命和文化革命，打倒奴隶思想，埋葬教条主义，认真学习外国的好经验，也一定研究外国的坏经验——引以为戒，这就是我们的路线。”③

（三）以尖端国防科技为重点，走赶超型的科学技术发展道路

毛泽东的科技创新思想强调以尖端国防科技为重点，实行跨越式发展。

1955 年 3 月，毛泽东在党的全国代表会议上指出，“我们进入了这样一个时期，就是我们现在所从事的、所思考的、所钻研的，是钻社会主义工业化，钻社会主义改造，钻现代化的国防，并且开始要钻原子能这样的历史的新时期。”④

激烈的国际军事科技竞争，使毛泽东把国防现代化建设提高到更加突出的位置，他强调指出，“我们现在已经比过去强，以后还要比现在强，不但要有更多的飞机和大炮，而且还要有原子弹。在今天的世界上，我们要不受人家欺负，就不能没有这个东西。”⑤ 在严峻的国际形势下，

---

① 《毛泽东文集》第 7 卷，人民出版社 1999 年版，第 242 页。
② 《毛泽东文集》第 7 卷，人民出版社 1999 年版，第 242 页。
③ 《毛泽东文集》第 7 卷，人民出版社 1999 年版，第 380 页。
④ 《毛泽东文集》第 6 卷，人民出版社 1999 年版，第 395 页。
⑤ 《毛泽东文集》第 7 卷，人民出版社 1999 年版，第 27 页。

以毛泽东为主要代表的中国共产党人已经认识到自主研发尖端军事科技的极端重要性和紧迫性。

对于新中国的科技发展道路探索，毛泽东强调不能跟在别人后面爬行，必须打破常规，走跨越式发展道路。毛泽东指出：“我们不能走世界各国技术发展的老路，跟在别人后面一步一步地爬行。我们必须打破常规，尽量采用先进技术，在一个不太长的历史时期内，把我国建设成为一个社会主义的现代化的强国。”① 正是遵循上述原则，我国一些尖端军工生产领域取得了重大自主创新突破，以“两弹一星”为代表的先进军工技术和产品的研制与生产在这一时期相继获得成功，实现了我国现代国防工业的跨越式发展。

二、科学技术人才观

（一）科技人才的内涵和外延

毛泽东关于科技人才概念的理解，主要包含在他关于知识分子，尤其是关于科技界的知识分子的论述中。虽然毛泽东很少使用“科技人才”这个概念，但其科技人才概念的内涵丰富，外延广泛。

从内涵上来说，毛泽东的科技人才概念包括质和量两个方面。毛泽东强调要建造一支宏大的工人阶级科学技术队伍，就量而言，它是“数量足够的”，就质而言，它是“优秀的”。1956 年 1 月 25 日，毛泽东在党中央召开的知识分子问题会议的讲话中指出，搞技术革命，没有科技人员不行，不能单靠我们这些大老粗。中国要培养大批知识分子，要有计划地在科学技术上赶超世界水平，把中国建设得更好。毛泽东认为，“无产阶级没有自己的庞大的技术队伍和理论队伍，社会主义是不能建成的”。② 中国要培养大批知识分子，要有计划地在科学技术上赶超世界先进水平，先接近，后超过，把中国建设得更好。③ 在随后的最高国务会议

---

① 《毛泽东文集》第 8 卷，人民出版社 1999 年版，第 341 页。

② 《毛泽东文集》第 7 卷，人民出版社 1999 年版，第 309 页。

③ 参见薄一波：《若干重大决策与事件的回顾》上卷，中共中央党校出版社 1991 年版，第 507 页。

上的讲话中，毛泽东进一步指出，“我国人民应该有一个远大的规划，要在几十年内，努力改变我国在经济上和科学文化上的落后状况，迅速达到世界上的先进水平。为了实现这个伟大的目标，决定一切的是要有干部，要有数量足够的、优秀的科学技术专家”。[①] 毛泽东科技人才概念中“优秀的”含义包括三个方面：一是世界观方面要树立无产阶级的、共产主义世界观，毛泽东指出：“为了充分适应新社会的需要，为了同工人农民团结一致，知识分子必须继续改造自己，逐步地抛弃资产阶级的世界观而树立无产阶级的、共产主义的世界观。”[②] 二是政治方面，科技人才要“红”。毛泽东指出，“政治是主要的，是第一位的，一定要反对不问政治的倾向”。[③] 三是业务方面，科技人才要“专”。毛泽东指出：“无论搞工业的，搞农业的，搞商业的，搞文教的，都要学一点技术和业务。”[④] 毛泽东特别强调：政治和业务是对立统一的，“我们各行各业的干部都要努力精通技术和业务，使自己成为内行，又红又专”。[⑤] 在毛泽东看来，只有政治和业务达到了辩证统一，才算是一个合格的知识分子或者说科技人才。

（二）重视科技人才的作用

延安时期，毛泽东就非常重视知识分子的作用。其实早在1940年3月，毛泽东参加八路军总后勤部召开的技术干部座谈会的讲话中就指出，技术工作在过去发挥了重要作用，将来会更加重要。他高度赞扬技术人员工作积极，表示要进一步提高技术工作的地位。后来，毛泽东又出席了中央秘书处召开的技术干部会议，进一步阐述了经济与技术工作对整个革命工作的密切关系，并强调吸收技术人才的重要性。1940年2月，他在《〈中国工人〉发刊词》一文中又说：“工人阶级应欢迎革命的知识分子帮助自己，决不可拒绝他们的帮助。因为没有他们的帮助，自己就

① 《毛泽东文集》第7卷，人民出版社1999年版，第2页。
② 《毛泽东文集》第7卷，人民出版社1999年版，第225页。
③ 《毛泽东文集》第7卷，人民出版社1999年版，第309页。
④ 《毛泽东文集》第7卷，人民出版社1999年版，第309页。
⑤ 《毛泽东文集》第7卷，人民出版社1999年版，第309页。

不能进步，革命也不能成功。"① 在党的七届二中全会上，他明确指出："无产阶级没有自己的庞大的技术队伍和理论队伍，社会主义是不能建成的。"② 人民的解放事业和新中国的建设事业都需要大批的科学家、工程师和技术人员。毛泽东在党的七大政治报告中指出：我们"需要大批的人民的教育家和教师，人民的科学家、工程师、技师、医生、新闻工作者、著作家、文学家、艺术家和普通文化工作者。……中国的人民解放斗争迫切地需要知识分子，因而知识分子问题就特别显得重要"③。

1956 年 1 月中共中央在全国知识分子问题会议上提出了"向科学进军"的口号。毛泽东号召全党向科学进军，努力改变我国在经济上和科学文化上的落后状况，迅速达到世界先进水平，为实现这个伟大目标，"决定一切的是要有干部，要有数量足够的、优秀的科学技术专家"。④

（三）注重科技人才培养和教育

毛泽东认为，"为了建成社会主义，工人阶级必须有自己的技术干部的队伍，必须有自己的教授、教员、科学家、新闻记者、文学家、艺术家和马克思主义理论家的队伍。这是一个宏大的队伍，人少了是不成的。这个任务，应当在今后十年至十五年内基本上解决。"⑤ 毛泽东在有关科技人才的培养和教育方面，一是加强党对知识分子的领导，二是强调科技人才要又红又专，三是提倡科研人员与工农结合。"科学家要同群众密切联系，要同青年工人、老工人密切联系。"⑥ 在毛泽东看来，知识分子、科研人员只有实现了与工农相结合，才能站在正确的立场、掌握科学的方法，才能真正为社会主义革命和建设服务。"知识分子如果同工农群众结合，和他们做了朋友，就可以把他们从书本上学来的马克思主义变成自己的东西。""知识分子既然要为工农群众服务，那就首先必须懂得工

---

① 《毛泽东选集》第 2 卷，人民出版社 1991 年版，第 728 页。
② 《毛泽东文集》第 7 卷，人民出版社 1999 年版，第 309 页。
③ 《毛泽东选集》第 3 卷，人民出版社 1991 年版，第 1082 页。
④ 《建国以来重要文献选编》第 8 册，中央文献出版社 1994 年版，第 76 页。
⑤ 《建国以来重要文献选编》第 10 册，中央文献出版社 1994 年版，第 491 页。
⑥ 《毛泽东文集》第 8 卷，人民出版社 1999 年版，第 393 页。

人农民，熟悉他们的生活、工作和思想。我们提倡知识分子到群众中去，到工厂去，到农村去。如果一辈子都不同工人农民见面，这就很不好。”① 1963年12月，毛泽东提出，“要培养一批懂得理论的人才，也可以从工人农民中间来培养。我们这些人要懂得些自然科学理论，如医学方面、生物学方面”。②

到了晚年，毛泽东还提出要培养大批知识分子，特别是对一些从事自然科学和技术工作的知识分子多方面加以保护、培养和重用，要求他们努力工作，为实现四个现代化作出贡献。

（四）科技人才的使用和管理

无论是在漫长的革命时期，还是在火热的社会主义建设阶段，毛泽东都十分重视对科技人才的使用和管理，充分调动他们的积极性，使他们更好地为社会主义革命和建设服务。毛泽东从战略的高度论述了科技人才使用的一般要求，即团结和信任、尊重和优待、关心和爱护科技人才。首先，团结和信任科技人才。在社会主义建设时期，毛泽东更是强调对于真正愿意为社会主义事业服务的科技人才给予充分的信任，从根本上改善同他们的关系，帮助他们解决各种必须解决的问题，使他们得以积极地发挥他们的才能。为此毛泽东提醒道：“我们有许多同志不善于团结知识分子，用生硬的态度对待他们，不尊重他们的劳动，在科学文化工作中不适当地干预那些不应当干预的事务。所有这些缺点必须加以克服。”③ 我们一定要“端正方向，争取一切可能争取的教授、讲师、助教、研究人员，为无产阶级的教育事业和文化科学事业服务”④，以便建设好我们的社会主义国家。

其次，尊重和优待科技人才。“一切知识分子，只要是在为人民服务的工作中著有成绩的，应受到尊重，把他们看作国家和社会的宝贵的财

① 《毛泽东文集》第7卷，人民出版社1999年版，第273、272页。
② 《毛泽东文集》第8卷，人民出版社1999年版，第351页。
③ 《毛泽东文集》第7卷，人民出版社1999年版，第225页。
④ 《建国以来重要文献选编》第11册，中央文献出版社1995年版，第680页。

富。”① 我们是这样说的也是这样做的。“对知识分子的关系，过去与现在也是一贯的保护政策，优待技术人员、文化人员与艺术家，对他们都采取尊重的态度”。② “还有技术干部……对做各种技术工作的同志，不论是军队里面的、政府里面的、党组织里面的，我们都要尊重他们，承认他们有功劳，全党同志要看得起他们，过去在政治待遇上搞得不好，今后要搞好。”③ “在任何企业中，除厂长或经理必须被重视外，还必须重视有知识有经验的工程师、技师及职员。必要时，不惜付出高薪”。④ 对于专门人才更应如此，“我们应该尊重专门家，专门家对于我们的事业是很可宝贵的。”⑤

最后，关心和爱护科技人才。毛泽东对科技人才的关心和爱护体现在方方面面：在政治上关心。1956 年 1 月，毛泽东主持召开了知识分子问题会议，会议明确宣布：我国知识分子的绝大部分已经成为国家工作人员，已经为社会主义服务，已经是工人阶级的一部分。在生活待遇方面，为了使知识分子能够把更多的精力用于工作，毛泽东提出知识分子的生活待遇应该适当地提高。在工作上给予大力支持。

三、科学技术发展观

（一）“百家争鸣”的科学发展方针

毛泽东将“百家争鸣”作为科学发展的必由之路，强调了科技发展的规律，提出我党领导中国科学发展的指导方针。1956 年，毛泽东在《在中共中央政治局扩大会议上的总结讲话》中指出，“艺术问题上的百花齐放，学术问题上的百家争鸣，我看应该成为我们的方针。”⑥ 他认为，“百花齐放、百家争鸣的方针，是促进艺术发展和科学进步的方针，是促

① 《毛泽东选集》第 3 卷，人民出版社 1991 年版，第 1082 页。
② 《毛泽东文集》第 1 卷，人民出版社 1993 年版，第 482 页。
③ 《毛泽东文集》第 3 卷，人民出版社 1996 年版，第 407 页。
④ 《毛泽东文集》第 5 卷，人民出版社 1996 年版，第 88 页。
⑤ 《毛泽东选集》第 3 卷，人民出版社 1991 年版，第 864 页。
⑥ 《毛泽东文集》第 7 卷，人民出版社 1999 年版，第 54 页。

进我国的社会主义文化繁荣的方针。艺术上不同的形式和风格可以自由发展，科学上不同的学派可以自由争论。”“不要轻率地作结论。我们认为，采取这种态度可以帮助科学和艺术得到比较顺利的发展。”①

（二）向科学进军

1956年1月，党中央召开全国知识分子问题会议。毛泽东、周恩来在会上号召全党、全军和全国人民努力学习科学知识，“向科学进军”，为迅速赶上世界科学技术先进水平而努力奋斗。毛泽东在讲话中指出，我们国家大，人口多，资源丰富，地理位置好，应该建设成为世界上一个科学、文化、技术、工业各方面更好的国家。毛泽东提出社会主义建设要依靠科学技术，号召向科学进军，目标是世界科学技术前沿，努力接近与赶上世界科学发展的先进水平。他提出“我们也要搞人造卫星”的号召，并强调指出，“我国人民应该有一个远大的规划，要在几十年内，努力改变我国在经济上和科学文化上的落后状况，迅速达到世界上的先进水平。”② 毛泽东的这些重要观点，使我国科学技术的发展一开始就是高起点、高要求，紧跟世界科学发展的最先进技术的发展，包括原子能、半导体等在内的尖端技术。

也正是在1956年召开的这次知识分子问题会议上，部署、制定了《1956—1967年科学技术发展的长远规划》。这是向科学进军的重大措施。同时根据我国国力有限的实际情况，采取“重点发展，迎头赶上”的方针。提出了重要的科学研究任务共57项，其中重点项目12个，共有研究课题600个。毛泽东在1958年6月曾经作出“搞一点原子弹、氢弹、洲际导弹，我看有十年功夫是完全可能的”③ 的论断。1964年10月16日，我国的第一颗原子弹成功爆炸，1967年6月17日，我国的第一颗氢弹也成功爆炸。

---

① 《毛泽东文集》第7卷，人民出版社1999年版，第229—230页。

② 《毛泽东文集》第7卷，人民出版社1999年版，第2页。

③ 《毛泽东军事文集》第6卷，军事科学出版社、中央文献出版社1993年版，第374页。

（三）开展群众性的技术革新和技术革命运动

毛泽东提出要进行技术革命、革技术落后的命，要努力学习科学知识，迅速赶上世界科学先进水平。技术革新和技术革命的思想在毛泽东的科技思想中占有重要的地位，是他长期思考并多次强调的一个基本思想。

毛泽东指出把党的工作的着重点放在技术革命上去。他指出，“提出技术革命，就是要大家学技术，学科学。……我们一定要鼓一把劲，一定要学习并且完成这个历史所赋予我们的伟大的技术革命。这个问题要在干部中议一议，开个干部大会，议一议我们还有什么本领。过去我们有本领，会打仗，会搞土改，现在仅仅有这些本领就不够了，要学新本领，要真正懂得业务，懂得科学和技术，不然就不可能领导好。”① 毛泽东指出：“技术革新和技术革命运动现在已经成为一个伟大的运动，急需总结经验，加强领导，及时解决运动中的问题，使运动引导到正确的、科学的、全民的轨道上去。”②

毛泽东对技术革新和技术革命同样重视，他对技术革新和技术革命进行了区别。他说：“对每一具体技术改革说来，称为技术革新就可以了，不必再说技术革命。技术革命指历史上重大技术改革，例如用蒸汽机代替手工，后来又发明电力，现在又发明原子能之类。”③

（四）技术革命与社会革命相结合

毛泽东看到了技术与社会的相互作用关系，提出技术革命与社会革命相结合的思想。1955 年，他明确指出：“我们现在不但正在进行关于社会制度方面的由私有制到公有制的革命，而且正在进行技术方面的由手工业生产到大规模现代化机器生产的革命，而这两种革命是结合在一起的。”④ 1958 年，毛泽东又说：“中国只有在社会经济制度方面彻底地完成社会主义改造，又在技术方面，在一切能够使用机器操作的部门和地

---

① 《毛泽东文集》第 7 卷，人民出版社 1999 年版，第 350 页。
② 《毛泽东文集》第 8 卷，人民出版社 1999 年版，第 152—153 页。
③ 《建国以来毛泽东文稿》第 13 册，中央文献出版社 1998 年版，第 49 页。
④ 《毛泽东文集》第 6 卷，人民出版社 1999 年版，第 432 页。

方，统统使用机器操作，才能使社会经济面貌全部改观。”①

第二节 邓小平理论、“三个代表”重要思想、科学发展观中的科学技术观

邓小平理论是以在和平与发展成为时代主题的历史条件下，在总结我国社会主义胜利和挫折的历史经验并借鉴其他社会主义国家兴衰成败历史经验的基础上，在我国改革开放和现代化的实践中，逐步形成和发展起来的。邓小平结合改革开放和当代科学技术发展的新态势，提出了一系列关于科学技术发展的理论观点，形成了邓小平理论中的科学技术观。

“三个代表”重要思想是以江泽民为主要代表的中国共产党人，科学判断形势，全面把握大局，进行艰辛探索，从容应对困难和风险，全面推进社会主义现代化建设，开创了中国特色社会主义事业新局面的历史条件下形成的。以江泽民为主要代表的中国共产党人在世纪之交科学技术迅速发展、知识经济初见端倪的新形势下，提出了一系列关于科学技术发展的理论观点，形成了“三个代表”重要思想中的科学技术观。

科学发展观是我们党坚持以马克思列宁主义、毛泽东思想、邓小平理论和“三个代表”重要思想为指导，在准确把握世界发展趋势、认真总结我们发展经验、深入分析我国发展阶段性特征的基础上提出来的。胡锦涛在经济全球化的背景下，立足于我国科学技术与社会发展的现实需要，提出了一系列关于科学技术发展的理论观点，形成了科学发展观中的科学技术观。

一、科学技术创新观

（一）科学技术是第一生产力

邓小平根据世界科学技术经济发展的新趋势，概括了人类实践所提

① 《毛泽东文集》第6卷，人民出版社1999年版，第438页。

供的新经验和新成果，第一次明确提出“科学技术是第一生产力”① 这一当代马克思主义的重大理论命题，成为邓小平科学技术思想的理论核心。

1. 坚持科学技术是生产力的理论。邓小平指出，“科学技术是生产力，这是马克思主义历来的观点。”② 早在一百多年以前，马克思就说过，“现代科学技术的发展，使科学与生产的关系越来越密切了。科学技术作为生产力，越来越显示出巨大的作用。”③ “同样数量的劳动力，在同样的劳动时间里，可以生产出比过去多几十倍几百倍的产品。社会生产力有这样巨大的发展，劳动生产率有这样大幅度的提高，靠的是什么？最主要的是靠科学的力量、技术的力量。”④

2. 提出科学技术是第一生产力的命题。邓小平指出，“马克思讲过科学技术是生产力，这是非常正确的，现在看来这样说可能不够，恐怕是第一生产力。”⑤ 这个“第一”概括出科学技术同现实生产之间形成的新的必然联系，勾勒出科学技术在经济增长中的主导地位和决定作用。“科学技术是第一生产力”的论点构成了邓小平科学技术思想的核心，既是对现代科学技术发展与生产力发展历史的一个高度概括，又是对马克思主义科学技术观的丰富与发展。

3. 论证了科学技术如何在生产力中发挥“第一”的作用。邓小平指出，“生产力的基本因素是生产资料和劳动力。科学技术同生产资料和劳动力是什么关系呢？历史上的生产资料，都是同一定的科学技术相结合的；同样，历史上的劳动力，也都是掌握了一定的科学技术知识的劳动力。我们常说，人是生产力中最活跃的因素。这里讲的人，是指有一定的科学知识、生产经验和劳动技能来使用生产工具、实现物质资料生产的人。石器时代，青铜器时代，铁器时代，十七世纪，十八世纪，十九

---

① 《邓小平文选》第 3 卷，人民出版社 1993 年版，第 274 页。
② 《邓小平文选》第 2 卷，人民出版社 1994 年版，第 87 页。
③ 《邓小平文选》第 2 卷，人民出版社 1994 年版，第 87 页。
④ 《邓小平文选》第 2 卷，人民出版社 1994 年版，第 87 页。
⑤ 《邓小平文选》第 3 卷，人民出版社 1993 年版，第 275 页。

世纪，人们使用的生产工具，掌握的科学知识、生产经验和劳动技能，都大不相同。今天，由于现代科学技术的日新月异，生产设备的更新，生产工艺的变革，都非常迅速。许多产品，往往不要几年的时间就有新一代的产品来代替。劳动者只有具备较高的科学文化水平，丰富的生产经验，先进的劳动技能，才能在现代化的生产中发挥更大的作用。在我们的社会里，广大劳动者有高度的政治觉悟，他们自觉地刻苦钻研，提高科学文化水平，从而必将在生产中创造出比资本主义更高的劳动生产率。"①

4. 将科技发展提升到推动社会主义国家发展战略的层面。邓小平强调："我们是社会主义国家，社会主义制度优越性的根本表现，就是能够允许社会生产力以旧社会所没有的速度迅速发展，使人民不断增长的物质文化生活需要能够逐步得到满足。按照历史唯物主义的观点来讲，正确的政治领导的成果，归根结底要表现在社会生产力的发展上，人民物质文化生活的改善上。如果在一个很长的历史时期内，社会主义国家生产力发展的速度比资本主义国家慢，还谈什么优越性？"② 邓小平的"科学技术是第一生产力思想"充分肯定了科学技术的重要地位，立论科学、推理严谨，实现了马克思主义科学技术观的创新和飞跃。

江泽民在新的历史条件下指出，科学技术是第一生产力，而且是先进生产力的集中体现和主要标志的重要论断，指明了科学技术在先进生产力发展中的关键地位和决定作用。1997 年在中国共产党的十五大报告中，江泽民指出，科学技术进步是经济发展的决定性因素，要充分估计未来科学技术，特别是高技术发展对综合国力、社会经济结构和人民生活的影响，把加速科学技术进步放在经济社会发展的关键地位，使经济建设真正转移到依靠科学技术进步和提高劳动者素质的轨道上来。科学技术是生产力发展的重要动力，是经济社会发展的助推器，也是人类社会进步的重要标志。我们是社会主义国家，社会主义的根本任务就是发

---

① 《邓小平文选》第 2 卷，人民出版社 1994 年版，第 88 页。
② 《邓小平文选》第 2 卷，人民出版社 1994 年版，第 128 页。

展生产力，而社会生产力的发展必须依靠科学技术。在当前进行的社会主义现代化建设中，只有推进科学技术生产力的更快发展，才能使先进生产力的发展拥有丰富的源泉和强大动力，最终体现社会主义制度的优越性。

在庆祝建党80周年的大会上的讲话中，江泽民进一步强调指出：“科学技术是第一生产力，而且是先进生产力的集中体现和主要标志。”① 这一论断表明，科学技术是先进生产力发展的源泉和主要动力，是发展先进生产力的关键所在，在促进先进生产力发展的过程中起着决定作用，为我国科学技术事业的发展奠定了坚实的理论基础。在党的十六大报告中，江泽民在谈到小康社会的经济建设时又强调走新型工业化道路，必须发挥科学技术作为第一生产力的重要作用；注重依靠科学技术进步和提高劳动者的素质；改善经济增长质量和效益。这是立足我国国情，总结国内外工业化经验教训得出的科学结论。只有借助科学技术改造和提高国民经济质量，发挥科学技术在转变经济发展方式中的作用，发挥科学技术在提高劳动者工作技能和熟练程度等方面的重要性，发挥科学技术在协调经济总量增长和经济发展速度上的关系，才能实现国民经济的持续、健康、快速发展，加速社会主义现代化进程。

胡锦涛进一步揭示了科学技术与生产力、科学技术与人类文明进步、科学技术与社会发展的关系，并指出：“科学技术是第一生产力，是经济社会发展的重要推动力量。当今世界，全球性科技革命蓬勃发展，高新技术成果向现实生产力的转化越来越快，特别是一些战略高技术越来越成为经济社会发展的决定性力量。我们必须认清形势，居安思危，奋起直追，按照科学发展观的要求，加快发展我国的科学技术，为推进经济结构调整优化、实现经济增长方式的根本性转变，为推动经济社会全面协调可持续发展，提供更加有力的科技支撑。”② 胡锦涛指出，一个国家只有拥有强大的自主创新能力，才能在激烈的国际竞争中把握先机、赢

① 《江泽民文选》第3卷，人民出版社2006年版，第275页。

② 胡锦涛：《充分发挥科技进步和创新的巨大作用、更好地推进我国社会主义现代化建设》，《人民日报》2004年12月29日。

得主动。科学技术的发展是推动我国经济、政治、文化和社会全面发展的重要动力，这是科学技术巨大功能的重要体现。胡锦涛着眼于当前我国处于经济结构转型的重要战略期，提出依靠科学技术发展来有力地推动我国经济结构向更加合理更加高效的方向转化。2005 年 10 月，胡锦涛在十六届五中全会第二次会议上提出：“努力建设创新型国家，把增强自主创新能力作为科学技术发展的战略基点和调整经济结构、转变经济增长方式的中心环节，大力提高原始性创新能力、集成创新能力和引进消化吸收再创新能力，努力走出一条具有中国特色的科技创新之路。”① 同时科学技术发展又可以有效地提高我国的综合国力，改善人民生活水平，在国际竞争中扮演更重要的角色。

（二）实施科教兴国战略

中国马克思主义高度重视国家层面的科学技术战略。邓小平提出了四个现代化关键是科学技术的现代化的战略思想。教育是科学技术的基础，科学技术的进步离不开科学教育事业的发展，江泽民反复强调优先发展科学教育事业，构筑终身教育体系，创建学习型社会，为现代化建设提供强大的智力支持。1995 年，江泽民深刻分析世界科技革命发展进程、新一轮全球经济竞争的需要，以及我国社会主义现代化建设实际，代表党中央、国务院向全党全国人民发出了坚定不移地实施科教兴国战略的伟大号召。江泽民指出：“科教兴国，是指全面落实科学技术是第一生产力的思想，坚持教育为本，把科技和教育摆在经济社会发展的重要位置，增强国家的科技实力及向现实生产力转化的能力，提高全民族的科技文化素质，把经济建设转到依靠科技进步和提高劳动者素质的轨道上来，加速实现国家繁荣强盛。”② 科教兴国战略的目标是提高全民族的科学技术文化素质，主要依靠教育和科学知识的普及。江泽民强调，“具有决定性意义的一条，就是把经济建设转到依靠科技进步和提高劳动者素质的轨道上来，真正把教育摆在优先发展的战略地位，努力提高全民

---

① 《十六大以来重要文献选编》中，中央文献出版社 2006 年版，第 1094 页。

② 《江泽民文选》第 1 卷，人民出版社 2006 年版，第 428 页。

族的思想道德素质和科学文化素质。这是实现我国现代化的根本大计。”[①] 进入新世纪以后，随着知识经济和经济全球化的深入发展，人才在综合国力的竞争中越来越具有决定性意义，2003 年 12 月 19—20 日在北京召开全国人才工作会议上胡锦涛发表重要讲话，他强调指出，“人才问题是关系党和国家事业发展的关键问题”。[②] 从“科教兴国”战略到“人才强国”战略的变化，表达了中央领导集体在兴国、强国理念的一脉相承和与时俱进。实施科教兴国战略必须大力发展教育事业。只有优先发展教育，不断提高全民族的思想道德素质和科学文化素质，不断培养大批具有创新能力的高素质科学技术人才，才能形成大批合格的社会主义现代化建设者。

科学技术的普及是科教兴国战略的基础。实施科教兴国战略，充分发挥科学技术成果在发展生产力中的作用，就必须把科学领域中的新发展、新发明和新创造向人民大众传播和普及。江泽民指出，“要把科普工作作为实施科教兴国战略的重要任务和社会主义精神文明建设的重要内容，切实加强起来”。[③] 通过科普教育弘扬科学精神，推动社会主义精神文明建设。实施科教兴国战略，是以江泽民为核心的党的第三代中央领导集体总结历史经验和根据我国现实情况，对我国跨世纪发展的重大部署，是推进中国特色现代化建设的治国方略。科教兴国战略是实现社会主义现代化宏伟目标的必然选择，也是中华民族振兴的必由之路。

（三）科学技术创新是经济社会发展的重要决定因素

创新是唯物辩证法的内在要求，创新也是马克思主义的内在要求。邓小平是一位坚定的马克思主义者，深刻理解和牢牢掌握了马克思主义的创新本质。邓小平一贯提倡创新精神，在他看来，创新就是开拓，就是革新，就是走前人所没有走过的路。他十分重视科技创新，多次论及

---

① 《江泽民文选》第 1 卷，人民出版社 2006 年版，第 369 页。
② 《胡锦涛文选》第 2 卷，人民出版社 2016 年版，第 123 页。
③ 江泽民：《论科学技术》，中央文献出版社 2001 年版，第 174—175 页。

科技创新的重要作用，指出科技创新是解放和发展生产力的重要途径。他指出："实现人类的希望离不开科学，第三世界摆脱贫困离不开科学，维护世界和平也离不开科学。"① 他明确指出，"中国必须发展自己的高科技，在世界高科技领域占有一席之地。"② 这是一个民族、一个国家兴旺发达的标志，否则一个国家就不能叫作有重要影响的大国。

江泽民特别重视科技创新对经济社会发展的重要作用，强调科技创新越来越成为当今社会生产力解放和发展的重要基础和标志，越来越决定着一个国家、一个民族的发展进程。2000 年江泽民在北戴河会见诺贝尔奖获得者的讲话中指出："科学的本质就是创新。创新是一个民族进步的灵魂，是一个国家兴旺发达的不竭动力。整个人类历史，就是一个不断创新、不断进步的过程。没有创新，就没有人类的进步，就没有人类的未来。当代科学技术的发展，更加雄辩地证明了这一点。对中国来说，大力推进科技创新、实现技术发展的跨越极为重要。"③ 创新是科学技术进步的内在源泉和根本动力，科学技术创新是提高自主研究开发能力的关键，为了实现科学技术的快速发展，必须进行创新。江泽民认为，"如果自主创新能力上不去，一味靠技术引进，就永远难以摆脱技术落后的局面。一个没有创新能力的民族，难以屹立于世界先进民族之林。"④ "科技创新越来越成为当今社会生产力解放和发展的重要基础和标志，越来越决定着一个国家、一个民族的发展进程。如果不能创新，一个民族就难以兴盛，难以屹立于世界民族之林。"⑤ 科学技术创新是实现社会主义现代化的关键和中心环节。从我国现代化建设的实际看，我国人口多、资源相对缺乏，进行社会主义现代化建设不能走西方那种外向型、粗放型的经济发展模式，必须依靠科技创新转变经济发展方式，把科技创新作为经济增长的"发动机""倍增器"，才能实现跨世纪发展的宏伟目标。

---

① 《邓小平文选》第 3 卷，人民出版社 1993 年版，第 183 页。
② 《邓小平文选》第 3 卷，人民出版社 1993 年版，第 279 页。
③ 《江泽民文选》第 3 卷，人民出版社 2006 年版，第 103 页。
④ 《江泽民文选》第 1 卷，人民出版社 2006 年版，第 432 页。
⑤ 《江泽民文选》第 2 卷，人民出版社 2006 年版，第 392 页。

江泽民明确指出：“科技进步和创新越来越成为经济社会发展的重要决定性因素。”① 科技创新是经济发展和经济结构调整的强大动力，科技发展要围绕经济发展目标，为经济发展提供强有力的支撑和保障。江泽民认为：“加强技术创新，不仅对我们搞好国有企业具有重大意义，而且对我们提高整个国民经济的质量和效益、提高全社会的劳动生产率、提高我国的国际竞争力也具有决定性意义。”② 21 世纪，科学技术创新将成为经济和社会发展的主导力量，成为生产力发展的主要标志。世界各国综合国力的竞争归根到底就是科学技术创新的竞争。科学技术创新是民族振兴的重要条件和根本保证。唯有自己掌握核心技术，拥有自主知识产权，才能将祖国的发展与安全的命运牢牢掌握在我们手中。在世界新科技革命的推动下，知识在经济社会发展中的作用日益突出，科技竞争日益成为国际综合国力竞争的焦点，胡锦涛深刻认识和准确把握世界科技发展的大趋势，他指出：“未来科学技术引发的重大创新，将会推动世界范围内生产力、生产方式以及人们生活方式进一步发生深刻变革，也将会进一步引起全球经济格局的深刻变化和利益格局的重大调整。”③ 胡锦涛高度重视科技创新在推动社会主义现代化建设中的关键作用，他强调“实践告诉我们，高度重视和充分发挥科学技术的重要作用，努力以科技发展的局部跃升带动经济社会发展，是加快发展的一条重要途径。”④

只有不断提高自主创新能力，努力建设强大的民族高技术产业，才能减少对技术引进的依赖，提高参与国际市场竞争的能力。江泽民指出，“中华民族和中国人民是富有创造精神的伟大民族和人民，是勇于和善于进行创新的，是能够通过自己的不懈努力赶上世界先进水平的。科技创新能力，已越来越成为国际综合国力竞争的决定性因素，越来越成为一个民族兴旺发达的决定性因素。在激烈的国际科技竞争面前，我们只有

---

① 《江泽民文选》第 3 卷，人民出版社 2006 年版，第 261 页。

② 《江泽民文选》第 2 卷，人民出版社 2006 年版，第 393 页。

③ 《十六大以来重要文献选编》中，中央文献出版社 2006 年版，第 112 页。

④ 《胡锦涛文选》第 2 卷，人民出版社 2016 年版，第 112 页。

坚持创新才能不断前进”。① 要实现我们经济繁荣、民族振兴和国家强盛的发展目标，就必须提高自主创新能力，为经济社会的全面、协调和可持续发展奠定雄厚的科学技术基础。

（四）科技体制改革和党对科技事业的领导

科技体制改革是推进科技事业不断前进的强大动力，其核心内容就是要将科学技术与经济相结合，邓小平为我国科技体制改革的原则、内容及任务指明了方向。他提出了科技体制改革要与经济体制改革配套进行。邓小平说：“现在要进一步解决科技和经济结合的问题。……经济体制，科技体制，这两方面的改革都是为了解放生产力。新的经济体制，应该是有利于技术进步的体制。新的科技体制，应该是有利于经济发展的体制。双管齐下，长期存在的科技与经济脱节的问题，有可能得到比较好的解决。”② 由此可见，通过技术进步推动经济发展，经济发展进而支撑科学技术进步，打破两者之间的体制壁垒，有利于实现互利双赢。

邓小平还强调指出，“能不能把我国的科学技术尽快地搞上去，关键在于我们党是不是善于领导科学技术工作”，③ 对此，邓小平全面阐述了加强和改善党对科学技术工作领导的思想，各级党委“要广泛开展群众性的科学实验活动，做到在技术上、生产上不断有新创造和新纪录。全国有几十万个企业、几十万个生产大队，只有每个企业和生产大队都来大搞技术改造，大搞科学实验，先进的科学技术才能广泛地在工农业中得到应用，才能多快好省地发展生产。同时，又要大力抓好专业科学研究机构的工作。专业的科学研究队伍，是科学工作的骨干力量。没有一支强大的高水平的专业科学研究队伍，就难以攀登现代科学技术的高峰，群众性的科学实验活动，也难以持久深入地一浪高过一浪地向前发展。我们一定要把专业队伍同群众队伍结合起来。中央规定，科学研究机构要建立技术责任制，实行党委领导下的所长负责制。这是重要的组织措

① 《江泽民论有中国特色的社会主义》（专题摘编），中央文献出版社 2002 年版，第 253 页。

② 《邓小平文选》第 3 卷，人民出版社 1993 年版，第 108 页。

③ 《邓小平文选》第 2 卷，人民出版社 1994 年版，第 96 页。

施。它既有利于加强党委的领导，又有利于充分发挥专家的作用”①。总之，科技体制改革与党的领导机制变革推动科学技术创新是邓小平科学技术思想的重要内容。

科技体制改革的目标是逐步建立起适应社会主义市场经济体制和科学技术自身发展规律的新型科技体制。江泽民认为，我国经济和科技体制改革需要着力解决的根本问题就是如何促进科技与经济的有机结合。对此，江泽民指出：“如何促进科技与经济的有机结合，是我国经济和科技体制改革需要着力解决的根本问题。……要深化经济体制和科技体制改革，在国家宏观调控下，充分发挥市场机制促进科技与经济结合的重要作用。”② 健全的市场经济体制是科学技术进步和科学技术创新的推动力量。江泽民强调，通过深化改革，建立完善科技与经济有效结合机制，加速科技成果的商品化和现实生产力转化。③ 科技体制要真正适应市场经济中科技进步和创新的要求，基本形成以企业为主体的技术创新体系，以科研机构和重点大学为主的高水平的研究基地。

科技体制改革的方针是：稳住一头，放开一片。江泽民指出：“我非常赞成在科技的发展上实行‘稳住一头，放开一片’的方针。‘稳住一头，放开一片’这句话所表示的辩证关系，所包含的深刻内涵，是我国科技体制改革成功经验的总结。”④ 深化科技体制改革和各项配套改革是促进科学技术发展的有效途径，而深化科技体制改革的中心环节，就是要面向国家现代化建设、面向市场经济发展、面向广大人民需求，进一步建立和完善能够有利于促进科学技术创新、有利于推动科学技术成果向现实生产力转化的充满活力的体制和机制。江泽民强调党对教育、科技等各项事业的领导，“各级党委和政府的主要领导同志，在经济建设任务十分繁重的情况下，一定要统筹兼顾地抓好教育、科技、文化、卫生、体育、环境保护、计划生育等各项工作，努力促进经济、社会、环境协

① 《邓小平文选》第2卷，人民出版社1994年版，第97页。
② 江泽民：《论科学技术》，中央文献出版社2001年版，第52—53页。
③ 参见江泽民：《论科学技术》，中央文献出版社2001年版，第155页。
④ 江泽民：《论科学技术》，中央文献出版社2001年版，第39页。

调发展。”①

科学技术体制改革是推进科学技术事业不断前进的强大动力。建设创新型国家需要体制和机制保障，因此，必须深化科学技术体制改革，加快建立中国特色国家创新体系。胡锦涛指出：“推动科技进步和创新、提高自主创新能力迫切需要体制机制创新。要以服务国家目标、调动广大科技人员积极性和创造性为出发点，以促进全社会科技资源高效配置和综合集成为重点，以加快建立以企业为主体、市场为导向、产学研相结合的技术创新体系为突破口，以推进国家创新体系建设为重要目标，深化科技体制改革和各项配套改革，形成有利于促进科技进步和创新、有利于推动科技成果向现实生产力转化、既体现中国特色又符合科技发展规律的充满活力的体制机制。”② 可见，科学技术体制的改革可以最大限度地调动激发潜在的科学技术力量，科学合理地整合各方面的有利因素最终为科学技术发展拓展空间。

同时胡锦涛还为深化科学技术体制改革提出了明确的指导方针，首先，“要建立健全国家科技决策机制和宏观协调机制，加强对重大科技政策制定、重大科技计划实施、科技基础设施建设的统筹，加快科研布局和结构调整，改革科技成果评价和奖励制度，促进科技资源有效配置。”③ 其次，“要始终把科学管理作为推动科技进步和创新的重要环节，不断提高科学管理水平”。④ 要把现代管理理念引入到科学技术建设中去，提高科技研发的效率。胡锦涛在全国科技大会上的重要讲话中再次强调指出，“深化科技体制改革，进一步优化科技结构布局，充分激发全社会的创新活力，加快科技成果向现实生产力转化，是建设创新型国家的一项重要任务。要继续推进科技体制改革，充分发挥政府的主导作用，充分发挥市场在科技资源配置中的基础性作用，充分发挥企业在技术创新中的主体作用，充分发挥国家科研机构的骨干和引领作用，充分发挥大学的基

① 《江泽民文选》第2卷，人民出版社2006年版，第446页。
② 《十七大以来重要文献选编》上，中央文献出版社2009年版，第502页。
③ 《十七大以来重要文献选编》上，中央文献出版社2009年版，第502页。
④ 《十六大以来重要文献选编》下，中央文献出版社2008年版，第63页。

础和生力军作用，进一步形成科技创新的整体合力，为建设创新型国家提供良好的制度保障。”① 胡锦涛的讲话表明要充分利用我国中国特色社会主义的制度优势，把我国有力的政府调控机制，灵活的社会主义市场经济等这些制度上的特点优点与当前的科学技术体制改革紧密地联系起来，加快科学技术体制改革的步伐。

在谈到我国目前的科学技术体制改革的紧迫性时，他强调说：“我们必须下更大的气力、做更大的努力，进一步深化科技改革，大力推进科技进步和创新，带动生产力质的飞跃，推动我国经济增长从资源依赖型转向创新驱动型，推动经济社会发展切实转入科学发展的轨道。”② 也就是说科学技术体制改革进行的越快、越好，也就会给我国的经济增长模式的转变带来更多的动力。胡锦涛认为科学技术体制改革的科学思路应该是：优化科学技术管理，完善科学技术资源配置方式，建立健全有关法律法规和竞争机制等。我国现代化建设的实践表明，越是现代化，越是高技术，越要加强科学管理。“要始终把科学管理作为推动科技进步和创新的重要环节，不断提高科学管理水平”。③

深化科技体制改革，不仅为推动科技和经济紧密结合，不断推进理论创新、制度创新、科技创新、文化创新以及其他各方面创新提供制度保障，更是在不断推进我国社会主义制度自我完善和发展。

（五）提高自主创新能力，建设创新型国家

面对世界范围内新科技革命的浪潮，以科技进步带动经济发展的新型竞争和发展模式下，邓小平指出，无论是发达国家还是发展中国家都不能不认真对待这种新形势，邓小平强调，“提高我国的科学技术水平，当然必须依靠我们自己努力，必须发展我们自己的创造，必须坚持独立自主、自力更生的方针。但是，独立自主不是闭关自守，自力更生不是

① 胡锦涛：《坚持走中国特色自主创新道路 为建设创新型国家而努力奋斗》，人民出版社 2006 年版，第 13 页。

② 胡锦涛：《坚持走中国特色自主创新道路 为建设创新型国家而努力奋斗》，人民出版社 2006 年版，第 6 页。

③ 《十六大以来重要文献选编》下，中央文献出版社 2008 年版，第 63 页。

盲目排外。”① 在改革开放初期，我国科学技术处于落后的“跟跑”状态，为了加快提高我国的科学技术水平，一方面，“中国必须发展自己的高科技，在世界高科技领域占有一席之地。”② 另一方面，我国需要学习和引进国外先进的科学技术成果，吸收先进成果，追踪科学技术前沿。

重视自主创新，是江泽民特别强调的重要思想。为了实现科学技术的快速发展，必须进行自主创新。江泽民认为，“如果自主创新能力上不去，一味靠技术引进，就永远难以摆脱技术落后的局面。一个没有创新能力的民族，难以屹立于世界先进民族之林。”③ 要实现经济繁荣、民族振兴和国家富强，必须提高自主创新能力，“惟有自己掌握核心技术，拥有自主知识产权，才能将祖国的发展与安全的命运牢牢掌握在我们手中。”④

胡锦涛多次强调，自主创新能力是国家竞争力的核心，必须把建设创新型国家作为面向未来的重大战略。胡锦涛在党的十七大报告中明确指出，“提高自主创新能力，建设创新型国家，是国家发展战略的核心，是提高综合国力的关键”。⑤

自主创新是科学技术发展的重要动力。2004 年 12 月 28 日，党中央举办了以面向 2020 年中国科技发展战略为主体的第十八次集体学习，胡锦涛在会上强调，“要坚持把推动自主创新摆在全部科技工作的突出位置，大力增强科技创新能力，大力增强核心竞争力”。⑥ 第一次把自主创新作为科学技术发展的主要动力正式提出。2007 年 12 月 12 日，胡锦涛在庆祝我国首次月球探测工程圆满成功大会上的讲话中再次提到提高自主创新的必要性，他指出：“提高自主创新能力，是国家发展战略的核

---

① 《邓小平文选》第 2 卷，人民出版社 1994 年版，第 91 页。
② 《邓小平文选》第 3 卷，人民出版社 1993 年版，第 279 页。
③ 江泽民：《论科学技术》，中央文献出版社 2001 年版，第 55 页。
④ 江泽民：《论科学技术》，中央文献出版社 2001 年版，第 164—165 页。
⑤ 《十七大以来重要文献选编》上，人民出版社 2009 年版，第 577—578 页。
⑥ 胡锦涛：《充分发挥科技进步和创新的巨大作用、更好地推进我国社会主义现代化建设》，人民日报 2004 年 12 月 29 日。

心，是提高综合国力的关键。在关系国民经济命脉和国家安全的关键领域，真正的核心技术和关键技术，必须依靠自主创新。”① 我们只有把“发展的基点放在自主创新上，才能真正掌握核心技术、抢占科技制高点、在世界高技术领域占有一席之地，才能牢牢把握发展的战略主动权、切实增强国家核心竞争力”②。至此，胡锦涛已经将自主创新作为国家发展的重大战略以及科学技术发展的主要动力的思想完整地表述出来了。2010 年 6 月，他在中国科学院第十五次院士大会、中国工程院第十次院士大会上的讲话中又再次强调：“建设创新型国家，加快转变经济发展方式，赢得发展先机和主动权，最根本的是要靠科技的力量，最关键的是要大幅提高自主创新能力。”③ 可见在当今纷繁复杂的国际新形势下，一个国家的自主创新能力往往对这个国家的发展起着决定性的作用。

同时，提高自主创新能力又是与建设创新型国家有着内在联系的，提高自主创新能力是建设创新型国家的根本途径，建设创新型国家则是提高自主创新能力的最终目标。胡锦涛在多次讲话中强调，“自主创新能力是国家竞争力的核心，是我国应对未来挑战的重大选择，是统领我国未来科技发展的战略主线，是实现建设创新型国家目标的根本途径”，④ 并提出推进国家创新体系建设、重点领域实现跨越式发展和提高自主创新能力等一系列建设创新型国家的重要措施。2005 年 10 月，胡锦涛在十六届五中全会第二次会议上首次提出了建设创新型国家的命题，指出，要“努力建设创新型国家，把增强自主创新能力作为科学技术发展的战略基点和调整经济结构、转变经济增长方式的中心环节，大力提高原始性创新能力、集成创新能力和引进消化吸收再创新能力，努力走出一条具有中国特色的科技创新之路”。⑤ 2006 年 1 月 9 日胡锦涛在全国科学技

---

① 《十七大以来重要文献选编》上，中央文献出版社 2009 年版，第 84 页。

② 《十七大以来重要文献选编》上，中央文献出版社 2009 年版，第 84 页。

③ 《胡锦涛文选》第 3 卷，人民出版社 2016 年版，第 401 页。

④ 胡锦涛：《坚持走中国特色自主创新道路 为建设创新型国家而努力奋斗》，人民出版社 2006 年版，第 10—11 页。

⑤ 《十六大以来重要文献选编》中，中央文献出版社 2006 年版，第 1094 页。

术大会上的讲话中指出："本世纪头二十年，是我国经济社会发展的重要战略机遇期，也是我国科技事业发展的重要战略机遇期。总体目标是：使我国的自主创新能力显著增强，科技促进经济社会发展和保障国家安全的能力显著增强，基础科学和前沿技术研究综合实力显著增强，取得一批在世界具有重大影响的科学技术成果，进入创新型国家行列，为全面建设小康社会提供强有力的支撑。"① 由此看出胡锦涛已把建设创新型国家提高到国家发展战略的高度，视其为实现中华民族伟大复兴的重要动力。自主创新与建设创新型国家是一对紧密联系又相互支撑的理论范畴，它们为建设创新型国家指明了目标提供了方法，体现了合目的性与合规律性统一的哲学思想。

（六）弘扬科学精神，加强科技创新文化建设

任何科学技术活动都是在一定的文化环境中进行的；从事科学技术活动的人，总是在特定的文化环境中实现其社会化过程的。社会文化对科学技术发生发展有着重要的影响。

创新文化建设是中国特色社会主义文化建设的重要组成部分。发展创新文化，培育创新精神，是科技进步和创新最深厚、最持久的社会基础。走中国特色自主创新道路，必须要加强创新文化建设，以激励科技进步和创新。胡锦涛非常重视科技创新文化建设，他指出，创新文化与创新事业之间存在着良性的相互促进关系，"创新文化孕育创新事业，创新事业激励创新文化。"② 优秀的文化环境是自主创新、体制创新的前提和基础。

建设创新文化，首先必须"从娃娃抓起"，这是建设创新型国家的一个重要的深厚基础。要真正培养出创新人才，必须从整个社会的文化氛围和教育制度上，建立起培育青少年创新意识的大环境，从小接受创新思维、创新意识的熏陶，成为自强、自信和开拓创新的人。

发展创新文化，努力培育全社会的创新精神，在全社会树立一种以

---

① 《十六大以来重要文献选编》下，中央文献出版社 2008 年版，第 187 页。

② 《胡锦涛文选》第 2 卷，人民出版社 2016 年版，第 409 页。

创新为主导的价值观，创造一个公平、竞争、合作的创新环境，营造一种鼓励创新、崇尚创新、允许失败、宽容失败的政策环境和文化氛围。

大学要培育大学生崇尚探索精神和求实精神，敢于挑战权威，以敏锐的时代眼光，领悟时代发展对人才和科学技术等方面要求，培育适应时代需要的高水平人才。加强科研职业道德建设，遏制科学技术研究中的浮躁风气和学术不良风气。

科学精神是科学文化的主要内容之一，它是自然科学发展所形成的优良传统、认知方式、行为规范和价值取向。具有科学精神的人，倡导科学无国界，不承认终极真理；主张科学的自由探索，在真理面前一律平等，对不同意见采取宽容态度，不迷信权威；提倡怀疑、批判、不断创新进取的精神。

发展创新文化，要处理好继承传统文化与吸收国外文化成果的关系。胡锦涛指出，“发展创新文化，既要大力继承和弘扬中华文化优良传统，又要充分吸收国外文化有益成果。”① 要不断扩大多种形式的国际和地区科技交流合作，积极主动参与国际大科学工程和国际学术组织，支持我国科学家和科研机构参与或牵头组织国际和区域性大科学工程。

二、科学技术人才观

（一）尊重知识、尊重人才

邓小平高度重视知识和人才对实现现代化的作用，倡导形成尊重知识、尊重人才的良好社会氛围。邓小平强调“尊重知识，尊重人才”②，在尊重知识方面，他特别强调：“一定要在党内造成一种空气：尊重知识，尊重人才。要反对不尊重知识分子的错误思想。”③ 他提出，“科技和教育，各行各业都要抓。……每个部门都要进行科学研究。”④ 在尊重人才方面，他提出，“把尽快地培养出一批具有世界第一流水平的科学技

---

① 《胡锦涛文选》第2卷，人民出版社2016年版，第410页。
② 《邓小平文选》第2卷，人民出版社1994年版，第40页。
③ 《邓小平文选》第2卷，人民出版社1994年版，第41页。
④ 《邓小平文选》第2卷，人民出版社1994年版，第41页。

术专家，作为我们科学、教育战线的重要任务。"① "我们要掌握和发展现代科学文化知识和各行各业的新技术新工艺，要创造比资本主义更高的劳动生产率，把我国建设成为现代化的社会主义强国，并且在上层建筑领域最终战胜资产阶级的影响，就必须培养具有高度科学文化水平的劳动者，必须造就宏大的又红又专的工人阶级知识分子队伍。"②

邓小平在肯定知识分子地位和作用后，又提出了落实知识分子政策，要"正确认识科学技术是生产力，正确认识为社会主义服务的脑力劳动者是劳动人民的一部分，这对于迅速发展我们的科学事业有极其密切的关系。我们既然承认了这两个前提，那末，我们要在短短的二十多年中实现四个现代化，大大发展我们的生产力，当然就不能不大力发展科学研究事业和科学教育事业，大力发扬科学技术工作者和教育工作者的革命积极性"③。他还提出，"我们向科学技术现代化进军，要有一支浩浩荡荡的工人阶级的又红又专的科学技术大军，要有一大批世界第一流的科学家、工程技术专家。造就这样的队伍，是摆在我们面前的一个严重任务。"④ 邓小平认为，发展科学技术需要加强科学技术干部的年轻化建设，通过大胆利用新生力量，破格提拔青年人才，将其委派到重要岗位，充分发挥其年富力强的优势，在最佳年龄段多做贡献。他特别强调："在人才的问题上……必须打破常规去发现、选拔和培养杰出的人才。……革命事业需要有一批杰出的革命家，科学事业同样需要有一批杰出的科学家。我们工人阶级的杰出人才，是来自人民的，又是为人民服务的。在广泛的群众基础上，才能不断涌现出杰出人才。也只有有了成批的杰出人才，才能带动我们整个中华民族科学文化水平的提高。"⑤

邓小平还强调指出，对于科学技术教育一定要重视，通过普及科学技术教育，为国家培养更广泛的人才，运用多种方式促进科学技术教育

---

① 《邓小平文选》第2卷，人民出版社1994年版，第96页。
② 《邓小平文选》第2卷，人民出版社1994年版，第104页。
③ 《邓小平文选》第2卷，人民出版社1994年版，第89—90页。
④ 《邓小平文选》第2卷，人民出版社1994年版，第91页。
⑤ 《邓小平文选》第2卷，人民出版社1994年版，第95—96页。

的发展。“我国科学研究的希望，在于它的队伍有来源。科研是靠教育输送人才的，一定要把教育办好。我们要把从事教育工作的与从事科研工作的放到同等重要的地位，使他们受到同样的尊重，同样的重视。”① 要“把教育搞上去，提高我国的科学技术水平，培养出数以亿计的各级各类人才。……一个十亿人口的大国，教育搞上去了，人才资源的巨大优势是任何国家比不了的”②。可见，对于知识和人才予以充分尊重，破格提拔人才，通过教育培养人才构成了邓小平科学技术思想的重要方面。

（二）重视和关心科学技术人才

邓小平对科学技术人才非常重视，对科学技术人才的地位、选拔、培养教育、使用管理作了一系列精辟的论述。他指出：“我们要实现现代化，关键是科学技术要能上去。发展科学技术，不抓教育不行。靠空讲不能实现现代化，必须有知识，有人才。没有知识，没有人才，怎么上得去?”③ “事情成败的关键就是能不能发现人才，能不能用人才。”④ 邓小平指出，“要调动科学和教育工作者的积极性，光空讲不行，还要给他们创造条件，切切实实地帮助他们解决一些具体问题”,⑤ “要为科研工作、教育工作服务，要为科研工作者和教育工作者创造条件，使他们能够专心致志地从事科研、教育工作”。⑥ “一个地区，一个部门，如果只抓经济，不抓教育，那里的工作重点就是没有转移好，或者说转移得不完全。忽视教育的领导者，是缺乏远见的、不成熟的领导者，就领导不了现代化建设”,⑦ 而“善于发现人才，团结人才，使用人才，是领导者成熟的主要标志之一”⑧。

江泽民高度重视科学技术人才在科学技术进步和创新中的重要作用，

---

① 《邓小平文选》第 2 卷，人民出版社 1994 年版，第 50 页。
② 《邓小平文选》第 3 卷，人民出版社 1993 年版，第 120 页。
③ 《邓小平文选》第 2 卷，人民出版社 1994 年版，第 40 页。
④ 《邓小平文选》第 3 卷，人民出版社 1993 年版，第 92 页。
⑤ 《邓小平文选》第 2 卷，人民出版社 1994 年版，第 56 页。
⑥ 《邓小平文选》第 2 卷，人民出版社 1994 年版，第 56 页。
⑦ 《邓小平文选》第 3 卷，人民出版社 1993 年版，第 121 页。
⑧ 《邓小平文选》第 3 卷，人民出版社 1993 年版，第 109 页。

多次强调创新的关键在人才，“推动科技进步、技术创新，关键是人才”。① 科学技术人才作为知识的研发者、传播者、使用者，是推动科学技术发展的关键因素，已经成为生产力发展的核心要素。江泽民说，“科技和经济的大发展，人才是最关键、最根本的因素。实现现代化，必须靠知识，靠人才。”② 科学技术人才是先进生产力的开拓者和社会主义现代化建设的主要力量。在知识经济时代，高技术产业迅速增长，以知识为基础的产业逐步上升为社会的主导产业。技术密集型、智力密集型产业崛起，科学技术人才资源的数量和质量成为经济增长和社会发展的关键因素。江泽民明确提出了具有深远意义的“人才资源是第一资源”的科学论断，指出了新时期科学技术人才的重要地位和主要作用，激发了广大科学技术工作者积极投身科学技术进步和技术创新的热情。

胡锦涛进一步肯定了作为新生产力开拓者的科学技术人才不可替代的地位，对科学技术人才地位的认识就上升到了一个新的高度。高科技创新型人才是新规律的发现者、新技术的创造者、新领域的探索者，他们是引领我国的科学技术事业不断发展的主力军。科学技术创新的关键是高素质的科学技术人才，科学技术的发展最终取决于科学技术人才的发展。胡锦涛多次强调：“世界范围的综合国力竞争，归根到底是人才特别是创新型人才的竞争。谁能够培养、吸引、凝聚、用好人才特别是创新型人才，谁就抓住了在激烈的国际竞争中掌握战略主动、实现发展目标的第一资源。”③ 胡锦涛提出：“建设创新型国家，关键在人才，尤其在创新型科技人才。”④ “走中国特色自主创新道路，必须培养造就宏大的创新型人才队伍。人才直接关系我国科技事业的未来，直接关系国家和民族的明天。”⑤ “没有一支宏大的创新型科技人才队伍作支撑，要实

---

① 江泽民：《论科学技术》，中央文献出版社2001年版，第155页。

② 江泽民：《论科学技术》，中央文献出版社2001年版，第105页。

③ 《十六大以来重要文献选编》下，中央文献出版社2008年版，第481页。

④ 胡锦涛：《在中国科学院第十三次院士大会和中国工程院第八次院士大会上的讲话》，人民出版社2006年版，第5页。

⑤ 《十七大以来重要文献选编》上，中央文献出版社2009年版，第502页。

现建设创新型国家的目标是不可能的。”① 同时胡锦涛还提出了打造我国人才强国的战略，明确了要“使我国由人口大国转化为人才资源强国”②，强调要努力创造培养科学技术人才的有利的环境，胡锦涛提出了“三个是否有利于”——是否有利于促进人才的成长；是否有利于促进人才的创新活动；是否有利于促进人才工作同经济社会发展相协调，作为深化人才工作改革的出发点。③ 强调要善于激发科学技术人才的创造潜能，要“用事业凝聚人才，用实践造就人才，用机制激励人才，用法制保障人才”④，要破除那些不合时宜、束缚科学技术人才成长的旧体制机制，“形成广纳群贤、人尽其才、能上能下、充满活力的用人机制”。⑤ 概括起来就要：“为创新型科技人才脱颖而出、建功立业创造条件。”⑥

（三）加强科学技术人才队伍建设，实施人才强国战略

走中国特色自主创新道路，必须培养造就宏大的创新型人才队伍。建设高水平的科学技术人才队伍是科学技术创新的关键。江泽民非常重视对科学技术人才的培养工作，认为科技进步、经济繁荣和社会发展，从根本上说取决于提高劳动者的素质，培养大批人才。⑦ 由于历史的原因，当前我国科学技术人才的数量和整体水平还不能适应社会主义现代化建设的需要，高素质人才特别是创新型人才的缺乏严重制约科学技术进步和创新能力的提高。为了充分发挥科学技术在经济建设和社会发展中的重要作用，必须做好对科学技术人才的培养工作，建设一批高素质人才队伍尤其是要加快培养高层次急需人才。江泽民指出，我们要培养造就一大批能够进军当代科学前沿，赢得技术竞争，开拓和发展高新技

① 胡锦涛：《在中国科学院第十三次院士大会和中国工程院第八次院士大会上的讲话》，人民出版社 2006 年版，第 5 页。
② 《十六大以来重要文献选编》上，中央文献出版社 2005 年版，第 574 页。
③ 参见《十六大以来重要文献选编》上，中央文献出版社 2005 年版，第 579 页。
④ 《十六大以来重要文献选编》下，中央文献出版社 2008 年版，第 481—482 页。
⑤ 《十七大以来重要文献选编》上，中央文献出版社 2009 年版，第 498 页。
⑥ 《十六大以来重要文献选编》下，中央文献出版社 2008 年版，第 483 页。
⑦ 参见江泽民：《论科学技术》，中央文献出版社 2001 年版，第 35 页。

术产业的各类人才，不断提高这支队伍的素质和水平。① 科学技术人才队伍建设关系到我国经济和社会发展的速度和质量，关系到社会主义现代化建设的目标能否顺利实现。加强对科学技术人才的培养，建立灵活的科学技术人才管理体制是一项长期系统的工程。

胡锦涛强调具有创新精神的高素质人才作为第一资源在建设创新型国家中的重要主体地位，他非常重视和加强科学技术人才队伍建设，胡锦涛指出："人才直接关系我国科技事业的未来，直接关系国家和民族的明天。"② 在科技创新、理论创新和产业创新快速发展的今天，人才资源的竞争已经成为了国际竞争的新的制高点。胡锦涛为此指出，"人才是国家发展的战略资源，科技进步和创新的关键是人才。"③ "世界范围的综合国力竞争，归根到底是人才特别是创新型人才的竞争。谁能够培养、吸引、凝聚、用好人才特别是创新型人才，谁就抓住了在激烈的国际竞争中掌握战略主动、实现发展目标的第一资源。"④ 由此看出，胡锦涛已敏锐地捕捉到了具有高新科学技术的顶尖人才在国家重大发展战略中的重要作用。他对科学技术人才提出了具体的要求，指出，"创新型科技人才是新知识的创造者、新技术的发明者、新学科的创建者，是科技新突破、发展新途径的引领者和开拓者"。⑤ "走中国特色自主创新道路，必须培养造就宏大的创新型人才队伍。人才直接关系我国科技事业的未来，直接关系国家和民族的明天。"⑥ 同时，人才强国战略又是建设创新型国家的重要举措。

胡锦涛还多次强调必须抓紧抓好培养造就科学技术领军人才的紧迫战略任务，并且提出了建设创新型科学技术人才的一些指导思想。他指

① 参见江泽民：《论科学技术》，中央文献出版社 2001 年版，第 39 页。
② 《十七大以来重要文献选编》上，中央文献出版社 2009 年版，第 502 页。
③ 《十七大以来重要文献选编》上，中央文献出版社 2009 年版，第 498 页。
④ 《十六大以来重要文献选编》下，中央文献出版社 2008 年版，第 481 页。
⑤ 胡锦涛：《在中国科学院第十三次院士大会和中国工程院第八次院士大会上的讲话》，人民出版社 2006 年版，第 6 页。
⑥ 《十七大以来重要文献选编》上，中央文献出版社 2009 年版，第 502 页。

出：“必须坚定不移地实施人才强国战略，坚持尊重劳动、尊重知识、尊重人才、尊重创造的重大方针，形成广纳群贤、人尽其才、能上能下、充满活力的用人机制，努力造就数以亿计的高素质劳动者、数以千万计的专门人才和一大批拔尖创新人才，把优秀人才集聚到国家科技事业中来，开创人才辈出的生动局面。”① 胡锦涛在党的十七大报告中再次强调要“努力造就世界一流科学家和科技领军人才”②。科学技术领军人才在科研中起到不可替代的作用，科学技术领军人才是科研带头人，是科研团队协同合作的纽带，是科研的组织管理者，“创新型科技人才特别是领军人物都具有成长成才、实现科技创新所必需的一些基本素质和特点……国际一流的科技尖子人才、国际级科学大师、科技领军人物，可以带出高水平的创新型科技人才和团队，可以创造世界领先的重大科技成就，可以催生具有强大竞争力的企业和全新的产业”。③

此外，胡锦涛还强调在培养建设科学技术人才队伍方面除了加强自主培养以外，还要积极创造有利条件引进人才，尤其是要引进海外高端人才，不断充实我国的科学技术人才队伍，优化科学技术人才结构，不断提高我国科技研发的整体实力。他强调，到 2020 年我国人才发展总体目标是：培养造就规模宏大、结构优化、布局合理、素质优良的人才队伍，确立国家人才竞争比较优势，进入世界人才强国行列，为在本世纪中叶基本实现社会主义现代化奠定人才基础。④ 可见人才作为科学技术创新的主体性因素的重要作用，抓好了科学技术人才队伍建设就等于掌握了科学技术创新的能动因素。

对科技创新型人才的培养，应加强科技创新与教育培育有机结合，具体结合方式应与不同教育层次相适应。应鼓励研究生承担或参与科研项目，鼓励本科生参与科研工作，在创新实践中培育其探索兴趣和科学精神。高等院校要适应国家科技发展战略和市场对创新型人才的需求，

---

① 《十七大以来重要文献选编》上，中央文献出版社 2009 年版，第 498 页。

② 《十七大以来重要文献选编》上，中央文献出版社 2009 年版，第 17 页。

③ 《十六大以来重要文献选编》下，中央文献出版社 2008 年版，第 485—486 页。

④ 参见《十七大以来重要文献选编》中，中央文献出版社 2011 年版，第 717 页。

及时合理地调整专业结构、设置交叉学科或新型学科。加强职业教育，培养适应经济社会发展需求的各类实用技术专业人才。中小学要深化教学内容和方法的改革，全面推进素质教育，提高科学文化素养。

三、科学技术发展观

（一）科学技术为经济建设服务

中国马克思主义深刻认识到科学技术的经济功能。邓小平提出的“科学技术是第一生产力”的命题准确概括了现代科学技术与现代生产力的内在联系，阐明了科学技术在现代经济发展中具有首位的导向作用，深化了科学技术在当代社会经济发展中产生的巨大变革和推动作用，在此基础上明确提出科学技术发展的战略重点要转向为经济建设服务的思想。他说，“要加紧经济建设，就是加紧四个现代化建设。四个现代化，集中起来讲就是经济建设。国防建设，没有一定的经济基础不行。科学技术主要是为经济建设服务的。”① 他强调：“四个现代化，关键是科学技术的现代化。没有现代科学技术，就不可能建设现代农业、现代工业、现代国防。没有科学技术的高速度发展，也就不可能有国民经济的高速度发展。”② 邓小平指出，“我国的经济，到建国一百周年时，可能接近发达国家的水平。我们这样说，根据之一，就是在这段时间里……提高我国的科学技术水平”，③ 唯有依靠科学技术的武装，我国的经济发展才有后劲，现代化建设才能迅速实现。

邓小平还详细地论述了现代科学技术革命发展的态势与特点。他敏锐地捕捉到了当时刚刚兴起的新科技革命的特点与发展趋势，为“关键是科学技术现代化”作出了有说服力的论证。邓小平认为：“四化总得有先有后。军队装备真正现代化，只有国民经济建立了比较好的基础才有可能。”④ 在邓小平上述思想的基础上，中央制定了“经济建设必须依靠

---

① 《邓小平文选》第2卷，人民出版社1994年版，第240页。
② 《邓小平文选》第2卷，人民出版社1994年版，第86页。
③ 《邓小平文选》第3卷，人民出版社1993年版，第120页。
④ 《邓小平文选》第3卷，人民出版社1993年版，第128页。

科学技术，科学技术工作必须面向经济建设”的基本方针，明确指出，“科学技术门类很多，应当为多方面服务，但主要应为经济建设服务”。为促进科学技术与经济结合指明了方向。

江泽民对科学技术在全球竞争中的重要性有着深刻的理解。江泽民指出，世界科学技术正在经历一场巨大的革命，科学技术的实力越来越决定着一个国家综合国力的强弱和国际地位的高低。他在强调科学技术强国富民重要作用的同时，还多次指出世界范围的经济竞争、综合国力竞争，在很大程度上表现为科学技术的竞争。江泽民指出，振兴经济首先要振兴科技。只有坚定地推进科技进步，才能在激烈的竞争中取得主动。① 纵观人类文明的发展史，科学技术的每一次重大突破，都会引起生产力的深刻变革和人类社会的巨大进步。本世纪以来，特别是第二次世界大战以后，以电子信息、生物技术和新材料为支柱的一系列高新技术取得重大突破和飞速发展，极大地改变了世界的面貌和人类的生活。科学技术日益渗透于经济发展和社会生活各个领域，成为推动现代生产力发展的最活跃的因素，并且归根到底是现代社会进步的决定性力量。现代国际间的竞争，说到底是综合国力的竞争，关键是科学技术的竞争。②江泽民强调指出，“经济建设必须坚定地依靠科技进步，才能蓬勃而持续地发展，也才能为科技发展提供坚实的物质基础。”③ 大力发展科学技术，对于我国适应国际上的激烈竞争、缩短与发达国家之间的差距，并在这场国际竞争中特别是科学技术竞争中处于有利地位具有重要的意义。

胡锦涛揭示了科学技术与生产力、科学技术与人类文明进步、科学技术与社会发展观的关系，指出，科学技术是第一生产力，是经济社会发展的重要推动力量。当今世界，全球性科技革命蓬勃发展，高新技术成果向现实生产力的转化越来越快，特别是一些战略高技术越来越成为经济社会发展的决定性力量。我们必须认清形势，居安思危，奋起直追，按照科学发展观的要求，加快发展我国的科学技术，为推进经济结构调

① 参见江泽民：《论科学技术》，中央文献出版社 2001 年版，第 34 页。

② 参见江泽民：《论科学技术》，中央文献出版社 2001 年版，第 42—43 页。

③ 江泽民：《论科学技术》，中央文献出版社 2001 年版，第 52 页。

整优化、实现经济增长方式的根本性转变，为推动经济社会全面协调可持续发展，提供更加有力的科技支撑。胡锦涛指出，一个国家只有拥有强大的自主创新能力，才能在激烈的国际竞争中把握先机、赢得主动。科学技术的发展是推动我国经济、政治、文化和社会全面发展的重要动力，这是科学技术巨大功能的重要体现。胡锦涛着眼于当前我国处于经济结构转型的重要战略期，提出依靠科学技术发展来有力地推动我国经济结构向更加合理更加高效的方向转化。2005 年 10 月，胡锦涛在十六届五中全会第二次会议上提出：要“努力建设创新型国家，把增强自主创新能力作为科学技术发展的战略基点和调整经济结构、转变经济增长方式的中心环节，大力提高原始性创新能力、集成创新能力和引进消化吸收再创新能力，努力走出一条具有中国特色的科技创新之路”①。同时科学技术发展又可以有效地提高我国的综合国力，改善人民生活水平，在国际竞争中扮演更重要的角色。

（二）坚持以人为本，大力发展民生科学技术

坚持以人为本，大力发展民生科学技术，体现了马克思主义历史唯物主义的基本原理，科学技术发展必须服务于最广大人民群众的根本利益，这是中国共产党的根本宗旨和推动经济社会发展的根本目的。科学技术发展要坚持以人为本，就是要坚持科学技术要从人民的根本利益出发谋发展、促发展，不断满足人民日益增长的物质文化需要；科学技术要切实保障人民依法享有各项权益，维护社会公平正义，满足人民的发展愿望和多样性需求；科学技术要关心人的价值、权益和自由，关注人民的生活质量、发展潜能和幸福指数，体现社会主义的人道主义和人文关怀。科学技术发展必须以人为本是立党为公、执政为民的本质要求，是中国马克思主义最鲜明的政治立场。

中国马克思主义科学技术观的人本性，强调科学技术要造福于民，服务于人的全面发展。邓小平主张科技富国强民，造福人类，通过发展科学技术实现民族振兴。在新的历史条件下，江泽民指出，要使科学技

① 《十六大以来重要文献选编》中，中央文献出版社 2006 年版，第 1094 页。

术进步更加有效地服务于亿万人民群众；科学技术造福于民，普及科学知识，以科学技术知识武装社会。他主张建立和完善高尚的科学技术伦理，对科学技术的研究和利用实行符合各国人民共同利益的政策引导。[①]科学发展观作为指导经济社会发展的重大战略思想，以人为本作为其核心就蕴涵着科学技术发展以人民的根本利益为出发点和落脚点的思想。

党的十七大以来，我党始终关注民生，更加重视以人为本，不断深化了对人类社会发展规律、社会主义建设规律和共产党执政规律三大规律的新认识。关注民生和以人为本成为以胡锦涛为核心的党中央的核心执政理念。在科学技术发展问题上，胡锦涛既重视科学技术在经济发展中的决定性作用和它在推动经济社会发展、人类文明进步中起到的关键作用，同时又坚持以人为本的科学技术价值取向。以人为本是科学发展观的核心，科学发展观视野下的科学技术发展，就是要把人民群众的利益放在首位，为人民群众造福。胡锦涛指出：“坚持以人为本，让科技发展成果惠及全体人民。这是我国科技事业发展的根本出发点和落脚点。建设创新型国家是惠及广大人民群众的伟大事业，同时也需要广大人民群众积极参与。要坚持科技为经济社会发展服务、为人民群众服务的方向，把科技创新与提高人民生活水平和质量紧密结合起来，与提高人民科学文化素质和健康素质紧密结合起来，使科技创新的成果惠及广大人民群众。”[②] 胡锦涛在中国科学院第十五次院士大会、中国工程院第十次院士大会上再次指出，“我们必须坚持以人为本，大力发展与民生相关的科学技术，按照以改善民生为重点加强社会建设的要求，把科技进步和创新与提高人民生活水平和质量、提高人民科学文化素质和健康素质紧密结合起来，着力解决关系民生的重大科技问题，不断强化公共服务、改善民生环境、保障民生安全。”[③] 科学技术发展最终的目的在于解决“如何让人更好地生活”这个古老的哲学命题，因此，科学技术发展既要

---

① 参见江泽民：《论科学技术》，中央文献出版社 2001 年版，第 216—217 页。

② 胡锦涛：《坚持走中国特色自主创新道路 为建设创新型国家而努力奋斗》，人民出版社 2006 年版，第 22 页。

③ 《胡锦涛文选》第 3 卷，人民出版社 2016 年版，第 403 页。

促进经济社会快速发展，又要保护好环境，注重科学技术与自然的和谐，还要关注科学技术与人的和谐。

（三）重视科学技术和环境和谐发展，深入贯彻可持续发展战略

中国马克思主义高度关注人与自然的和谐问题，形成了科学技术和谐观。毛泽东认识到利用科学技术征服自然可能遭到自然界的惩罚，他指出："这是科学技术，是向地球开战……如果对自然界没有认识，或者认识不清楚，就会碰钉子，自然界就会处罚我们，会抵抗。"① 邓小平指出，科学技术发展不仅是提高社会生产的重要手段，也是处理环境问题的有效方式。由于我国人口基数大，工农业基础差，唯有通过发展科学技术才能有效解决社会发展与环境保护之间的矛盾。"'绿色革命'要坚持一百年，二百年。"② 江泽民指出，我国科学技术发展必须坚持环境保护，选择最有利于资源利用的方式，不能吃祖宗饭、断子孙路，走资源浪费与先污染后治理的老路。③ 江泽民充分认识到解决生态环境问题离不开科学技术的发展，多次强调科学技术在保护生态环境，实现人类社会永续发展中的重要作用。江泽民指出，"全球面临的资源、环境、生态、人口等重大问题的解决，都离不开科学技术的进步"。④ 在经济发展过程中要"运用现代科学技术，特别是以电子学为基础的信息和自动化技术改造传统产业，使这些产业的发展实现由主要依靠扩大外延到主要依靠内涵增加的转变，建立节耗、节能、节水、节地的资源节约型经济"⑤。江泽民认为科学研究应重视与人类前途和命运攸关的重大问题。如生态问题，应更加注重人、自然、社会的协调发展。

胡锦涛指出，要"发展相关技术、方法、手段，提供系统解决方案，

---

① 《毛泽东文集》第8卷，人民出版社1999年版，第72页。

② 参见《毛泽东 邓小平 江泽民论科学发展》，中央文献出版社、党建读物出版社2009年版，第52页。

③ 参见江泽民：《论科学技术》，中央文献出版社2001年版，第103页。

④ 江泽民：《论科学技术》，中央文献出版社2001年版，第2页。

⑤ 《十三大以来重要文献选编》下，人民出版社1993年版，第1591页。

构建人与自然和谐相处的生态环境保育发展体系”①。科技进步要放在生态文明的大背景当中去，要大力发展生态科技，落实科学发展观，调整产业结构，发展循环经济，通过构建环境友好型社会，最终解决生态问题。② 胡锦涛科学技术思想与环境问题是密切联系的，科学技术创新是推动环境保护和生态文明建设的重要动力，是实现人类与自然和解，人与自然双重解放的重要举措。胡锦涛指出：“坚持以人为本，让科技发展成果惠及全体人民。这是我国科技事业发展的根本出发点和落脚点。建设创新型国家是惠及广大人民群众的伟大事业，同时也需要广大人民群众积极参与。要坚持科技为经济社会发展服务、为人民群众服务的方向，把科技创新与提高人民生活水平和质量紧密结合起来，与提高人民科学文化素质和健康素质紧密结合起来，使科技创新的成果惠及广大人民群众。”③ 科学技术发展最终的目的在于解决“如何让人更好地生活”这个古老的哲学命题，因此，科学技术发展既要注重与自然的和谐，更要关注与人的和谐。

江泽民、胡锦涛十分重视科学技术与经济社会的和谐发展。江泽民在高度评价科学技术对人类社会进步所具有的重大意义的同时，对当代科学技术运用于社会时所带来的生态破坏、环境污染、生命伦理、网络安全和科技霸权等问题也给予了高度关注。他呼吁，“科学技术进步应服务于全人类，服务于世界和平、发展与进步的崇高事业，而不能危害人类自身”。④ 科学技术是一把“双刃剑”，在给人类带来福祉的同时，也给人类带来了灾难和无数的隐忧。科学技术是人类认识自然，改造自然的一种能力，是为人类创造良好的生存环境，给人类带来利益，满足人类需要的一种手段，而不是危害到人类的生存或是给人类带来灾难。为此，科学技术活动必须坚持服务于全人类而不能危害人类自身的价值取

① 《胡锦涛文选》第 3 卷，人民出版社 2016 年版，第 406 页。

② 参见胡锦涛：《在中国科学院第十五次院士大会、中国工程院第十次院士大会上的讲话》，人民出版社 2010 年版。

③ 《改革开放三十年重要文献选编》下，人民出版社 2008 年版，第 1556 页。

④ 江泽民：《论科学技术》，中央文献出版社 2001 年版，第 217 页。

向和根本原则。江泽民提出的“科学技术进步应服务于全人类，服务于世界和平、发展与进步的崇高事业，而不能危害人类自身”的科学技术伦理原则是进行科学技术活动时要坚持的最根本的价值原则和价值取向，对于全世界科学技术的健康发展产生了积极的影响。

党的十六大以来，胡锦涛在多次讲话中反复强调建设生态文明的紧迫性和重要性。环境保护和生态文明是以胡锦涛为总书记的党中央十年来重点关注的问题，也是科学发展观的题中之义。胡锦涛指出：“大量事实表明，人与自然的关系不和谐，往往会影响人与人的关系、人与社会的关系。如果生态环境受到严重破坏、人们的生产生活环境恶化，如果资源能源供应高度紧张、经济发展与资源能源矛盾尖锐，人与人的和谐、人与社会的和谐是难以实现的。”①

保护环境，建设生态文明，科学技术必须与环境和谐发展。胡锦涛指出，“要大力加强生态、环境领域的科技进步和创新……加快治理环境污染和促进生态修复，保护生物多样性，遏制生态退化现象，发展循环经济”。② 胡锦涛进一步强调指出要大力发展节约资源和保护环境的技术，促进科学技术和环境的和谐发展，他在中国科学院第十五次院士大会、中国工程院第十次院士大会上指出：“大力加强生态环境保护科学技术。要系统认知环境演变规律，提升生态环境监测、保护、修复能力和应对气候变化能力，提高自然灾害预测预报和防灾减灾能力，发展相关技术、方法、手段，提供系统解决方案，构建人与自然和谐相处的生态环境保育发展体系，实现典型退化生态系统恢复和污染环境修复，有效遏制我国生态环境退化趋势，实现环境优美、生态良好。要注重源头治理，发展节能减排和循环利用关键技术，建立资源节约型、环境友好型技术体系和生产体系。”③ 胡锦涛在党的十七大报告中再次指出，“加强能源资源节约和生态环境保护，增强可持续发展能力。……开发和推广节约、

---

① 《十六大以来重要文献选编》中，中央文献出版社 2006 年版，第 715 页。

② 《十六大以来重要文献选编》中，中央文献出版社 2006 年版，第 116 页。

③ 胡锦涛：《在中国科学院第十五次院士大会、中国工程院第十次院士大会上的讲话》，人民出版社 2010 年版，第 10 页。

替代、循环利用和治理污染的先进适用技术，发展清洁能源和可再生能源，保护土地和水资源，建设科学合理的能源资源利用体系，提高能源资源利用效率”。①

（四）高科技发展战略

从20世纪中叶开始，随着高科技的蓬勃发展，高科技已成为世界各国媒体出现频率较高的术语之一。高科技的出现体现了科技进步的日新月异，将科技发展带入一个崭新阶段。高科技具有更高的科学输入和知识含量，高科技是当代科学技术发展影响社会系统的一种特殊的又是极其重要机制，实现了高科技物化为现实的生产力，走进经济领域、社会生活，促进经济增长和社会发展的巨大作用，从根本上改变着我们的生存方式和发展模式。“发展高科技，实现产业化”是邓小平1991年4月23日为全国“863”计划工作会议的题词，它既是邓小平科学技术思想不断深化的标志，也是改革开放以来我国科学技术工作发展与科学技术体制改革成就与经验的科学总结，也是邓小平对当代科学技术发展规律认识的深刻把握。邓小平认为，“中国必须发展自己的高科技，在世界高科技领域占有一席之地。”② 他提出了“发展高科技，实现产业化”的号召，进一步明确了我国发展高科技的指导方针，形成了高科技发展的战略思想。我国科学技术发展要关注国计民生，不宜过于偏执军工；要与产业相结合，形成良性互动；同时要攀登科学技术制高点，充分发挥科学技术对社会的引领作用。

邓小平提出“发展高科技，实现产业化”，是从国际竞争和实现我国跨世纪发展战略全局考虑的。他明确指出，下一个世纪是高科技发展的世纪，世界新科学技术革命蓬勃发展，经济、科技在世界竞争中的地位日益突出，这种形势，无论美国、苏联、其他发达国家和发展中国家都不能不认真对待。他特别强调：“过去也好，今天也好，将来也好，中国

---

① 胡锦涛：《高举中国特色社会主义伟大旗帜 为夺取全面建设小康社会新胜利而奋斗——在中国共产党第十七次全国代表大会上的报告》，人民出版社2007年版，第24页。

② 《邓小平文选》第3卷，人民出版社1993年版，第279页。

必须发展自己的高科技，在世界高科技领域占有一席之地。如果六十年代以来中国没有原子弹、氢弹，没有发射卫星，中国就不能叫有重要影响的大国，就没有现在这样的国际地位。这些东西反映一个民族的能力，也是一个民族、一个国家兴旺发达的标志。”①

关于“发展高科技，实现产业化”的实现途径，邓小平指出，通过“高科技领域的一个突破，带动一批产业的发展”②，“许多新的生产工具，新的工艺，首先在科学实验室里被创造出来。一系列新兴的工业，如高分子合成工业、原子能工业、电子计算机工业、半导体工业、宇航工业、激光工业等，都是建立在新兴科学基础上的。当然，不论是现在或者今后，还会有许多理论研究，暂时人们还看不到它的应用前景。但是，大量的历史事实已经说明：理论研究一旦获得重大突破，迟早会给生产和技术带来极其巨大的进步。当代的自然科学正以空前的规模和速度，应用于生产，使社会物质生产的各个领域面貌一新”。③ 可见，邓小平不是单纯地讲科学技术发展，还要求通过产业化，积极推动其经济社会效益的实现，将高科技成果的巨大价值充分迸发出来，利用产业化带动经济社会发展，最终形成科学技术与经济的良性互动，充分发挥科学技术对社会的引领作用，以此促进我国经济建设和增强综合国力。

基于对科学技术的生产力功能的深刻认识，以及对经济全球化、科技全球化带来的激烈竞争状况的准确判断，江泽民明确指出：“科学技术是第一生产力。振兴经济首先要振兴科技。才能在激烈的竞争中取得主动。”④ 江泽民强调，“科技工作要面向经济建设主战场，在开发研究、高新技术及其产业、基础性研究这三个方面合理配置力量，确定各自攀登高峰的目标。通过深化改革，建立和完善科技与经济有效结合的机制，加速科技成果的商品化和向现实生产力转化。”实现“在世界高科技领域

---

① 《邓小平文选》第3卷，人民出版社1993年版，第279页。
② 《邓小平文选》第3卷，人民出版社1993年版，第377页。
③ 《邓小平文选》第2卷，人民出版社1994年版，第87页。
④ 江泽民：《论科学技术》，中央文献出版社2001年版，第34页。

中，中华民族要占有应有的位置”①。

科技创新是经济发展和经济结构调整的强大动力，科技发展要围绕经济发展目标，为经济发展提供强有力的支撑和保障。江泽民认为：“加强技术创新，不仅对我们搞好国有企业具有重大意义，而且对我们提高整个国民经济的质量和效益、提高全社会的劳动生产率、提高我国的国际竞争力也具有决定性意义。”② 21 世纪，科学技术创新成为经济和社会发展的主导力量，成为生产力发展的主要标志。世界各国综合国力的竞争归根到底就是科学技术创新的竞争。科学技术创新是民族振兴的重要条件和根本保证。唯有自己掌握核心技术，拥有自主知识产权，才能将祖国的发展与安全的命运牢牢掌握在我们手中。③

只有不断提高自主创新能力，努力建设强大的民族高新技术产业，才能减少对技术引进的依赖，提高参与国际市场竞争的能力。江泽民指出，“中华民族和中国人民是富有创造精神的伟大民族和人民，是勇于和善于进行创新的，是能够通过自己的不懈努力赶上世界先进水平的。科技创新能力，已越来越成为国际综合国力竞争的决定性因素，越来越成为一个民族兴旺发达的决定性因素。在激烈的国际科技竞争面前，我们只有坚持创新才能不断前进。”④ 要实现我们经济繁荣、民族振兴和国家强盛的发展目标，就必须提高自主创新能力，为经济社会的全面、协调和可持续发展奠定雄厚的科学技术基础。

科学技术具有渐进性与飞跃性相统一的发展规律。我国的科学技术发展状况与世界科技发展国家相比，总体上处于“引进—消化吸收—模仿创新”的“跟跑”阶段，但是，高科技发展对整个国家经济和社会发展如此重要，就不能只采用“跟跑”策略，而要选择重点领域实现跨越式发展。高科技领域选择重点领域实现跨越式发展，就是设定准确而有

---

① 江泽民：《论科学技术》，中央文献出版社 2001 年版，第 34 页。

② 《江泽民文选》第 2 卷，人民出版社 2006 年版，第 393 页。

③ 参见江泽民：《论科学技术》，中央文献出版社 2001 年版，第 164—165 页。

④ 《江泽民论有中国特色的社会主义》（专题摘编），中央文献出版社 2002 年版，第 253 页。

限的目标，争取在关键领域中掌握科学技术优势掌握主动权。重点领域跨越式发展是实现我国科技强国，赶超发达国家的有利途径。胡锦涛指出："要坚持有所为有所不为的方针，选择事关我国经济社会发展、国家安全、人民生命健康和生态环境全局的若干领域，重点发展重点突破，努力在关键领域和若干技术发展前沿掌握核心技术，拥有一批自主知识产权。"① 也就是说要实现科学技术的跨越式发展，并在短时间内收获科学技术进步带来的巨大效益，就要善于抓主要矛盾。准确把握国民经济中带有关键性的亟待科学技术提供支撑的行业部门所具有的特点，优先发展能够大幅度提高这些关键领域的科学技术。一旦这些关键领域的核心科学技术得到了发展，我们就有机会实现跨越式地打破常规的巨大进步，进而在短时期内最大限度地缩短与发达国家之间的差距。

具体地说，就是要关注那些能够突破经济发展瓶颈性制约的，能够有效提高产业核心竞争力的，能够解决重大公益性问题的科学技术。胡锦涛提出：应"着力突破制约我国产业升级的核心技术、关键技术、共性技术，推动产业从规模优势向技术优势转变，抢占未来发展先机。"② 结合我国目前的具体情况以及我国现有的经济基础来看，能源、水和矿产资源、环境、农业、制造业、交通运输业、信息产业及现代服务、人口与健康、城镇化与城市发展以及公共安全这十大领域最为关键，已经成为重点关注和需要跨越式发展的重点领域。同时，信息技术、新材料技术、先进制造技术、纳米技术、先进能源技术以及海洋技术则是实施上述十大重点领域跨越式发展的重要科学技术支撑，应当加大对这些关键性科学技术的研发投入。

（五）学习和引进国外先进科学技术成果

1978 年 12 月召开的党的十一届三中全会，在总结新中国成立以来我国社会主义革命与建设经验教训的基础上，果断提出把党和国家的工作

---

① 胡锦涛：《在中国科学院第十二次院士大会、中国工程院第七次院士大会上的讲话》，人民出版社 2004 年版，第 12 页。

② 胡锦涛：《在中国科学院第十五次院士大会、中国工程院第十次院士大会上的讲话》，人民出版社 2010 年版，第 7 页。

重心转移到经济建设上来、实行改革开放的重大决策，开启了改革开放的新时期。邓小平以马克思主义实事求是的态度看待我国经济、社会文化发展状况，“中国搞四个现代化，要老老实实地艰苦创业。我们穷，底子薄，教育、科学、文化都落后，这就决定了我们还要有一个艰苦奋斗的过程。”① 为了能尽快实现四个现代化，改变我国经济、科技、教育文化落后的现状，邓小平认为我国需要学习和引进国外先进的科学技术成果，要扩大对外开放，增强国际交流，吸收先进成果，追踪科学技术前沿，填补科学技术空白。邓小平指出，“科学技术本身是没有阶级性的”，②“要利用世界上一切先进技术、先进成果”，③“科学技术是人类共同创造的财富。任何一个民族、一个国家，都需要学习别的民族、别的国家的长处，学习人家的先进科学技术。”④“社会主义要赢得与资本主义相比较的优势，就必须大胆吸收和借鉴人类社会创造的一切文明成果，吸收和借鉴当今世界各国包括资本主义发达国家的一切反映现代社会化生产规律的先进经营方式、管理方法。”⑤“我们不仅因为今天科学技术落后，需要努力向外国学习，即使我们的科学技术赶上了世界先进水平，也还要学习人家的长处。”⑥

邓小平强调说：“提高我国的科学技术水平，当然必须依靠我们自己努力，必须发展我们自己的创造，必须坚持独立自主、自力更生的方针。但是，独立自主不是闭关自守，自力更生不是盲目排外。”⑦“要实现四个现代化，就要善于学习，大量取得国际上的帮助。要引进国际上的先进技术、先进装备，作为我们发展的起点。”⑧“引进技术改造企业，第一要学会，第二要提高创新。……我们要以世界先进的科学技术成果作

---

① 《邓小平文选》第 2 卷，人民出版社 1994 年版，第 257 页。
② 《邓小平文选》第 2 卷，人民出版社 1994 年版，第 111 页。
③ 《邓小平文选》第 2 卷，人民出版社 1994 年版，第 111 页。
④ 《邓小平文选》第 2 卷，人民出版社 1994 年版，第 91 页。
⑤ 《邓小平文选》第 3 卷，人民出版社 1993 年版，第 373 页。
⑥ 《邓小平文选》第 2 卷，人民出版社 1994 年版，第 91 页。
⑦ 《邓小平文选》第 2 卷，人民出版社 1994 年版，第 91 页。
⑧ 《邓小平文选》第 2 卷，人民出版社 1994 年版，第 133 页。

为我们发展的起点。”①

江泽民认为，在中国这样大的社会主义国家搞现代化建设，需要处理好坚持自力更生与对外开放的关系，要独立自主、自力更生，但不是盲目排外，绝对不是要闭关锁国、关起门来搞建设。江泽民指出：“要引进先进技术，但必须把引进和开发、创新结合起来，形成自己的优势；要利用国外资金，但同时更要重视自己的积累。这样才能争取时间，加快缩小与发达国家的差距。”② 针对农业发展问题，江泽民提出，要充分运用对外开放的有利条件，更多一些利用国外资金、技术，推进我国农业发展。

随着我们经济水平的提高和现代化建设的推进，从我国经济和整个现代化建设发展全局的大战略来看，江泽民提出，“‘走出去’和‘引进来’，是对外开放政策相辅相成的两个方面，二者缺一不可。”③ 我国实行对外开放的基本国策，一方面在国家财政紧张的情况下，选派优秀人才去国外学习先进的科学技术，也鼓励并制定放宽的人才出国留学的政策；另一方面，通过积极引进国外的资金和先进的技术、管理经验来发展壮大自己。

胡锦涛非常重视科技人才对科技创新的作用，“科技创新，关键在人才。杰出科学家和科学技术人才群体，是国家科技事业发展的决定性因素。”④ 为了加快创新型国家建设，全面实施人才强国战略，要努力培养一批德才兼备、国际一流的科技尖子人才、国际级科学大师和科技领军人人物，要培育这类高级的科技人才，加强国际合作交流活动必不可少；同时“要加大引进人才、引进智力工作的力度，尤其是要积极引进海外高层次人才，吸引广大出国留学人员回国创业。”⑤

---

① 《邓小平文选》第 2 卷，人民出版社 1994 年版，第 129 页。

② 《江泽民文选》第 1 卷，人民出版社 2006 年版，第 471 页。

③ 《江泽民论有中国特色社会主义》（专题摘编），中央文献出版社 2002 年版，第 194 页。

④ 胡锦涛：《坚持走中国特色自主创新道路 为建设创新型国家而努力奋斗——在全国科学技术大会上的讲话》，人民出版社 2006 年版，第 16 页。

⑤ 胡锦涛：《坚持走中国特色自主创新道路 为建设创新型国家而努力奋斗——在全国科学技术大会上的讲话》，人民出版社 2006 年版，第 17 页。

（六）科学技术伦理问题是人类在21世纪面临的一个重大问题

20世纪以来，科学技术的广泛应用导致人类社会发生了翻天覆地的变化，也带来了一系列的伦理问题，这些问题构成了科学技术伦理研究的内容。

科学技术伦理问题是江泽民科学技术思想的重要组成部分。江泽民指出，在21世纪，科学技术伦理问题将会越来越突出。在科学技术伦理问题上我们必须坚持的一个原则是科学技术进步应服务于全人类，服务于世界和平、发展与进步的崇高事业，而不能危害人类自身。① 他以政治家特有的历史责任感和政治远见，作出了科学技术伦理问题是人类在21世纪面临的一个重大问题的论断。他谈到21世纪要解决的三大伦理问题：关于生态伦理问题，是要把发展科学技术与保护生态环境有机结合起来；关于网络伦理问题，我们现在直接面对各界的信息，但要确保一点，即所有事实都不应该歪曲，互联网也应如此；关于生命伦理问题，针对围绕人类基因组计划的伦理，人类基因组计划是人类科学史上的伟大科学工程，它对于人类认识自身，推动生命科学，医学以及制药产业等的发展，具有重大的意义，他还指出，人类基因组序列是全人类的共同财富，应该用来为全人类服务②。这些都表达了江泽民科学技术伦理思想中科学技术发展要为全人类服务的思想。

在科学技术伦理的建设上，江泽民指出，建立和完善高尚的科学技术伦理，尊重并合理保持知识产权，对科学技术的研究和利用实行符合各国人民共同利益的政策引导，是21世纪人们应该注重解决的一个重大问题。这种科学技术伦理以全人类的共同利益为追求目标，鼓励发明创造的作用，促进科学技术成果的应用，节省科研开发资源，缩短科学技术进步周期，各国政府有责任制定有关科学技术伦理原则的相关政策，从而引导科学技术的健康、有序发展。他同时指出，广大科学技术工作者要树立具有爱国主义精神、求实创新精神、拼搏奉献精神和团结协作

---

① 参见江泽民：《论科学技术》，中央文献出版社2001年版，第217页。

② 参见江泽民：《论科学技术》，中央文献出版社2001年版，第205页。

精神的科学技术伦理观。广大科学技术工作者是科学技术活动的主体，在践行科学技术伦理中发挥着主要的作用，要重视对科学技术工作者的科学技术伦理教育。高科技的发展提出了一系列新的伦理问题，但不能因此去阻挡科学技术发展的步伐。

第三节 习近平新时代中国特色社会主义思想中的科学技术观

在党和国家进入全面建成小康社会决胜阶段、中国特色社会主义进入新时代的关键时期，习近平提出了一系列治国理政的新理念、新思想、新战略，创立了习近平新时代中国特色社会主义思想。习近平新时代中国特色社会主义思想是马克思主义中国化的最新成果。习近平面对新时代的国际和国内局势，立足于我国科学技术与社会发展的现实需要，提出了一系列关于科学技术发展的理论观点，形成了习近平新时代中国特色社会主义思想中的科学技术观。

一、科学技术创新观

（一）加快建设创新型国家，建设世界科技强国

实现建成社会主义现代化强国的伟大目标，实现中华民族伟大复兴的中国梦，必须要具有强大的科技实力和创新能力。加快建设创新型国家，建设世界科技强国，是社会主义现代化强国建设的战略支撑。

习近平在“为建设世界科技强国而奋斗”的重要讲话中，专门就我国科技创新的奋斗目标提出了“三步走”的清晰规划与蓝图：到2020年时使我国进入创新型国家行列，到2030年时使我国进入创新型国家前列，到2050年左右进入世界科技强国行列，是中国科技创新的长远目标。

创新型国家是指将科学技术创新作为国家发展基本战略，大幅度提高自主创新能力，主要依靠科学技术创新来驱动经济发展，以企业作为技术创新主体，通过制度、组织和文化创新，积极发挥国家创新体系的

作用，形成强大的国际竞争优势的国家。创新型国家具有的一般性特征包括：第一，科学技术进步贡献率较高。创新型国家的科学技术进步贡献率一般都在70%以上。20世纪80年代以来，美国和日本的科学技术进步贡献率高达80%。我国《国家中长期科学和技术发展规划纲要（2006—2020）》提出：到2020年，力争科学技术进步贡献率达到60%以上，进入创新型国家行列。第二，R&D投入占GDP（国内生产总值）的比例较高。国际上公认的创新型国家R&D投入占GDP的比例一般在2%以上。我国《国家中长期科学和技术发展规划纲要（2006—2020)》提出，到2020年，全社会研究开发投入占国内生产总值的比重提高到2.5%以上，进入创新型国家行列。第三，对外技术依存度较低。国际上公认的创新型国家对外技术依存度一般在30%以下，美国和日本仅为5%。《国家中长期科学和技术发展规划纲要（2006—2020)》提出，到2020年对外技术依存度降低到30%以下，进入创新型国家行列。第四，自主创新能力较强。《国家中长期科学和技术发展规划纲要（2006—2020)》提出，到2020年本国人发明专利年度授权量和国际科学论文被引用数均进入世界前5位，进入创新型国家行列。

建设创新型国家的根本目标是提高我国的自主创新能力，增强国家竞争力。提高自主创新能力是国家发展战略的核心，是提高综合国力的关键，是科学技术的战略基点，是调整产业结构、转变增长方式的中心环节。提高自主创新能力必须走出一条中国特色自主创新的道路，必须瞄准国际竞争力的提高，必须服务于经济社会的可持续发展，必须加快推进国家创新体系的建设。

国家创新体系概念于1987年首先由英国著名技术创新研究专家弗里曼提出。1997年经济合作与发展组织（OECD）在《国家创新体系》的报告中也界定了这一概念。中国特色的国家创新体系建设是一个逐渐明确和完善的过程。1996年，国务院《关于“九五”期间深化科学技术体制改革的决定》确定了国家创新体系的基本框架。1999年，《中共中央、国务院关于加强技术创新，发展高科技，实现产业化的决定》首次正式提出建立国家创新体系。2006年，《国家中长期科学和技术发展规划纲要（2006—

2020)》明确指出，国家创新体系是以政府为主导、充分发挥市场配置资源的基础性作用、各类科技创新主体紧密联系和有效互动的社会系统。

我国的国家创新体系由五个部分构成。第一，以企业为主体、产学研结合的技术创新体系。《国家中长期科学和技术发展规划纲要（2006—2020 年）》明确提出：建设以企业为主体、产学研结合的技术创新体系，并将其作为全面推进国家创新体系建设的突破口。技术创新体系是由与技术创新全过程相关的机构和组织构成的网络系统。技术创新体系的核心是从事 R&D 活动的创新型企业，还包括政府部门、科研机构、高等院校、其他教育培训机构、中介机构和基础设施等。建立新的技术创新体系，既要突出企业的主体地位，又必须坚持产学研的结合，两者同等重要。只有以企业为主体，推动企业自主创新，建设一大批创新型企业，才能提高我国国际竞争力。创新型企业建设的重点：一是要抓好创新机制建设；二是要抓好人才队伍建设；三是要抓好创新能力建设；四是要抓好创新文化建设。第二，科学研究与高等教育有机结合的知识创新体系。知识创新体系的核心是国立科研机构和研究型大学，它还包括其他高等教育机构、企业科研机构、政府部门和起支撑作用的基础设施等。知识创新体系的主要功能是知识的生产、传播和转移。国家知识创新体系的骨干部分是科研机构和高等院校等。其中，科研机构包括国立科研机构、地方科研机构和非营利科研机构，国立科研机构占主导地位。国立科研机构和研究型大学是国家知识创新系统的核心部分，而中国科学院则是这个核心部分的中心，是国家创新体系的“国家队”和国家知识创新工程的“主力军”。第三，军民结合、寓军于民的国防科学技术创新体系。国防科学技术创新体系是满足国防和军队科学技术现代化建设需要的人员、科研生产单位、科学技术知识、设施及其环境的综合体，其核心内容就是国防科学技术知识的生产者、传播者、使用者以及政府管理机构之间的相互作用，并在此基础上形成国防科学技术知识在国家创新体系内循环流转和应用的机制。加快军民结合、寓军于民的国防科学技术创新系统建设，是应对国际竞争、增强综合国力的客观需要，是国家安全、国防和军队现代化建设的有效保障，是建设创新型国家的必然要求，也是符合科学技术发展规律的正确选择。第四，各具特色和优势的区域创新体系。区域创新体系是在一国之内的一定地域空间，将新的区域经济发展要素或这些要素的新组合引入区域经济体系内，创造一种新的更为有效的资源配置方式，实现新的系统功能，从而推动产业结构升级，形成区域竞争优势，促进区域经济跨越式发展。区域创新体系的要素包括：企业、高等教育机构、科学研究机构、地方政府部门和中介机构等。企业在成熟的区域创新体系中应处于主体地位，是区域创新体系的核心创新要素。区域创新体系是完善国家创新体系的基础，是提高国家竞争力的重要保证，是提高区域创新能力的根本保证和重要内容，是形成区域竞争优势的重要途径。第五，社会化、网络化的科学技术中介服务体系。科学技术中介服务体系是指在整个创新活动过程中，在各个环节上提供的与科学技术紧密相关的一切服务的科学技术中介机构之间、科学技术中介机构与国家创新体系其他系统之间形成相互联系、相互作用的社会化网络化系统。我国国家创新体系的科学技术中介服务机构一般包括咨询机构、技术市场、工程中心、产学研联合体、创业中心等。科学技术中介服务体系具有催化、裂变、促进、服务等功能。科学技术中介服务体系是技术创新供求双方的桥梁与纽带，是实现创新要素互动的重要媒介。

加快建设创新型国家，具有重大而深远的意义，这是建设社会主义现代化强国的内在要求，是解决当前中国社会主要矛盾的必然选择，也是抢抓新一轮科技革命和产业变革历史机遇的战略举措。

建设世界科技强国，是新时代中国特色社会主义的伟大方略，是我国提高核心竞争力的必然选择。建设世界科技强国是中华民族伟大复兴的重要组成部分，同时也是中华民族伟大复兴的重要支撑。2018 年 5 月 28 日，习近平在中国科学院第十九次院士大会、中国工程院第十四次院士大会上强调指出：“我们比历史上任何时期都更接近中华民族伟大复兴的目标，我们比历史上任何时期都更需要建设世界科技强国！”①

---

① 习近平：《在中国科学院第十九次院士大会、中国工程院第十四次院士大会上的讲话》，人民出版社 2018 年版，第 8 页。

世界科技强国的具体特征包括：第一，拥有一批具有全球竞争力的创新型企业和有超强研究能力的高校和科研院所。企业是技术创新主体，高校和科研院所是知识创新主体，他们是一个国家成为科技强国的关键要素，他们相互结合构成的技术创新体系是创新型国家创新体系的有机组成部分。第二，超强的科技整体能力。它是一个国家成为科技强国的重要标志。成为世界科技强国，就要具有科技整体能力强的特点，在重要的领域方向跻身世界先进行列，在科技前沿方向由跟跑到并行走向领跑阶段，科技发展要由量的积累走向质的飞跃、由点的突破走向系统能力的提升。第三，拥有一支高层次科技创新人才队伍。它是一个国家成为科技强国的根本保障。全部科技史都证明，谁拥有了一流创新人才、拥有了一流科学家，谁就能在科技创新中占据优势。第四，形成了政产学研用充分协同的创新生态系统。它是一个国家成为科技强国的集中体现。成为科技强国，就要成为全球最具有创新活力的国家，创新活力来源于国家精心打造、由政府、企业、高校和研发机构、市场等共同组成的创新生态系统。因此，习近平指出："成为世界科技强国，成为世界主要科学中心和创新高地，必须拥有一批世界一流科研机构、研究型大学、创新型企业，能够持续涌现一批重大原创性科学成果。"①

建设世界科技强国，"必须坚持走中国特色自主创新道路，面向世界科技前沿、面向经济主战场、面向国家重大需求，加快各领域科技创新，掌握全球科技竞争先机。这是我们提出建设世界科技强国的出发点。"②自主创新是指通过拥有自主知识产权的独特的核心技术以及在此基础上实现新产品的价值的过程。自主创新包括原始创新、集成创新和引进消化吸收的再创新。自主创新的成果，一般体现为新的科学发现以及拥有自主知识产权的技术、产品、品牌等。原始创新是指前所未有的重大科学发现、技术发明、原理性主导技术等创新成果。集成创新是指通过对各种现有技术的有效集成，形成有市场竞争力的产品或者新兴产业。引

① 《习近平谈治国理政》第2卷，外文出版社2017年版，第270页。

② 习近平：《为建设世界科技强国而奋斗：在全国科技创新大会、两院院士大会、中国科协第九次全国代表大会上的讲话》，人民出版社2016年版，第5—6页。

进消化吸收再创新是指在引进国内外先进技术的基础上，学习、分析、借鉴，进行再创新，形成具有自主知识产权的新技术。建设世界科技强国，必须准确判断科技突破方向，强化战略导向，破解创新发展科技难题。习近平指出，要“实施一批重大科技项目和工程，要加快推进，围绕国家重大战略需求，着力攻破关键核心技术，抢占事关长远和全局的科技战略制高点”①。建设世界科技强国，必须具有全球视野、把握时代脉搏，及时确立发展战略，坚定创新自信，提出更多原创理论，作出更多原创发现，力争在重要科技领域实现跨越发展。“自主创新是开放环境下的创新，绝不能关起门来搞，而是要聚四海之气、借八方之力。”② 要积极主动融入全球科技创新网络，深化国际科技交流合作，主动布局和积极利用国际创新资源，最大限度用好全球创新资源，全面提升我国在全球创新格局中的位势。

根据世界科技强国具有的特征，建设世界科技强国，要做好以下几方面工作：第一，夯实科技基础，在重要科技领域跻身世界领先行列。第二，强化战略导向，破解创新发展科技难题。第三，加强科技供给，服务经济社会发展主战场。第四，深化改革创新，形成充满活力的科技管理和运行机制。第五，弘扬创新精神，培育符合创新发展要求的人才队伍。

（二）创新是引领发展的第一动力

当前，创新成为经济社会发展的主要驱动力，创新始终是推动一个国家、一个民族向前发展的重要力量，也是推动整个人类社会向前发展的重要力量。创新能力成为国家竞争力的核心要素，各国纷纷将实现创新驱动发展作为战略选择，并将之列为国家发展战略。我国在 2006 年提出自主创新的伟大战略，从此掀起了技术创新的发展热潮。党的十八大明确提出，科技创新是提高社会生产力和综合国力的战略支撑，必须摆在国家发展全局的核心位置。党的十八大以来，习近平以马克思主义科

① 《习近平谈治国理政》第 2 卷，外文出版社 2017 年版，第 270 页。

② 习近平：《在中国科学院第十九次院士大会、中国工程院第十四次院士大会上的讲话》，人民出版社 2018 年版，第 17 页。

学技术观为指导，从人类社会进步与发展的高度来认识科技进步和创新的重要性，在深刻分析我国发展现状与民族前途命运基础上，提出创新是引领发展的第一动力，科技进步和创新是推动人类社会发展的重要引擎，科技创新是人类社会进步与发展的不竭动力。习近平在十九大报告中进一步指出，“我国经济已由高速增长阶段转向高质量发展阶段，正处在转变发展方式、优化经济结构、转换增长动力的攻关期，建设现代化经济体系是跨越关口的迫切要求和我国发展的战略目标。必须坚持质量第一、效益优先，以供给侧结构性改革为主线，推动经济发展质量变革、效率变革、动力变革，提高全要素生产率，着力加快建设实体经济、科技创新、现代金融、人力资源协同发展的产业体系，着力构建市场机制有效、微观主体有活力、宏观调控有度的经济体制，不断增强我国经济创新力和竞争力。”① 适应和引领我国经济发展新常态，要实现科学发展和高质量发展，关键要依靠科技创新转换发展动力。要让创新贯穿党和国家一切工作。实施创新驱动发展战略，是加快转变经济发展方式、提高我国综合国力和国际竞争力的必然要求和战略举措，抓创新就是抓发展，谋创新就是谋未来。

“创新”一词英文为 innovation，来自拉丁文 novus，表示某种新事物的引入或某种新思想、方法、装置的引入，是人类以获取新成果为目标的一种认识世界和改造世界的活动。美籍奥地利经济学家约瑟夫·熊被特在其 1912 年出版的《经济发展理论》一书中率先提出了创新的概念，他把创新定义为“建立一种新的生产函数，把生产要素与生产条件重新进行组合并引入原来的生产体系当中”②。熊比特的“创新”是经济学意义上的创新，有其特定的含义。从广义上讲，创新是一种创造性的实践。也就是说，凡是能够做出新的发现，提出新的见解，开拓新的领域，解决新的问题，创造新的事物，或者对已有成果做出创造性地运用和发展，

---

① 习近平：《决胜全面建成小康社会 夺取新时代中国特色社会主义伟大胜利——在中国共产党第十九次全国代表大会上的报告》，人民出版社 2017 年版，第 30 页。

② [美] 约瑟夫·熊彼特：《经济发展理论》，何畏、易家详等译，商务印书馆 1990 年版，第 94—98 页。

都可以称之为“创新”。比如，从文化角度看，“创新”是相对于“保守”的思维方式和思想观念；从社会角度看，“创新”就是发展，是新事物不断更替旧事物的社会变化过程；从科学和技术看，“创新”就是新思想、新发现、新发明、新方法的科技成果的总称；从经济和管理看，“创新”就是国家治理、企业管理中的制度与运行机制的新创造、新组合。

创新是实现经济可持续发展的首要驱动力，因此，习近平在十九大报告中强调：“创新是引领发展的第一动力，是建设现代化经济体系的战略支撑。”① 创新和经济增长，会促进企业规模扩大、管理变革、交易方式变化、社会分工协调、文化交流与融合、知识生产与传递加速等。这一系列社会变迁又会为经济增长与创新提供不竭的推动力和制度基础。创新、经济和社会发展构成了共存、共生、共演的有机系统，这一有机系统中创新发挥第一动力作用。

创新成为引领发展的第一动力，这是经济发展规律的内在要求，也是中国国情决定的。中国正经历着人口结构的变化、产业结构调整和需求结构调整，又赶上新一轮科技革命带来的机遇与挑战，中国日益走近世界舞台中央所引发的全球经济竞争愈发激烈，我国正处于由高速发展转向高质量发展、实现发展方式的根本转变的过程中。我国要实现发展方式的根本转变，必须依靠创新，抓住了创新，就抓住了牵动经济社会发展全局的“牛鼻子”。习近平在强调创新对发展的重要性时再次指出：“新一轮科技革命带来的是更加激烈的科技竞争，如果科技创新搞不上去，发展动力就不可能实现转换，我们在全球经济竞争中就会处于下风。”②

抓创新，谋发展，要紧紧围绕经济竞争力提升的核心关键、社会发展的紧迫需要、国家安全的重大挑战，采取差异化策略和非对称路径，强化重大领域和关键环节的任务部署。要推动产业技术体系创新，创造发展新的优势；强化原始创新，增强源头供给；优化区域创新布局，打

① 习近平：《决胜全面建成小康社会 夺取新时代中国特色社会主义伟大胜利——在中国共产党第十九次全国代表大会上的报告》，人民出版社 2017 年版，第 31 页。
② 《习近平谈治国理政》第 2 卷，外文出版社 2017 年版，第 198 页。

造区域经济增长极；实施重大科技项目和工程，实现重点跨越；建设高水平人才队伍，巩固创新根基；推动创新创业，激发全社会创造活力。总之，实施创新驱动发展是一个系统工程，要坚持科技创新和体制机制创新双轮驱动，全面布局，构建新的创新发展的动力系统。

（三）实施创新驱动发展战略，推进以科技创新为核心的全面创新

创新驱动发展是以科技创新为核心的全面创新和协同创新为发展的重要动力，以自主创新能力为支撑，转变经济发展方式，推动经济社会高质量发展，实现创新型国家建设目标和综合国力的提升。创新驱动发展，本质上是全面创新驱动全面发展。“创新”是全面的广义的创新；“发展”也是广义的全面发展，是包括物质文明、精神文明、政治文明、社会文明和生态文明的“五位一体”的发展。创新驱动发展即通过全面创新驱动而实现全面发展。发展是硬道理，发展是第一要务，发展不能只追求经济发展，发展是经济、政治、文化、社会和生态的全面发展和协调发展，发展应是科学发展和高质量发展。从历史来看，一个国家的成长、繁荣不仅包括前期阶段的科学发现、技术发展、技术开发、工程化等科技创新活动，还包括相关的管理、商业化、商业模式和制度创新，以及创业微型贷款、普惠式医疗、新的教育学习方式、新的社会服务、新的公共服务等社会创新和创业活动。从生产力和生产关系角度来看，科技创新是提高社会生产力和综合国力的基础支撑，体现了生产力的决定性因素。只有那些持续推进科技创新和制度创新，不断解放和发展社会生产力、改进生产关系的国家，才能引领新的发展周期，长久地走在世界前列。

我国实施创新驱动发展战略的主要动因，是由于当前我国正处于转型发展的紧要关头，国内外经济社会环境更加复杂多样，国家发展面临新的形势和任务。第一，我国传统的低成本制造优势正在减弱，需要通过技术、人才和品牌的优势来提高全要素生产率。第二，从制造大国走向制造强国，需要通过技术进步和创新来实现从低端制造向高端制造的转变。第三，消化过剩产能必须依靠创新和技术进步来实现从依靠投资扩大规模转向依靠创新提升水平。第四，国家竞争日益加剧，技术引进

的难度不断增大，必须不断提高技术自给率。因此，全面创新是新常态下实施创新驱动发展战略的重要抓手。实施创新驱动发展战略，就是主要靠科技创新驱动的一种新型发展，就是将科技创新摆在国家发展全局的核心位置，不断推进以科技创新为核心的全面创新。实施创新驱动发展战略，对我国形成国际竞争新优势、增强发展的长期动力具有战略意义。实施创新驱动发展战略，对降低资源能源消耗、改善生态环境、建设美丽中国具有长远意义。习近平在《庆祝改革开放40周年大会上的讲话》中指出，“必须坚持以发展为第一要务，不断增强我国综合国力。……毫不动摇坚持发展是硬道理、发展应该是科学发展和高质量发展的战略思想”。①

“中国正在实施创新驱动发展战略，推进以科技创新为核心的全面创新。”②“以科技创新为核心的全面创新”是一种时代性的主题判断，是科技创新的一个总体解决方案，是一种国际竞争的高度自觉，更是创新驱动的战略路径。现代创新理论研究始于熊比特，至今已有近百年的历史。20世纪90年代以来，随着信息通信技术、互联网技术等新兴技术的涌现，客户需求日益多样化，以及对社会公平和可持续发展的重视，创新的内涵和边界不断拓展，用户创新、绿色创新、商业模式创新、服务创新、包容性创新、大众创新等研究迅速发展。随着全球科技革命和产业变革的加速推进，创新形态、方式、机制更加复杂，基于创新的全球竞争更加激烈。因此，为了实现综合国力的提升，真正形成以创新为主要引领和支撑的经济体系和发展模式，就要推进以科技创新为核心的全面创新。深入实施创新驱动发展战略，就是要推动科技创新、产业创新、企业创新、市场创新、产品创新、业态创新、管理创新等全面创新。

创新是推动发展的第一动力，创新包含多方面内容，其中科技创新的作用十分重要，科技创新已经成为提高国家综合实力和国际竞争力的决定性力量，科技创新作为提高社会生产力、提升国际竞争力、增强综

---

① 习近平：《在庆祝改革开放40周年大会上的讲话》，人民出版社2018年版，第31页。
② 《习近平关于科技创新论述摘编》，中央文献出版社2016年版，第19页。

合国力、保障国家安全的战略支撑，必须摆在国家发展全局的核心位置。只有依靠科技创新，才能推动经济社会持续健康发展，才能全面增强我国经济实力、科技实力、国防实力、综合国力，才能为坚持和发展中国特色社会主义、实现中华民族伟大复兴奠定雄厚物质基础。发展科学技术，是国家富强人民富裕的必由之路，习近平指出："今天，我们比历史上任何时期都更接近中华民族伟大复兴的目标，比历史上任何时期都更有信心、有能力实现这个目标。而要实现这个目标，我们就必须坚定不移贯彻科教兴国战略和创新驱动发展战略，坚定不移走科技强国之路。"①

创新必须是全面创新，这是因为加快推进全面创新是推进供给侧机构性改革、促进经济行稳致远和提质增效升级的重要引擎，也是进入创新型国家行列、全面建成小康社会、建设现代化强国的关键所在。推进以解决中国问题为导向的理论创新，加强以原创引领为导向的科技创新，建立以激励创新为导向的制度创新，建立以绿色生态为导向的现代产业体系，建立崇尚创新创业的创新文化，是实施全面创新的发展路径选择。

（四）走中国特色自主创新道路

坚持和发展中国特色社会主义、实现中华民族伟大复兴，必须加快建设创新型国家，建设世界科技强国，走中国特色自主创新道路。习近平多次论述了坚持走中国特色自主创新道路的重要意义及其策略选择。"增强自主创新能力，最重要的就是要坚定不移走中国特色自主创新道路，坚持自主创新、重点跨越、支撑发展、引领未来的方针，加快创新型国家建设步伐。"② 抓科技创新就是牵住牛鼻子，下好科技创新这步先手棋，就能占领先机，赢得优势。要"实现'两个一百年'奋斗目标，实现中华民族伟大复兴的中国梦，必须坚持走中国特色自主创新道路，面向世界科技前沿、面向经济主战场、面向国家重大需求，加快各领域

① 《习近平关于科技创新论述摘编》，中央文献出版社 2016 年版，第 15—16 页。

② 习近平：《在中国科学院第十七次院士大会、中国工程院第十二次院士大会上的讲话》，人民出版社 2014 年版，第 8—9 页。

科技创新，掌握全球科技竞争先机”①。

坚持走中国特色自主创新道路，这是由科技创新的本质决定的。创新有不同的类型。从有无的角度看，创新可以分为原始性创新和学习型创新。原始性创新需要国家和企业具有一定的技术实力和经济实力。学习型创新以引进技术、消化吸收创新为主。一般来说，赶超型国家都是从学习型创新开始，逐步实现自主创新。如日本和韩国就是从学习型创新逐步实现自主创新。从替代性角度看，创新可以分为突破性创新和渐进性创新。我国《国家中长期科学和技术发展规划纲要（2006—2020）》提出自主创新有三种方式：原始创新、集成创新和引进消化吸收再创新。自主创新是一种开放式创新，其核心是自主化。自主创新不是关起门来搞研发，也不一定是百分之百的本国资本、本国企业，而是本国资本要能够对技术发展的方向和企业发展战略拥有控制力。自主创新也不是自己从头做起，关键是要拥有自己的知识产权，特别是要拥有自己的品牌。在日趋激烈的全球综合国力竞争中，非走自主创新道路不可，这是一条必由之路，必须坚定不移地走下去。国外垄断的技术领域，如果不自己研发、不提高自己的技术供给能力，要么国外会用高价格来控制，要么想引进也引不进来。不能总是指望依赖他人的科技成果来提高自己的科技水平，更不能做其他国家的技术附庸，永远跟在别人的后面亦步亦趋。

走中国特色自主创新道路，要明确我国科技创新主攻方向和突破口，加快推进国家重大科技专项，深入推进知识创新和技术创新，增强原始创新、集成创新和引进消化吸收再创新能力，不断取得基础性、战略性、原创性的重大成果，努力实现优势领域、关键技术重大突破，要“完善国家创新体系，加快关键核心技术自主创新”②。在战略性领域和技术被国外封锁的领域一定要自主研发和创新。在这些领域想从国外引进技术也引不进来。如，国家在大飞机、大规模集成电路等领域都建立了重大

① 习近平：《为建设世界科技强国而奋斗：在全国科技创新大会、两院院士大会、中国科协第九次全国代表大会上的讲话》，人民出版社 2016 年版，第 5 页。

② 习近平：《在庆祝改革开放 40 周年大会上的讲话》，人民出版社 2018 年版，第 32 页。

科技专项，这些领域是被国外封锁的或垄断的技术领域。在技术垄断行业要进行战略性的自主研发，提高社会效益。

走自主创新道路，要通过深化科技体制改革激发创新活力，要树立人才是第一资源的理念，要坚持融入全球科技创新网络。走自主创新道路，要有强烈的创新自信。习近平强调，“要矢志不移自主创新，坚定创新信心，着力增强自主创新能力。”① 走自主创新道路，就要有强烈的创新意识，敢于质疑现有理论，勇于开拓新的方向，攻坚克难，追求卓越。要营造鼓励创新、宽容失败的氛围。

（五）坚持融入全球科技创新网络，深度参与全球科技治理

当今世界，经济全球化过程中伴随着科技全球化。世界各国都在密切注视着科技全球化的进程，并根据本国的实际状况积极应对。在经济全球化推动下，以知识、技术、人才等为核心的创新要素在全球范围快速流动。新时代，我国加快建设创新型国家和世界科技强国，必须走自主创新道路，但是，自主创新是开放环境下的创新，绝对不是关起门来创新，需要以全球视野谋划和推动创新，全方位加强国际科技创新合作。既要引进和学习世界先进科技成果，更要走前人没有走过的路，努力在自主创新上大有作为。如果总是跟踪模仿，是没有出路的。要“引进来”与“走出去”相结合，利用国际资源实现开放性创新。随着经济全球化和信息技术的快速发展，创新要素在全球的流动加快，创新模式也发生了变化，所谓第三次创新浪潮，是指在第一次线性创新模式和第二次集群创新模式之后，新出现的全球化创新模式。全球化创新模式就是创新不局限于一个地区或者一个国家，而是在全球范围内组织和利用优势创新资源和要素。在新的形势下，要适应创新模式的变化，充分利用全球的科技资源和创新要素。

习近平强调，科学技术是世界性的、时代性的，发展科学技术必须具有全球视野。习近平深刻认识到自主创新与国际科学技术合作的辩证

---

① 习近平：《在中国科学院第十九次院士大会、中国工程院第十四次院士大会上的讲话》，人民出版社 2018 年版，第 10 页。

统一关系，提出要“坚持融入全球科技创新网络，树立人类命运共同体意识，深入参与全球科技创新治理，主动发起全球性创新议题，全面提高我国科技创新的全球化水平和国际影响力，我国对世界科技创新贡献率大幅提高，我国成为全球创新版图中日益重要的一极。”①

党的十八大提出以全球视野谋求和推动创新，其涵义是指：首先，要从全球科技发展和产业竞争的格局来布局科技创新活动，需要特别关注一些新科技领域的科技发展与应用，比如物联网、互联网、云计算、3D打印等信息化技术、新能源技术与应用，生命科学技术与应用、农业科学技术与应用以及海洋和空间技术的应用。其次，要坚持开放创新、加强国际合作、有效利用国际资源，实现创新网络化、专业化和全球化发展。要开展跨领域合作需要大家联合攻关。特别是人类共同面临的一些问题，包括健康、能源、粮食安全、环境等问题，都需要人类共同合作解决。第三，要掌握和有效运用国际规则，保障在全球范围内谋划和推动创新。随着我国创新能力增强，在与欧美国际的战略对话中，我们要掌握和有效地运用国际规则，来保障我们在全球范围内谋划和推动创新。

以全球视野谋求和推动创新，需要深度参与全球科技治理，贡献中国智慧，着力推动构建人类命运共同体，这既是我国建设世界科技强国、实现中华民族伟大复兴的需要，也是为解决当今人类社会发展共同面临的世界性难题贡献中国智慧。能否深度参与全球科技治理，事关我国科技创新能力。中国应主动设置创新议题，加强科技创新政策的世界对话与沟通，在全球创新舞台上发出中国声音。中国积极参与全球创新治理，就是要为实现创新驱动发展创造有利条件，推动构建符合创新规律的开放包容的全球创新治理格局。面向前沿基础研究和全球关键科技问题，积极主动参与国际大科学计划和大科学工程。立足我国优势领域，鼓励我国科学家发起和组织国际科技合作计划，培育若干能在国际上引起广

① 习近平：《在中国科学院第十九次院士大会、中国工程院第十四次院士大会上的讲话》，人民出版社2018年版，第3—4页。

泛关注的项目。

（六）加快科技体制改革步伐

科技体制是科学技术活动的组织体系及相应的运行机制或各种制度的总称。① 科技体制分两大方面，一是科技体系结构，即人们在科技活动中结成的相互关系体系结构，是科技活动、科技劳动的组织形式，包括管理机构、科研机构、支撑机构的设置、科研队伍的组成。二是科技运行机制，是科技活动中每一个机构和每一个人员开展科技活动、实施科学管理所遵循的原理、规则、制度和方法。习近平从实施创新驱动发展战略的高度阐明加快科技体制改革的必要性，提出创新是一个系统工程，创新链、产业链、资金链、政策链相互交织、相互支撑，改革必须全面部署，并坚定不移推进。由于我国科技体制改革与经济体制改革不协调、科技和市场“两张皮”问题没有得到根本解决，因此，我们必须“坚持以深化改革激发创新活力，推出一系列科技体制改革重大举措，加强创新驱动系统能力整合，打通科技和经济社会发展通道，不断释放创新潜能，加速聚集创新要素，提升国家创新体系整体效能”②。

实施创新驱动发展战略，最为紧迫的是要进一步解放思想，加快科技体制改革步伐，破除一切束缚创新驱动发展的观念和体制机制障碍，最大限度解放和激发科技作为第一生产力所蕴藏的巨大潜能。“科技体制改革要紧紧扭住‘硬骨头’攻坚克难，加快把党的十八届三中全会确定的科技体制改革各项任务落到实处。”③ 深化科技体制改革与创新，形成充满活力的科技管理和运行机制，提升创新体系效能。要坚持科技创新和制度创新双轮驱动，协同发挥作用。要优化和强化技术创新体系顶层设计，着力激发创新主体的创新激情和活力。要以治理现代化为目标，加快科技管理体制的改革。

---

① 参见高建明、孙兆刚：《型塑与创新：中国特色科技文化的建构》，湖北人民出版社 2013 年版，第 153 页。

② 习近平：《在中国科学院第十九次院士大会、中国工程院第十四次院士大会上的讲话》，人民出版社 2018 年版，第 3 页。

③ 《习近平谈治国理政》，外文出版社 2014 年版，第 125—126 页。

党的十九大报告指出，“深化科技体制改革，建立以企业为主体、市场为导向、产学研深度融合的技术创新体系，加强对中小企业创新的支持，促进科技成果转化。”① 要加快转变政府科技管理职能，发挥好组织优势。要处理好政府和市场关系，理顺政府与各创新主体的关系，把政府职能真正定位于营造创新环境和弥补市场失灵的科技领域。凡是依靠市场配置资源可以发挥作用的科技领域都应让位给市场，真正实现企业为主体、市场为导向。科技体制改革，要推动科技治理结构由集权化向分权化转变，强调科学家共同体、社会公众、企业及其他利益相关者的参与，推动决策与执行分离，打造专业化的管理结构，提高执行人的专业化和效率。产业技术创新系统是由产业内各企业、科研机构、高等学校、各类中间组织甚至政府、个人等创新主体以及产业发展的技术条件、科技政策等众多要素密切配合、协调互动的综合系统。加快科技体制改革步伐，要积极创造有利于发挥产业创新系统优势的组织和运行机制，促进产学研深度融合、协同创新，不断增强企业创新能力，打破体制束缚、激发创新活力、培育创新环境和氛围。加快科技体制改革，要完善科技成果转化制度，加大对科研人员转化科研成果的激励力度，构建服务支撑体系，打通成果转化通道。完善职务发明制度，完善科技成果、知识产权归属和利益分享机制。

（七）加强科技文化建设，发展创新文化

创新驱动发展战略是一项系统的社会工程，涉及社会发展的各个方面。实施创新驱动发展战略离不开培育适宜的科技创新文化。正是深刻认识到科技创新文化是创新的文化支撑，是创新的精神动力，习近平才会高度重视科技创新文化建设，将科学普及和传播与科技创新摆在同等重要的位置，他指出：“科技创新、科学普及是实现创新发展的两翼，要把科学普及放在与科技创新同等重要的位置。”②

习近平的科技文化思想包括两个方面：一是要在全社会广泛传播科

① 习近平：《决胜全面建成小康社会 夺取新时代中国特色社会主义伟大胜利——在中国共产党第十九次全国代表大会上的报告》，人民出版社 2017 年版，第 31 页。

② 《习近平谈治国理政》第 2 卷，外文出版社 2017 年版，第 276 页。

学文化，弘扬科学精神。只有全民科学素质普遍提高，才能建立起宏大的高素质创新大军，实现科技成果快速转化。广大科技工作者要以提高全民科学素质为己任，把普及科学知识、弘扬科学精神、传播科学思想、倡导科学方法作为义不容辞的责任，在全社会推动形成讲科学、爱科学、学科学、用科学的良好氛围，使蕴藏在亿万人民中间的创新智慧充分释放、创新力量充分涌流。二是要倡导并发展创新文化。文化渗透于创新的各个方面。创新思想的产生、创新活动的过程到创新成果的社会应用，都存在着文化的浸染。创新文化是指与创新相关的文化形态，它“强调的是以创新为意旨的文化精神与文化理念的最终形成。它既指与创新有关的价值观、态度、信念等文化精神，即创新观念文化；亦指有助于创新的制度、规范等文化环境，即创新制度文化。它代表着一种塑造创新主体的总体文化精神和文化环境。它是文化创新、制度创新、科技创新等一切创新活动的思想与社会文化基础”①。创新文化为创新驱动发展提供良好的文化环境，创新文化是创新驱动发展的内生动力。世界历史表明，文化环境对于科技创新具有重要作用。文艺复兴，高举人文主义这面思想解放大旗，推崇科学与理性，把人从神和上帝的束缚中解放出来，人的力量本性高扬，成为一种创造性的存在；科技的发展，使得人掌握科技运用工具的力量增强，凸显了人的创造性。西方近代以来的开拓创新精神，市场经济要求下形成的市场主体的独立性、竞争性等，使得西方发达国家总体创新强于欠发达国家，致使在国际竞争中处于有利地位。我国由于受到传统文化的深远影响，民众的开拓进取创新精神还远远不能满足时代的需要。我国市场经济又起步较晚，发展不够完善，与社会主义市场经济相适应的创新文化氛围还比较薄弱，制约着创新的发生和发展。

创新的前提和基础是创新文化，创新文化是创新得以实现的保障。创新文化坚守具有必要性和迫切性。构建有利于创新的文化机制，遏制不良文化倾向，大力培育有利于科技创新的文化和文化环境，推动创新

① 张林中：《文化创新与创新文化》，《光明日报》2009年9月24日。

文化建设，是创新驱动发展战略的重要内容，也是实施创新驱动发展战略的迫切需要。

科技创新文化对于我们创新活力的重要影响正在显现。今天，创新文化建设迫切需要加强创新文化硬环境和改造创新文化软环境两方面工作。从硬环境看，重在解决研究方向、人员结构、基础实施、科研经费和管理体制等；从软环境看，主要是科学精神、科学传统、人文精神、学风校风、治学氛围和学术科学评价等。为了激发全社会的创新活力，要培育尊重知识产权、保护和运用好知识产权的创新文化氛围，倡导创新文化，要强化知识产权创造、保护、运用。

创新文化建设，需要国家政策支持，需要教育、传统文化和管理评价体系等一系列的改革。要重视崇尚科学与理性的文化环境机制建设。科学和理性是创新的基本文化氛围。把科学理性与科学精神融入创新文化环境，成为规范国民的行为方式、思维方式和价值观念，对于创新文化建设具有重要意义。习近平指出，“要完善创新人才培养模式，强化科学精神和创造性思维培养”，[①] 高等院校和科研机构是知识创新的最主要的力量，建立高等院校和科研机构的科学理性文化机制具有重要意义。目前我国一些高校和科研机构依然存在行政化、官本位、论资排辈等现象，影响了创新能力发挥，必须予以破除。对于基础研究，“允许科学家自由畅想、大胆假设、认真求证。不要以出成果的名义干涉科学家的研究，不要用死板的制度约束科学家的研究活动”。[②] 要建立科学合理的创新评价体系机制。科学合理的创新评价体系对于激励和引导理论创新、制度创新、科技创新、文化创新和社会创新都具有重要作用。“要营造良好学术环境，弘扬学术道德和科研伦理，在全社会营造鼓励创新、宽容失败的氛围。”[③] 要建立公平、公开、公正的创新评价体系，建立诚信机制，建立和完善基于伦理、道德和学术责任的行为规范和评价体系，促进各级各部门都来营造风清气正、客观公正、开拓进取的创新文化环境。

① 《习近平谈治国理政》第2卷，外文出版社2017年版，第275页。
② 《习近平谈治国理政》第2卷，外文出版社2017年版，第276页。
③ 《习近平谈治国理政》第2卷，外文出版社2017年版，第276页。

2019年6月11日中共中央办公厅、国务院办公厅印发《关于进一步弘扬科学家精神加强作风和学风建设的意见》，其目的是激励和引导广大科技工作者追求真理、勇攀高峰，树立科技界广泛认可、共同遵循的价值理念，加快培育促进科技事业健康发展的强大精神动力，在全社会营造尊重科学、尊重人才的良好氛围。《关于进一步弘扬科学家精神加强作风和学风建设的意见》的发布与实施对于科技创新文化建设具有重要的促进作用。

二、科学技术人才观

科技人才观，就是对什么是科技人才，科技人才在经济社会发展中的地位作用，如何培育、汇聚和使用人才，以及如何适应新形势任务要求、又符合人才发展规律、充分发挥人才作用的科学观念和正确态度。习近平围绕人才工作发表了一系列意蕴深远的新观点，特别对科技创新人才的发展做出了重要论述。

（一）从多维度、多层次理解科技人才

为了实现两个一百年的奋斗目标，把我国建设成世界科技强国，习近平非常重视人才的作用，强调要把人才资源开发放在科技创新最优先的位置，指出，“我国要在科技创新方面走在世界前列，必须在创新实践中发现人才、在创新活动中培育人才、在创新事业中凝聚人才，必须大力培养造就规模宏大、结构合理、素质优良的创新型科技人才”。① “我国要建设世界科技强国，关键是要建设一支规模宏大、结构合理、素质优良的创新人才队伍。”② 不仅要“培养造就一大批具有国际水平的战略科技人才、科技领军人才、青年科技人才和高水平创新团队”③，还要

---

① 习近平：《在中国科学院第十七次院士大会、中国工程院第十二次院士大会上的讲话》，人民出版社2014年版，第17页。

② 习近平：《为建设世界科技强国而奋斗：在全国科技创新大会、两院院士大会、中国科协第九次全国代表大会上的讲话》，人民出版社2016年版，第16页。

③ 习近平：《决胜全面建成小康社会 夺取新时代中国特色社会主义伟大胜利——在中国共产党第十九次全国代表大会上的报告》，人民出版社2017年版，第31—32页。

“努力培养数以亿计的高素质劳动者和技术技能人才”①。在习近平看来，科技人才既是数量问题，又是质量问题，也可以说在当前条件下更要关注科技人才的质量问题，对科技人才的理解要改变传统的单一人才观，要树立多维度、多层次理解的科技人才观，才能适应社会主义现代化科技强国建设需要。

一般而言，科技人才就是从事或有潜力从事科技活动、有知识、有能力的人员，科技人才要能够进行创造性劳动，并在科技活动中做出贡献。科技人才的认定离不开科技活动。科技活动具有探索性、创造性、精确性、个体性与协作性等特点，这些特点决定了科技人才要有系统的基础知识，良好的基本训练和专业理论知识，敏锐的观察能力、丰富的想象力和理论概括能力，以及进行科学实验的实际操作能力；还要有好奇心、求知欲，敢于打破成规，向权威挑战，具有开拓进取的创新精神和独立的人格。人类社会已进入知识为主导的知识社会时代，科技进步日新月异，科学技术正不断朝着综合化、整体化、社会化的方向发展，同时科学技术与人文社会科学相互融合、相互渗透的趋势不断加速，随着中国特色社会主义现代化建设由高速发展阶段转向追求高质量发展阶段，产业结构的转型、调整和升级，社会对人才的多样性、适应性需求也日益增强，这些使得对科技人才的多样化需求更加突出，否则将不能满足当代中国经济社会发展。因此，当前我国科技人才队伍的建设，需要丰富而多元的层次结构，对科技人才需要从多维度和多层次加以理解。所谓科技人才应当是多维度的，不能仅仅指不同领域、不同行业的科技人才在所拥有的知识、技能和能力方面的差异，更要认识到科技人才不限于科学家、教授、工程师和发明家等，科技人才还应包括科技管理人才、风险投资企业家、技能型人才等；科技人才不仅指科学家、工程师、发明家等创新个人，也指开展合作科研的创新团队；科技人才不仅指知识型的科技人才，同样包括数量庞大的技术型劳动者。通常介绍某个科技人才时，会将其定位“具有国际水平的战略科技人才”“国内

---

① 《习近平关于科技创新论述摘编》，中央文献出版社2016年版，第119页。

一流科技人才”“科技领军人才”“科技拔尖人才”“青年科技人才”等，这主要是针对科技人才的层次而言的。科技人才是多层次的，也就是说科技人才队伍的人员构成中还存在有高中低的层次结构关系。科技人才的培养、开发、使用和管理工作，就是要为多维度、多层次的人才成长和潜能发挥提供合理的制度和文化环境，以便科技人才做出更大的贡献。

从多维度、多层次理解科技人才，就是明确科技创新与发展的主体。在科学技术活动中，自然作为客体，被从事科技活动的主体认识并加以改造，然而科技活动的主体同样需要被认识。只有多维度、多层次理解科技人才，全面准确认识到科学技术活动中谁是引领者、谁是推动者、谁是创新者，才能全面理解科学技术活动的本质，顺利推动科技发展。从多维度、多层次理解科技人才，有利于明确科技人才政策所指向的群体，增强人才政策的针对性与适用性；有利于全面推动科技发展，将更多人才纳入科技发展的视野，不仅能看到科学家与工程师，也能看到管理人才与创新人才，不仅能看到实验研究人员，也能看到车间生产人才；有利于在社会形成更加理性全面的尊重人才的风气，使社会对于人才的认识更加深刻具体，鼓励人们尤其是年轻人进行更加多样的、理性的职业规划与选择。

从多维度、多层次理解科技人才，符合当今科技的发展形势。当今的科技发展，既需要基础科学的进步，又需要实用性技术的完善，既需要科学家的实验室研究，又需要生产一线的发明与改造，既需要创新想法的提出，又需要成功的市场转化，这都要求我们全面认识各方人才。只有从多维度、多层次理解人才，才能发挥各方力量、动员各类资源，通过各种途径培养和造就规模宏大、结构合理、素质较高的科技人才队伍，才能让一切劳动、知识、技术、管理和资本的活力充分发挥出来，为实现中华民族伟大复兴的中国梦提供人力保证和智力支持。

（二）人才是第一资源

人才是一个国家最宝贵最重要的资源，是我国实施创新驱动发展战略、实现建设世界科技强国目标的第一资源。习近平指出，“人才是创新的根基，是创新的核心要素。创新驱动实质上是人才驱动”,① “推进自主创新，人才是关键。没有强大人才队伍作后盾，自主创新就是无源之水、无本之木”。② 对于人才地位的认识，习近平用了“根基”“核心要素”“关键”等词汇加以表述，充分阐明了人才的重要，《在庆祝改革开放40周年大会上的讲话》中，习近平进一步强调要坚持“人才是第一资源的理念”③。

人才是第一资源，这是对人才的准确定位。第一即首要，意味着在各项因素中处于最重要位置。随着我国社会主义现代化进程的不断加快，以及当今世界高科技的迅猛发展，在世界各国的综合国力竞争中，拥有高素质的科技人才的数量和质量成为衡量一个国家科技进步、经济实力、生产力发展水平的重要指标和依据。因此，建设世界科技强国，创新是第一动力，人才是创新的核心要素，创新驱动实质上是人才驱动，离开了创新人才的创新活动，创新型国家建设将是空中楼阁。

人才是第一资源的理念，首先体现出对党和国家对人才的尊重。将人才视为第一资源，并非是对人才的物化，并不意味着把人才放在与资金、政策、能源、交通等因素等同的层面。将人才视为第一资源，意味着给予人才最大程度地重视与尊重，给予充分的自由与发展空间，给予良好的政策支持，优先考虑人才的现实需要。只有让人才得到充分尊重，感受到自身的社会价值，才符合人才是第一资源的要求，才能充分刺激人才的创造力，充分发挥人才的价值。

人才是第一资源理念，把握住了科技创新与发展的主要矛盾。习近平指出，“综合国力竞争归根到底是人才竞争。哪个国家拥有人才上的优势，哪个国家最后就会拥有实力上的优势”。④ 我国能否全面建成小康社会、实现中华民族伟大复兴的中国梦，很大程度上在于能否拥有一大批高素质的科技人才。“全部科技史都证明，谁拥有了一流创新人

---

① 《习近平关于科技创新论述摘编》，中央文献出版社2016年版，第119页。

② 《习近平关于科技创新论述摘编》，中央文献出版社2016年版，第107页。

③ 习近平：《在庆祝改革开放40周年大会上的讲话》，人民出版社2018年版，第32页。

④ 《习近平关于科技创新论述摘编》，中央文献出版社2016年版，第107页。

才、拥有了一流科学家，谁就能在科技创新中占据优势。”① 世界文明中心、科技中心的出现与转移，与科技人才的集聚、流动存在很强的相关性。第二次世界大战前，德国人自豪地认为德国是世界的“科学中心”，这与众多大师级的学者留在德国有很大关系，他们的成就改变了世界，如结核杆菌、X 射线、相对论与核裂变的发现等。在其鼎盛时期，世界各国不分肤色、种族的顶尖科学家都与德国有着某种关系。美国之所以能够成为科技强国，与数以千计的学者，为逃离希特勒的统治选择了美国有重要关系，这场“精英移民风潮”的影响持续至今。科技人才是科技创新的核心资源，科技人才是科技强国的关键。培养大批适应时代发展需要的高素质的科技人才对我国经济社会发展至关重要。

（三）牢牢把握集聚人才大举措

我国要在科技创新方面走在世界前列，需要牢牢把握集聚人才大举措，这是走创新之路的首要任务。习近平对如何集聚人才多次做出重要论述，“以识才的慧眼、爱才的诚意、用才的胆识、容才的雅量、聚才的良方，把党内和党外、国内和国外各方面优秀人才集聚到党和人民的伟大奋斗中来”。② 集聚创新人才要用好人才、吸引人才和培养人才。习近平指出：“为了加快形成一支规模宏大、富有创新精神、敢于承担风险的创新型人才队伍，要重点在用好、吸引、培养上下功夫。”③

牢牢把握集聚人才的举措，首先要树立和践行党管人才的理念，这是人才工作沿着正确方向发展的重要保障。中国共产党历来重视人才工作，实施人才强国战略，充分反映了中国共产党对人才问题认识的不断深化。

党管人才，就是从宏观、从协调、从政策、从服务上进行管理；就

---

① 习近平：《在中国科学院第十九次院士大会、中国工程院第十四次院士大会上的讲话》，人民出版社 2018 年版，第 18—19 页。

② 习近平：《决胜全面建成小康社会 夺取新时代中国特色社会主义伟大胜利——在中国共产党第十九次全国代表大会上的报告》，人民出版社 2017 年版，第 65 页。

③ 《习近平关于科技创新论述摘编》，中央文献出版社 2016 年版，第 119—120 页。

是遵循人才成长规律、人才资源建设与利用规律来制定好政策、创造好条件、营造好环境，按照管好管活的要求，引导好、保护好、发挥好各类各级科技人才的积极性和创造性。

2016 年 3 月，中共中央印发了《关于深化人才发展体制机制改革的意见》，指出："实现'两个一百年'奋斗目标，必须深化人才发展体制机制改革，加快建设人才强国，最大限度激发人才创新创造创业活力，把各方面优秀人才集聚到党和国家事业中来。"各级党委和政府要积极探索，构建集聚人才、发挥人才作用的体制机制；"要实行更加开放的人才政策，不唯地域引进人才，不求所有开发人才，不拘一格用好人才"。①要"牢固确立人才引领发展的战略地位，全面聚集人才，着力夯实创新发展人才基础"②。"要树立强烈的人才意识，寻觅人才求贤若渴，发现人才如获至宝，举荐人才不拘一格，使用人才各尽其能"。③

加快建设创新型国家，需要在重大和核心科技领域做出具有原创性的成果，而重大原创性的成果的取得的前提是造就一批具有国际水平的科技人才。科技人才的开发和管理，则是造就这样一批人才的重要环节。"在大力培养国内创新人才的同时，更加积极主动地引进国外人才特别是高层次人才"。④ 要完善外国人才引进体制机制，让有志于来华发展的外国人才来得了、待得住、用得好、留得住。科研院所和研究型大学是我国科技发展的主要基础所在，也是科技创新人才的摇篮，需要率先建设在国际科技领域具有重要影响力、吸引力、竞争力的一流科研机构和研究型大学。"创新人才教育培养模式。突出经济社会发展需求导向，建立高校学科专业、类型、层次和区域布局动态调整机制。统筹产业发展和人才培养开发规划，加强产业人才需求预测，加快培育重点行业、重要领域、战略性新兴产业人才。注重人才创新意识和创新能力培养，探索

① 《习近平关于科技创新论述摘编》，中央文献出版社 2016 年版，第 115 页。

② 习近平：《在中国科学院第十九次院士大会、中国工程院第十四次院士大会上的讲话》，人民出版社 2018 年版，第 18 页。

③ 《习近平谈治国理政》，外文出版社 2014 年版，第 419—420 页。

④ 《习近平关于科技创新论述摘编》，中央文献出版社 2016 年版，第 115 页。

建立以创新创业为导向的人才培养机制，完善产学研用结合的协同育人模式。”①

在集聚创新人才、用好人才、吸引人才和培养人才方面，我国通过实施创新人才战略，在科技人才队伍建设方面取得了很大的成绩，形成了一支规模宏大、能够支撑和引领我国经济社会发展的科技人才队伍。大力实施国家科技计划，通过创新实践培养创新人才。一大批承担国家科技计划的科技人才，已经成为相应领域的领军人物和科技管理骨干。创建大批重点实验室、研究中心、高新区，利用其优势条件孵化、聚集大批科技人才。积极开展国际科技合作，已经成为加快我国科技人才队伍建设步伐、提升我国整体科研水平、培养国内优秀科技人才和引进海外高层次科技人才的重要途径。构建和发展产业技术创新战略联盟，促进企业、高校、科研院所人才资源相互流动和共享，探索形成产学研合作培养创新人才的新机制，提升企业科技人才的创新能力。通过开展专项活动，组织和引导科技人员服务基层，开展服务企业、服务基层专项活动，引导科技人才到基层一线，有效地推动了科技人才流动，增强了科技人才服务经济社会的意识。

（四）营造优良的人才环境

“发展是第一要务，人才是第一资源”，② 推进自主创新，人才是关键，而人才的积累有赖于良好的环境。“创新之道，唯在得人。得人之要，必广其途以储之。”③ 营造优良的人才成长环境对于发挥人才是第一资源的作用至关重要。只有培植好人才成长的沃土，人才根系才能更加发达，人才才能一茬接一茬茁壮成长。要放手使用人才，在全社会营造鼓励大胆创新、勇于创新、包容创新的良好氛围。要营造良好创新环境，形成有利于人才成长的培养机制、有利于人尽其才的使用机制、有利于

---

① 《中共中央印发〈关于深化人才发展体制机制改革的意见〉》，http://www.gov.cn/xinwen/2016-03/21/content_5056113.htm。

② 习近平：《在北京大学师生座谈会上的讲话》，人民出版社2018年版，第13页。

③ 习近平：《在中国科学院第十九次院士大会、中国工程院第十四次院士大会上的讲话》，人民出版社2018年版，第19—20页。

人才竞相成长、各展其能的激励机制、有利于各类人才脱颖而出的竞争机制。习近平在强调人才重要地位的同时，也高度重视营造优良人才环境的重要意义。习近平指出，要“完善好人才评价指挥棒作用，为人才发挥作用、施展才华提供更加广阔的天地”①。习近平就如何为人才发挥作用、施展才华建立“广阔天地”进行了全面阐述。

第一，在科技创新人才的使用和管理上，要遵循人才成长规律，着力破除束缚人才发展的思想观念。要把人才视为重要的科技发展资源，人才为科技发展提供智力支持，是创新的动力源泉，是探索自然奥秘、推动社会变革与文明进步的发动机，要将人才置于重要的战略地位。

第二，要在全社会大兴识才、爱才、敬才、用才之风，“为科技人才发展提供良好环境，在创新实践中发现人才、在创新活动中培育人才、在创新事业中凝聚人才，聚天下英才而用之，让更多千里马竞相奔腾。”②树立为科技人才创造优越环境的意识。人才的活力取决于机制和环境，努力营造有利于优秀人才脱颖而出、快速成长的以培养、留住、评价、激励、流动、使用为内容的政策、法规环境；营造突出重点、加大投入、支持科研、鼓励创造、施展才智、建功立业的工作环境；营造相互理解、增强团结、彼此信任、真诚合作、和谐宽松的人际环境；营造百花齐放、百家争鸣、倡导自由、发扬民主、反对垄断、敢于冒尖、勇攀高峰、生动活泼的学术环境。

第三，充分识别和运用人才是关键。世有伯乐，然后有千里马。要善于发现人才，充分识别出各类人才，良好地运用人才，使各类优秀人才能够在各个领域展其所长，充分施展才华，实现抱负。要广纳贤才，除了注重国内的人才资源培育积累，同时还要注重对国外优秀人才的引进，重视国际交流与学习，建立其多元包容的强大的人才队伍。“开发利用好国际国内两种人才资源”③，“充分发挥好现有人才作用，同时敞开

---

① 《习近平谈治国理政》，外文出版社 2014 年版，第 128 页。

② 《习近平谈治国理政》第 2 卷，外文出版社 2017 年版，第 275 页。

③ 《习近平关于科技创新论述摘编》，中央文献出版社 2016 年版，第 107 页。

大门，招四方之才，招国际上的人才，择天下英才而用之。”①要给予优秀人才充分的发展空间和机会，使其能够有充分的用武之地，能够充分发挥出自身的价值，“要放手使用人才，在全社会营造鼓励大胆创新、勇于创新、包容创新的良好氛围，既要重视成功，更要宽容失败，为人才发挥作用、施展才华提供更加广阔的天地，让他们人尽其才、才尽其用、用有所成。”② 充分掌握优秀人才资源，要做到“广泛调查，做到胸中有‘才’；对号入座，做到‘才’得其所；大胆选拔，做到‘才’者大用。”③

第四，建立健全人才激励和管理机制是重点。建立健全人才激励机制，加强人才管理，是优化人才队伍，实现人才资源合理充分运用的重要保障。“新时代是在奋斗中成就伟业、造就人才的时代。我们要激励更多科学大家、领军人才、青年才俊和创新团队勇立潮头、锐意进取，以实干创造新业绩，在推进伟大事业中实现人生价值，不断为实现中华民族伟大复兴的中国梦奠定更为坚实的基础、作出新的更大的贡献。”④ 要“坚持人才为本，充分调动人才的积极性、主动性、创造性，出成果和出人才并举、科学研究和人才培养相结合”⑤。“要用好用活人才，建立更为灵活的人才管理机制，打通人才流动、使用、发挥作用中的体制机制障碍，”⑥ 最大限度支持和帮助科技人员创新创业。“要创新人才评价机制，建立健全以创新能力、质量、贡献为导向的科技人才评价体系，形成并实施有利于科技人才潜心研究和创新的评价制度。”⑦ “要强化激励，

---

① 《习近平关于科技创新论述摘编》，中央文献出版社 2016 年版，第 107 页。

② 《习近平关于科技创新论述摘编》，中央文献出版社 2016 年版，第 107—108 页。

③ 《知之深，爱之切》，河北人民出版社 2015 年版，第 158 页。

④ 《为实现我国探月工程目标乘胜前进 为推动世界航天事业发展继续努力》，《人民日报》2019 年 2 月 21 日。

⑤ 《习近平关于科技创新论述摘编》，中央文献出版社 2016 年版，第 38 页。

⑥ 《习近平关于科技创新论述摘编》，中央文献出版社 2016 年版，第 111 页。

⑦ 习近平：《在中国科学院第十九次院士大会、中国工程院第十四次院士大会上的讲话》，人民出版社 2018 年版，第 19 页。

用好人才，使发明者、创新者能够合理分享创新收益。”①

第五，要深化教育改革，推进素质教育，创新教育方法，形成有利于创新人才成长的育人环境。加强对人才的教育培养是基础。“得贤，必须以培育人才为前提”②，人才不是天然就有的，除了先天的生物遗传因素外，更多的是社会文化的熏陶渐染和教育规训。习近平指出：“我们对高等教育的需要比以往任何时候都更加迫切，对科学知识和卓越人才的渴求比以往任何时候都更加强烈。”③ 教育是培育人才的直接动力，为人才强国战略提供资源基础，只有通过教育培养出强大的人才储备军，才能够早日实现科技强国的目标，因此必须牢牢抓住全面提高人才培养能力这个核心点，要深化教育改革，推进素质教育，创新教育方法，使各级各类教育更加符合教育规律、更加符合人才成长规律，形成有利于创新人才成长的育人环境。“努力形成人人渴望成才、人人努力成才、人人皆可成才、人人尽展其才的良好局面。”④“要加强人才队伍建设，以更大的决心、更有力的措施，打造多种形式的高层次人才培养平台，加强后备人才培养力度，为科技和产业发展提供更加充分的人才支撑。”⑤

三、科学技术发展观

（一）坚持党对科技事业的领导

中国共产党的领导，是中国特色社会主义最本质的特征，是中国特色社会主义制度的最大优势。坚持和加强党的全面领导，是最大的中国特色，坚持党的领导，同样也是科技事业最根本的政治原则和政治优势所在，同时也是对改革开放40年来所积累的宝贵经验的继承与借鉴。习近平强调：“中国共产党领导是中国特色科技创新事业不断前进的根本政

① 《习近平关于科技创新论述摘编》，中央文献出版社2016年版，第60页。
② 《摆脱贫困》，福建人民出版社1992年版，第42页。
③ 《习近平谈治国理政》第2卷，外文出版社2017年版，第376页。
④ 《习近平谈治国理政》第2卷，外文出版社2017年版，第41页。
⑤ 习近平：《加强领导做好规划明确任务夯实基础 推动我国新一代人工智能健康发展》，《人民日报》2018年11月1日。

治保证。我们要坚持和加强党对科技事业的领导，坚持正确政治方向，动员全党全国全社会万众一心为实现建设世界科技强国的目标而努力奋斗。”① 党的十八大以来，在以习近平同志为核心的党中央坚强领导下，在全国科技界和社会各界共同努力下，我国科技事业发生了历史性变革、取得了历史性成就。进入21世纪以来，全球科技创新进入空前密集活跃的时期，而如今我国的科技实力也正处于从量的积累向质的飞跃、点的突破向系统能力提升的重要机遇期，如何抓住机遇，趁势而为，坚持党对科技事业的领导更显得尤为重要，坚持党的全面领导是决定党和国家前途命运的重大原则问题。

科技事业是加快建设社会主义现代化强国的重要保障，中国共产党领导是中国特色科技创新事业不断前进的根本政治保证。坚持党对科技事业的领导，就是要为科技事业发展树立起前进的航标灯，指明科技发展的正确方向，明确科技发展为了谁、依靠谁、发展成果服务于谁。坚持党对科技事业的领导，既是政治准则也是科学依据，习近平指出：“我们党的历史经验表明，凡是党中央权威和集中统一领导坚持得好，党的事业就兴旺发达；反之，党的事业就遭受挫折。”② 事实证明党对科技事业的领导，是我国科技事业能够持续发展的有力依据，是我国科技事业能够平稳进步的重要依托。

坚持中国共产党对我国科技事业的领导，有其自身的必然性和优越性。中国共产党是我国唯一的执政党，是人民意志的集中体现，充分代表了人民的利益和诉求，党的十九大报告强调了要坚持党对一切工作的领导，同时也强调了加快建设创新型国家、建设世界科技强国的重要目标，中国共产党对科技事业的领导是推进中国特色社会主义事业五位一体总布局建设的重要环节，坚持党对科技事业的领导是国家战略的需要，是社会发展的诉求，是人民的必然选择。中国共产党作为最高政治领导

---

① 习近平：《在中国科学院第十九次院士大会、中国工程院第十四次院士大会上的讲话》，人民出版社2018年版，第23—24页。

② 习近平：《树牢“四个意识” 坚定“四个自信” 坚决做到“两个维护” 勇于担当作为 以求真务实作风把党中央决策部署落到实处》，《人民日报》2018年12月27日。

力量，能够有效发挥总揽全局、协调各方的重要战略作用，充分实现资源合理配置，切实解决科技发展创新中所遇到的阻碍，党的领导能够通过政策制定、制度完善、行政执法来助力科技发展，促进科技进步，为科技事业提供最强有力的支持与保障，为我国科技事业蓬勃发展保驾护航，充分体现出中国共产党领导科技事业的能力和优势所在。

历史经验反复证明，办好中国的事情，关键在人，关键在党。我们党历来有高度重视科技事业的优良传统，中国共产党人领导我国科技事业在长期的社会历史实践中探索出一条中国特色科技创新发展道路。“坚持和完善党的领导，是党和国家的根本所在、命脉所在，是全国各族人民的利益所在、幸福所在。”[①] 在中国科学院第十九次院士大会、中国工程院第十四次院士大会上，习近平对坚持和加强党对科技事业的领导提出了明确要求，为我们坚持走中国特色自主创新道路、建设世界科技强国指明了前进方向。习近平指出，“我们坚持党对科技事业的领导，健全党对科技工作的领导体制，发挥党的领导政治优势，深化对创新发展规律、科技管理规律、人才成长规律的认识，抓重大、抓尖端、抓基础，为我国科技事业发展提供了坚强政治保证。”[②] 我国科技事业实现历史性、整体性、格局性重大变化，最根本的就在于以习近平同志为核心的党中央的坚强领导，在于习近平新时代中国特色社会主义思想的科学指引。要构造强大的科技实力和创新能力，就必须坚持和加强党对科技事业的领导，健全党对科技工作的领导体制，发挥党的领导政治优势。坚持和加强党对科技事业的领导，必须全面贯彻落实党中央对科技事业发展的决策部署，为广大科技工作者指明未来工作努力的方向。同时“各级党委和政府、各部门各单位要把思想和行动统一到党的十九大精神上来，统一到党中央对科技事业的部署上来，切实抓好落实工作”[③]。此外“各

① 《习近平谈治国理政》第2卷，外文出版社2017年版，第43页。

② 习近平：《在中国科学院第十九次院士大会、中国工程院第十四次院士大会上的讲话》，人民出版社2018年版，第2页。

③ 习近平：《在中国科学院第十九次院士大会、中国工程院第十四次院士大会上的讲话》，人民出版社2018年版，第24页。

级领导干部要加强学习和实践，提高科学素养，既当好领导，又成为专家，不断增强领导和推动科技创新的本领。要尊重科研规律，尊重科研管理规律，尊重科研人员意见，为科技工作者创造良好环境，服务好科技创新"①。

（二）深刻剖析和准确阐释新一轮科技革命和产业变革的特点与社会影响

习近平密切关注和深刻分析了当代科学技术发展的革命性突破，深刻剖析和准确阐释新一轮科技革命和产业变革的特点与社会影响。从2013年到2019年，习近平多次提及"新一轮科技革命"或"新科技革命"。2013年11月3—5日，习近平在湖南考察时的讲话中指出，新一轮科技革命和产业变革正在孕育兴起，企业要抓住机遇，不断推进科技创新、管理创新、产品创新、市场创新、品牌创新。2016年5月30日，习近平参加全国科技创新大会时强调，当今世界科技革命和产业变革方兴未艾，我们要增强使命感，把创新作为最大政策，奋起直追、迎头赶上。2017年1月18日，习近平在联合国日内瓦总部的演讲中又提到："要抓住新一轮科技革命和产业变革的历史性机遇，转变经济发展方式，坚持创新驱动，进一步发展社会生产力、释放社会创造力。"② 2018年5月28日习近平在中国科学院第十九次院士大会、中国工程院第十四次院士大会上的讲话，提出"进入21世纪以来，全球科技创新进入空前密集活跃的时期，新一轮科技革命和产业变革正在重构全球创新版图、重塑全球经济结构"③，并对这场新科技产业革命的内容和特点发表了一系列重要论述。

习近平以全球视野和时代眼光审视世界科技创新状况，深刻阐释了全球科技创新呈现出的新的发展态势和特征。第一，新科技革命和产业变革正在孕育兴起，一些重要科学问题和关键核心技术已经呈现出革命

① 习近平：《在中国科学院第十九次院士大会、中国工程院第十四次院士大会上的讲话》，人民出版社2018年版，第24页。

② 《习近平谈治国理政》第2卷，外文出版社2017年版，第542页。

③ 习近平：《在中国科学院第十九次院士大会、中国工程院第十四次院士大会上的讲话》，人民出版社2018年版，第10页。

性突破的先兆，重大颠覆性技术不断涌现。第二，学科之间交叉融合是新科技革命的另一个重要特征，也是新科技革命呈现革命性突破的原因。“物质构造、意识本质、宇宙演化等基础科学领域取得重大进展，信息、生物、能源、材料和海洋、空间等应用科学领域不断发展，带动了关键技术交叉融合、群体跃进，变革突破的能量正在不断积累。”① 第三，科学经技术向产业的成果转化的速度加快，科技创新链条更加灵巧，技术更新和成果转化更加快捷，“当今全球科技革命发展的主要特征是从‘科学’到‘技术’转化，基本要求是重大基础研究成果产业化。”② “当前，新一轮科技和产业革命蓄势待发，其主要特点是重大颠覆性技术不断涌现，科技成果转化速度加快”。③ 第四，新科技革命的兴起动因是人类社会的生产、生活需要。习近平指出：“人们对生产生活便捷化的要求，带动了云计算、物联网、移动互联网、大数据等新一代信息技术不断涌现和突破。气候变化对人类带来的生存压力和人们对环境质量的要求，推动煤炭清洁燃烧、太阳能电池、风电、储能技术、智能电网、电动汽车等新能源技术不断取得重大进展。人口老龄化趋势，形成了对生物技术进步的巨大需求，促使产业化规模快速扩大。发达国家劳动力成本全面上升，促进了智能制造技术迅速发展，使机器人在越来越多领域替代人力。”④ 第五，新科技革命和产业变革深刻地改变着世界的政治、经济、文化和社会生活。习近平密切关注和高度重视新科技革命的多方面的带有颠覆性的社会影响。“当前，科技创新的重大突破和加快应用极有可能重塑全球经济结构，使产业和经济竞争的赛场发生转换。”⑤ 2018 年 5 月 16 日习近平在第三届世界智能大会的贺信中提到：“由人工智能引领的新

① 《习近平关于科技创新论述摘编》，中央文献出版社 2016 年版，第 78 页。
② 《习近平关于科技创新论述摘编》，中央文献出版社 2016 年版，第 100 页。
③ 《习近平谈治国理政》第 2 卷，外文出版社 2017 年版，第 203 页。
④ 《习近平关于科技创新论述摘编》，中央文献出版社 2016 年版，第 100 页。
⑤ 《习近平谈治国理政》，外文出版社 2014 年版，第 123 页。

一轮科技革命和产业变革方兴未艾。”① 2019年5月16—18日习近平给国际人工智能与教育大会的贺信中提出：“人工智能是引领新一轮科技革命和产业变革的重要驱动力，正深刻改变着人们的生产、生活、学习方式，推动人类社会迎来人机协同、跨界融合、共创分享的智能时代。”② 2019年5月26日习近平向2019中国国际大数据产业博览会致贺信指出，以互联网、大数据、人工智能为代表的新一代信息技术蓬勃发展，对各国经济发展、社会进步、人民生活带来重大而深远的影响，各国需要加强合作，深化交流，共同把握好数字化、网络化、智能化发展机遇，处理好大数据发展在法律、安全、政府治理等方面挑战。

为了更好顺应新科技革命和产业变革，首先要看清世界科技发展大势，牢牢把握科技进步大方向，抓紧制定新的科技发展战略，抢占科技和产业制高点。我们必须高度重视、密切跟踪、迎头赶上。“抓住新一轮科技革命和产业变革的重大机遇，就是要在新赛场建设之初就加入其中，甚至主导一些赛场建设，从而使我们成为新的竞赛规则的重要制定者、新的竞赛场地的重要主导者。”③ “要培育发展新产业，加快技术、产品、业态等创新，支持节能环保、新一代信息技术、高端装备制造等产业成长。按照高端化、智能化、绿色化、服务化的方向，实施好《中国制造2025》、‘互联网+’行动计划，积极发展健康、教育、养老、旅游等服务业。”④

（三）大力发展与民生相关的科学技术

习近平始终坚持科学技术发展以人民为中心的立场，强调要通过大力发展与民生相关的科学技术，着力解决人民群众所需所急所盼，让人民共享经济、政治、文化、社会、生态等各方面发展成果，有更多、更

① 习近平：《推动新一代人工智能健康发展 更好造福世界各国人民》，《光明日报》2019年5月17日。

② 习近平：《习近平向国际人工智能与教育大会致贺信》，《人民日报》2019年5月17日。

③ 《习近平谈治国理政》，外文出版社2014年版，第123页。

④ 《习近平关于科技创新论述摘编》，中央文献出版社2016年版，第104页。

直接、更实在的获得感、幸福感、安全感，不断促进人的全面发展、全体人民共同富裕。习近平指出，人民的需要和呼唤是科技创新的时代声音，“中国要强，中国人民生活要好，必须有强大科技。”① “工程科技与人类生存息息相关。……工程造福人类，科技创造未来。”② 科技成果只有同国家需要、人民要求、市场需求相结合，才能真正实现创新价值、实现创新驱动发展。“科学研究既要追求知识和真理，也要服务于经济社会发展和广大人民群众。广大科技工作者要把论文写在祖国的大地上，把科技成果应用在实现现代化的伟大事业中。”③

大力发展与民生相关的科学技术，符合中国共产党全心全意为人民服务的宗旨，符合以人民为中心的思想内涵。全心全意为人民服务是中国共产党的根本宗旨。党的十八大以来，以习近平同志为核心的党中央坚持以人民为中心的发展理念，始终坚持把实现好、维护好、发展好最广大人民的根本利益作为发展的根本目的，把人民对美好生活的向往作为奋斗目标，始终把坚持人民主体地位作为一切工作所遵循的首要原则。为中国人民谋幸福，为中华民族谋复兴，是中国共产党人的初心和使命，也是改革开放的初心和使命。在习近平新时代中国特色社会主义思想中，以人民为中心居于基础性的突出位置，贯穿于习近平新时代中国特色社会主义思想的各个方面。党的十九大报告中指出，必须把人民利益摆在至高无上的地位，让改革发展成果更多更公平惠及全体人民。发展科学技术尤其是与民生相关的科学技术，有利于解决人民日益增长的美好生活的需要和不平衡不充分的发展之间的矛盾。建设世界科技强国，应以人民为实践主体，满足人民的现实需要，维护人民的根本利益。要把科技创新与提高人民生活质量和水平结合起来，在防灾减灾、公共安全、生命健康等关系民生的重大科技问题上加强创新，使科技成果更充分地惠及人民群众。

---

① 习近平：《为建设世界科技强国而奋斗：在全国科技创新大会、两院院士大会、中国科协第九次全国代表大会上的讲话》，人民出版社 2016 年版，第 6 页。

② 习近平：《让工程科技造福人类、创造未来》，《人民日报》2014 年 6 月 4 日。

③ 《习近平谈治国理政》第 2 卷，外文出版社 2017 年版，第 270 页。

大力发展与民生相关的科学技术，符合科技本身的发展需要。人民群众对切身利益的追求、对美好生活的向往，推动着历史的发展和进步，推动着科技的创新与突破。当前人民日益增长的美好生活的需要和不平衡不充分的发展之间的矛盾，应当是科技发展的着眼点。纵观科技史可以发现，社会需求是科技发展的重要动力，例如蒸汽机在英国最早用于煤矿排水，就是为了代替成本高昂的畜力排水系统；新中国成立初期虽然经济落后，仍然大力推进两弹一星建设，为的是有效抵制帝国主义的武力威胁，为新中国提供安全的国际环境。当今社会，科学技术的发展与政治经济等多方面因素息息相关。只有科学技术发展关注民生，瞄准当前发展中的薄弱环节与人民需要，大力推进基础学科与尖端技术的进步，才能实现科学技术本身的价值与人民的需要相统一，才能获得更多的政策资金支持，吸引更多的人才参与其中，在市场转化与成果推广中获得更多资源，为科学技术本身的发展提供更多动力。

（四）推动绿色科技创新，促进绿色发展

以习近平同志为核心的党中央领导集体在治国理政的实践中，形成了习近平新时代绿色发展观。这一新的发展观顺应了时代主流，彰显了发展主题，坚持了习近平尊重自然、保护自然的一贯主张，坚持了人民主体地位，贯穿着制度建设主线，抓住了当今世界现代化的主脉，坚守着美丽中国主旨。

生态文明建设是“五位一体”总体布局和“四个全面”战略布局的重要内容，它功在当代、利在千秋，是中华民族永续发展的千年大计。习近平高度重视绿色发展问题。绿色发展与生态文明建设具有内在一致性，其目的都是要实现人与自然、经济、社会、生态的和谐。推动绿色发展，既需要更新发展观念，更需要发展绿色科技，开展绿色科技创新。绿色发展和生态文明建设需要绿色科学技术作为推动其前进的动力。习近平高度重视绿色科技创新对促进绿色发展的作用。

我国以高投入、高能耗、高污染的粗放型发展方式为特征，导致了自然资源过度消耗，生态环境严重破坏，经济发展与环境保护之间矛盾突出。加强生态文明建设，建设“美丽中国”，破解“新常态”下经济社会发展与生态环境矛盾的难题，需要走一条依靠科技创新推进绿色发展的道路。习近平指出："发展科学技术是人类应对全球挑战、实现可持续发展的战略选择。这一切，对工程科技进步和创新提出了新的使命。"① 建立在工业文明观基础上的工程科技是导致全球性生态环境问题的重要原因，超越工业文明局限的生态文明建设绝不能如极端的科技悲观主义者那样，根本否定工程科技作用，而是要发展基于新的生态文明观的绿色工程科技，发展绿色工程科技是实现绿色发展和生态文明建设的必然要求，代表了当今科技和产业变革方向，"绿色科技成为科技为社会服务的基本方向，是人类建设美丽地球的重要手段"。② 绿色发展离不开绿色工程科技和绿色科技创新的推动，科技创新缺少了"含绿量"就不是好的工程科技创新，绿色科技创新是一种旨在实现人与自然和谐发展的科技创新模式，是符合可持续发展需要的科技创新。绿色科技创新可以不断解决人类面临的资源和能源日益短缺的问题，能够更好地保护生态环境，能够让人民生活在天更蓝、山更绿、水更清的优美环境之中。只有依靠绿色科技创新，才能破解绿色发展难题，才能实现绿色生产方式和生活方式，才能实现人与自然和谐发展。

依靠绿色科技创新促进绿色发展，要"构建市场导向的绿色技术创新体系"③。过去在计划经济体系下中国的工业化道路具有粗放型特质，形成了高能耗、高污染的科技体系和产业体系以及与之相适应的管理制度体系，要实现绿色可持续发展，就要破除传统观念，树立绿色发展理念，要以市场为导向，企业为主体，发展绿色科技和绿色产业，深化机制和体制改革，才能走上全面、协调、可持续发展道路，这是顺应时代发展和生态文明建设的必然要求。推进绿色发展和生态文明建设，发展壮大节能环保产业、清洁生产产业、清洁能源产业，

---

① 习近平：《让工程科技造福人类、创造未来》，《人民日报》2014 年 6 月 4 日。

② 习近平：《让工程科技造福人类、创造未来》，《人民日报》2014 年 6 月 4 日。

③ 习近平：《决胜全面建成小康社会 夺取新时代中国特色社会主义伟大胜利——在中国共产党第十九次全国代表大会上的报告》，人民出版社 2017 年版，第 51 页。

在当前形势下格外重要。当前中国正在向高质量发展的新阶段迈进，环保产业、清洁生产产业、清洁能源产业这些与生态环境直接相关的产业的绿色发展，迫切需要绿色科技创新提供发展动力，依靠科技、产业、发展模式、体制机制的协同创新，才能统筹处理好经济与生态环境保护的关系。

（五）发展国防科技，树立科技是核心战斗力的思想

中国特色社会主义现代化建设需要强大的军事国防实力作保障。当前，新一轮的科技革命正在孕育兴起，必将对军事领域产生根本性影响，推进世界性军事革命深入发展。习近平指出，筹划和指导战争，必须高度关注科学技术对战争的影响。科学技术是军事发展中最活跃、最具革命性的因素，每一次重大科技进步和创新都会引起战争形态和作战方式的深刻变革。

当今世界，新一轮科技革命和产业革命正在孕育兴起，世界新军事革命加速推进，创新驱动成为许多国家和军队谋求竞争优势的核心战略。习近平高度重视科技创新对于实现中国特色强军梦的重要意义。习近平提出，依靠改革创新推动国防和军队建设实现新跨越，是决定我军前途命运的一个关键，必须全面实施创新驱动发展战略。

在全军装备工作会议上，习近平明确指出，国防科技和武器装备发展必须向以创新驱动发展为主转变。现在，世界各国高度重视推进高投入、高风险、高回报的前沿科技创新，大力发展能够大幅提升军事能力优势的颠覆性技术。科技创新，正在成为中国军队问鼎世界一流军队的重要战略选择。坚持向科技创新要战斗力，下更大气力推动科技兴军。要全面实施科技兴军战略，坚持自主创新的战略基点，瞄准世界军事科技前沿，加强前瞻谋划设计，加快战略性、前沿性、颠覆性技术发展，不断提高科技创新对人民军队建设和战斗力发展的贡献率。

习近平非常重视科技对现代战争的影响，“科学技术对战争形态和作战方式影响日益深刻，没有较高的科技素质和军事技能，连武器装备也操作不了，更别说能打仗、打胜仗了。”① 因此，实现强军梦，既要树立

---

① 《习近平关于科技创新论述摘编》，中央文献出版社 2016 年版，第 114 页。

人是战争的核心要素的观念，也要树立科学技术是核心战斗力的思想。坚定走中国特色的强军之路，要实现中国梦、强军梦，必须“树立科技是核心战斗力的思想，推进重大技术创新、自主创新，加强军事人才培养体系建设，建设创新型人民军队”①。

对于科技兴军，习近平不仅强调新科技的军事应用，也重视广大官兵学习和掌握科技，提高科技素养。他提出要加快军事智能化发展，提高基于网络信息体系的联合作战能力、全域作战能力。在古田全军政治工作会议上习近平明确要求，政治干部要努力学军事、学指挥、学科技，这是着眼于新军事革命迅猛发展、战争形态加速演进、作战形式不断创新对政治干部提出的新要求。学习科技是打胜仗的必然要求，特别是要打赢信息化战争，必须要教学和组织官兵学习军事专业知识、掌握武器装备，提高战术技术水平；要学习先进的科学技术，重点是要学习先进的军事科学和军事技术，特别是要学习军用高技术。要“坚持富国和强军相统一……深化国防科技工业改革，形成军民融合深度发展格局”②。

采取军民合作的方式进行高新技术的开发是军事技术创新的有效途径。同时，在军民融合的基础上可以更好地提升军工系统研发的资源利用效率。“要坚定不移走军民融合式创新之路，在更广范围、更高层次、更深程度上把军事创新体系纳入国家创新体系之中，实现两个体系相互兼容同步发展，使军事创新得到强力支持和持续推动。”③ 因此，构筑军民深度融合的国防科技发展格局具有重要的意义。

中国马克思主义科学技术观的三个历史阶段是其各自所处的历史条件所决定的，是对时代背景实事求是的反映，因此他们的科学技术思想

---

① 习近平：《决胜全面建成小康社会 夺取新时代中国特色社会主义伟大胜利——在中国共产党第十九次全国代表大会上的报告》，人民出版社 2017 年版，第 54 页。

② 习近平：《决胜全面建成小康社会 夺取新时代中国特色社会主义伟大胜利——在中国共产党第十九次全国代表大会上的报告》，人民出版社 2017 年版，第 54 页。

③ 习近平：《准确把握世界军事发展新趋势 与时俱进大力推进军事创新》，《人民日报》2014 年 8 月 31 日。

都镌刻了时代的烙印，反映了时代的需求。从毛泽东思想中的科学技术观、邓小平理论、“三个代表”重要思想和科学发展观中的科学技术观，到习近平新时代中国特色社会主义科学技术观的历史演进，反映了现当代中国人民从“站起来”到“富起来”再到“强起来”的革命、建设和改革的历史进程。

中华人民共和国成立之初，工农业停留在自然经济水平，科学技术远远落后于资本主义发达国家，这种社会经济背景为毛泽东思想中的科学技术观的形成提供了客观依据。

20 世纪 80 年代，我国科学技术工作面临着国内改革开放、国外参与竞争的双重压力，正是在这样的一个关键时刻，邓小平理论中的科学技术观应运而生。世纪之交，科学技术飞速发展、知识经济初见端倪，我国经济与社会的发展，为江泽民“三个代表”重要思想中的科学技术观形成与发展奠定了坚实基础。21 世纪，经济发展与科学技术竞争全球化，胡锦涛提出，提升自主创新能力、建设创新型国家，形成了科学发展观中的科学技术观。

习近平新时代中国特色社会主义思想中的科学技术观，是在中国特色社会主义进入新时代的历史条件下形成的。新时代之“新”，一是在于我们进入了一个新的发展阶段，发展环境、发展条件都发生了新的变化，目标任务也发生了新的变化；二是在于我们面临着新的社会主要矛盾；三是我们迈向新的奋斗目标。① 正是基于这一新时代的“新”特征时代背景，习近平立足于我国科学技术与社会发展的现实需要，提出了一系列关于科学技术发展的理论观点，形成了习近平新时代中国特色社会主义科学技术观。

中国马克思主义科学技术观是在中国共产党领导我国科学技术事业发展和进行社会主义现代化建设的伟大实践中，逐渐形成、发展和完善的。中国马克思主义科学技术观是马克思主义科学技术论的重要组成部

① 参见中共中央宣传部：《习近平新时代中国特色社会主义思想三十讲》，学习出版社 2018 年版，第 2 页。

分。中国马克思主义科学技术观的内涵丰富，涉及科学技术的创新、人才和发展三方面重大问题，是伴随着新时代中国特色社会主义科学技术事业的实践活动而不断创新发展的思想理论体系。

中国马克思主义科学技术观，构成了自然辩证法中国化发展的最新理论体系和研究内容，将与时俱进，随着时代和科技的进步不断丰富发展。

案例：

“墨子号”量子科学实验卫星①

北京时间2016年8月16日1时40分，全球首颗量子科学实验卫星“墨子号”在中国酒泉卫星发射中心成功发射。“墨子号”的成功发射，使我国在世界上首次实现卫星和地面的量子通信，构建天地一体化的量子保密通信与科学实验体系。《科学》杂志报告说，中国“墨子号”量子卫星在世界上首次实现千公里量级的量子纠缠，这意味着量子通信向实用迈出一大步。

早期，在量子通信的国际赛跑中，中国属于后者。经过多年的努力，中国已经跻身于国际一流的量子信息研究行列，并于2011年12月正式立项，中国科学院邀请徐博明院士担任量子科学试验卫星的工程总师，他向我们介绍，我国自主研发的量子卫星突破了一系列关键技术，包括高精度跟瞄、星地偏振态保持与基矢矫正、星载量子纠缠源等。量子通信系统的问世，点燃了建造“绝对安全”通信系统的希望。

首颗量子通信卫星以我国古代科学家、哲学家墨子的名字来命名。《墨经》里记载了世界上第一个“小孔成像”实验，这个实验第一次对光直线传播进行科学解释——这在光学中是非常重要的一条原理，为量子通信的发展打下了一定的基础。量子卫星取名为“墨子号”，既和卫星本身的意义相符，又体现了我国的文化自信，具有深刻的意义。

---

① 本案例根据百度百科中“墨子号”量子科学实验卫星改编。

“墨子号”量子卫星走过了长达20年的科研之路，过程虽坎坷，但结果却举世瞩目。2011年12月23日，量子科学实验卫星工程正式启动；2014年12月30日，量子科学实验卫星通过初样转正样阶段；2016年2月25日，量子科学实验卫星工程完成大系统联试；2016年8月16日凌晨1时40分，我国在酒泉卫星发射中心用长征二号丁运载火箭成功将世界首颗量子科学实验卫星“墨子号”发射升空；2018年1月，“墨子号”已具备实现洲际量子保密通信能力。这标志着量子通信向实用迈出了一大步。

“墨子号”量子卫星的成功也得到了世界各国该领域的专家学者的高度赞赏。美国波士顿大学量子技术专家亚历山大·谢尔吉延科说：“这是一个英雄史诗般的实验，中国研究人员的技巧、坚持和对科学的奉献应该得到最高的赞美与承认”；加拿大滑铁卢大学量子项目成员托马斯·詹内怀恩表示，中国团队已克服了好几个重大技术与科学挑战，清楚地表明了他们在量子通信领域处于世界领先地位；国际知名量子信息科技先驱埃克特·艾克教授曾说：“中国的试验是一项非凡的技术成就”。

“墨子号”量子卫星想要传递给世界的不仅仅是电子信息，还有依附在其名字上悠久绵长的中华传统文化及卓越的大国工匠精神，它是科学精神与传统文化的传承和最高体现。如今的中国航天已经走在世界的前列，无数有志之士与科技专家怀着一腔热情，通过不懈的努力奋斗，终于取得了如此傲人的成就。在未来的科技发展道路上，我们更要不断发扬百折不挠、不断进取的航天精神，为实现中国梦贡献力量。

思考题

1. 试分析中国马克思主义科学技术观对经典马克思主义科技观的继承与发展。
2. 试分析中国马克思主义三个历史阶段的科学技术观的继承与发展关系。

3. 如何理解习近平新时代中国特色社会主义思想中的科学技术观的时代意义？

阅读书目

1. 《习近平谈治国理政》第2卷，外文出版社2017年版，第270页。
2. 习近平：《让工程科技造福人类、创造未来》，《人民日报》2014年6月4日。
3. 《习近平关于科技创新论述摘编》，中央文献出版社2016年版，第119页。
4. 习近平：《为建设世界科技强国而奋斗——在全国科技创新大会、两院院士大会、中国科协第九次全国代表大会上的讲话》，人民出版社2016年版，第5—6页。
5. 习近平：《在中国科学院第十九次院士大会、中国工程院第十四次院士大会上的讲话》，人民出版社2018年版。

参考书目

1. 恩格斯：《自然辩证法》，于光远等译，人民出版社 1984 年版。
2. 童天湘等主编：《新自然观》，中共中央党校出版社 1998 年版。
3. 教育部社会科学研究与思想政治工作司组编：《自然辩证法概论》，高等教育出版社 2004 年版。
4. 黄顺基等主编：《自然辩证法发展史》，中国人民大学出版社 1988 年版。
5. 《列宁全集》第 55 卷，人民出版社 1990 年版。
6. 《马克思恩格斯文集》第 1 卷，人民出版社 2009 年版。
7. 《马克思恩格斯文集》第 2 卷，人民出版社 2009 年版。
8. 《马克思恩格斯文集》第 3 卷，人民出版社 2009 年版。
9. 《马克思恩格斯文集》第 4 卷，人民出版社 2009 年版。
10. 《马克思恩格斯文集》第 5 卷，人民出版社 2009 年版。
11. 《马克思恩格斯文集》第 7 卷，人民出版社 2009 年版。
12. 《马克思恩格斯文集》第 8 卷，人民出版社 2009 年版。
13. 《马克思恩格斯文集》第 9 卷，人民出版社 2009 年版。
14. 《马克思恩格斯文集》第 10 卷，人民出版社 2009 年版。
15. 《马克思恩格斯全集》第 1 卷，人民出版社 1995 年版。
16. 《马克思恩格斯全集》第 20 卷，人民出版社 1971 年版。
17. 《马克思恩格斯全集》第 25 卷，人民出版社 2001 年版。
18. 《马克思恩格斯全集》第 30 卷，人民出版社 1995 年版。
19. 《毛泽东文集》第 7 卷，人民出版社 1999 年版。
20. 《毛泽东文集》第 8 卷，人民出版社 1999 年版。
21. 《邓小平文选》第 2 卷，人民出版社 1994 年版。
22. 《邓小平文选》第 3 卷，人民出版社 1993 年版。
23. 《江泽民文选》第 1 卷，人民出版社 2006 年版。
24. 《江泽民文选》第 3 卷，人民出版社 2006 年版。

25. 江泽民:《论科学技术》，中央文献出版社 2001 年版。
26. 胡锦涛:《在中国科学院第十二次院士大会、中国工程院第七次院士大会上的讲话》，人民出版社 2004 年版。
27. 胡锦涛:《在中国科学院第十三次院士大会和中国工程院第八次院士大会上的讲话》，人民出版社 2006 年版。
28. 胡锦涛:《在中国科学院第十五次院士大会、中国工程院第十次院士大会上的讲话》，人民出版社 2001 年版。
29. 胡锦涛:《坚持走中国特色自主创新道路为建设创新型国家而努力奋斗》，人民出版社 2006 年版。
30. 《习近平谈治国理政》，外文出版社 2014 年版。
31. 《习近平谈治国理政》第 2 卷，外文出版社 2017 年版。
32. 《习近平关于科技创新论述摘编》，中央文献出版社 2016 年版。
33. 习近平:《让工程科技造福人类、创造未来》，《人民日报》2014 年 6 月 4 日。
34. 习近平:《为建设世界科技强国而奋斗——在全国科技创新大会、两院院士大会、中国科协第九次全国代表大会上的讲话》，人民出版社 2016 年版。
35. 习近平:《在中国科学院第十九次院士大会、中国工程院第十四次院士大会上的讲话》，《人民日报》2018 年 5 月 29 日。
36. 《十三大以来重要文献选编》中卷，人民出版社 1991 年版。
37. 《十六大以来重要文献选编》中卷，人民出版社 2006 年版。
38. 《十六大以来重要文献选编》下卷，人民出版社 2006 年版。
39. 《国家中长期科学和技术发展规划纲要（2006—2020 年）》，人民出版社 2010 年版。
40. 赵敦华:《西方哲学简史》，北京大学出版社 2001 年版。
41. ［英］W. I. B. 贝弗里奇:《科学研究的艺术》，陈捷译，科学出版社 1979 年版。
42. ［澳］布里奇斯托克等:《科学技术与社会引论》，刘立等译，清华大学出版社 2005 年版。

43. [美] D. E. 司托克斯:《基础科学与技术创新:巴斯德象限》,周春彦、谷春立译,科学出版社 1999 年版。
44. [美] 希拉·贾撒诺夫、杰拉尔德·马克尔、詹姆斯·彼得森、特雷弗·平奇编:《科学技术论手册》,盛晓明等译,北京理工大学出版社 2004 年版。
45. 王浩:《哥德尔思想概说》,邢滔滔译,《科学文化评论》,2004 年第 6 期。
46. [美] 汉森:《科学发现的模式》,中国国际广播出版社 1988 年版。
47. 戴吾三等:《影响世界的发明专利》,清华大学出版社 2010 年版。
48. 曾国屏等主编:《当代自然辩证法教程》,清华大学出版社 2005 年版。
49. 许国志等主编:《系统科学大辞典》,云南科技出版社 1994 年版。
50. 吴彤等:《复归科学实践——一种科学哲学的新反思》,清华大学出版社 2010 年版。
51. 吴彤:《复杂性的科学哲学探索》,内蒙古人民出版社 2008 年版。
52. 马克思:《1844 年经济学哲学手稿》,人民出版社 2000 年版。
53. 马克思:《共产党宣言》,人民出版社 1997 年版。
54. 马克思:《德意志意识形态》(节选本),人民出版社 2003 年版。
55. 马克思:《机器。自然力和科学的应用》,人民出版社 1978 版。
56. 恩格斯:《反杜林论》,人民出版社 1993 年版。
57. 恩格斯:《路德维希·费尔巴哈和德国古典哲学的终结》,人民出版社 1997 年版。
58. 胡锦涛:《坚持走中国特色自主创新道路为建设创新型国家而努力奋斗》,人民出版社 2006 年版。
59. [美] 阿尔文·托夫勒:《第三次浪潮》,黄明坚译,中信出版社 2006 年版。
60. [美] 丹尼尔·贝尔:《后工业社会的来临——对社会预测的一项探索》,高铦等译,新华出版社 1997 年版。
61. [美] 约翰·奈斯比特:《大趋势——改变我们生活的十个方面》,孙道章译,中国社会科学出版社 1984 年版。

62. [日] 堺屋太一：《知识价值革命——工业社会的终结和知识价值社会的开始》，黄晓勇译，三联书店1987年版。

63. [美] 阿尔文·托夫勒：《权力的转移》，吴迎春、傅凌译，中信出版社2006年版。

64. [美] 彼得·F. 德鲁克：《后资本主义社会》，傅振焜译，东方出版社2009年版。

65. [美] 赫伯特·马尔库塞：《单向度的人》，刘继译，上海译文出版社1989年版。

66. [德] 哈贝马斯：《作为“意识形态”的技术与科学》，李黎、郭官义译，上海学林出版社1999年版。

67. [美] V. 布什等：《科学：没有止境的前沿》，范岱年、解道华译，商务印书馆2004年版。

68. [美] D. E. 司托克斯：《基础科学与技术创新：巴斯德象限》，周春彦、谷春立译，科学出版社1999年版。

69. M. Bridgstock、D. Burch、J. Forge、J. Laurent、I. Lowe：《科学技术与社会导论》，刘立等译，清华大学出版社2005年版。

70. [加] 瑟乔·西斯蒙多：《科学技术学导论》，许为民、孟强、崔海灵、陈海丹译，上海世纪出版集团2007年版。

71. 刘大椿等：《在真与善之间——科技时代的伦理问题与道德抉择》，中国社会科学出版社2000年版。

72. [美] 查尔斯·E. 哈理斯、迈克尔·S. 普里查德、迈克尔·J. 雷宾斯：《工程伦理：概念和案例》，丛杭青、沈琪等译，北京理工大学出版社2006年版。

73. [英] J. D. 贝尔纳：《科学的社会功能》，陈体芳译，商务印书馆1982年版。

74. [美] 罗伯特·K. 默顿：《十七世纪英格兰的科学、技术与社会》，范岱年等译，商务印书馆2000年版。

75. [美] 希拉·贾撒诺夫、杰拉尔德·马克尔、詹姆斯·彼得森、特雷弗·平奇：《科学技术论手册》，盛晓明、孟强、胡娟、陈蓉蓉译，北京理工大学出版社 2004 年版。

76. ［英］C. P. 斯诺：《两种文化》，纪树立译，生活·读书·新知三联书店 1994 年版。

77. ［美］丹尼尔·李·克莱曼：《科学技术在社会中——从生物技术到互联网》，张敦敏译，商务印书馆 2009 年版。

78. Mikael. Stenmark，Scientism：Science，Ethics and Religion，Ashgate Publishing Limited，2001.

79. Chalmers，A. F.，What is this Thing Called Science? Open University Press，1999.

80. Radder，H. ed.，Philosophy of Scientific Experimentation，University of Pittsburg Press，2003.

81. Rouse，J. Knowledge and Power，Toward A Political Philosophy of Science，Cornell University Press，1987.

82. Rescher，N.，Complexity，A Philosopical Overview，Transaction Publishers，1998.